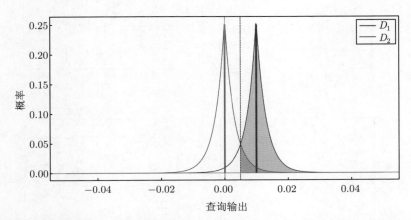

图 3-2 来自拉普拉斯分布的噪声（幅度 $b = 0.003$）改变了攻击者误判 D_1 和 D_2 的概率。
图来源于 Boenisch 等人的文章

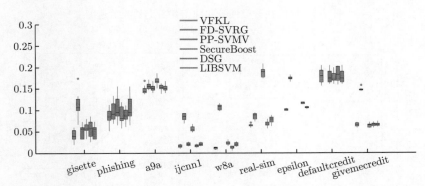

图 6-7 三种先进核方法（PP-SVMV，DSG，LIBSVM）、提升树方法（SecureBoost）、线
性方法（FD-SVRG）和 VFKL 的测试误差箱线图

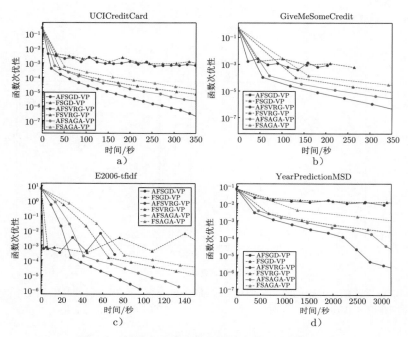

图 7-3 算法在分类任务和回归任务上的收敛速度

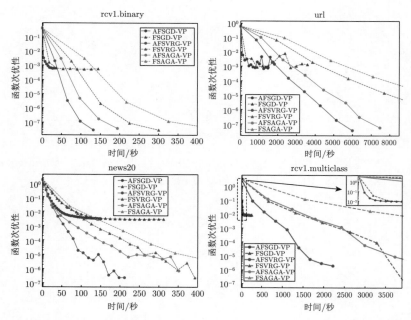

图 7-4 算法在大规模分类任务上的收敛速度，其中上面两个是二分类任务，下面是多分类任务

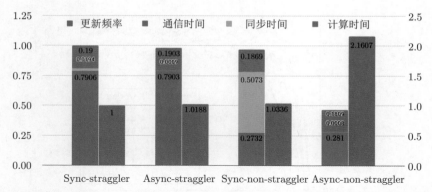

图 7-5 对异步算法耗时的分解，以展示其高效性（实验在 url 数据集上进行，参与方数目为 8）

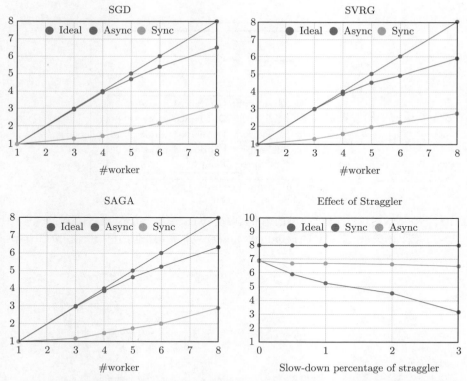

图 7-6 可扩展性实验结果（在 url 数据上的二分类任务）。纵轴表示加速效果

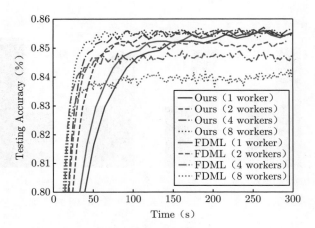

图 7-7 与 FDML 算法在多类分类任务上的比较

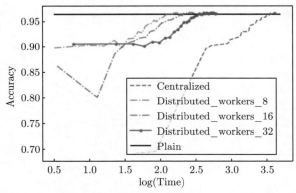

图 10-7 在 MNIST 数据集上训练的逻辑回归模型在验证集上的精度与训练时间（对数比例）的关系，其中 "Distributed_workers-k" 是指我们的框架所使用的工作节点数为 k

智能科学与技术丛书

联邦学习

算法详解与系统实现

薄列峰　[美]黄恒　顾松庠　陈彦卿　等著

FEDERATED LEARNING

Algorithms and Systems

机械工业出版社
China Machine Press

图书在版编目（CIP）数据

联邦学习：算法详解与系统实现 / 薄列峰等著 . -- 北京：机械工业出版社，2022.3
（智能科学与技术丛书）
ISBN 978-7-111-70349-5

I. ①联…　II. ①薄…　III. ①机器学习　IV. ① TP181

中国版本图书馆 CIP 数据核字（2022）第 041010 号

北京市版权局著作权合同登记　图字：01-2021-7123 号。

联邦学习：算法详解与系统实现

出版发行：机械工业出版社（北京市西城区百万庄大街 22 号　邮政编码：100037）

责任编辑：董惠芝	责任校对：殷　虹
印　　刷：中国电影出版社印刷厂	版　　次：2022 年 4 月第 1 版第 1 次印刷
开　　本：186mm×240mm　1/16	印　张：22　　插　页：2
书　　号：ISBN 978-7-111-70349-5	定　价：99.00 元

客服电话：（010）88361066　88379833　68326294　　投稿热线：（010）88379604
华章网站：www.hzbook.com　　　　　　　　　　　　　读者信箱：hzjsj@hzbook.com

前　言

机器学习技术在最近 20 年飞速发展，从一个个数学概念逐渐演变成一个个算法实现，为工业界和学术界带来了新的力量。然而，最近几年，数据隐私保护问题愈发受到人们的关注，研究者们开始开发各种技术来进行数据层面的隐私保护。联邦学习作为其中一项重要技术，势必迎来新的发展前景。本书将从概念、应用场景到具体的先进算法，再到最后的系统实现，对联邦学习技术进行全盘的梳理与总结，希望给读者一些启发。注意，本书仅从技术视角对联邦学习进行回顾展望，如有涉及数据收集与授权方面的信息，还需要满足管辖地法律法规及监管的要求。

本书分三个部分，共 17 章。

第一部分为联邦学习基础知识，主要介绍联邦学习的定义、挑战、应用场景和常用技术，包括以下 3 章。

第 1 章联邦学习概述，详细介绍了什么是联邦学习、联邦学习的应用现状与挑战，然后介绍了分布式学习和联邦学习的区别与关联。

第 2 章联邦学习应用场景，本章从金融、生物医学、计算机视觉和自然语言处理等多个方面对联邦学习的应用场景进行介绍。

第 3 章常用隐私保护技术，我们首先对当前基于隐私保护的机器学习算法进行了简要综述，然后重点介绍了差分隐私、安全多方计算和同态加密等常用的隐私保护技术。

第二部分为联邦学习算法详述，主要介绍了我们针对纵向联邦学习和横向联邦学习场景提出来的诸多创新性联邦学习算法，包括以下 10 章。

第 4 章纵向联邦树模型算法，基于两种不同的集成方法 Bagging 和 Boosting 分别设计了两种算法：纵向联邦随机森林算法和纵向联邦梯度提升算法。

第 5 章纵向联邦线性回归算法，提出了全新的纵向联邦多视角线性回归算法，从多个视角对对象进行建模并联合优化所有函数。

第 6 章纵向联邦核学习算法，提出了一个针对纵向联邦场景的核学习算法，并设计了一个完整的联邦学习框架。

第 7 章异步纵向联邦学习算法，针对当前纵向联邦学习算法主要采用的同步并行方法提出了相应的异步并行算法，并针对强凸问题提供了理论保证。

第 8 章基于反向更新的双层异步纵向联邦学习算法，提出了一个反向更新的异步并行算法，以在实际应用中同时实现标签数据保护和并行计算（更新）。

第 9 章纵向联邦深度学习算法，提出了一个针对当下流行的深度学习模型的纵向联邦学习基础框架，并对框架进行了简要的综合分析。

第 10 章快速安全的同态加密数据挖掘框架，针对当前同态加密时间复杂度高的问题，提出了一个基于同态加密的快速分布式数据挖掘框架。

第 11 章横向联邦学习算法，在阐述分布式学习和横向联邦学习之间关系的基础上，对当前横向联邦学习的主流算法进行了较为详细的介绍。

第 12 章混合联邦学习算法，结合横向联邦学习和纵向联邦学习的特点，提出了适用性更广、使用步骤简单的混合联邦学习算法。

第 13 章联邦强化学习，首先介绍了强化学习的定义和常用技术方案，然后介绍了多种联邦强化学习算法。

第三部分为联邦学习系统相关知识，主要介绍了京东科技设计的联邦学习系统及算法落地的性能优化技术，包括以下 4 章。

第 14 章 FedLearn 联邦学习系统，从编程语言与环境、系统架构、跨语言算法支持（函数调用）、系统服务和工程部署等方面全方位地介绍了 FedLearn 联邦学习系统。

第 15 章 gRPC 在 FedLearn 中的联邦学习应用实例，以横向联邦学习和纵向联邦学习的应用场景为切入点，详细介绍了如何使用 FedLearn 中采用的高性能框架 gRPC。

第 16 章落地场景中的性能优化实践，介绍了如何在实际应用中对系统进行性能优化，并给出了实际应用场景中的优化结果。

第 17 章基于区块链的联邦学习，引入区块链学习，介绍了基于区块链的联邦学习算法和联邦学习系统的实现。

其中，第二部分为本书的重点部分，我们提出了诸多联邦学习的算法、流程详解及可能的理论保障。如果读者没有充足的时间完成全书的阅读，可以选择性地进行重点部分的阅读。如果读者有一定的从业经验，本书可能会是一本不错的参考书。然而，如果读者是一名初学者，建议在阅读本书之前，先进行一些机器学习、分布式学习以及隐私保护技术等基础理论知识的学习。

本书相比于其他联邦学习书籍的特色与优势在于：第一，本书的作者是扎根于联邦学习前沿的研究者和从业者；第二，我们在本书中提出了众多不同于其他书籍的全新联邦学习算法，以飨读者；第三，我们参考了近两年全新的文章和综述，紧跟学术和业界的联邦学习动态。

在本书的编写过程中，我们深深地感受到联邦学习及其相关领域技术的繁多冗杂，因此书中难免出现一些错误或者不准确的地方,恳请读者批评指正。

感谢京东科技对我们撰写本书的大力支持与帮助!

感谢京东科技硅谷研发部基础用户算法部的顾彬、单华松、王家洲。

感谢京东科技算法工程研发部区块链平台组的王义、孙海波。

感谢京东科技硅谷研发部联邦学习算法部的党致远、范明姐、王佩琪、王新左、张青松、张文夕(按姓名首字母排序)。

CONTENTS

目　　录

前言

第一部分　联邦学习基础知识

第 1 章　联邦学习概述 ·················2
1.1　什么是联邦学习 ················2
　　1.1.1　联邦学习的发展历史 ·······3
　　1.1.2　联邦学习的工作流程 ·······4
　　1.1.3　联邦学习的分类 ··········6
1.2　联邦学习的应用和挑战 ·······8
　　1.2.1　联邦学习的应用现状 ······8
　　1.2.2　联邦学习的核心挑战 ······9
1.3　分布式机器学习与联邦学习 ···10
　　1.3.1　分布式机器学习
　　　　　的发展历史 ··············10
　　1.3.2　分布式机器学习概述 ······11
　　1.3.3　分布式机器学习与联邦学习
　　　　　的共同发展 ·············13
1.4　总结 ························14
第 2 章　联邦学习应用场景 ···········15
2.1　联邦学习与金融 ··············15
2.2　联邦学习与生物医学 ·········17
2.3　联邦学习与计算机视觉 ······19
2.4　联邦学习与自然语言处理 ·····22
2.5　联邦学习与边缘计算
　　　和云计算 ··················25

2.6　联邦学习与计算机硬件 ·······27
2.7　总结 ·····················29
第 3 章　常用隐私保护技术 ··········30
3.1　面向隐私保护的机器学习 ·····30
　　3.1.1　概述 ·················30
　　3.1.2　面向隐私保护的
　　　　　机器学习发展 ··········33
3.2　常用的隐私保护技术 ········34
　　3.2.1　差分隐私 ·············34
　　3.2.2　安全多方计算 ·········41
　　3.2.3　同态加密 ·············49
3.3　总结 ·····················66

第二部分　联邦学习算法详述

第 4 章　纵向联邦树模型算法 ·········68
4.1　树模型简介 ················68
4.2　纵向联邦随机森林算法 ······69
　　4.2.1　算法结构 ·············69
　　4.2.2　算法详述 ·············70
　　4.2.3　安全性分析 ···········71
4.3　纵向联邦梯度提升算法 ······75
　　4.3.1　XGBoost 算法 ·········76
　　4.3.2　SecureBoost 算法 ······76
　　4.3.3　所提算法详述 ··········77
4.4　总结 ·····················78

第 5 章　纵向联邦线性回归算法 · · · · · · · 79
　5.1　纵向联邦线性回归 · · · · · · · · · · 80
　　5.1.1　算法训练过程 · · · · · · · · · · 81
　　5.1.2　算法预测过程 · · · · · · · · · · 81
　　5.1.3　纵向联邦的一个困境 · · · · · 82
　5.2　联邦多视角线性回归 · · · · · · · · 82
　　5.2.1　基于 BFGS 的二阶
　　　　　优化方法 · · · · · · · · · · 84
　　5.2.2　安全计算协议 · · · · · · · · · · 87
　5.3　总结 · · · · · · · · · · · · · · · · · · 92
第 6 章　纵向联邦核学习算法 · · · · · · · · 93
　6.1　引言 · · · · · · · · · · · · · · · · · · 93
　6.2　双随机核方法 · · · · · · · · · · · · 95
　　6.2.1　问题定义 · · · · · · · · · · · · 95
　　6.2.2　核方法的简要介绍 · · · · · · 96
　　6.2.3　随机傅里叶特征近似 · · · · · 98
　　6.2.4　双随机梯度 · · · · · · · · · · 98
　6.3　所提算法 · · · · · · · · · · · · · · · 99
　　6.3.1　问题表示 · · · · · · · · · · · 100
　　6.3.2　算法结构 · · · · · · · · · · · 100
　　6.3.3　算法设计 · · · · · · · · · · · 101
　　6.3.4　场景案例 · · · · · · · · · · · 103
　6.4　理论分析 · · · · · · · · · · · · · · 105
　　6.4.1　收敛性分析 · · · · · · · · · 105
　　6.4.2　安全性分析 · · · · · · · · · 105
　　6.4.3　复杂度分析 · · · · · · · · · 106
　6.5　实验验证 · · · · · · · · · · · · · · 106
　　6.5.1　实验设置 · · · · · · · · · · · 106
　　6.5.2　实验结果和讨论 · · · · · · · 107
　6.6　总结 · · · · · · · · · · · · · · · · · 110
第 7 章　异步纵向联邦学习算法 · · · · · 111
　7.1　引言 · · · · · · · · · · · · · · · · · 111
　7.2　相关工作 · · · · · · · · · · · · · · 112
　　7.2.1　现有工作概述 · · · · · · · · 112

　　7.2.2　SGD 类算法回顾 · · · · · · · 113
　7.3　问题表示 · · · · · · · · · · · · · · 114
　7.4　所提算法 · · · · · · · · · · · · · · 114
　　7.4.1　算法框架 · · · · · · · · · · · 114
　　7.4.2　算法详述 · · · · · · · · · · · 116
　　7.4.3　场景案例 · · · · · · · · · · · 119
　7.5　理论分析 · · · · · · · · · · · · · · 120
　　7.5.1　收敛性分析 · · · · · · · · · 120
　　7.5.2　安全性分析 · · · · · · · · · 123
　　7.5.3　复杂度分析 · · · · · · · · · 124
　7.6　实验验证 · · · · · · · · · · · · · · 125
　　7.6.1　实验设置 · · · · · · · · · · · 125
　　7.6.2　实验结果和讨论 · · · · · · · 127
　7.7　总结 · · · · · · · · · · · · · · · · · 131
第 8 章　基于反向更新的双层异步
　　　　纵向联邦学习算法 · · · · · · · 132
　8.1　引言 · · · · · · · · · · · · · · · · · 132
　8.2　问题表示 · · · · · · · · · · · · · · 133
　8.3　所提算法 · · · · · · · · · · · · · · 134
　　8.3.1　算法框架 · · · · · · · · · · · 134
　　8.3.2　算法详述 · · · · · · · · · · · 136
　　8.3.3　场景案例 · · · · · · · · · · · 137
　8.4　理论分析 · · · · · · · · · · · · · · 138
　　8.4.1　收敛性分析——强凸
　　　　　问题 · · · · · · · · · · · · · 139
　　8.4.2　收敛性分析——非凸
　　　　　问题 · · · · · · · · · · · · · 141
　　8.4.3　安全性分析 · · · · · · · · · 142
　8.5　实验验证 · · · · · · · · · · · · · · 143
　　8.5.1　实验设置 · · · · · · · · · · · 143
　　8.5.2　实验结果和讨论 · · · · · · · 144
　8.6　总结 · · · · · · · · · · · · · · · · · 147
第 9 章　纵向联邦深度学习算法 · · · · · 148
　9.1　引言 · · · · · · · · · · · · · · · · · 148

9.2 所提算法 · · · · · · · · · · · · · 149
  9.2.1 算法框架 · · · · · · · · · · · 149
  9.2.2 算法详述 · · · · · · · · · · · 150
  9.2.3 场景案例 · · · · · · · · · · · 151
9.3 理论分析 · · · · · · · · · · · · · 153
  9.3.1 复杂度分析 · · · · · · · · · 153
  9.3.2 安全性分析 · · · · · · · · · 153
9.4 实验验证 · · · · · · · · · · · · · 154
  9.4.1 实验设置 · · · · · · · · · · · 154
  9.4.2 实验结果和讨论 · · · · · · 154
9.5 总结 · · · · · · · · · · · · · · · · · 155

第 10 章 快速安全的同态加密
        数据挖掘框架 · · · · · · · · · 156
10.1 引言 · · · · · · · · · · · · · · · · 156
10.2 相关工作 · · · · · · · · · · · · 157
10.3 同态加密数据挖掘框架 · · · · 159
  10.3.1 算法框架 · · · · · · · · · · 159
  10.3.2 算法详述 · · · · · · · · · · 160
10.4 实验验证 · · · · · · · · · · · · 163
  10.4.1 分布式学习场景 · · · · · 163
  10.4.2 联邦学习场景 · · · · · · · 167
10.5 总结 · · · · · · · · · · · · · · · · 168

第 11 章 横向联邦学习算法 · · · · · · · · 170
11.1 横向联邦学习简介 · · · · · · 170
11.2 常见的分布式优化算法 · · · · · 172
  11.2.1 同步并行算法 · · · · · · · 174
  11.2.2 异步并行算法 · · · · · · · 175
11.3 同步横向联邦学习算法 · · · · 178
11.4 异步横向联邦学习算法 · · · · 181
11.5 快速通信的横向联邦
      学习算法 · · · · · · · · · · · · · 186
11.6 总结 · · · · · · · · · · · · · · · · 187

第 12 章 混合联邦学习算法 · · · · · · · · 189
12.1 混合联邦学习算法的

场景需求 · · · · · · · · · · · · · 189
12.2 算法详述 · · · · · · · · · · · · 191
  12.2.1 梯度更新 · · · · · · · · · · 192
  12.2.2 混合节点分裂 · · · · · · · 192
  12.2.3 模型保存和混合推理 · · · · 196
12.3 总结 · · · · · · · · · · · · · · · · 198

第 13 章 联邦强化学习 · · · · · · · · · · · · 199
13.1 强化学习概述 · · · · · · · · · · 199
  13.1.1 马尔可夫性 · · · · · · · · · 200
  13.1.2 不同类别的策略 · · · · · · 200
  13.1.3 期望收益 · · · · · · · · · · 201
  13.1.4 学习策略的不同部分
         和设置 · · · · · · · · · · · · 202
13.2 强化学习算法简介 · · · · · · · 204
  13.2.1 基于价值的 RL · · · · · · 204
  13.2.2 基于策略的 RL · · · · · · 207
  13.2.3 基于模型的 RL · · · · · · 210
13.3 分布式和联邦强化学习 · · · · 213
  13.3.1 分布式强化学习 · · · · · · 213
  13.3.2 联邦强化学习 · · · · · · · 214
13.4 总结 · · · · · · · · · · · · · · · · 217

第三部分　联邦学习系统

第 14 章 FedLearn 联邦学习系统 · · · 220
14.1 已开源联邦学习系统
      及其痛点 · · · · · · · · · · · · · 220
  14.1.1 编程语言与环境 · · · · · · 220
  14.1.2 大数据与计算效率 · · · · · 221
14.2 FedLearn 联邦学习系统
      的优势 · · · · · · · · · · · · · · 222
14.3 FedLearn 系统架构设计 · · · · 223
  14.3.1 常见的联邦学习
         系统架构 · · · · · · · · · · · 223

14.3.2　FedLearn 架构总览·····224

14.3.3　FedLearn 标准架构

功能·················225

14.3.4　分布式联邦学习·······228

14.3.5　区块链联邦学习架构····229

14.4　FedLearn 跨语言

算法支持·················232

14.5　高性能 RPC 开源

框架 gRPC················236

14.5.1　gRPC 独有的优势·····236

14.5.2　gRPC 的重要概念·····238

14.6　FedLearn 系统服务和

算法解耦·················242

14.6.1　自动调度系统·········243

14.6.2　组件化·············243

14.6.3　其他系统层面优化·····244

14.7　FedLearn 部署与使用·····244

14.7.1　系统组件与功能·······244

14.7.2　标准版部署·········245

14.7.3　分布式版部署········248

14.7.4　容器版部署·········249

14.7.5　界面操作和 API·····250

14.8　总结·················253

第 15 章　gRPC 在 FedLearn 中

的联邦学习应用实例·······254

15.1　应用实例一：纵向联邦

随机森林学习算法··········254

15.2　应用实例二：横向联邦

学习场景·················258

15.2.1　横向联邦学习

场景简述··········258

15.2.2　FedLearn 中横向联邦学习

框架的设计和实现·····258

15.2.3　应用 gRPC 支持不同

类型的模型···········262

15.3　总结·················264

第 16 章　落地场景中的性能

优化实践·················265

16.1　FedLearn 业务场景简介····265

16.1.1　金融产品精准营销

监控·············265

16.1.2　智能信用评分········265

16.2　从 0 到 1 实践联邦学习

算法优化·················266

16.3　性能优化·············267

16.3.1　GMP 计算库·········268

16.3.2　同态加密计算

协议优化··········271

16.4　工程服务性能优化·······273

16.4.1　并行优化·········273

16.4.2　多机信息传输优化·····274

16.5　实时推理优化·········277

16.6　总结·················278

第 17 章　基于区块链的联邦学习····280

17.1　区块链简介·············280

17.1.1　概述·············280

17.1.2　区块链技术的特性·····281

17.1.3　区块链技术与现代

技术的融合··········286

17.2　联邦学习与区块链的

集成创新·················287

17.2.1　架构创新·········288

17.2.2　流程创新·········288

17.2.3　数据支持·········289

17.2.4　激励支持·········289

17.2.5　监管审计支持········290

17.3　基于区块链的联邦学习

激励算法·················290

17.3.1 模型质量评估
激励算法 ·············· 290
17.3.2 权重值激励算法 ········ 293
17.3.3 激励分配算法 ········· 297
17.4 基于区块链的联邦

学习系统实现 ··············· 299
17.4.1 系统模型 ·············· 299
17.4.2 系统架构 ·············· 302
17.5 总结 ························ 306
参考文献 ·························· 307

第一部分

联邦学习基础知识

第 1 章

联邦学习概述

随着人们对个人隐私泄露的担忧以及相关法律法规的出台，传统的人工智能技术急需适应新形势、新情况。联邦学习（Federated Learning, FL）作为其中一种技术上的解决方案备受学术界和工业界人士的关注。本章将对联邦学习进行全面的介绍，以期达到服务大众、服务读者的目的。

1.1 什么是联邦学习

2016 年是人工智能（Artificial Intelligence，AI）成熟的一年。随着 AlphaGo 击败人类顶级围棋手，我们真正见证了人工智能的巨大潜力，并开始期待更复杂、更尖端的人工智能技术可以应用在更多的领域，包括无人驾驶、生物医疗、金融等。如今，人工智能技术在各行各业都显示出了优势。最新的 AlphaFold 2 技术甚至可以预测 35 万种蛋白质结构，这些结构涵盖了 98.5% 的人类蛋白质组。然而，这些技术的成功大都以大量的数据为基础。比如计算机视觉领域中图像分类、目标检测等技术的发展离不开众多大规模的图片数据集，如 ImageNet、COCO 和 PASCAL VOC。在自动驾驶领域，众多国内外厂商积累了数十万公里的道路测试数据。AlphaGo 在 2016 年总共使用了 30 万场游戏的数据作为训练集。

随着 AlphaGo 的成功，人们自然希望像 AlphaGo 这样的由大数据驱动的人工智能技术能够很快在生活中应用起来。然而，现实有些令人失望：除了少数行业，大多数领域只拥有有限的数据或质量较差的数据，这使 AI 技术的落地比我们想象的更困难。是否可以通过跨组织传输数据，将数据融合在一个公共站点中呢？事实上，在许多情况下，打破数据源（数据拥有者）之间的障碍是非常困难的，甚至是不可能的。一般来说，任何 AI 项目所需的数据都包含多种类型。例如，在人工智能技术驱动的产品推荐服务中，产品销售者拥有产品信息、用户购买数据，但没有描述用户购买能力和支付习惯的数据。在大多数行业中，数据以孤岛的形式存在。由于行业竞争、隐私安全、复杂的管理程序等，即使是同一公司不同部门之间的数据集成也面临着巨大的阻力，要整合分散在全国各地的数据和机构几乎是不可能的，或者在成本上是不可行的。

与此同时，随着越来越多的公司意识到损害数据安全和用户隐私的严重性，数据隐私和安全已成为全球性的重大问题。公共数据泄露的相关新闻引起了公共媒体和政府的极大关注，如 2018 年国外某社交网站的数据泄露事件引发了广泛关注。作为回应，世界各国都在完善保护数据安全和隐私的法律。例如，欧盟于 2018 年 5 月 25 日实施的《通用数据保护条例》（General Data Protection Regulation，GDPR）。GDPR（见图 1-1）旨在保护用户的个人隐私和数据安全，要求企业在用户协议中使用清晰明了的语言，并授予用户"被遗忘权"，即用户的个人数据可以被删除或撤销，违反该条例的公司将面临高额罚款。我国也在实施类似的隐私和安全措施。例如，我国于 2017 年颁布的《网络安全法》和《民法通则》规定，互联网企业不得泄露或篡改其收集的个人信息，在与第三方进行数据交易时，需要确保拟议的合同遵守数据保护法律义务。这些法规的建立显然有助于建立一个更文明的社会，但也对人工智能中常用的数据交易程序提出了新的挑战。

图 1-1　GDPR

具体来说，人工智能中的传统数据处理模型往往涉及简单的数据交易模型，一方收集用户数据并将数据传输给另一方，另一方负责清理和融合数据。最后，第三方将利用集成的数据来建立模型以供其他方使用。模型通常作为服务出售的最终产品。这一传统的流程面临上述新的数据法规的挑战。此外，由于用户可能不清楚这些模型的未来用途，这些交易可能会违反 GDPR 等法律法规的规定。结果，数据使用方会面临这样一个困境——数据以孤岛的形式存在，但在很多情况下，数据使用方被禁止收集、融合或者将数据传输给其他组织或个人进行 AI 处理。因此，如何合法合规地解决数据碎片化和孤岛问题，是人工智能研究人员和从业者将要面临的一个重要挑战。

1.1.1　联邦学习的发展历史

联邦学习这个术语是由 McMahan 等人在 2016 年的论文中引入的：

我们将我们的方法称为联邦学习，因为学习任务是通过由中央服务器协调的参与方设备（我们称之为客户机，即 Client）的松散联邦来完成的。

跨大量通信带宽有限的不可靠设备的一些不平衡且非独立同分布（Independently and Identically Distributed，IID）数据的划分是联邦学习面临的挑战。在联邦学习这个术语出现之前，一些重要的相关工作已经开展。许多研究团体（来自密码学、数据库和机器学习等多个领域）追求的一个长期目标是分析和学习分布在许多所有者之间的数据，而不泄露这些数据。在加密数据上计算的加密方法始于 20 世纪 80 年代早期（参考 Rivest 等人于1982 年发表的文章），Agrawal、Srikant 和 Vaidya 等人是早期尝试使用集中式服务器从本地数据中学习并同时保护隐私的典范。相反，即使自引入联邦学习这个术语以来，我们也没有发现任何一项研究工作可以直接解决 FL 面临的所有挑战。因此，术语"联邦学习"为这些经常在隐私敏感的分布式数据（又称中心化数据）的机器学习（Machine Learning，ML）应用问题中共同出现的特征、约束和挑战等提供了方便的简写。

在联邦学习领域，许多开放式挑战的一个关键属性是，它们本质上是跨学科的。应对这些挑战可能不仅需要机器学习，还需要分布式优化、密码学、安全性、差分隐私、公平性、压缩感知、信息理论、统计学等方面的技术。许多最棘手的问题都处在这些学科的交叉点上，因此我们相信，各领域专家之间的协作对联邦学习的持续发展至关重要。联邦学习最开始被提出时，在移动和边缘设备等应用场景备受关注。之后，联邦学习的应用场景越来越多，例如，多个组织协同训练一个模型。联邦学习的上述相关变化引申出更广泛的定义。

定义   联邦学习是一种机器学习设置，其中多个实体（客户端）在中央服务器或服务提供商的协调下协同解决机器学习问题。每个客户端的原始数据都存储在本地，并且不会交换或直接传输；取而代之的是，使用旨在即时聚合的有针对性的更新迭代来实现学习目标。

有针对性的更新是指狭义的更新，以包含特定学习任务所需的最少信息；在数据最小化服务中，尽可能早地执行聚合操作。虽然对数据隐私保护的研究已经超过 50 年，但在最近 10 年才有广泛部署的大规模解决方案（例如 Rappor）。跨设备联邦学习和联邦数据分析正在应用于消费数字产品中。例如 Gboard 移动键盘以及 Pixel 手机和 Android Messages 中广泛使用了联邦学习；又例如在 iOS 13 中，跨设备 FL 被应用于 QuickType 键盘和 Siri 的声音分类器等应用中。跨信息孤岛的一些应用在各领域提出，包括金融风险预测、药物发现、电子健康记录挖掘、医疗数据分割和智能制造。对联邦学习技术不断增长的需求激发了许多工具和框架的出现，包括 TensorFlow Federated、FATE（Federated AI Technology Enabler）、PySyft、Leaf、PaddleFL 和 Clara Training Framework 等。关于各种框架之间的异同，读者可参考 Kairouz 等人 2019 年发表的综述。一些成熟的技术公司和较小的初创公司也正在开发利用联邦学习技术的商业数据平台。

1.1.2   联邦学习的工作流程

在介绍联邦学习（FL）的训练过程之前，我们先考虑一个 FL 模型的生命周期。FL过程通常是由为特定应用程序开发模型的工程师驱动的。例如，自然语言处理领域的专家可以开发一个用于虚拟键盘的下一个单词预测模型。图 1-2显示了联邦学习的主要组件和参与者。从更高层次上看，典型的工作流程如下。

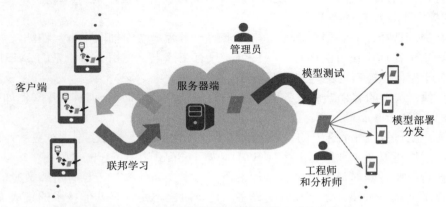

图 1-2　FL 模型生命周期和联邦学习系统参与者

☐ **问题识别**：模型工程师识别出需要用 FL 解决的问题。

☐ **客户端检测**：如果需要的话，客户端（例如手机上运行的应用程序）将在本地存储必要的训练数据（有时间和数量限制）。在很多情况下，应用程序已经存储了这些数据（例如，一个短信应用程序已经存储短信，一个照片管理应用程序已经存储照片）。然而，在某些情况下，可能需要维护额外的数据或元数据，例如用户交互数据，以便为监督学习任务提供标签。

☐ **仿真原型**（可选）：模型工程师可以使用代理数据集在 FL 模拟中对模型架构进行原型化并测试学习超参数。

☐ **联邦模型训练**：启动多个联邦训练任务来训练模型的不同变体，或使用不同的超参数优化。

☐ **联邦模型评估**：在任务得到充分训练之后（通常是几天），对模型进行分析并选择合适的候选者。模型分析可能包括在数据中心的标准数据集上计算指标或者联邦评估，其中模型被推送到保留的客户端，以对本地客户端数据进行评估。

☐ **部署**：最后，一旦一个好的模型被选中，它将经历一个标准的模型发布过程，包括手动质量保证、实时 A/B 测试（通常是在一些设备上使用新模型，在其他设备上使用上一代模型来比较它们的性能），以及阶段性推出（以便在影响太多用户之前发现和回滚不良行为）。模型的特定启动过程是由应用程序的所有者设置的，通常与模型是如何训练的无关。换句话说，这个步骤同样适用于经过联邦学习或传统数据中心方法训练的模型。

FL 系统面临的主要挑战之一是如何使上述工作流程尽可能简单，理想地接近集中训练（Centralized Training）的 ML 系统所达到的易用性。

接下来，我们将详细介绍一种常见的 FL 训练过程，它可以涵盖 McMahan 等人提出的联邦平均（FederatedAveraging）算法和许多其他算法。

服务器（服务提供者）通过重复以下步骤来安排训练过程，直到训练停止（由监视训练过程的模型工程师自行决定）：

- **客户端选择**：服务器从满足资格要求的一组客户端中抽取样本。例如，为了避免影响正在使用设备的用户，手机可能只有在插电、使用不计流量的 WiFi 连接且处于空闲状态时才会连接到服务器。
- **广播**：选定的客户端从服务器下载当前的模型权重和一个训练程序（例如 TensorFlow Graph）。
- **客户机计算**：每个选定的设备通过在本地执行训练程序对模型进行更新，例如，训练程序可以在本地数据上运行 SGD（如 FederatedAveraging 算法）。
- **聚合**：服务器对设备的更新进行聚合。为了提高效率，一旦有足够数量的设备报告了结果，可能会删除掉队的设备。这一阶段也是许多其他技术的集成点，这些技术将在后面讨论，可能包括用于增强隐私的安全聚合、用于提高通信效率而对聚合进行的有损压缩，以及针对差分隐私的噪声添加和更新裁剪。
- **模型更新**：服务器基于从参与当前轮次的客户端计算出的聚合更新，在本地更新共享模型。

客户机计算、聚合和模型更新阶段的分离并不是联邦学习的严格要求，但它确实排除了某些算法类，例如异步 SGD，即在使用其他客户机的更新进行任何聚合之前，每个客户机的更新都立即应用于模型。这种异步方法可能会简化系统设计的某些方面，而且从优化角度来看也是有益的。然而，上述训练过程在将不同研究方向分开考虑时具有很大的优势：压缩、差分隐私和安全多方计算的进步可以用于基础操作，如通过去中心化更新的方法计算和或均值，然后由任意优化或分析算法组合，只要这些算法以聚合操作的形式表示即可。

值得强调的是，联邦学习的训练过程不应该影响用户体验。首先，如上所述，尽管模型参数通常会在每一轮联邦训练的广播阶段被发送到一些设备上，但这些模型只是训练过程中的一部分，不用于向用户显示实时预测。这是至关重要的，因为训练 ML 模型是具有挑战性的，而且一个超参数的错误配置可能产生一个做出错误预测的模型。相反，用户可见的模型使用被推迟到模型生命周期的第 6 步"部署"中的阶段性推出过程中。其次，训练本身是对用户不可见的，如在客户端选择步骤中描述的那样，训练不会使设备变慢或耗尽电池，因为它只在设备空闲和连接电源时执行。然而，这些限制所带来的有限可用性直接导致开放式的研究挑战，如半循环数据可用性（Semi-Cyclic Data Availability）和客户端选择中可能存在的偏见。

1.1.3　联邦学习的分类

根据样本和特征的分布方式不同，我们可以将联邦学习划分为两类：*横向联邦学习*

（Horizontal Federated Learning，HFL）和纵向联邦学习（Vertical Federated Learning，VFL）。现在假设有两个参与方的联邦学习场景，图 1-3和图 1-4分别是两种联邦学习的图示定义。

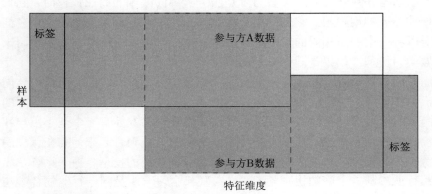

图 1-3 横向联邦学习（按样本划分的联邦学习）

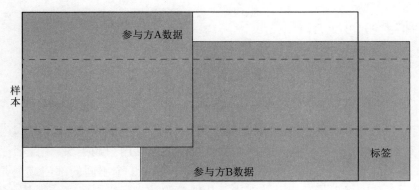

图 1-4 纵向联邦学习（按特征划分的联邦学习）

横向联邦学习适合联邦学习中各参与方所拥有的数据有重叠的特征，即参与方之间的数据特征是对齐的，但是各参与方所拥有的数据样本是不同的。这种横向联邦学习类似于在矩阵（表格）数据中将数据横向（水平）划分，因此我们也把横向联邦学习称为按样本划分的联邦学习（Sample-Partitioned Federated Learning）或者样本分布的联邦学习（Sample-Distributed Federated Learning）。与横向联邦学习不同，纵向联邦学习则适合联邦学习中各参与方所拥有的数据有重叠样本，即参与方之间的数据样本是对齐的，但是各参与方所拥有的数据特征是不同的。这种纵向联邦学习类似于在矩阵（表格）数据中将数据纵向（垂直）划分，因此我们也把纵向联邦学习称为按特征划分的联邦学习（Feature-Partitioned Federated Learning）或者特征分布的联邦学习（Feature-Distributed

Federated Learning）。研究者提出的分割学习（Split Learning）即在客户端和服务器端分割深度神经网络模型的运算操作，并在纵向划分数据上进行学习，可以看作纵向联邦学习的一种特殊形式。

例如，当参与联邦学习的两个参与方是服务于不同区域的商业银行时，它们可能有来自各自区域的不同的用户组，它们的用户群体间的交集非常小。然而，它们之间的业务非常相似，所以特征空间是相同的。因此，这两家银行就可以通过横向联邦学习来协同地训练一个机器学习模型。如果是同一城市的两个不同公司：一个是银行，另一个是电子商务公司，它们的用户集合很可能包含该地区的大部分居民，所以它们的用户群体间的交集很大。然而，银行记录了用户的收支行为和信用评级，电子商务公司保留了用户的浏览和购买历史，两者的特征空间差异很大。现在假设我们希望双方都有一个基于用户和产品信息的产品购买预测模型。纵向联邦学习是将这些不同的特征聚合起来，并在保护隐私的情况下计算训练损失和梯度，从而协同建立一个包含双方数据的模型。换句话说，纵向联邦学习倾向于跨行业参与方之间的协同学习，横向联邦学习一般是同一行业的各参与者协同学习。我们将在第 4~10 章和第 11 章分别对纵向联邦学习和横向联邦学习进行详细介绍。除此之外还有一种特殊的联邦学习——联邦强化学习，我们将在第 13 章进行详细介绍。

1.2　联邦学习的应用和挑战

1.2.1　联邦学习的应用现状

联邦学习作为一种创新性建模机制，可以在保证数据隐私和安全性（仅从技术层面考虑）的情况下对多方数据进行统一模型训练，在销售、金融等行业有很好的应用前景。

以智能零售为例，其目的是利用机器学习技术为客户提供个性化服务，主要包括产品推荐和销售服务。智能零售业务涉及的数据特征主要包括用户购买力、用户个人偏好和产品特性。在实际应用中，这三种数据特征很可能分散在 3 个不同的部门或企业中。例如，从用户的银行存款中可以推断出其购买力，从用户的社交网络中可以分析其个人偏好，而购物网站则记录了产品的特性。在这种情况下，我们将面临两个问题：首先，为了保障数据隐私和数据安全，银行、社交网站、购物网站之间的数据壁垒很难打通，因此，不能直接聚合数据来训练模型。其次，三方存储的数据通常是异构的，传统的机器学习模型不能直接处理异构数据。目前，传统的机器学习方法并没有有效地解决这些问题，这阻碍了人工智能在更多领域的推广和应用。

联邦学习是解决这些问题的关键。首先，利用联邦学习的特点，在不导出企业数据的情况下，构建三方机器学习模型，既能从技术角度充分保护数据隐私和保障数据安全，又能为客户提供个性化、有针对性的服务，实现互利共赢。因此，联邦学习为我们构建一个跨企业、跨数据、跨领域的大数据与人工智能生态圈，提供了良好的技术支持。我们可以使用联邦学习框架进行多方数据库查询，而无须公开数据。例如，在金融领域，多方借款是银行业的一个主要风险。当某些用户恶意地从一家银行借钱来支付另一家银行的贷款时，就会发生这种情况。多方借款对金融稳定是一种威胁，因为大量此类非法行为可能导致整个金融体系崩溃。为了在不向银行 A 和银行 B 相互公开用户列表的情况下找到这些多方借款用户，我们可以利用联邦学习框架。特别地，我们可以使用联邦学习的加密机制，对各方的用户列表进行加密，然后取加密列表的交集。最终结果给出了多方借款人的列表，而没有将其他"好"用户暴露给另一方。这个操作对应纵向联邦学习框架。智能医疗保健是另一个我们预计将从联邦学习技术兴起中大大受益的领域。疾病症状、基因序列、医疗报告等医疗数据非常敏感和私密，医疗数据难以收集，存储于孤立的医疗中心和医院。数据源的不足和标签的缺乏导致机器学习模型性能不理想，成为当前智能医疗的瓶颈。设想所有医疗机构联合起来，在不泄露数据隐私的前提下协同训练一个机器学习模型，那么该模型的性能将显著提高。除此之外，联邦学习还可以与具体的技术相结合，比如计算机视觉、自然语言处理、边缘计算、云计算、计算机硬件，我们将在第 2 章进行详细的介绍。

1.2.2 联邦学习的核心挑战

接下来，我们将介绍联邦学习发展中的 4 个核心挑战。

挑战 1：昂贵的通信成本。在联邦学习网络中，通信是一个关键瓶颈，再加上发送原始数据时的隐私问题，使得在每个设备上生成的数据必须本地存储。事实上，联邦学习网络可能涉及大量设备，例如数百万部智能手机，并且网络中的通信可能比本地计算慢几个数量级。为了使模型与联邦网络中设备生成的数据相匹配，有必要开发通信高效的方法，在训练过程中迭代发送小型消息或模型更新，而不是将整个数据集发送到网络上。也就是说，为了进一步降低通信成本，我们需要考虑两个关键方面：减少通信轮数，减小每轮传输信息的大小。

挑战 2：系统异构性。联邦学习网络中每个设备的存储、计算和通信能力可能由于硬件（CPU、内存）、网络连接（3G、4G、5G、WiFi）和电源（电池水平）的变化而不同。此外，网络资源和系统相关限制通常会导致只有一小部分设备同时处于活动状态，例如，在一个拥有百万设备的网络中有数百个活动设备。这些设备也可能是不可靠的，由于网络连接或能量限制，活跃设备在给定的迭代中退出是很常见的。这些系统级特征极大地加剧了诸如延迟缓解和容错等挑战的困难程度。因此，所开发和分析的联邦学习方法必须具有如下特质：预期低参与量，容忍异构硬件，对网络中丢弃的设备具有鲁棒性。

挑战 3：统计异构性。设备经常在网络中以非同一分布方式生成和收集数据，例如，手机用户在下一个单词预测任务中使用不同的语言。此外，设备之间的数据点数量可能会有很大的差异，可能存在一个底层结构来捕获设备之间的关系及其相关分布。这种数据生成范式违反了分布式优化中经常使用的独立同分布假设，增加了设备掉队的可能性，并可能增加建模、分析和评估方面的复杂性。事实上，尽管常见的联邦学习问题旨在学习单个全局模型，但也存在其他替代方案，如通过多任务学习框架同时学习不同的局部模型（参考 Smith 等人 2017 年发表的文章）。在这方面，联邦学习和元学习的主要方法之间也有密切的联系（参考 Li 等人 2019 年发表的文章）。多任务和元学习都支持个性化或特定设备的建模，这通常是处理数据统计异构性更自然的方法。

挑战 4：隐私问题。隐私通常是联邦学习应用程序的主要关注点。联邦学习通过共享模型更新（例如梯度信息或者模型参数，而不是原始数据），在保护每个设备上生成的数据方面迈出了一步（参考 Carlini 等人 2018 年发表的文章）。然而，在整个训练过程中通信模型更新仍然可能向第三方或中央服务器泄露敏感信息（参考 McMahan 等人 2017 年发表的关于语言模型的文章）。虽然最近提出的方法旨在通过安全多方计算或差分隐私等工具增强联邦学习的隐私性，但这些方法通常以降低模型性能或系统效率为代价。理解和平衡这些取舍，无论是在理论上还是在实践上，都是实现隐私联邦学习系统的一个相当大的挑战。

以上四个挑战也将是联邦学习的主要发展趋势和方向。

1.3 分布式机器学习与联邦学习

分布式机器学习也称分布式学习，是指利用多个计算节点（也称工作节点，Worker）进行机器学习或者深度学习的算法和系统，旨在提高性能、保护隐私，并可扩展至更大规模的训练数据和更大的模型。联邦学习可以看作分布式学习的一种特殊类型，它可以进一步解决分布式机器学习遇到的一些困难，从而构建面向隐私保护的人工智能应用和产品。

1.3.1 分布式机器学习的发展历史

近年来，新技术的快速发展导致数据量空前增长。机器学习算法正越来越多地用于分析数据集和建立决策系统。而由于问题的复杂性，例如控制自动驾驶汽车、识别语音或预测消费者行为（参考 Khandani 等人 2010 年发表的文章），算法解决方案并不可行。在某些情况下，单个机器上模型训练的较长运行时间促使解决方案设计者使用分布式系统，以增加并行度和 I/O 带宽总量，因为复杂应用程序所需的训练数据可以很容易就达到 TB 级。在其他情况下，当数据本身是分布式的或量太大而不能存储在单个机器上时，集中式解决方案甚至不可取。例如，大型企业对存储在不同位置的数据进行事务处理，或者由于数据量太大而无法移动和集中。为了使这些类型的数据集可以作为机器学习问题的训练数据被访问，必须选择并实现能够并行计算、适应多种数据分布和拥有故障恢复能力的算法。

近年来，机器学习技术得到了广泛应用。虽然出现了各种相互竞争的方法和算法，但使用的数据表示在结构上非常相似。机器学习工作中的大部分计算都是关于向量、矩阵或张量的基本转换，这些都是线性代数中常见的问题。几十年来，对这种操作进行优化的需求一直是高性能计算（High Performance Computing，HPC）领域高度活跃的研究方向。因此，一些来自 HPC 社区的技术和库（例如，BLAS 或 MPI）已经被机器学习社区成功地采用并集成到系统中。与此同时，HPC 社区已经确定机器学习是一种新兴的高价值工作负载，并开始将 HPC 方法应用于机器学习。Coates 等人在他们的商用高性能计算

（COTS HPC）系统上用短短三天训练了一个含有 10 亿个参数的网络。You 等人于 2017 年提出在 Intel 的 Knights Landing 上优化神经网络的训练，Knights Landing 是一种为高性能计算应用设计的芯片。Kurth 等人于 2017 年演示了深度学习问题（如提取天气模式）是如何在大型并行 HPC 系统上进行优化和扩展的。Yan 等人于 2016 年提出通过借用 HPC 的轻量级分析等技术建模工作负载需求，可解决在云计算基础设施上调度深度神经网络应用的挑战。Li 等人于 2017 年研究了深度神经网络在加速器上运行时针对硬件错误的恢复特性（加速器经常部署在主要的高性能计算系统中）。

同其他大规模计算挑战一样，我们有两种基本不同且互补的方式来加速工作负载：向一台机器添加更多资源（垂直扩展，比如 GPU/TPU 计算核心的不断提升），向系统添加更多节点（水平扩展，成本低）。

传统的超级计算机、网格和云之间的界限越来越模糊，尤其在涉及机器学习等高要求的工作负载的最佳执行环境时。例如，GPU 和加速器在主要的云数据中心中更加常见。因此，机器学习工作负载的并行化对大规模实现可接受的性能至关重要。然而，当从集中式解决方案过渡到分布式系统时，分布式计算在性能、可伸缩性、故障弹性或安全性方面面临严峻挑战。

1.3.2　分布式机器学习概述

由于每种算法都有独特的通信模式，因此设计一个能够有效分布常规机器学习的通用系统是一项挑战。尽管目前分布式机器学习有各种不同的概念和实现，但我们将介绍一个覆盖整个设计空间的公共架构。一般来说，机器学习问题可以分为训练阶段和预测阶段（见图 1-5）。训练阶段包括训练一个机器学习模型，通过输入大量的训练数据，并使用常用的 ML 算法，如进化算法（Evolutionary Algorithm，EA）、基于规则的机器学习算法（Rule-based Machine Learning algorithm，比如决策树和关联规则）、主题模型（Topic Model，TM）、矩阵分解（Matrix Factorization）和基于随机梯度下降（Stochastic Gradient Descent，SGD）的算法等，进行模型更新。除了为给定的问题选择一个合适的算法之外，我们还需要为所选择的算法进行超参数调优。训练阶段的最终结果是获得一个训练模型。预测阶段是在实践中部署经过训练的模型。经过训练的模型接收新数据（作为输入），并生成预测（作为输出）。虽然模型的训练阶段通常需要大量的计算，并且需要大量的数据集，但是可以用较少的计算能力来执行推理。训练阶段和预测阶段不是相互排斥的。增量学习（Incremental learning）将训练阶段和预测阶段相结合，利用预测阶段的新数据对模型进行连续训练。

当涉及分布式时，我们可以用两种不同的方法将问题划分到所有机器上，即数据或模型并行（见图 1-6）。这两种方法也可以同时应用。在数据并行（Data Parallel）方法中，系统中有多少工作节点，数据就被分区多少次，然后所有工作节点都会对不同的数据集应用相同的算法。相同的模型可用于所有工作节点（通过集中化或复制），因此可以自然地产生单个一致的输出。该方法可用于在数据样本上满足独立同分布假设的每个

ML 算法（即大多数 ML 算法）。在模型并行（Model Parallel）方法中，整个数据集的精确副本由工作节点处理，工作节点操作模型的不同部分。因此，模型是所有模型部件的聚合。模型并行方法不能自动应用于每一种机器学习算法，因为模型参数通常不能被分割。

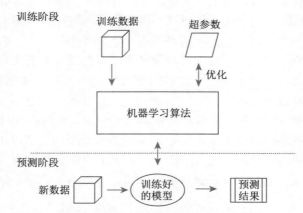

图 1-5   机器学习结构。在训练阶段，使用训练数据和调整超参数对 ML 模型进行优化。然后，将训练好的模型部署到系统中，为输入的新数据提供预测

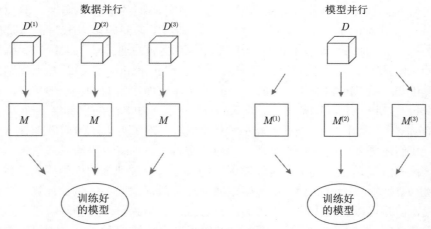

图 1-6   分布式机器学习中的并行性。数据并行性是在训练数据集的不同子集上训练同一模型的多个实例，而模型并行性是将单个模型的并行路径分布到多个节点上

一种选择是训练相同或相似模型的不同实例，并使用集成之类的方法（如 Bagging、Boosting 等）聚合所有训练过的模型的输出。最终的架构决策是分布式机器学习系统的拓扑结构。组成分布式系统的不同节点需要通过特定的体系结构模式进行连接，以实现丰富的功能。这是一个常见的任务。然而，模式的选择对节点可以扮演的角色、节点之间

的通信程度以及整个部署的故障恢复能力都有影响。图 1-7显示了 4 种可能的拓扑，符合 Baran 对分布式通信网络的一般分类。集中式结构（图 1-7a）采用一种严格的分层方法进行聚合，它发生在单个中心位置。去中心化的结构允许中间聚合，当聚合被广播到所有节点时（如树拓扑），复制模型会不断更新（图 1-7b），或者使用在多个参数服务器上分片的分区模型（图 1-7c）。完全分布式结构（图 1-7d）由独立的节点网络组成，这些节点将解决方案集成在一起，并且每个节点没有被分配特定的角色。

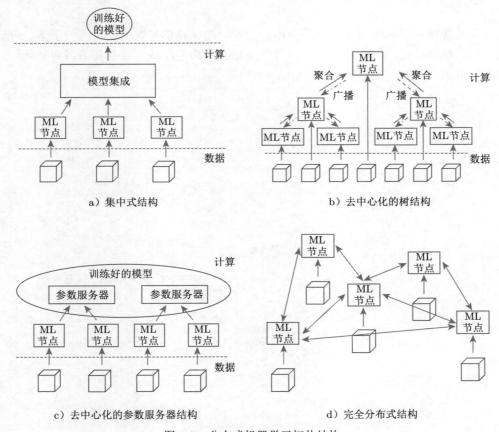

a）集中式结构　　　　　　　　　　　　b）去中心化的树结构

c）去中心化的参数服务器结构　　　　　　d）完全分布式结构

图 1-7　分布式机器学习拓扑结构

1.3.3　分布式机器学习与联邦学习的共同发展

　　分布式机器学习发展到现在，也产生了隐私保护的一些需求，从而与联邦学习产生了一些内容上的交叉。常见的加密方法，如安全多方计算、同态计算、差分隐私等也逐渐应用在分布式机器学习中。总的来说，联邦学习是利用分布式资源协同训练机器学习模型的一种有效方法。联邦学习是一种分布式机器学习方法，其中多个用户协同训练一个模型，同时保持原始数据分散，而不移动到单个服务器或数据中心。在联邦学习中，原始数据或基于原始数据进行安全处理生成的数据被用作训练数据。联邦学习只允许在分布式计算资源之间传输中间数据，同时避免传输训练数据。分布式计算资源是指终端用户的移动设备或多个组织的服务器。联邦学习将代码引入数据，而不是将数据引入代码，从技术上解决了隐私、所有权和数据位置的基本问题。这样，联邦学习可以使多个用户在满足合法数据限制的同时协同训练一个模型。

1.4　总结

本章主要是对联邦学习进行整体介绍，让读者对联邦学习有一个大致的了解。希望通过这一章的整体讲述，读者能对联邦学习产生足够的兴趣，从而投身其中，为联邦学习技术的进步贡献自己的一份力量。

CHAPTER 2

第 2 章

联邦学习应用场景

在如今的机器学习算法中，我们为了捕捉某种关系（比如，存在于疾病模式、社会经济、遗传因素以及复杂和罕见病例之间的关系），需要一种可以适应各种情况的模型。这就需要我们收集足够多的数据来模拟问题深处的真实数据分布，从而充分评估我们的模型。然而，集中收集和保存来自不同机构的数据，不仅面临与隐私和数据保护相关的监管、道德和法律挑战，还会带来技术挑战。联邦学习通过支持来自非共存数据的机器学习算法，可以从技术层面应对隐私和数据治理方面的挑战。本章仅从技术视角对联邦学习在金融、生物医学、计算机视觉、自然语言处理、边缘计算和云计算、计算机硬件等方面的应用场景进行回顾和展望，如涉及数据收集方面的信息，请注意需要满足管辖地法律法规及监管的要求。

2.1 联邦学习与金融

由于金融行业的敏感性，金融数据的应用受到客户和监管机构的严格监管。为了在保护隐私的同时有效释放大数据生产力，更快完成业务的迭代和创新，更敏捷地适应市场变化，提升业务竞争力，许多金融公司和商业银行都在利用联邦学习为参与方创造多赢的局面。常见的联邦学习在金融领域的应用有信贷风控、反洗钱和智慧生态等。

在信贷审查业务办理过程中，银行需要访问行外多种客户信用数据接口。在这些数据接口中，绝大部分不是免费的，并且对于有些较为关键的数据，银行等金融机构无法取得。因此，商业银行在面对客户特别是小微企业客户时，由于缺乏有效的信用数据支撑，无法为其提供相应的信贷服务，导致小微企业融资难、融资贵、融资慢，这也是普惠金融发展过程中面对的一个重大难题。

最近几年，传统金融风控业务中引入了人工智能等数字金融科技，用人工智能技术综合判断贷款客户的资质和信用情况，例如小微企业的经营状况、盈利能力、收入和未来成长潜力等，以此作为客户的准入评估。但人工智能技术的应用首先要解决建模所需的多源数据整合问题，通过联邦学习，可建立一种新的数据合作模式，从合作伙伴获取银行潜在客户特别是小微客户的交易数据、税务数据、工商信息等多维度的特征数据，解决小微客户信贷评审数据稀缺、不全面、历史信息沉淀不足等问题，从风险源头切入，帮助金融机构过滤信贷黑名单或明显没有转化的贷款客户，进一步降低信贷审批流程后期的信用审核成本。

除此之外，反洗钱、反恐怖融资及金融合规管理越来越受到世界各国的高度重视，已逐渐从技术层面上升到国家和地区安全的高度。境内外监管机构不断强化反洗钱监管，持续提升监管标准和要求。对于银行来讲，依法合规是持续健康经营的基本条件，建设高标准的反洗钱体系是商业银行国际化发展必须跨越的门槛。

在银行反洗钱业务中，传统的做法存在数据单一、流程设计繁杂、需要大量人工干预等问题。将联邦学习应用到银行反洗钱业务中，探索商业银行与政府机构、银行同业等多数据拥有方共同建模，可解决传统银行反洗钱业务中基于规则的模型存在的数据来源少、覆盖范围不足等问题。同时，还可以让多个银行参与方贡献不同维度的数据特征进行联合建模，促进跨行反洗钱监管，并利用现存的多种机器学习模型，提升反洗钱业务的智能化水平，减少人工判断和干预，自动识别风险因素，有效提升反洗钱系统的识别准确率，如图 2-1所示。

图 2-1   通过对分布在商业银行、数字金融、电子商务和电信行业的数据特征进行学习，我
们可以实现联邦学习在金融方面的应用

随着我国经济的发展，消费升级进程也在持续加快，新零售行业应运而生。在新零售的各个环节中，在合法合规的前提下实现数字化经营成为零售企业应对变化和挑战的重要手段。以生鲜产品为例，通过动态盘点、排面管理、爆品预测及推荐等，完成货物新鲜度及折扣促销策略实时调整，推动止损策略及时反馈。同时，通过智能模型进行爆品预测，为零售企业提供预测信息，以便于企业进行营销策略优化，提升销售转化。商业银行同样

需要在这个生态中为企业和个人规划好个性化的金融服务，提升金融服务质量。

智慧零售业务场景涉及的数据特征主要包含用户购买能力、用户个人偏好以及产品特点三部分。但在实际情况中，这三种数据特征常常由多方企业拥有，鉴于国内外数据隐私保护法律法规，这些企业不能直接把各方数据加以合并，它们各自的数据量和数据特征也都不足以单独建立高质量模型来得到最优结果。

通过联邦学习，各机构的数据不用合并即可联合构建机器学习模型，一方面充分保护了用户隐私和数据安全，另一方面也为智慧零售的各个参与方在金融服务设计、商品配置及营销策略等方面提供了解决方案。

2.2 联邦学习与生物医学

人工智能的研究，尤其是机器学习和深度学习的进步，促进了放射学、病理学、基因组学和其他领域的颠覆性创新。现在的深度学习模型有数百万个参数，需要从足够大的数据集中学习，以达到临床级的准确性，同时还要保证安全、公正、公平，并能很好地推广到其他数据。例如，训练一个基于人工智能的肿瘤检测器需要一个包含所有可能的涉及解剖学、病理学等输入数据类型的大型数据库。这样的数据很难获得，因为健康数据高度敏感，而且对它的使用受到严格监管。即使数据匿名化可以绕过这些限制，人们也很清楚，删除病人姓名或出生日期等元数据往往不足以保护隐私。例如，可以利用计算机断层扫描（CT）或磁共振成像（MRI）数据重建患者的面部。在医疗保健领域，数据共享不被支持的另一个原因是，收集、管理和维护高质量的数据集需要花费大量的时间、精力和费用。因此，这样的数据集可能具有重要的业务价值，使它们不太可能被自由共享。相反，数据收集者通常对他们收集的数据保持细致的控制。

2020 年由于疫情的影响，医疗保健行业资源的缺乏非常明显。正如前文所述，如果一些医学数据集来自少数几个来源，这可能会在人口统计数据上（如性别、年龄）或者技术不均衡上（如采集协议、设备制造商）引入偏差，从而在预测方面产生偏见，并对模型在某些群体或场所上的准确性产生不利影响。然而，为了捕捉疾病模式、社会经济和遗传因素以及复杂和罕见病例之间的微妙关系，至关重要的是让一个模型接触和学习到各种各样的病例。用于人工智能训练的大型数据库的需求催生了许多寻求汇集多个机构数据的计划。这些数据通常被收集到所谓的数据湖中。它们的目标是利用数据的商业价值，如 IBM 的合并医疗保健收购，或作为经济增长和科学进步的资源，如 NHS 苏格兰的国家安全港、法国健康数据中心和英国健康数据研究。尽管规模较小，但实质性的一些计划项目包括人类连接体（Human Connectome）、英国生物数据库（UK Biobank）、癌症成像存档（The Cancer Imaging Archive，TCIA）、美国国立卫生研究院（National Institutes of Health，NIH）的 CXR8 和 DeepLesion、癌症基因组图谱（the Cancer Genome Atlas，TCGA）、阿尔茨海默病神经影像学倡议（the Alzheimer's Disease Neuroimaging Initiative，ADNI）以及医疗重大竞赛挑战，比如 CAMELYON 竞赛、国际多模态脑肿瘤分割（the International

Multimodal Brain Tumor Segmentation，BraTS）竞赛或医学分割十项全能。公共医疗数据通常是特定于任务或疾病的，发布时往往受到不同程度的许可限制，有时限制了其利用。然而，集中或释放数据不仅会带来与隐私和数据保护相关的监管、道德和法律挑战，还会带来技术挑战。匿名、控制访问和安全传输医疗数据是一项艰巨的任务，有时甚至是不可能完成的任务。电子病历中的匿名数据看起来无害且符合 GDPR/PHI，但还是会有少数数据中的组成元素可以重新识别出具体的患者。这同样适用于基因组数据和医学图像，使它们像指纹一样独特。因此，除非匿名处理破坏了数据的保真度，使数据失效，否则不能排除患者重新识别或信息泄露的可能性。通常建议为已经通过认证的用户提供门禁访问，以解决该问题。然而，除了限制数据的可获取性外，这只适用于数据拥有人无条件同意的情况，因为从那些有可能访问过数据的人那里收回数据实际上是不可执行的。

联邦学习通过支持基于分布式数据的机器学习算法，从技术层面解决了隐私和数据治理方面的问题。在联邦学习设置中，每个数据控制器不仅能定义自己的数据处理流程和相关的隐私策略，还能控制数据访问，这包括在训练和验证阶段。通过这种方式，联邦学习可以创造新的机会，例如支持罕见疾病的新研究，因为其发病率很低，每个机构的数据集都太小。"将模型移到数据"而不是"将数据移到模型"还有另一个主要优势：高维、存储密集的医疗数据不必从本地机构复制到集中的池中，而且用于本地模型训练的数据也不需要被每个用户再次复制。当模型被转移到本地机构时，它可以随着潜在增长的数据集自然扩展，而不需要成倍增加数据存储。

由于联邦学习是一种通用的学习方法，它避免了传统人工智能模型开发的数据池要求，因此联邦学习的应用范围可以涵盖整个人工智能医疗领域。

例如，在电子健康记录背景下，联邦学习有助于找到临床上表征相似的患者，如图 2-2 所示。联邦学习的适用性和优势已在医学成像领域得到证实。其可用于磁共振成像（Magnetic Resonance Imaging，MRI）中的全脑分割以及脑肿瘤分割。最近，该技术已用于功能磁共振成像（functional Magnetic Resonance Imaging，fMRI）分类，以便找到可靠的疾病相关生物标记物。

值得注意的是，联邦学习的方法仍需要用协议来定义所使用的范围、目标和技术。但由于它仍然是全新的技术，因此很难受到及时的监管。在这种背景下，现在的一些举措确实对未来医疗保健应用安全、公平和创新协作标准具有开创性意义。

这些努力包括旨在推进学术研究的联盟，例如可信赖的联邦数据分析（the Trustworthy Federated Data Analytics，TFDA）项目和德国癌症联盟的联合成像平台（German Cancer Consortium's Joint Imaging Platform），这使德国医学影像研究机构的分布式研究成为可能。另一个例子是一个国际研究合作项目，该项目研究者使用联邦学习来开发用于评估乳房 X 线照片的 AI 模型。研究表明，联邦学习生成的模型优于在单个机构的数据上训练的模型，并且更具通用性。然而，联邦学习并不局限于学术环境。

通过将医疗机构（不限于研究中心）联合起来，联邦学习可以产生直接的临床影响。例如，正在进行的 HealthChain 项目旨在在法国的 4 家医院开发和部署联邦学习框架。该解决方案可以生成预测乳腺癌和黑色素瘤患者治疗反应的通用模型。它可以帮助肿瘤科医生从组织学幻灯片或皮肤镜检查图像中确定每位患者的最有效治疗方法。另一个大规模研究工作是联合肿瘤分割（the Federated Tumour Segmentation，FeTS）计划，其目的是改善肿瘤边界检测，包括脑胶质瘤、乳腺肿瘤、肝肿瘤和多发性骨髓瘤患者的骨骼病变。

图 2-2 通过对分布在多个医院的异构电子健康记录进行学习，我们可以实现个人医疗保健的联邦学习应用

联邦学习影响的另一个领域是工业研究和转译。联邦学习甚至可以提供与竞争公司开展合作研究的机会。在这方面，最大的举措之一是梅洛迪项目。该项目旨在在 10 家制药公司的数据集中部署多任务联邦学习，通过训练一个通用的预测模型，推断化合物如何与蛋白质结合，并在不揭示其内部数据的情况下优化药物发现过程。

2.3 联邦学习与计算机视觉

计算机视觉（Computer Vision，CV）是一门研究如何使机器"看"的科学，更进一步地说，就是用摄影机和计算机代替人眼对目标进行识别、跟踪和测量等，并进一步做图像处理。

作为一门科学学科，计算机视觉研究相关理论和技术试图创建能够从图像或者多维数据中获取"信息"的人工智能系统。这里的"信息"指由信息学家香农定义的，可以用来帮助做一个"决定"的信息。因为感知可以看作从感官信号中提取信息，所以计算机视觉也可以看作研究如何使人工系统从图像或多维数据中"感知"的科学。

作为一门工程学科，计算机视觉寻求基于相关理论与模型来创建计算机视觉系统。这类系统的组成部分包括：

- ❑ 过程控制（例如工业机器人和无人驾驶汽车）。
- ❑ 事件监测（例如图像监测）。
- ❑ 信息组织（例如图像数据库和图像序列的索引创建）。
- ❑ 物体与环境建模（例如工业检查、医学图像分析和拓扑建模）。
- ❑ 交感互动（例如人机互动的输入设备）。

计算机视觉同样可以被看作生物视觉的一个补充。在生物视觉领域，人类和各种动物的视觉都得到了研究，从而创建了这些视觉系统感知信息过程中所使用的物理模型。在计算机视觉中，靠软件和硬件实现的人工智能系统得到了研究与描述。生物视觉与计算机视觉的学科间交流为彼此带来了巨大价值。

计算机视觉包含画面重建、事件监测、目标跟踪、目标识别、机器学习、图像分割、图像恢复等多个方面。计算机视觉自 20 世纪 80 年代首次公开亮相以来，发展十分迅速，其特征提取方式逐渐从底层图像特征如梯度直方图（Histogram of Gradient，HOG）和尺度不变特征转换（Scale Invariant Feature Transform，SIFT）等转变为深度神经网络（Deep Neural Network，DNN）和卷积神经网络（Convolutional Neural Network, CNN）（相比 DNN，CNN 引入了卷积核，从而能捕捉图像的局部特征，获得性能的提升）。传统的 CV 解决方案大多采用图像预处理、特征提取、模型训练和输出结果这样的步骤顺序。随着深度学习框架的发展，计算机视觉问题可直接通过端到端的方式解决，我们所需要做的只是输入原始数据，其他烦琐的工程作业将留给机器和框架来自动处理。

得益于大量可获得的图像数据集，比如经典的 CIFAR-10/100、STL-10 和备受关注的 ImageNet，计算机视觉领域获得了长足的发展，推动着人工智能行业继续向前。然而，这种以数据为中心的发展模式极大地阻碍了大量小公司对先进的人工智能技术的使用。这些公司掌握着虽然有限但极具价值的数据资源，一种可行的方式是进行数据共享，然而由于数据隐私保护、监管风险和商业秘密等多方面原因，小公司对此的积极性并不强烈。现在有了联邦学习技术，它允许多家公司在不泄露数据隐私的前提下，利用自身所拥有的数据，协同地训练和共享人工智能模型。此外，联邦学习支持线上实时反馈和模型动态更新，使得经过训练后的模型可以实时符合用户的动态需求。

在目标识别和检测领域，例如一篇被人工智能领域顶级会议 AAAI2020[⊖]收录的论文介绍了一个基于联邦学习的在线视觉物体检测平台 FedVision。区别于传统的集中式数据聚合方式的训练（见图 2-3），这篇文章提出用基于联邦学习的模型聚合的新式训练方式，让非联邦学习技术的从业者也能快速开展学习与训练新的目标检测框架，如图 2-4 所

⊖ AAAI 全称为 Association for the Advance of Artificial Intelligence，它被认定为中国计算机学会（China Computer Federation, CCF）A 类会议。同样，CCF-A 类的人工智能顶级会议还有 CVPR、IJCAI、ICCV、ACL、ICML 和 NeurIPS。

示。传统的训练方式是让多个用户先进行数据的标注工作[⊖]（一般称为众包图像标注，即 Crowdsourced Image Annotation），然后将标注好的图像统一上传到云数据库进行保存，之后基于获得的数据进行模型（这里的模型选用的是目标检测的经典模型 YOLO V3）训练调优，最后使用训练好的模型进行推理评估和实际应用。正如前文所述，传统的训练方式不能很好地适应小公司的数据保护和模型使用需求，因而难以进行推广。

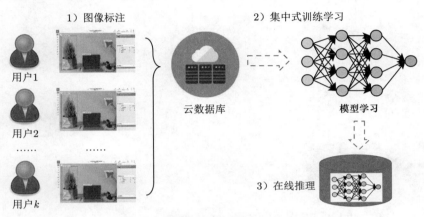

图 2-3　传统的数据集中式训练方式

　　现在，基于全新的联邦学习的训练方式如图 2-4所示，每个用户的标注数据不再需要上传到公共服务器上，大大方便了模型的训练进程。我们现在只需将模型框架从联邦学习服务器发送到每一个参与方，然后直接使用本地存储的数据来训练这个模型。训练收敛后，来自各方的加密模型参数将被发送回服务器，之后将它们聚合到一个全局模型中。这个全局模型最终将分发给联邦中的各方，用于后续推理评估工作。这篇文章中的具体任务是火焰检测，我们还可以将其扩展到更多的应用中，比如物体产品的缺陷检测、行为异常检测、安保检测等。

　　行人重识别（Person Re-identification）也是 CV 领域比较热门的方向。它是一种利用计算机视觉技术判断图像或者视频序列中是否存在特定行人的技术。给定一个拟监控行人的图像，检索跨设备下的该行人图像，旨在弥补固定单个摄像头的视觉局限，并可与行人检测/行人跟踪技术相结合，广泛应用于智能视频监控、智能安保等领域。然而，当前行人重识别模型的训练依赖于大量集中的个人图像数据，给个人信息带来潜在的隐私风险，甚至导致一些国家的行人重识别研究项目暂停。因此，我们有必要在保护隐私的前提下引导其发展。南洋理工大学和商汤科技公司联合提出了针对这一任务的一个全新联邦学习框架 FedReID，然后根据模型结构并非在所有客户机中都相同（即可能拥有不同的身份分类器）

这一特点，提出了一个性能优化的方法 Federated Partial Averaging（FedPav），该方法支持与具有部分不同模型的客户机进行联合训练。在整个模型训练过程中，它与 Federated Averaging（FedAvg）相似，不同之处在于每个客户端只将更新后模型的一部分发送到服务器。

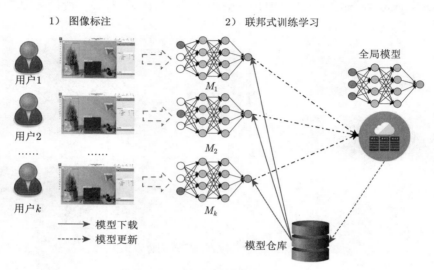

图 2-4　新型的模型集中式训练方式

随着各国政策加强对隐私的保护，如行人重识别等数据隐私敏感型技术的应用恐怕会越发具有挑战性，这也会给联邦学习带来一些新的机遇。

2.4　联邦学习与自然语言处理

自然语言处理（Natural Language Processing，NLP）是人工智能和语言学领域的分支学科，一般有认知、理解、生成等部分。

自然语言认知和理解是让计算机把输入的语言变成有意思的符号和关系，然后根据目的再处理。自然语言生成系统则是把计算机数据转化为自然语言。

随着计算机视觉领域中 CNN 技术的不断发展，研究者也开始在自然语言处理中采用相似的技术来处理文本信息。然而，卷积神经网络只是关注局部信息的网络结构，导致它在文本信息处理上难以捕捉和存储长距离的依赖信息。人们一方面想通过扩大卷积核、增加通道数来定位捕捉长距离依赖信息，另一方面又害怕由于扩大模型参数所导致的维度灾难。另外，循环神经网络（Recurrent Neural Network，RNN）及其变体——长短期记忆网络（Long Short Term Memory，LSTM）、门控循环单元（Gate Recurrent Unit，GRU）相继被提出来解决这些问题，该结构能够将前文的信息写入记忆模块之中，是因为它们内部有各种门结构。其中，输入门能够让神经网络有选择性地记录一些长时的有效信息，遗忘门会有针对性地抛弃一些冗余信息，更新门可以让网络根据输入对自身当前的状态进行实时更新。然而，这种序列式网络结构及其将有效信息分散存储的方式还是不能很好地存储那些超长的文本依赖信息。此外，这种结构还不能方便地进行并行化加速。

2017 年，横空出世的 Transformer 带着全新的自注意力机制（Self-Attention Scheme）及其变体 BERT 和 GPT-3 等，开始霸占各种 NLP 任务中的最优模型（State-Of-The-Art，SOTA）榜单。自注意力机制可以并行、动态地更新输入文本中每个单词的映射结果，由此捕捉长距离的单词序列化信息。超强的模型性能需要大量的模型参数，最新模型的参数以数十亿计。随着参数的增多，模型性能似乎还在不断上升。现在，一些 Transformer 模型在 CV 领域也有应用，比如 Vision Transformer（ViT）。然而，这些自然语言处理方法都需要将用户的隐私数据存储起来，共同训练模型。在现实情况下，用户的自然语言数据也是高度敏感的，因此我们需要引用联邦学习技术。

在智能化时代，智能手机几乎是标配的电子产品，其中的输入法成为与他人沟通的必要一环。作为输入法中的佼佼者，Gboard 支持 600 多种语言，安装量超过 10 亿次。Gboard 提供多种输入功能，包括点击和单词手势输入、自动校正、单词补全和下一个单词预测。从用户产生的数据中学习频繁输入的单词是开发移动设备键盘的一个重要组成部分。常见用法包括融入新的流行词汇（名人姓名、流行文化词汇等），或者简单地弥补最初键盘实现中的遗漏，特别是对于资源较少的语言。单词列表通常被称为词汇表，可能是手工录入的，也可能不是。词汇表中缺少的单词无法在键盘建议条上预测，也无法通过手势输入；甚至于，即使输入正确，也可能被自动更正。此外，移动键盘模型在很多方面受到限制。为了在低端和高端设备上运行，模型应该小，推理时间延迟应该低。用户通常希望在输入事件发生后的 20 毫秒内得到可见的键盘响应。考虑到移动键盘应用程序的使用频率，如果 CPU 消耗不受限制，客户端设备的电池可能会很快耗尽。因此，语言模型的大小通常被限制为数十兆字节，词汇表限制为数十万个单词。这意味着支持该模型的词汇表在本质上是有限的。因此，在这个相当短的词汇表中发现并包含最有用的单词是至关重要的。而不在词汇表中的单词通常被称为词汇表外（Out-Of-Vocabulary，OOV）单词。注意，词汇表的概念并不局限于移动设备的键盘。其他自然语言应用，例如神经机器翻译（Neural Machine Translation，NMT），依赖词汇表在端到端训练中对单词进行编码。因此，学习 OOV 单词及其排序是一项相当普遍的技术需求。考虑到在集中的服务器上传输和存储用户内容有隐私泄露风险，但是只从单个用户设备上训练语言模型（这里可以是任意序列化的 RNN 模型）学习效果又不会好，因此，谷歌提出用联邦学习技术 FederatedAveraging 训练用户设备上的模型。当有模型交互更新需求时，只上传即时模型更新到服务器并进行模型聚合，而将用户的原始数据留在自己的设备上，原理类似图 2-4。

除此之外，研究者还提出用联邦学习技术来处理输入法的下一个单词提示预测任务。下一个单词预测提供了一个方便用户进行文本输入的工具。基于少量用户生成的文本，语言模型可以预测下一个最可能出现的单词或短语。使用联邦学习训练的神经语言模型比传统的基于服务器收集和训练的模型表现出更好的性能。相似的任务还有 Emoji 表情建议功能，这两种任务因为其内在的相似性，所以采用了相似的网络设计，即 LSTM 的变体——耦合输入遗忘门（Coupled Input and Forget Gate，CIFG）。与门控循环单元 (GRU) 一样，CIFG 使用单个门来控制输入和循环单元自连接。与 LSTM 相比，这种耦合使每个单元的参数数量减少了 25%。CIFG 架构在移动设备环境中具有优势，因为它减少了计算次数和降低了参数量，而不影响模型的性能。

有的公司把联邦学习技术扩展到了输入法的搜索查询建议中，即当用户输入文本时，Gboard 使用基线模型（baseline model，也指最基础的模型，结合知识图谱和 LSTM 模型，并采用传统的服务器训练方式）来确定并显示与输入相关的搜索建议，如图 2-5所示。例如，键入 "Let's eat at Charlie's"（去查理家餐馆吃饭）可能会显示一个网页的查询建议，以搜索附近同名的餐馆，其他类型的建议包括动图和表情包图片。它们通过使用 FL 训练的额外触发模型（triggering model，该模型从基线模型中接收建议的查询候选项，并确定是否应该向用户显示建议。实验中使用的触发模型是经过训练的逻辑回归模型，以此预测点击概率，输出给定查询的分数，分数越高，表示对建议的信任度越高），过滤基线模型中的查询建议来改进该项功能。通过将查询建议与 FL 推理相结合，它们完成了对 Gboard 建议质量的改进，同时保护了用户隐私并遵守移动设备约束。类似地，为了提高浏览器 URL 地址栏中输入建议的排序性能，它们使用联邦学习以保护隐私的方式训练了一个用户交互模型。这个模型成功地取代了手工制作的启发式模型方法。结果显示，用户可以少输入半个字符来找到他们想要的东西。

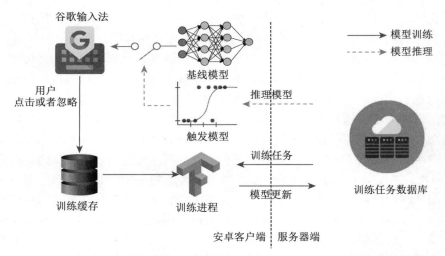

图 2-5　谷歌输入法的搜索查询建议训练示意图。这里使用了 TensorFlow 的移动端框架 TensorFlow Lite 来进行模型训练

在智能时代，人们更常接触的是智能手机上的语音助手功能，唤醒词检测用于开启与语音助手的交互。关键字识别通过连续监听一个音频流来检测预定义的关键字或一组关键

字。唤醒词的典型例子包括不同场景中的应用，如 "Hey Siri" "OK，Google" 和 "小爱同学" 等。一旦检测到唤醒词，语音输入就会被语音理解引擎激活，从而增强语音助手的感知能力。唤醒词检测器通常以一种 always-on（常驻后台）方式在设备上运行，这主要带来了两个困难。第一，它应该以最小的内存占用和计算成本运行。唤醒词检测器的资源约束是 20 万个参数和 20MFLOPS（Million Floating-point Operations per Second，每秒百万个浮点操作）。第二，唤醒词检测器在各种使用情况下都应该表现一致，并对背景噪声具有鲁棒性。由于模型可以在任何时候被触发，因此高准确性更加重要：它被期望捕获大部分命令（高召回），而不是无意触发（低误报率）。如今，唤醒词检测器通常是根据在真实使用环境中收集的数据集进行训练的，例如用户的家里。语音数据本质上也是敏感数据。最近，Snips 研究了联邦学习在嵌入式唤醒词检测上下文中的应用。他们首次提出使用受常用的深度神经网络优化算法 Adam 启发的自适应平均策略来代替标准的联邦加权平均模型，大大减少了达到目标性能所需的通信轮数。该算法在每个用户的上游通信成本仅为 8MB，这在智能家庭语音助手的背景下是可以接受的。

除了虚拟数字键盘和语音方面的应用，来自波士顿儿童医院的研究者 Dianbo Liu 提出利用大量的临床记录，将 NLP 模型用于训练一个医学上有用、可推广的上下文表示模型。此外，由于临床医生在医院和医疗保健系统之间书写记录的方式差异很大，因此从多方获取数据是很重要的。然而，由于隐私和监管问题，共享临床数据是困难的。以联邦学习的方式训练 NLP 模型是克服这些挑战的一个很好的选择。在文章中，他们采用联邦学习，利用来自多个站点的临床记录对 BERT 模型进行训练，而不会使记录内容泄露。他们还提出可以对不同的下游任务，例如名称实体识别（Name Entity Recognition，NER）进行 BERT 模型的联邦学习微调。

从数字虚拟键盘到语音再到临床记录，联邦学习在 NLP 领域的应用越来越丰富。我们期待以后可以形成一个更大规模的 NLP 预训练模型，囊括几乎所有的 NLP 任务。

2.5　联邦学习与边缘计算和云计算

云计算是一种通过向用户提供网络访问来共享计算资源的成熟模型。在云计算模型中，用户与数据中心通信，获取硬件、软件等计算资源并存储数据。然而，近年来，客户端设备（如智能设备和监视器）的数量迅速增长。据物联网分析公司报告称，仅 2018 年联网设备的数量就已达 170 亿。这些客户端设备产生大量需要处理的数据。设备和数据中心之间的数据传输和数据加密的开销成为许多物联网场景的主要瓶颈，因此我们在吞吐量、延迟和安全保障方面面临严峻的挑战。边缘计算（Edge Computing）作为一种有前景的技术框架出现，以应对云计算的挑战。边缘计算框架在传统云计算框架的基础上增加了一个新的层，称为边缘节点。在边缘计算框架中，只有实时数据处理被转移到边缘节点，而其他复杂的数据处理仍然在云服务器上执行。边缘计算对原本完全由中心云节点处理的大型任务加以分解，切割成更小与更容易管理的部分，分散到边缘节点去处理。边缘节点更接近用户终端设备，可以加快资料数据的处理与发送速度，减少延迟。在这种架构下，资料的处理分析与知识的产生利用更接近数据资料的来源即客户端，因此更适合处理大数据。

图 2-6显示了一个通用边缘计算框架，它包括三个层：云服务器、边缘节点和客户端设备。在边缘计算场景中，不同层上的数据分布和工作负载协作是性能、安全性和隐私问题的重要关注点。因此，对于基准测试、设计和实现边缘计算系统或应用程序，我们将采取端到端的方式，并考虑所有的层。在边缘计算场景中，人工智能技术被广泛应用于增强设备、边缘和云智能，它们在计算能力、数据存储和网络方面的要求最高。典型应用场景包括智慧城市、智能家居、自动驾驶汽车、监控摄像头、智能医疗、可穿戴设备等。由于不同类型的客户端设备、大量异构数据、隐私和安全问题，这些场景非常复杂，同时大多对延迟和网络带宽有较高的要求。因此，研究者们将联邦学习应用到边缘计算框架中，通过聚合和平均由物联网设备上传的本地计算更新，从而协作训练高质量的共享模型。该方法的主要优点是将模型训练与直接访问训练数据的需求分离开来，因此联邦学习可以从技术角度实现隐私保护的全局模型。

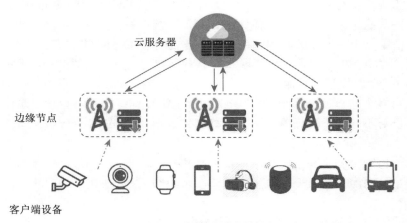

图 2-6　通用的边缘计算框架

在物联网应用方面，联邦学习现在面临三大挑战：① 设备异构，如不同的存储、计算和通信能力；② 统计异构性，如来自不同设备的数据的非独立同分布性质；③ 模型异构，即不同设备想要自定义其模型，以适应自身应用环境。具体来说，资源受限的物联网设备将只允许在某些网络条件下训练轻量级模型，且可能进一步导致高通信成本、掉线和容错问题，而传统的联邦学习无法很好地处理这些问题。由于联邦学习的重点是通过提取所有参与设备的公共知识来实现高质量的全局模型，它无法捕获每个设备的个人信息，导致推理或分类的性能下降。

为了解决这些问题，中山大学的研究者们提出在设备、数据和模型级别实现个性化，以减轻异构性，并为每个设备获得高质量的个性化模型，用于基于物联网的个性化智能医疗、智能家居服务及应用、细粒度的位置感知推荐服务、现场智能视频分析等场景。他们提出了一个名为 PerFit 的协同云边缘框架，用于个性化联邦学习，以整体方式缓解物联网应用中的三大挑战。为了解决设备异构中的高通信和计算成本问题，每个物联网设备都可以选择将其计算密集型学习任务转移到边缘节点，以满足快速处理和低延迟的要求。此外，边缘计算通过将数据就近存储在本地边缘节点，无须将数据上传到远程云，从而解决了隐私问题。对于统计和模型异构性，该框架还允许终端设备和边缘服务器在云–边缘结构的中央云服务器协调下共同训练全局模型。在通过联邦学习训练全局模型之后，设备端可以采用个性化联合学习方法，根据其应用需求部署个性化模型。香港科技大学的研究者们同样提出了这种客户端–边缘–云模式的分层训练的联邦学习系统，该系统支持 HierFAVG 算法，该算法允许多个边缘服务器执行部分模型聚合。通过这种方式，他们可更快地训练模型，更好地实现通信计算。

自动驾驶汽车也是一个边缘计算的经典场景，其对有效性有着比较高的要求。也就是说，即使没有人类的干预，它也需要采取绝对正确的行动。该特性代表了一些边缘计算 AI 场景的需求。而一辆普通的车辆受制于驾驶的时间和空间的限制，通常获取到的传感器信息是有限的。我们可以通过引入横向联邦学习，融合不同车辆的摄像头、超声波传感器、雷达（如毫米波雷达、激光雷达）等传感器信息，更加快速地建立场景信息，同时提高模型的鲁棒性。其利用了不同车辆的数据，同时又保护了数据隐私，一些常规的智能功能的计算（比如避障）可以由多个车辆协同完成，减少了与云服务器通信的带宽，降低了操作的延迟，大大提升了智能系统的安全性。

特别地，由众多公司、机构联合发布的《联邦学习白皮书 v2.0》对联邦学习技术在自动驾驶方面的应用进行了合理的展望。我们可以大胆想象，自动驾驶汽车不仅仅应该具有简单学习或者复制人类个人的驾驶能力，还应该与车联网、车路协同甚至于整个交通系统共同进行交互，从而创造更安全、更舒适的驾驶环境。车辆本身与所处环境交互学习，可以辅以城市的其他信息，比如城市安防摄像头、交通灯、各种交通标识、未来的智能道路等，通过利用融合不同来源的各种信息，可以充分提高自动驾驶未来的体验。

随着我国商业公司和政府在智慧城市、智慧医疗和智能家居等领域的不断部署发展，边缘计算和云计算势必与联邦学习技术结合成为一种全新的解决方案。

2.6　联邦学习与计算机硬件

当前，业界从技术上解决隐私泄露和数据滥用的数据共享技术路线主要有两条：一条是基于硬件可信执行环境（Trusted Execution Environment，TEE）技术的可信计算，另一条是基于密码学的同态加密（Homomorphic Encryption，HE）和安全多方计算（Secure Multi-Party Computation，SMC），后者提供了基于理论/数学方面的隐私保证⊖。

TEE 提供一种与不可信环境隔离的安全计算环境，正是这种隔离和可信验证机制使得可信计算成为可能，如图 2-7所示。TEE 一般是直接基于硬件实现的，比如 Intel SGX、

⊖　本小节参考了文章《共享学习：蚂蚁金服提出全新数据孤岛解决方案》和蚂蚁金融科技发表的一些文章。

AMD SEV、ARM TrustZone 以及 RISC-V Keystone 等。基于虚拟化技术也可以构造 TEE，比如微软的 VSM，Intel 的 Trusty for iKGT & ACRN，但它们尚不能匹敌硬件 TEE 的安全性。其中，Intel SGX （Software Guard Extensions，软件防护拓展）是目前商用处理器 CPU 中最为先进的 TEE 实现。它提供了一套新的指令集，使得用户可以定义被称为 Enclave（飞地）的安全内存区域。CPU 保证 Enclave 与外界隔离，从而保证其中的代码和数据的机密性、完整性和可验证性。苹果公司还设计了一个独立于主处理器的安全协处理器 Secure Enclave，其中包括基于硬件的密钥管理器，可提供额外的安全保护，它还可为苹果设备中的触控 ID 和面容 ID 提供安全认证，同时保护用户生物识别数据的隐私和安全⊖。由于硬件层次的深度学习实现（例如，张量处理单元 TPU 或特定于机器学习的指令集）日益重要，这种内置在边缘硬件（如手机）中的基于系统的隐私保障 TEE 很可能会变得更加普遍。

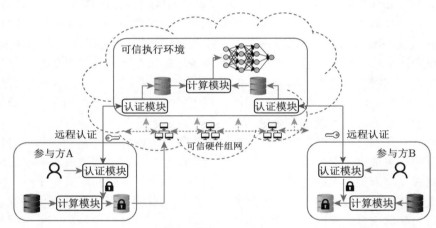

图 2-7   一个通用的可信执行环境方案示意

有的公司提出共享学习的概念，底层使用 Intel 的 SGX 技术，试图打造基于云生态的商业模式。相比于分布式的基于密码学的同态加密和安全多方计算，共享学习更倾向于集中式，即当有多个数据提供方想共享数据时，为了解决彼此不信任问题，大家会找一个共同信任的第三方平台（可信硬件执行环境 TEE），把所有数据汇总到这个可信第三方平台上进行融合和计算。

SGX 技术涉及两个核心概念："Enclave"和"远程认证"（Remote Attestation）。Enclave 被认为是 Intel 提供的一个保险箱，包括 OS、VMM、BIOS、SMM 均无法私自访问这里的数据，只有 CPU 在计算时才能通过其上的硬件进行解密。保险箱解决了 SGX 内部的数据和代码遭受外部攻击的问题，保证保险箱内的代码是安全、可信的，这涉及"远程认证"技术。远程认证有一个前提假设，就是保险箱内的代码对用户是开源的，用户可

⊖   参考网址 https://support.apple.com/guide/security。

以通过检查代码来确认代码的行为,而远程认证只是为了确认当前保险箱中运行的确实是之前用户检查过的代码。通过 Enclave 和远程认证两个技术的合作,我们就可以确保通过加密通道传入 SGX 中的数据一定会按照用户预期的行为被处理,确保信息不被泄露。

Enclave 给我们带来了前所未有的安全保障,但是目前面临较大的易用性问题。这主要体现在几个方面:第一,需要将原有应用分割成两部分,一部分是 Enclave 外的不可信部分,一部分在 Enclave 里作为可信部分;第二,需要精心设计两部分之间的接口,规划好什么时候进入 Enclave,什么时候退出 Enclave——这存在一定技术门槛,而且比较烦琐,容易出错;第三,即使我们做了完美的分割,Enclave 里面的环境相对我们熟悉的 Linux 运行环境来说是非常受限的。例如,在 Enclave 里我们不能进行系统调用,libc、pthread 不完整,没有 openmp,多进程支持欠缺,等等。另一个较大的问题是为了应对大公司、机构超大规模体量的数据,势必要将机密计算从单节点向集群扩展。

针对上面提到的机密计算面临的关键问题,蚂蚁金服创新性地提出了 SOFAEnclave 机密计算中间件。SOFAEnclave 的核心包括三部分:Enclave 内核 Occlum、云原生机密计算集群 KubeTEE,以及安全测试和分析框架。类比操作系统内核,Occlum LibOS 向 Enclave 内的可信应用提供完整的系统服务,应用不需要分割和修改即可得到 Enclave 保护。目前,Occlum 可轻松支持大型人工智能框架,例如 XGBoost、TensorFlow 等,也可支持大型服务器应用,例如 Shell、GCC、Web Server 等。由此大大降低了 Enclave 开发应用成本。KubeTEE 则是结合云原生,更高效和简洁地提供机密计算集群服务,详细内容可参考蚂蚁金服相关文章。

目前,业界对基于计算机硬件的联邦学习已经有了相关探索。相信在不久的将来,基于计算机硬件的 TEE 技术将会往小型化、轻量化、高效化方向发展,大大推动联邦学习的进一步落地应用。

2.7 总结

本章对联邦学习在金融、生物医学、计算机视觉、自然语言处理、边缘计算和云计算及计算机硬件等方面的应用进行了介绍,并做了一些展望。随着联邦学习技术的不断发展,相信越来越多的行业会用到联邦学习技术,以便从技术层面保护数据隐私,同时进行大规模的模型训练和学习,从而获得更多、更好的智能模型。

希望通过本章的介绍,读者能从更加全面的角度对联邦学习在行业的应用有一个充分的了解;也希望本章能给广大读者带来些许启发,进而推动联邦学习技术更多的落地应用。

CHAPTER 3

第 **3** 章

常用隐私保护技术

3.1 面向隐私保护的机器学习

常用隐私保护技术如各种加密算法、差分隐私技术、混淆电路、安全多方计算等正在飞速发展。而随着人们对隐私保护越发重视，结合这些隐私保护技术的机器学习，也即安全的机器学习，正在成为研究的热门方向。为了让大家对安全的机器学习算法有一个简单的了解，本节将从技术角度概述常用隐私保护技术及其发展。

3.1.1 概述

机器学习被越来越多地用于各种应用，包括从检测（如目标检测）、识别（如人脸识别）、预测（如年龄预测）到推荐系统。有些机器学习应用需要使用个人隐私数据进行模型训练。这些隐私数据以明文形式上传到集中的地方，以便机器学习算法提取其中的模式，并利用其训练模型。机器学习面临的问题不仅包括将所有隐私数据暴露给这些公司的内部威胁，还包括持有这些数据集的公司被黑客攻击的外部威胁。

机器学习任务中有三种不同的角色：输入方（数据所有者或贡献者）、计算方和结果方。在这样的系统中，数据所有者将数据发送给计算方，计算方执行所需的机器学习任务（比如模型训练）并将输出发送给结果方。这样的输出可以是一个机器学习模型，结果方可以利用它来测试新样本。在其他情况下，计算方可能保留机器学习模型，并执行由结果方提供新样本的测试任务，然后将测试结果返给结果方。如果所有三个角色都由同一实体承担，隐私自然能从技术层面得到保护；然而，当这些角色分布在两个或多个实体中时，就需要隐私保护技术。通常情况下，计算方和结果方是同一个实体，而这个实体通常与数据所有者是分开的。事实上，数据所有者可能不知道被收集的数据是如何被使用（或滥用）的。甚至在许多情况下，他们都不知道一些数据正在被收集。根据数据贡献和利用的过程，现存几个级别的攻击威胁，如图 3-1所示。

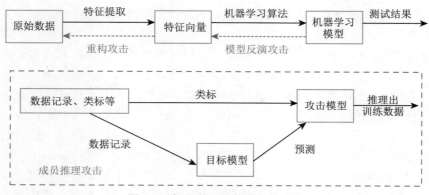

图 3-1　机器学习及其面临的威胁

　　如果数据所有者与计算方是分开的，那么私有数据将可能通过安全通道传输到计算方。然而，数据很可能以其原始形式存在于计算方服务器中，即没有以任何方式进行加密或转换。这是最大的一种威胁，因为隐私数据既容易受到内部攻击，也容易受到外部攻击。这种隐私数据可以作为原始数据存储，也可以作为从原始数据中提取的特征存储。自然地，以原始形式存储数据会带来更大的威胁，因为它们可能会以各种方式进行处理。

　　重构攻击：即使仅将（从原始数据中提取的）特征传输到计算方服务器并进行存储，重构攻击也会带来威胁。在这种情况下，攻击者的目标是通过使用他们对特征向量的知识来重构原始的隐私数据。重构攻击需要对机器学习模型进行白盒访问，即模型中的特征向量必须已知。当建立了所需的机器学习模型，且没有删除用于模型训练的特征向量时，这种攻击就可能发生。事实上，一些机器学习算法如支持向量机或 k 近邻会将特征向量存储在模型本身中。重构攻击的案例包括：指纹图像重组，指纹图像（原始数据）可以由细节模板（特征）重构；移动设备触摸手势重建，触摸事件数据（原始数据）可由手势特征（如速度和方向）重构。在这两种情况下，隐私威胁（由于没有以其特征形式保存私人数据而引起）会对身份验证系统造成安全威胁，进而导致无法保护数据所有者的隐私（因为攻击者可能获得访问数据所有者设备的权限）。虽然这些攻击的目的是误导机器学习系统，使其认为重构的原始数据属于某个数据所有者，但其他重构攻击可能会直接揭示隐私数据，如位置或年龄。为了抵抗重构攻击，我们应该避免直接存储显式特征向量（如支持向量）的机器学习模型，或者对其进行保密，不提供给结果方。

　　模型反演攻击：一些机器学习算法产生的模型不会显式地存储特征向量，如岭回归或神经网络。因此，攻击者的知识将局限于一个没有存储特征向量的机器学习模型（白盒访问），或只有结果方提交新的测试样本时计算方返回的响应（黑盒访问）。在这里，攻击者的目标是利用从机器学习模型收到的响应来创建特征向量，这些特征向量与用于创建机器学习模型的特征向量相似。这种攻击利用的是可信度信息（例如概率或支持向量机决策值），这些信息被作为对结果方提交的测试样本的响应发送回来。这些攻击产生了一个代表特定类别的平均值。为了抵御这种攻击，我们应该将结果方限制为黑盒访问，并对输出进行限制。这样可以减少黑盒攻击者获得的知识。例如，当分类算法输出四舍五入的置信值或预测的类标时，攻击成功率会降低。

成员推理攻击：模型反演攻击不会根据机器学习模型的输出来推断样本是否在训练集中，而成员推理攻击会推断样本是否在训练集中。给定一个机器学习模型和一个样本（攻击者已知的知识），成员推理攻击的目的是确定样本是否处于用于建立该机器学习模型的训练集中（攻击者的目标）。攻击者可以利用这种攻击来了解某个特定个体的记录是否被用来训练特定的机器学习模型。这种攻击利用了机器学习模型对训练集中使用的样本与未包括的样本的预测的差异。Shokri 等人对这种攻击进行了研究，以样本的正确标签和目标机器学习模型的预测作为输入，训练出攻击模型，并确定样本是否在训练集中。这种攻击模型使用影子模型进行训练，这些影子模型是由 3 种方法生成的数据训练而得的：模型反演攻击、基于统计的合成方法或有噪声的真实数据。当训练攻击模型使用黑盒或白盒访问时，只需要一个黑盒攻击者便可使用这些模型执行攻击。该研究也尝试了不同的攻击防御技术，如利用正则化和将预测向量模糊化等技术，并发现将输出限制为类标是最有效的防御技巧（尽管不足以完全阻止攻击）。

常用的隐私保护技术聚焦于允许多个输入方协同训练机器学习模型。这些技术主要是通过使用加密的方法或差分隐私来实现的。差分隐私技术在防止成员推理攻击方面特别有效。当某个机器学习应用需要来自多个输入方的数据时，我们可以利用加密协议对加密数据进行机器学习训练或者测试。在这些技术中，要获得更高的效率，需要让数据所有者将其加密的数据贡献给计算服务器，这将把问题退化为两方或者三方安全计算情形。这些方法中的大多数都针对横向联邦学习的情况：不同参与方拥有不同样本 ID 的同一组特征数据。例如人脸识别，如果你想为自己的脸训练一个机器学习模型，就可以提交从自己的照片中提取的多个特征向量。在每一种情况下，每个数据所有者都会提取相同的一组特征。从技术上实现面向隐私保护的机器学习（Privacy-Preserving Machine Learning, PPML）的最常用隐私保护技术有同态加密、混淆电路、秘密共享或者多方计算等。

同态加密：全同态加密允许对加密数据进行计算。通过加法和乘法等操作，我们可实现更加复杂的函数的计算。由于频繁刷新密文（因为噪声累积而不得不刷新密文）的成本较高，PPML 主要采用加法同态方案。这类方案只支持加密数据的加法操作，以及明文的乘法操作。一个常见的例子是 Paillier 加密机制。为了扩展加法同态加密的功能，部分研究者聚焦于实现两个加密值的比较，或者执行安全的乘法和解密操作（主要是通过向需要保护的加密值添加一个加密的随机值来保护密文）。

混淆电路：假设张三和李四想要得到一个在他们的隐私数据上计算的函数的结果，张三可以把这个函数转换成一个混淆电路，并把这个电路和他的混淆输入一起发送出去。李四从张三那里得到了他输入的篡改版本，而张三却不知道李四的隐私数据，如使用不经意传输（Oblivious Transfer）。李四现在可以使用他的混淆输入和混淆电路来获得所需函数的结果（并且可以选择与张三共享）。一些 PPML 方法结合了加法同态加密和混淆电路。

秘密共享：是在多个参与方之间分发秘密的一种方法，每个参与方持有秘密的"共享"部分。单个"共享"本身是没有用的；然而，当大家的"共享"被合并时，秘密可以被重建。在一种设置中，多个输入方可以生成其隐私数据的"共享"，并将这些"共享"发送到一组非共用的计算服务器。每个服务器都可以从接收到的"共享"中计算出部分结果。最后，结果方（或代理）可以接收这些部分结果，然后将它们组合起来并找到最终结果。由于这些计算服务器具有类似的功能，因此应该特别注意这些服务器托管在哪里，以及哪些实体控制它们，以便让数据所有者相信这些计算。

差分隐私：差分隐私技术通过向输入数据、在某个算法中迭代或在算法输出中添加随机噪声来抵御成员推理攻击。虽然大多数差分隐私方法假设了一个可信的数据聚合器，但本地差分隐私允许每个输入方在本地添加噪声，因此不需要受信任的服务器。最后，我们也可通过将数据投影到一个低维超平面来干扰数据，以防止重构原始数据或限制敏感信息的推理。

3.1.2 面向隐私保护的机器学习发展

尽管在进行机器学习训练、测试时使用了上述技术来保护隐私数据，但非面向隐私保护的机器学习算法仍然被广泛使用，隐私数据仍然每天被上传到云上或者其他服务器上。目前的法律可能会迫使公司告诉用户他们正在收集数据，甚至可能让用户选择拒绝收集这些数据，但这似乎不是一个最好的策略，最好是可以利用一些面向隐私保护的机器学习技术来实现安全的机器学习。目前，不少安全的机器学习算法已经被提出，接下来我们将介绍几个基于常用安全技术的机器学习算法。

为了提高使用加法同态加密的效率，研究者开发了数据打包技术，以使多个纯文本值被同一密文加密。一些 PPML 方法使用了这些技术来实现高效和安全的 PPML 系统，如 Erkin 等人提出的协同过滤系统。在该系统中，数据所有者提供用隐私服务提供商（PSP）的公钥加密的数据，但将加密的数据发送给服务提供商（SP）。PSP 提供隐私和计算服务，SP 提供存储和计算服务，目的是为其客户（资料拥有人）提供私人建议。为了保证系统的安全性，SP 和 PSP 不能串通，因为他们提供不同的服务。SP 和 PSP 可以是不同的公司，因此非共谋假设是合理的。在该系统中，数据所有者是输入方和结果方，而 SP 和 PSP 是计算方。

如前所述，一些 PPML 方法结合了加法同态加密和混淆电路。Nikolaenko 等人则开发了一个使用了这两种技术的岭回归系统。该系统中可以添加多个数据所有者提交的加密共享，以获得加密的中间值。这些共享使用加密服务提供商（CSP，类似于前面所提到的 PSP）的公钥进行加法同态加密。然后，CSP 创建一个混淆电路，并将其发送给求值器，求值器也从 CSP 获得中间"共享"的混淆版本。评估者可以继续使用混淆电路及其混淆输入来创建所需的机器学习模型。有些 PPML 方法只专注于分类任务（是测试阶段而不是训练和测试阶段）。Bost 等人使用同态加密和混淆电路开发了密码构造块，并构建了三种流行的分类模型：超平面决策、朴素贝叶斯和决策树等，目的是在保护机器学习模型和提交的样本的同时，允许测试新样本。

Share Mind 是另一个安全的机器学习例子，Cybernetica 将并行主成分分析计算方法与秘密共享模式相结合，开发了一个用于执行主成分分析计算的隐私保护系统。Bonawitz 等人开发了一种安全计算向量和的协议，以聚合用户提供的模型更新。每个用户对其私有更新向量使用双重屏蔽：用户特定的秘密值及与其他用户共享的秘密值。Ohrimenko 等人则在论文中开发了一种数据无关的机器学习算法，用于神经网络、支持向量机、K 均值聚类和决策树等模型。

目前，安全的机器学习是一个非常流行的研究方向，待挖掘的东西很多。希望大家一起朝着隐私保护、计算高效、模型性能良好等方向研究，以设计出更好的安全的机器学习算法。

3.2 常用的隐私保护技术

由 3.1 节的介绍可知，现有不少加密或者安全多方计算等技术可以用来与机器学习结合，从而设计出安全的机器学习算法。为此，本节将介绍几个常用的隐私保护技术。

3.2.1 差分隐私

随着互联网行业的飞速发展，随之而产生的用户数据也越来越多。基于大数据和机器学习等技术，人们可以对这些海量用户数据进行分析，让用户享受更高质量的服务。然而，对这些数据进行大量的统计和分析将严重威胁相关用户的隐私。差分隐私（Differential Privacy, DP）针对数据隐私保护和数据分析之间潜在的利益冲突，从技术上提供了一种解决方案。为了让广大研究者和从业者对基于差分隐私的联邦学习有所了解，下面首先介绍差分隐私的基础知识，如定义、分类等；然后介绍其在联邦学习中的应用。

1. 引言

差分隐私模型是一种被广泛认可的严格的隐私保护模型。它通过对数据添加干扰噪声的方式保护所发布数据中潜在的用户隐私信息，使得攻击者即便掌握了除某一条信息以外的其他信息，仍然无法推测出这条信息。因此，这是一种从数据源头彻底切除隐私信息泄露可能性的方法。

差分隐私形式化了隐私的概念，从而允许正式证明某些数据收集方法可以保护用户的隐私。此外，它使我们能够通过一个具体的值来量化隐私泄露（这使得比较不同的技术成为可能），并定义允许隐私泄露程度的范围。它也不受后期处理的影响，这意味着没有数据分析师可以利用差分隐私算法的输出使算法失去其对应的隐私保护能力。如果应用正确，差分隐私允许在保护个人隐私的同时揭示整个用户群体的属性。

差分隐私的概念来自密码学中语义安全的概念，即攻击者无法区分不同明文的加密结果。该模型通过加入随机噪声来确保公开的输出结果不会因为个体是否在数据集中而产生明显的变化, 并对隐私泄露程度给出了定量化模型。因为一个个体的变化不会对数据查询结果有显著的影响, 所以攻击者无法以明显的优势通过公开发布的结果推断出个体样本的隐私信息。也就是说, 差分隐私模型不需要依赖攻击者所拥有的背景知识, 而且对隐私信息提供了更高级别的语义安全保护, 因此被作为一种新型的隐私保护模型而被广泛使用。

差分隐私由 Dwork 于 2005 年在一篇专利中首次提及, 并于 2006 年在论文中首次被 Dwork 正式提出。从那以后, 人们进行了大量的工作来描述差分隐私的性质和机理, 并对其结果进行了回顾, 如 Dwork 在 2007、2008、2010 和 2011 年发表的论文。

最初的差分隐私研究工作主要集中在需要为数据添加多少噪声来实现隐私的问题上, 于是引入了拉普拉斯方案。基于这些工作, Hardt 等人在 2010 年证明了达到差分隐私所需的噪声水平下限。关于添加噪声的问题, Lee 等人在 2011 年的论文中研究了如何选择合适的参数 ϵ（该参数定义了隐私保护的水平, 参数越小表示隐私保护程度越高）。

2. 差分隐私

接下来正式介绍差分隐私, 首先介绍常用的术语, 然后用一个具体实例给出差分隐私的数学定义, 最后引出经典的 ϵ-DP 和 ϵ, δ-DP。常用术语如下。

数据管理员：数据管理员在其整个生命周期中管理收集到的数据, 包括数据清理、注释、发布和表示等。其目标是确保数据可以可靠地重用和保存。在差分隐私中, 数据管理员负责确保数据隐私不会被侵犯。

攻击者：攻击者对找出数据集中的个人敏感信息感兴趣。在差分隐私中, 数据集的合法用户甚至也会被称为攻击者, 因为他的分析可能会侵犯个人的隐私。

数据集：可以把数据集 D 看成一个多重集合（多重集合是一个数学概念, 是集合概念的推广。在一个集合中, 相同的元素只能出现一次, 因此只能显示出有或无的属性。在多重集合之中, 同一个元素可以出现多次）, 该集合的实体（元素）来自有限集 $\mathcal{X}$。

数据集的 ℓ_1 范数：数据集 D 的 ℓ_1 范数可以表示为 $\|D\|_1$。它衡量了数据集 D 的大小, 即数据集包含的记录 d 的个数。其数学定义如下：

$$\|D\|_1^{|\mathcal{X}|}|d_i| \tag{3.1}$$

数据集的 ℓ_1 距离：数据集 D_1 和 D_2 之间的 ℓ_1 距离可以表示为 $\|D_1 - D_2\|_1$。它衡量了两个数据集之间有多少个数据记录是不同的。其数学定义如下：

$$\|D\|_1 2 \tag{3.2}$$

相邻数据集：两个数据集被称为"相邻数据集", 即两个数据集最多只有一个元素不同, 也即 $\|D_1 - D_2\|_1 \leqslant 1$。

方案：差分隐私本身是一个抽象的概念, 只能通过具体的方案或机制来实现。该方案往往表示发布数据集统计信息的一种算法。

接下来通过一个简单的例子介绍差分隐私的场景。一个数据管理员执行了一个求统计量操作，称为 $\mathcal{K}: \mathbb{N}^{|\mathcal{X}|} \to \mathbb{R}^k$（对任意的 k）。比如，这个统计量是数据集中吸烟者的百分比。一个攻击者找出两个数据集 D_1 和 D_2，数据集包含了参与者的吸烟状况的信息以及一个集合 S，该集合包含 $\mathcal{K}$ 所有可能的返回值。在这个例子中，数据集 D_1 和 D_2 都代表参与者是否抽烟的调查结果。其中，抽烟用"1"表示，不抽烟用"0"表示。让两个数据集的大小为 100，且分别具有如下形式：

$$D_1 = \{0:100, 1:0\}(100\text{个}0) \tag{3.3}$$

以及

$$D_2 = \{0:99, 1:1\}(99\text{个}0\text{以及一个}1) \tag{3.4}$$

攻击者也可以选择边界 $S = [T, 1]$，使得 $\mathcal{K}(D_i) \geqslant T$ 当且仅当 $i = 2$。这意味着，操作 $\mathcal{K}$ 是在数据集 D_2 上进行的。攻击者的目标就是利用操作 $\mathcal{K}$ 来区分数据集 D_1 和 D_2，从而泄露一定的隐私。而数据管理员有着完全对立的目标。首先，管理员需要选一个统计量操作 $\mathcal{K}$，使得 $\mathcal{K}(D_1)$ 和 $\mathcal{K}(D_2)$ 特别接近，以至于找不到一个可行 T 可以将它们完全区分，以确保差分隐私。其次，该操作还必须是数据分析所需统计量的良好估计。如果 $\mathcal{K}$ 是一个确定的统计量，例如数据集的均值，则有 $\mathcal{K}(D_1) = 0$ 和 $\mathcal{K}(D_2) = 0.01$。在这种情况下，如果攻击者选择 $T = 0.005$，则他可以很好地区分两个数据集。如上所述，在确定的设置下（即统计量是确定的），隐私保护的目的无法达到。因此，为了达到差分隐私目的，数据管理员需要对每次查询结果添加一个可控的随机噪声，该噪声能起到隐藏数据集间区别的作用。一个可能的噪声分布是拉普拉斯分布。一个简单的图示实例见图 3-2。

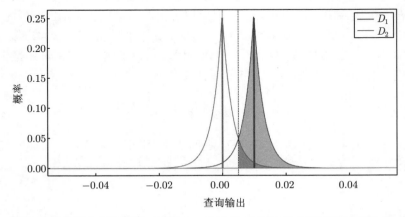

图 3-2   来自拉普拉斯分布的噪声（幅度 $b = 0.003$）改变了攻击者误判 D_1 和 D_2 的概率。图来源于 Boenisch 等人的文章（见彩插）

图 3-2中红色区域表示 $\mathcal{K}(D_1)$ 返回值比阈值 T 大的概率。这表示攻击者会将 D_1 误判为 D_2。如果噪声幅度更大的话，则会导致两个阴影部分的大小差不多。

　　由例子可以直观地看出，统计量的隐私量取决于 D_1 和 D_2 概率之间的比率。在任一点，对数据集 D_1 和 D_2 执行求统计量操作，得到特定结果的概率应该非常相近。该相近程度可以通过接近 1 的乘性因子表达，如 $(1 + \epsilon)$。

　　前面的示例直观地说明了为什么需要添加噪声以及隐私参数 ϵ 表示什么，接下来将介绍 Dwork 等人引入的 ϵ-差分隐私的正式定义。

　　定义 3.1　如果域 $\mathbb{N}^{|\mathcal{X}|}$ 上的一个随机算法 $\mathcal{K}$，对于所有相邻数据集 $D_1, D_2 \in \mathbb{N}^{|\mathcal{X}|}$ 和所有 $S \in \mathrm{Im}(\mathcal{K})$，都符合 ϵ-差分隐私，则

$$\Pr\left[\mathcal{K}(D_1) \in S\right] \leqslant \mathrm{e}^{\epsilon} \cdot \Pr\left[\mathcal{K}(D_2) \in S\right] \tag{3.5}$$

　　由于 D_1 和 D_2 可以交换，因此该定义可直接导出下界：

$$\Pr\left[\mathcal{K}(D_1) \in S\right] \geqslant \mathrm{e}^{-\epsilon} \cdot \Pr\left[\mathcal{K}(D_2) \in S\right] \tag{3.6}$$

结合上面两个公式，可以得到

$$-\epsilon \leqslant \log\left(\frac{\Pr\left[\mathcal{K}(D_1) \in S\right]}{\Pr\left[\mathcal{K}(D_2) \in S\right]}\right) \leqslant \epsilon \tag{3.7}$$

其中，$\log x$ 用来表示 $\ln x$。

　　基于在实例中见到的乘性因子 $(1 + \epsilon)$，Sarathy 在 2011 年的论文中采用了略有不同的公式。该文献定义一个机制为 ϵ-差分隐私，如果它满足

$$\Pr\left[\mathcal{K}(D_1) \in S\right] \leqslant (1 + \epsilon) \cdot \Pr\left[\mathcal{K}(D_2) \in S\right] \tag{3.8}$$

并称该式为另一个 e^{ϵ}-差分隐私的定义。当 ϵ 比较小的时候，$(1 + \epsilon)$ 和 e^{ϵ} 之间的差距很小。但是当 $\epsilon \geqslant 0.5$ 时，e^{ϵ} 至少要大 10%。当 ϵ 递增的时候，两者的取值越来越发散。然而，e^{ϵ} 是一个通用因子。Bambauer 在其 2013 年的论文中认为使用 e^{ϵ} 有更大的优势，因为它对应着一个完全已知的分布曲线，即拉普拉斯分布曲线。据此，我们可以得到对于差分隐私来说曲线必须要有的特性：当曲线平移固定量的时候，原始曲线和移动曲线的概率比率保持在一个预先指定的范围内。对于 e^{ϵ}-差分隐私来说，其至少有如下优势。

　　1) 计算速度快：两个概率的乘积对应对数空间中的一个加法，而乘法在计算上比加法成本高。

　　2) 精度高：当概率非常小时，使用对数概率可以提高数值的稳定性，这是由计算机近似实数时采用的方法决定的。在正常概率下，它们会产生更多的舍入误差。

　　3) 简洁：许多概率分布具有指数形式，特别是从随机噪声中提取的概率分布。对这些分布取对数，可消除指数函数，使其用于指数计算。

　　ϵ-差分隐私对机制有较高的隐私要求。但是如果对原始数据添加过多的噪声会导致信息的损失，因此有不少弱化版本的差分隐私机制被提出。其中一个最流行的版本是 ϵ, δ-差分隐私。

定义 3.2　如果域 $\mathbb{N}^{|\mathcal{X}|}$ 上的一个随机算法 $\mathcal{K}$，对于所有相邻数据集 $D_1, D_2 \in \mathbb{N}^{|\mathcal{X}|}$ 和所有 $S \in \text{Im}(\mathcal{K})$，都符合 ϵ, δ-差分隐私，则

$$\Pr\left[\mathcal{K}(D_1) \in S\right] \leqslant \mathrm{e}^{\epsilon} \cdot \Pr\left[\mathcal{K}(D_2) \in S\right] + \delta \tag{3.9}$$

ϵ, δ-差分隐私允许以 δ 的加性程度违背 ϵ-差分隐私。如果从概率角度看 ϵ, δ-差分隐私，则 δ 表示相邻数据集的查询输出相差超过因子 e^{ϵ} 的概率。或者更正式地说，隐私损失的绝对值最少以概率 $1 - \delta$ 取上界 ϵ。如果 $\delta = 0$，ϵ, δ-差分隐私退化为 ϵ-差分隐私。

除了上述的 ϵ-差分隐私和 ϵ, δ-差分隐私外，还有 Taylor 等人研究的群体隐私以及组合差分隐私机制等。其中，组合差分隐私机制又包括序列组合、并行组合和高级组合等。另一种对差分隐私机制分类的方法是将其分为局部差分隐私和全局差分隐私机制。根据 Dwork 在 2006 年发表的论文，在一个局部差分隐私中，数据在输入阶段就被扰动了，没有任何值得信任的数据管理员，因此，每个用户都有责任在共享数据之前给自己的数据增加噪声。在全局差分隐私中，数据在输出时被扰动。在全局设定下，每个用户都需要值得信任的数据管理员。局部方法是一种更为保守和安全的模型。在局部隐私下，每个单独的数据点都是非常嘈杂的，因此，它本身并不是很有用。然而，对于大量的数据点，噪声可以被过滤掉，从而在数据集上执行有意义的分析。总体而言，全局方法更准确，因为分析是在"干净"数据上进行的，在过程结束时只需要添加少量的噪声。

3. 差分隐私的应用

随着人们对个人信息数据安全意识的不断提高，隐私保护已经成为一个全球性的重大问题，特别是对于大数据应用和分布式学习系统。FL 的一个突出优点是，它可以进行本地训练，而不需要在服务器和客户端之间交换个人数据，从而保护客户端数据不被隐藏的对手窃听。然而，通过分析客户上传参数的差异，比如深度神经网络训练的权重，隐私信息仍然会被泄露。防止信息泄露的一种自然方法是添加人工噪声，即差分隐私技术。

（1）NbAFL 算法

Wei 等人于 2020 年基于差分隐私概念提出了一种新的框架 NbAFL，即在客户端参数中加入人工噪声后再进行聚合。首先，文章证明了通过适当地适应不同的人工噪声方差，在不同的保护级别下，NbAFL 可以满足差分隐私。然后在 NbAFL 中建立了训练后的 FL 模型的损失函数的理论收敛界。具体来说，该理论收敛界揭示了以下三个关键性质：① 收敛性能和隐私保护级别之间存在一个权衡，即收敛性能越好，保护级别越低；② 在固定的隐私保护级别下，增加参与联邦学习的整体客户端数量 N 可以提高收敛性能；③ 对于给定的隐私保护级别，在收敛性能方面存在一个最优的最大聚合次数（通信轮数）。此外，该文章提出了一个 K 随机调度策略。该策略从 N 个用户中随机选择 $K(1 < K < N)$ 个用户参与每轮聚合。文章也建立了该策略下相应的损失函数的收敛界，K 随机调度策略也能保持上述三个性质。此外，该文献发现在固定的隐私保护级别下存在一个最优的 K，以达到最佳收敛性能。实验表明，理论结果与仿真一致，从而促进了在收敛性能和隐私保护级

别上有不同的权衡要求时联邦学习算法的设计。NbAFL 的具体步骤见算法 3.1。

算法 3.1 联邦聚合之前对数据添加噪声

1: **输入:** T, w^0, ϵ 和 δ

2: **输出:** $\widetilde{w}^T$

3: **初始化:** $t = 1$ 和 $w_i^0 = w^0$

4: **while** $t \leqslant T$ **do**

5:     **本地训练过程:**

6:     **while** $\mathcal{C}_i \in \{\mathcal{C}_1, \mathcal{C}_2, \cdots, \mathcal{C}_N\}$ **do**

7:         更新模型参数 w_i^t

8:         剪辑本地参数 $w_i^t = w_i^t / \max\left(1, \dfrac{\|w_i^t\|}{C}\right)$

9:         给本地参数添加噪声 $\widetilde{w}_i^t = w_i^t + n_i^t$

10:     **end while**

11:     **模型聚合过程:**

12:     更新全局模型参数 w^t: $w^t = \sum_{i=1}^N p_i \widetilde{w}_i^t$

13:     服务器广播全局噪声参数 $\widetilde{w}^t = w^t + n_D^t$

14:     **本地测试过程:**

15:     **while** $\mathcal{C}_i \in \{\mathcal{C}_1, \mathcal{C}_2, \cdots, \mathcal{C}_N\}$ **do**

16:         使用本地数据集测试聚合参数 $\widetilde{w}^t$

17:     **end while**

18:     $t \leftarrow t + 1$

19: **end while**

算法 3.1 列出了在 ϵ, δ-差分隐私上使用 NbAFL 算法训练模型的过程。在该算法的开始,服务器广播所需的隐私保护级别参数 ϵ, δ,并将初始化的参数 w^0 发送给各个用户。在第 t 次聚合时,N 个活动客户端使用本地数据库在预设的终止条件下分别训练参数。在完成本地训练后,第 i 个用户将会添加噪声给训练得到的参数 w_i^t,然后更新添加噪声的参数 $\widetilde{w}_i^t$ 并用于聚合。最后服务器通过对不同权重的局部参数进行聚合来更新全局参数 w^t。

（2）LDP-Fed 算法

有的文献还提出了基于局部差分隐私的联邦学习算法。Truex 等人于 2020 年提出了一种新的联邦学习系统,即 LDP-Fed,该系统使用局部差分隐私（Local Differential Privacy, LDP）。现有的局部差分隐私协议主要是为了保证单个数值或类别值集合中的数据私密性而开发的,例如 Web 访问日志中的点击计数。但是,在联邦学习模型中,参数更新是迭代地从每个参与者中收集的,由高维、连续、精度高的值组成（可达小数点后 10 位数）,使得现有的 LDP 协议不适用。为了应对基于局部差分隐私的联邦学习中的这一挑战，该文献设计并开发了两种新的方法。首先，LDP-Fed 的局部差分隐私模块为大规模神经网络联合训练中在多个单独的参与方的私有数据集上重复收集模型训练参数提供了形式化的差分隐私保证。其次，LDP-Fed 实现了一套选择和过滤技术，用于对服务器上选择更新的参数进行扰动（即添加噪声）和共享。

LDP-Fed 系统通过 N 个参与方（客户端）和一个参数服务器协调深度神经网络的联邦学习，它在联邦学习算法的总体架构中集成了局部差分隐私，以保护参与方的数据不受推理攻击。具体地，考虑 N 个具有相同数据集结构和学习任务的参与方，他们希望以联邦学习的模式协同训练一个深度神经网络。也就是说，每个参与方都希望对自己的私有数据只进行本地训练，并且只向服务器共享参数以实现模型更新。此外，参与方希望在避免隐私泄露的同时达到个性化的局部差分隐私。为了介绍该算法是如何达到目的的，接下来将从用户端（即参与方）和服务器视角介绍 LDP-Fed 的联邦训练过程。

客户端：

1）参与方使用模型参数 θ_0 初始化本地深度神经网络，局部隐私差分模块则根据用户偏好使用不同的隐私参数进行初始化。

2）每个参与方根据他们私有的本地数据集在本地计算训练所需的梯度。

3）每个参与方根据自己的局部隐私差分模块对自己的梯度添加噪声。

4）更新的模型参数被匿名发送到 k-客户端选择模块，该模块以均匀概率（$q = k/N$）随机地接受或拒绝更新。

5）每个参与方等待接收来自参数服务器的更新后的聚合参数。在接收到更新的聚合参数后，每个参与者更新其本地深度神经网络模型，并开始下一个迭代。

服务器端：

1）参数服务器初始化模型参数 θ_0 并将其发送给每个参与方。

2）服务器等待接收由 k-客户端选择模块随机选择的 k 个参数。

3）一旦接收到更新参数，聚合模块就会对更新参数进行聚合，即对梯度更新取平均以确定新的模型参数。

4）参数服务器更新模型参数，并将更新后的值发送回参与方以更新本地模型。

以上步骤在 N 个参与方和服务器上进行迭代，直到达到预先确定的收敛条件，例如达到最大轮数（迭代次数）或在测试集上不再有性能的提高。与传统的联邦学习系统相比，LDP-Fed 引入了两个新组件：运行在 N 个客户端上的局部差分隐私模块和 k-客户端选择模块。其中，前者负责对输入数据添加一定的噪声，以实现差分隐私；后者就像传统的联邦学习系统中不要求每个参与者在每一轮中分享他们的本地训练参数更新一样，在任何一轮迭代中，只随机选择 k 个参与方的参数更新并将其上传到服务器。大量基准数据集上的实验结果表明，从技术角度讲，LDP-Fed 在模型准确性、隐私保护等方面都比现有的最先进的方法好很多。

4. 其他算法

联邦学习是隐私保护方面的最新进展。在这种情况下，受信任的服务器端以分散的方式聚集由多个客户端优化的参数。最终模型被分发回所有客户端，最终收敛到一个联合的表示模型，而无须显式地共享数据。然而，该训练协议容易受到差别攻击，这种攻击可能来自联邦优化期间的任何一方。特别是在这种攻击中，通过对分布式模型的分析，能揭示客户在训练过程中的贡献以及客户数据集信息。因此，Geyer 等人在其 2017 年发表的论文中针对这一问题提出了一种客户端视角的基于差分隐私的联邦优化算法。其目的是在训练期间隐藏客户的贡献，以达到隐私损失和模型性能之间的平衡。首先，文献展示了在联邦学习中，当模型性能保持较高时，参与方可以被隐藏并证明了该文献所提出的算法可以在模型性能损失较小的情况下实现客户端级别的差分隐私。其次，该算法能在分散训练中动态适应差分隐私保持机制。实例研究表明，模型性能能通过这种方式得到提高。这与集中式训练的最新进展形成了鲜明对比。这种性能差异可以与以下事实联系起来：与集中式学习相比，联邦学习中的梯度在整个训练过程中对噪声和训练批次（batch）的大小表现出不同的敏感性。

有人就某个具体应用开展了相关研究。例如 Mcmahan 等人研究了手机键盘的单词预测问题上的隐私问题，并将其作为一个验证例子。特别地，该工作在联邦平均算法中添加了用户级的隐私保护，这使得从用户级数据进行"大步"更新成为可能。此外，该工作表明，给定一个具有足够多用户的数据集（即使是小型互联网规模的数据集也能轻松满足这一需求），实现不同级别的隐私是以增加计算量为代价的，而不是像以前大多数工作中那样降低模型性能。而且，实验表明当在大型数据集上训练时，具有隐私保护功能的 LSTM 语言模型在性能上与无噪声模型相似。

还有人就差分隐私机制下的随机梯度下降算法进行了研究。如 Koskela 等人在 2018 年提出了一种算法，以自适应的学习速率进行随机梯度下降。该算法可以避免使用验证集，自适应的思想来自外推（Extrapolation）技术。为了估计 SGD 下梯度流的误差，作者比较了一个完整 SGD 步骤和两个部分（确切地说是半个）SGD 步骤组合得到的结果。算法可以应用于两个独立的框架：联邦学习和基于差分隐私的隐私学习。文章表明，与常用的优化方法不同，该算法在联邦学习的情况下具有很强的鲁棒性。

3.2.2　安全多方计算

在现实生活中，存在这样一种情况：多方（Multi-Party）期望共同训练各种各样的模型而不泄露他们自己的隐私信息。为了从技术上解决这个问题，安全多方计算（Secure Multi-Party Computation, SMC）应运而生。针对安全多方计算，我们在本节进行了相关研究进展的综述。

1. 安全多方计算的定义

我们如何在利用各方数据计算函数时不泄露隐私信息呢？理想情况下，我们可以假设参与方有一个可信第三方（Trusted Third-Party, TTP）。参与方只需将他们各自的输入交给可信第三方，由可信第三方代表参与者来计算函数的值，并通知参与各方运算结果，如图 3-3a 所示。

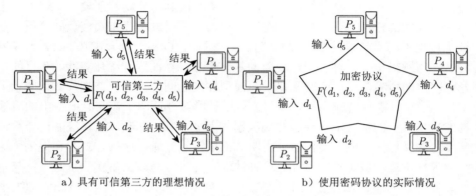

a）具有可信第三方的理想情况　　　　b）使用密码协议的实际情况

图 3-3　安全多方计算的两种情况

然而在实际情况下，可信第三方往往是不存在的。我们需要设计一种加密协议，在这种协议中，参与方通过互相交换消息学习函数值，而不需要透露谁做了什么，也不需要依赖可信第三方，如图 3-3b 所示。由此，我们给出安全多方计算的定义。

定义 3.3　在多方计算中，假定有 n 个参与方：$P_1, P_2, \cdots, P_n$，他们分别有各自的隐私数据 $d_1, d_2, \cdots, d_n$。参与方要在隐私数据上计算一个公开函数的值 $F(d_1, d_2, \cdots, d_n)$ 的同时，在技术上保护他们的数据隐私。

从技术角度上讲，安全多方计算在现实生活中有很多应用场景，比如电子投票、私人竞标和拍卖、签名或解密功能共享以及专用信息检索。根据参与方的数量多少，我们将安全多方计算简单分为安全两方计算（代表方法：姚氏混淆电路）和安全多方计算（代表方法：秘密共享），并在接下来的章节分别介绍。

2. 姚氏混淆电路

图灵奖获得者姚期智于 1986 年提出的混淆电路（Yao's Garbled Circuit, GC）是安全多方计算中的一项重要技术。这项技术最初是为了解决安全两方问题，即姚氏百万富翁问题。这个问题假设有两个百万富翁——Alice 和 Bob，他们有兴趣知道他们中的哪一个更富裕而又不愿透露自己的实际财富。换成数学语言来表达就是，现在有两个数字 a 和 b，我们想在不泄露其真实值的情况下比较它们的大小。这个问题的解决需要执行一个比较电路的混淆电路协议，对于初学者可能太过复杂。我们这里从一个简单的与门电路问题展开讲解混淆电路协议，这也很容易推广到整个比较电路。假设 Alice 和 Bob 想要弄清楚他们是否应该在一个项目上合作，这对他们来说是一个非常敏感的话题，所以双方都不希望对方了解自己的感受，除非对方赞成合作。这里将 Alice 的意愿记为 a，Bob 的意愿记为

b。为了简化过程，我们将他们的意愿用二进制数字（即 {0，1}）表示。我们知道，一个电路的基本组成单位是门（Gate），常见的有与门（AND Gate）、或门（OR Gate）、非门（NOT Gate）和异或门（XOR Gate）。图 3-4 展示了 4 种常见的门。

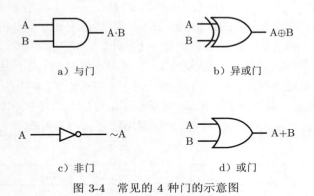

a）与门　　　　　　　　　b）异或门

c）非门　　　　　　　　　d）或门

图 3-4　常见的 4 种门的示意图

每个门对应一个真值表。在最初的混淆电路中，加密和混淆可以用真值表表示。接下来，我们以与门为例来介绍混淆电路的工作流程。这里让 Alice 扮演混淆电路生成器（或者称为混淆器，可以生成一个混淆的与门然后发送给 Bob），Bob 扮演求值器（可以在混淆门上求值）。

现在有 4 种随机字符串，即 $W_A^0, W_B^0, W_A^1, W_B^1$。$W_A^0$ 对应于 $a = 0$ 的情况，W_A^1 对应于 $a = 1$ 的情况。同样的，W_B^0 对应于 $b = 0$ 的情况，W_B^1 对应于 $b = 1$ 的情况。我们用随机字符串来替换真实的输入/输出，那么一个与门的输入/输出真值表如图 3-5 所示。然后 Alice 使用与可能的场景（$(a = 0, b = 0)$，$(a = 0, b = 1)$，$(a = 1, b = 0)$ 和 $(a = 1, b = 1)$）对应的每一对字符串来加密与该场景对应的输出。将两个字符串输入通过密钥生成函数 H 导出一个对称加密密钥（加密/解密的密钥相同），并使用该密钥加密与门。最后的混淆门将会产生 4 个顺序随机的密文。整个混淆电路流程如图 3-5 所示。

一旦 Bob 接收到混淆门，他需要精确地解密这样一个密文：对应有真实值 a 和 b，并被 $H(W_A^a, W_B^b)$ 加密。为了完成这个目标，他需要从 Alice 那里接收到 W_A^a 和 W_B^b 的值。因为 Alice 知道 a 的值，所以他可以发送 W_A^a。因为 W 是随机独立且同分布的，所以 Bob 将不会从 W_A^a 获得任何有关 a 的信息。然而，将 W_B^b 发送给 Bob 是比较难的，Alice 不能直接将 W_B^0 和 W_B^1 都发给 Bob，因为这样 Bob 可以解密混淆门中的两个密文，违反了多方计算中的安全性定义。同样的，Bob 不能要求任何一个他想要的值，因为他不想让 Alice 了解到 b 的值。所以，Alice 和 Bob 可以用不经意传输（Oblivious Transfer, OT）方法，让 Bob 只知道 W_B^b 的同时不把 b 泄露给 Alice。注意，为了使这个方法有效，Bob 需要知道什么时候解密成功，什么时候解密失败。否则，他无法知道哪个密文会产生正确的答案。

因为 Bob 需要尝试求解所有的密文，所以引入了大量的计算。为了解决这个问题，研

究者们提出用 Point and Permute 方法，让 Bob 可以直接定位到需要解密的密文，从而节省大量的计算。我们接下来将对这个方法进行简单的介绍。因为每个门有两个输入，我们一般称输入为线（Wire），现在每个线 w 除了字符串 W^0 和 W^1 之外，还有选择位（Select Bit）p^0 和 p^1 一同输入。对于 $v \in \{0,1\}$，选择位 p^v 等于 $v \oplus r$，这里 $\oplus$ 指的是异或运算，其中 r 是一个随机选择的位 (Random Chosen Bit)。所以，选择位 p^v 与 v 的两个可能值不同，但同时也不会泄露 v 的信息。每个线同时输入选择位 p 和字符串 W（这里如果当前线是输入线的话，通过不经意传输，否则就解密）。当对门求值时，Bob 使用对应于两个输入线（例如，记 p_i 和 p_j 对应于线 w_i 和 w_j）的两个选择位来确定门 k 中的哪个密文需要解密。利用 Point and Permute 优化方法，Alice 常常将 $\mathrm{Enc}(H(W_i^{v_i}, W_j^{v_j}), W_k^{g_k(v_i, v_j)} \| p_k^{g_k(v_i, v_j)})$ 置于真值表中的第 $2p_i^{v_i} + p_j^{v_j}$ 位置（注意，这时不需要再打乱真值表）。

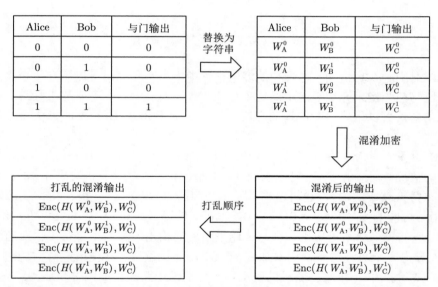

图 3-5　与门的混淆。$H(\cdot, \cdot)$ 表示密钥生成函数 H，$\mathrm{Enc}(\cdot, \cdot)$ 表示加密过程

这种方法使得使用更简单、更有效的加密方案（如一次性加密板，one-time pad）成为可能。因为选择位告诉了 Bob 要解密哪个密文，不再需要像以前那样区分是使用正确密钥解密还是使用错误密钥解密，这样将求值时的计算负载降低了 4 倍。关于更多的混淆电路优化方法，例如 Free XOR 和 Row reduction，读者可以参考 Sophia Yakoubov 在 2017 年写的综述。

这里的二进制输入例子只是一个安全两方计算的简单示意。实际上，Alice 和 Bob 可能都有多个二进制输入，他们可能想要计算一个更复杂的函数（布尔函数）来完成更复杂的任务。例如，它们可能希望计算输入字符串的汉明距离、他们集合的交集大小或者解决前面提到的百万富翁问题。在这种情况下，Alice 将会混淆整个电路（也就是比较电路），而不是混淆单个门。对于那些输出是其他门输入的门，他将不加密输出结果，而是加密与输出结果相对应的字符串 W，然后用 W 推导出密文在其他门的解密密钥。

3. 秘密共享

秘密共享是安全多方计算中常见的方法。在秘密共享技术中，我们可以进行多方计算，这里假设有 n 方，各方拥有数据 x_i，他们想在数据 $\{x_1, x_2, \cdots, x_n\}$ 中计算函数 F 的值，但是同时不将他们自己的数据泄露给其他参与者。这个过程分为三步：首先，各方对自己的数据生成 n 份共享，并分发给其他各方。请注意，共享的数据需要满足这样一个条件：只有访问到至少 t 份共享，才能恢复原始数据。接下来，各方需要在自己接收到的共享上运行一个本地求值算法来得到本地结果。最后一步就是结合各方使用解码算法后的本地结果来恢复函数值 $F(x_1, x_2, \cdots, x_n)$。在这种情景中使用的秘密共享方案称为 (t, n)-门限方案。以下针对 t 的不同取值情况进行讨论。

- ❏ $t = 1$：这种情况是没有意义的。
- ❏ $t = n$：这种情况下，参与方需要收集所有的共享才能恢复原始数据。这种方案虽然数据上比较安全，但是也很脆弱（当某个共享不能访问，原始数据将永远无法被恢复出来）。
- ❏ $1 < t < n$：可以表述成更广泛的解释，即 n 的任意大小的子集。这种情况下，参与方在保证安全性的同时，不需要 n 份共享即可恢复数据。

然而，这种任意列举的方法随着子集数量的增加变得愈发不现实。比如我们想要通过 50 个中的任意 20 个来恢复秘密，将要设计 $C_{50}^{20} (\approx 4.7 \times 10^{13})$ 个方案。这样的设计方案是低效的。我们接下来分别介绍由 Shamir 和 Blakley 提出的经典秘密共享方案。

（1）Shamir 秘密共享方案

Shamir 秘密共享方案是基于拉格朗日插值定理构造的。

定义 3.4　对于某个多项式函数，现有给定的 t 个点：$\{(x_1, y_1), (x_2, y_2), \cdots, (x_t, y_t)\}$，其中 x_i 代表自变量取值，y_i 代表函数在对应自变量上的取值。那么我们可以构造出这样一个拉格朗日插值多项式：

$$L(x) = \sum_{i=1}^{t} y_i \prod_{j=1, j \neq i}^{t} \frac{x - x_j}{x_i - x_j} \tag{3.10}$$

这样的多项式在最高次幂不超过 $t - 1$ 次的情况下存在且具有唯一性。这里的 $l_i(x) = \prod_{j=1, j \neq i}^{t} \frac{x - x_j}{x_i - x_j}$ 一般称为拉格朗日基本多项式（或者插值基函数）。其特点是在 x_i 上取值为 1，在其他点 $x_j (j \neq i)$ 上取值为 0。

有了这样的定理，我们可以先构造一个 $t - 1$ 次的多项式函数：$f(x) = a_{t-1}x^{t-1} + a_{t-2}x^{t-2} + \cdots + a_1 x^1 + s$，其中 s 是需要共享的秘密。我们先随机选取 $t - 1$ 个正整数 $a_{t-1}, a_{t-2}, \cdots, a_1$，完成 $t - 1$ 次多项式 $f(x)$ 的参数形式设定。接着为这个函数生成 n 份共享，也就是随机选取 n 个点，即 n 个不同正整数 $x_n, x_{n-1}, \cdots, x_1$，同时计算 $y_i = f(x_i)$。

然后把获得的样本点–函数值对 (x_i, y_i) 分别分发给各个参与者。

现在，有任意 t 个参与者想要恢复秘密 s，可以先将自己持有的共享 (x_i, y_i) 收集起来，即凑出需要的 t 个样本点，通过将公式(3.10)中 x 设为 0 来完成目标，即：

$$s = \sum_{i=1}^{t} y_i \prod_{j=1, j \neq i}^{t} \frac{x_j}{x_j - x_i} \tag{3.11}$$

为了方便读者理解，我们简单举一个例子。假设要共享的秘密 $s = 10$，我们同时希望 t 为 4 的时候可以恢复秘密。因为常数项为 s，我们需要指定 $t-1(3)$ 个参数。方便起见，这里假设 $a_1 = 1, a_2 = 0, a_3 = 2$，所以我们构造出的多项式函数为：$f(x) = 2 \cdot x^3 + 1 \cdot x^1 + s$。现在我们需要采样 n 个点分发给 n 个参与方（这里假设 $x = n$，实际情况下可以随机选取）时各方收到的共享，即样本点-函数值对 (x_i, y_i) 如下：

$$D_1 = (1, f(1)) = (1, 2 \cdot 1^3 + 1 \cdot 1^1 + 10) = (1, 13)$$
$$D_2 = (2, f(2)) = (2, 2 \cdot 2^3 + 1 \cdot 2^1 + 10) = (2, 28)$$
$$D_3 = (3, f(3)) = (3, 2 \cdot 3^3 + 1 \cdot 3^1 + 10) = (3, 67)$$
$$\vdots$$

假设第 1、2、5、7 参与方凑在一起想要恢复秘密数据，他们现在利用收到的数据可以构造出如下方程组：

$$a_3 \cdot 1^3 + a_2 \cdot 1^2 + a_1 \cdot 1^1 + s = 13$$
$$a_3 \cdot 2^3 + a_2 \cdot 2^2 + a_1 \cdot 2^1 + s = 28$$
$$a_3 \cdot 5^3 + a_2 \cdot 5^2 + a_1 \cdot 5^1 + s = 265$$
$$a_3 \cdot 7^3 + a_2 \cdot 7^2 + a_1 \cdot 7^1 + s = 703$$

求解这个方程组就可以获得秘密 s 和三个参数 a_1、a_2、a_3。他们也可以利用已知的样本点-函数值对并通过公式 (3.11) 来单独求解秘密 s。上述的例子只是简化版本，实际上假如有不到 t 方凑到一起，虽然无法直接恢复秘密，但是也可以将秘密从无限多个自然数限定到有限个自然数中，即这种办法目前还不算安全。从几何上想象的话，这种攻击利用了这样一个事实，即我们知道多项式的顺序，从而了解它在已知点之间可能采取的路径。这减少了未知点的可能值，因为它必须位于光滑曲线上。这个问题可以通过有限域算法来解决：现在有较大素数 $p > n$ 且 $p > a_i (i = 1, \cdots, n)$，计算的样本点-函数值对 $(x_i, y_i = f(x_i))$ 可替换为 $(x_i, y_i = f(x_i) \mod p)$，mod 是取模运算。详细的证明可以参考其他相关文献，我们在此不再赘述。

Shamir 秘密共享方案可以表述为：我们可以用两个点来确定一条直线，用 3 个点来定义二次曲线，用 4 个点来定义三次曲线，以此类推。也就是说，可以用 t 个点来定义一个 $t-1$ 次多项式函数曲线。

（2）Blakley 秘密共享方案

Blakley 秘密共享方案与 Shamir 秘密共享方案有着相似的想法：同一平面上的两条非平行线相交于一点。空间中三个不平行的平面恰好在一点相交。更一般地说，任何 n 个不平行的 $(n-1)$ 维超平面相交于一个特定的点。所以，秘密可以被编码为任何一个交点的坐标，如图 3-6所示。

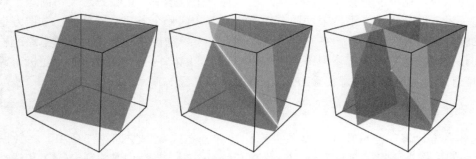

图 3-6 三维情况下的 Blakley 秘密共享方案。每一个共享可以看作一个平面，那么当前的
秘密就可以看作三个共享的交点。尽管两份共享已经可以将秘密确定在共享间的
交线段上，但仍不足以确定这个秘密

考虑到安全性，如果秘密是用所有的 n 个坐标编码的，即使它们是随机的，内部人员（拥有一个或多个 $(n-1)$ 维超平面的人）也会获得关于秘密的信息，因为他知道秘密一定在他的平面上。如果内部人员能够比外部人员获得更多关于秘密的知识，那么系统就不再具有信息理论上的安全性。如果只使用了 n 个坐标中的一个，那么内部人员不会比外部人员知道得更多（也就是说，对于一个二维系统，秘密必须在 x 轴上）。每个参与者有足够的信息来定义超平面，然后通过计算平面间的交点，并获取该交点的指定坐标来恢复该秘密。

Blakley 方案不如 Shamir 方案节省空间，即 Shamir 的分享只需与原来的秘密一样大，Blakley 则需要是原来秘密的 t 倍。如果我们对 Blakley 方案中的平面做一些额外的限制，那么 Blakley 方案将退化为 Shamir 方案。也就是说，Blakley 方案是 Shamir 方案的一个更广泛的版本。

值得一提的是，姚氏混淆电路也可以用秘密共享来描述，在文献中称为姚氏共享，但将姚氏共享与其他秘密共享模式结合起来并不简单，需要一个特殊的转换函数（参考 Mohassel 等人于 2017 年发表的 SecureML 相关文章）。关于更详细和更新的秘密共享的介绍，读者可以参考 Beimel 等人 2011 年撰写的综述。

4. 不经意传输

不经意传输（Oblivious Transfer, OT）是另一个安全多方计算的基石。Rabin 于 1981 年提出最早期的不经意传输协议。该协议实现了"二取一"的功能，记作 OT_1^2（即 1-out-of-2）协议。接着，n 取 1 协议（OT_1^n）、n 取 m 协议（OT_m^n）相继被提出。下面给出最广泛的 n 取 m 协议的定义。

定义 3.5 A 有输入信息 $d_1, d_2, \cdots, d_n$，B 有输入索引 $\{i_1, i_2, \cdots, i_m\} \in \{1, 2, \cdots, n\}$，$n$ 取 m 不经意传输协议 OT_m^n 就是 B 总能获得 $d_{c_1}, d_{c_2}, \cdots, d_{c_m}$，但无法获得 A 的其他值，而且 A 也不知道 B 的选择 $\{i_1, i_2, \cdots, i_m\}$。

换句话说，在不经意传输协议中，发送方有一个数据库，接收方想要访问这个数据库的特定条目。但是接收方不希望发送方知道它需要访问哪个条目，同样的，发送方也不希望向接收方泄露整个数据库。在安全多方计算中，不经意传输通常作为混淆电路或秘密共享的补充技术。例如，在混淆电路中求值者（Bob）编码它的数据（注意，随机密钥是由 Alice 持有的）是通过不经意传输方法完成的。

5. 安全多方计算的应用

安全多方计算广泛应用于安全数据库构建和分布式数据挖掘等任务中。在数据挖掘中，早期的工作主要集中在决策树、K 均值（K-means）、支持向量机（SVM）和线性回归等模型。随着深度神经网络的发展，人们更多地关注开发适合深度模型的高效多方计算方法，如 Chandran 等人于 2017 年发表的 EzPC，Juvekar 等人于 2018 年发表的 Gazelle，Liu 等人于 2017 年发表的 Oblivious。

（1）基于安全多方计算的深度模型可行性分析

具体地说，我们更关注分布式数据挖掘。有很多场景我们不能在本地训练模型，数据可能是分散在多个个体中，如横向数据分布（每一方拥有一个子集数据样本）或纵向数据分布（每一方拥有特征的一个子集），或者数据和模型位于不同的个体。在这种情况下，安全多方计算是一个非常有前途的技术解决方案，但其仍然具有多个重大的挑战，如效率、可拓展性、表现力等。例如，一个典型的神经网络包括线性矩阵乘法、最大池化、非线性激活函数（ReLU，Softmax 等）、批归一化、Dropout 等。利用秘密共享技术，如 Beaver 三元组，可以有效地计算矩阵乘法，但对于非线性运算，还没有统一的解决方案。姚氏混淆电路可以通过定义一个布尔电路来执行非线性运算，但它具有极高的计算和通信开销。秘密共享的简单性和与线性操作的兼容性，使得它成为完成这些非线性操作的另一个选择。

（2）与基于同态加密的深度学习框架的简单比较

同态加密（Homomorphic Encryption, HE）虽然只需要一个单一回合的交互，但不支持有效的非线性。例如，nGraph-HE 及其扩展构建在 Microsoft SEAL 库上，并提供了一个安全评估框架，大大改进了 CryptoNet 的工作，但它使用多项式（如正方形）来激活函数。

相比同态加密，安全多方计算框架通常使用轻量级加密技术，从而可以提供更快的实现方法。MiniONN 和 DeepSecure 使用优化过的混淆电路，只需很少的通信回合，但它们不支持训练和改变神经网络结构来加速算法执行。其他框架，如 ShareMind、SecureML、SecureNN 或最新的 FALCON 更依赖于加性秘密共享（Additive Secret Sharing），并允许安全模型评估和培训。它们使用更简单、更高效的基元，但需要大量的通信回合。比如对于 ReLU 函数来说，SecureNN 需要 11 个回合，FALCON 需要 $5+\log_2(l)$ 个回合。ABY、Chameleon 和 ABY³ 基于所考虑的哪个操作最有效的想法来混合混淆电路和加法或二进制秘密共享。然而，这两者之间的转换是昂贵的，并且这些方法除了 ABY³ 外，不支持训练这种转换。最后，Gazelle 将 HE 和 SMC 结合在一起，充分利用了两者的优势，但转换成本也很高。

例如，Ryffel 等人提出的 AriaNN 设计了基于秘密共享的安全比较，并将其应用于对 ReLU 和 MaxPooling 的评估。结果，他们成功地训练了一个在多个基准数据集上具有令人满意的准确度的 VGG16 网络。然而，仍然有许多非线性操作不被当前最先进的框架所支持，如 Softmax、Dropout 等。这些操作对神经网络获得良好的性能都是必不可少的。因此，我们希望开发支持神经网络中其他基本非线性操作的有效的秘密共享方法。注意，我们在局域网环境下仍然需要大约 60 小时以在 CIFAR-10 数据集上训练一个仅 4 个 Epoch 的 Alexnet。而用相同的设置在本地训练一个 Epoch 只需要花费几分钟。非线性操作仍然是瓶颈，例如，比较操作使用的随机键与输入大小成比例，因此批次大小被限制在非常小的范围内，从而减缓了收敛速度。为了进一步提高效率，我们可以开发更好的秘密共享协议，或者利用分布式学习，例如将比较操作分布到多个服务器上，这样我们就可以并行地评估它们。

3.2.3　同态加密

同态加密是一种特殊的加密方案，它允许第三方在不需要事先解密的情况下处理加密的数据（密文）。同态加密技术这一有用的特性在 30 年前就已经为人所知，一直以来也有非常多的研究致力于推动同态加密技术的发展。为了让广大研究者和从业者对同态加密有一个整体的了解，本小节将主要从算法描述、同态特性分析等方面，对部分同态加密（Partially Homomorphic Encryption, PHE）、有限同态加密 （Somewhat Homomorphic Encryption, SWHE）以及全同态加密 （Fully Homomorphic Encryption, FHE）等相关加密方案的研究进行介绍。

1. 引言

加密是保护敏感信息或隐私的重要方案，然而传统的加密方案无法在未事先解密的情况下对密文进行计算。换句话说，用户不得不牺牲自己的隐私以享受第三方服务（譬如云服务、数字科技服务等）。互联网公司在使用用户数据的同时也存在泄露用户数据隐私的风险，这样的技术缺点引起了用户对数据隐私泄露的担忧。如果存在一种方案，在数据被加密的情况下仍能对数据执行想要的运算，那将是完美的。同态加密正是这样一种满足要求的技术方案。同态这个词具有丰富的含义。在抽象代数中，同态定义为一种映射，它保留了代数集合的定义域和值域之间所有的代数结构。在密码学领域，同态是指一种加密类型。而同态加密则是一种加密方案，使得第三方能在执行特定计算的同时保留密文的函数形式与特性。事实上，这种同态加密也对应着抽象代数中的映射。由于同态加密技术在云计算、面向隐私保护的机器学习等领域中的广泛应用，下面将介绍同态加密以及 PHE、SWHE 和 FHE 等方案中的代表性研究。

在图 3-7 中，我们展示了一个同态加密的例子。用户 C 首先对他的隐私数据（消息 m）进行加密（步骤 1），然后把加密数据发给云端服务器（步骤 2）。当用户 C 想进行计算（查询），也即执行函数 $f(m)$ 时，把函数形式 $f(\cdot)$ 发给云端服务器（步骤 3）。服务器接收到请求之后，在密文上同态计算函数 $f(m)$（步骤 4），然后把计算结果（密文形式）反馈给用户（步骤 5）。最后，用户通过密钥对该结果进行解密，得到 $f(m)$（明文形式，步骤 6）。注意，在这个例子中，服务器对密文执行同态计算（支持加法和乘法）的时候，并不需要知道用户的私有密钥。

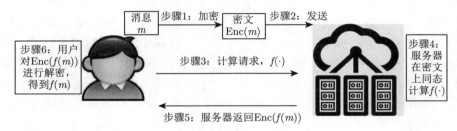

图 3-7   同态加密在用户–服务器场景中的简单示意图

在 Gentry 提出开创性的 FHE 方案之前，已经有大量的同态加密相关研究。然而，这些研究中提出的方案要么只支持一种同态运算（例如，只支持加减法或者只支持乘除法运算），要么只能在密文上进行有限次数的运算。有些方案甚至只局限于特定类型的问题（例如，分支程序）。根据密文上允许的运算类型，现有的同态加密技术可以分为以下三类。

- ❏ 部分同态加密：只支持一种同态运算类型，但不限定运算的次数。
- ❏ 有限同态加密：支持多种同态运算类型，但只能进行有限次的运算。
- ❏ 全同态加密：既支持多种同态运算类型，又不限定运算的次数。

由三类同态加密方案的特性可知，PHE 方案只能用于特定的只包括加法或乘法运算的应用；SWHE 方案同时支持加法和乘法操作，然而，该方案中密文的大小随着每一次同态操作而增加，因此它允许的最大同态运算次数是有限的（这也是笔者将该方法翻译为"有限同态加密"的原因）。这些问题限制了 PHE 和 SWHE 方案的实际应用。Gentry 在 2009 年首次提出的 FHE 方案打破了上述两种方案的局限性。但是，该方法概念复杂、实现困难，特别是部分过程的计算成本过高，导致其不利于实际应用。在接下来的时间里，学者们在该方法的基础上陆续提出了许多改进方案。

2. 同态加密简介

在这一小节，我们首先给出同态加密的定义，然后对 PHE、SWHE 和 FHE 方案进行概括性描述，最后引入同态加密安全分析及其所需的数学知识。出于篇幅考虑，我们只是简单地介绍这些数学概念，如果想要更加深入了解，烦请读者自行查阅相关资料。

（1）同态加密定义

为了使读者更好地理解上文中对同态加密方案的分类，首先引入同态操作的定义。

定义 3.6　如果满足以下等式，则一个加密方案称为运算符 "*" 上的同态操作。

$$E(m_1) * E(m_2) = E(m_1 * m_2), \forall m_1, m_2 \in M \tag{3.12}$$

其中，m_1、m_2 是明文，E 是加密算法，M 是所有明文构成的明文空间。

特别地，在设计支持对任意函数进行同态计算的加密方案时，只需考虑同态加法和乘法运算，因为加法和乘法是有限集上的函数运算完备集（即该集合上的任何函数运算都由加法和乘法构成）。同样，对于布尔电路来说，只需要支持异或门（对应加法）和与门（对应乘法）操作即可。根据解密时使用密钥的方式不同，HE 方案可分为对称 HE 和非对称 HE 方案。前者是指使用相同的密钥进行加密和解密，后者指使用不同的密钥进行加密和解密。

一个同态加密方案包含 4 个基本要素：密钥生成函数、加密函数、解密函数和评估函数。在非对称 HE 方案中，密钥生成函数会产生一个包含私有密钥（私钥）和公有密钥（公钥）的密钥对；而在对称 HE 中，密钥生成函数只产生一个密钥（一般是公钥）。加密函数对明文进行加密，得到密文；解密函数对密文域上的信息进行解密，得到明文。两者都是经典加密方案中的操作，只有评估函数是同态加密特有的操作。它以密文作为输入，得到密文域上对应的计算结果。特别是，评估函数可以在不获取 (m_1, m_2) 的情况下，对密文 (c_1, c_2) 执行函数 $f(\cdot)$ 运算。同态加密最关键的一点是，计算之后的密文格式必须与计算之前的密文格式保持一致，才能被正确地解密成明文。此外，密文的大小也应该是恒定的，这样才能进行无限次数的操作。现有的同态加密方案中，PHE 方案支持只涉及加法或者乘法运算的评估函数，SWHE 方案只支持在密文域上执行有限次的多种运算，只有 FHE 方案能在密文域上执行无限次的任意函数（例如，搜索、排序、求极值等）。

（2）同态加密安全分析

在同态加密中，安全性是首要考虑的问题。而现有的同态加密方案的安全性都是基于复杂性理论。复杂性理论可以用来判断解决一个问题的难易程度。如果一个问题的求解需要非常多的资源（或者说不现实的成本消耗），则被认为是计算困难的。现有的同态加密方案中，公钥密码体制的安全构造与设计通常涉及以下计算困难问题。

- ❏ 整数分解问题（Integer Factorization Problem, IFP）：给定任意一个正整数 n，计算其因子表达式 $n = p_1^{e_1}, p_2^{e_2}, \cdots, p_m^{e_m}$，其中 p_i 和 p_j 为任意两两不同的素数，正整数 $e_i \leqslant 1$。

- ❏ 离散对数问题（Discrete Logarithm Problem, DLP）：给定素数 p、群 Z_p^* 的一个生成元 a 以及元素 $b \in Z_p^*$，计算整数 $x(0 < x \leqslant p - 2)$，使得满足 $x = \log_a^b$。

- ❏ 二次剩余问题（Quadratic Residuosity Problem, QRP）：一个整数 n 对另一个整数 p 的二次剩余指 n^2 除以 p 得到的余数。令 $n = pq$，p 和 q 为素数，设 x 是一

个整数，使得整数 x 对 n 的雅可比符号 $\left(\dfrac{x}{n}\right)$ 为 $+1$。二次剩余问题是在给定 x 和 n 的情况下，确定 x 是否是模 n 的二次剩余数。

- 判定合数剩余问题（Decisional Composite Residuosity Problem, DCRP）：给定 p 和 q 两个大素数，令 $N = pq$，任意给定 $y \in \mathbb{Z}_{N^2}^*$，使得 $z = y^N \bmod N^2$，判定 z 为 N 次剩余还是非 N 次剩余。
- 近似最大公因子问题（Approximate Greatest Common Divisor Problem，AGCDP）：给定随机选择的一组整数 $x_1, \cdots, x_n$，需要确定每一个整数 x_i 都接近它们的近似公因子 p，其中 p 是大素数。
- 稀疏子集求和问题（Sparse Subset Sum Problem, SSSP）：给定 m 个 n 位整数 $\beta_1, \cdots, \beta_m$ 以及一个整数 α，判定是否存在某个子集 $S \subset [m]$，使得 $\sum_{i \in S} \beta_i = \alpha$ 成立。

以上问题涉及不少数论、离散数学的知识与概念，在此我们简要介绍几个常用概念。

群（Group）：表示一个满足封闭性、结合律，有单位元、逆元的二元运算的代数结构。

生成元（Generator）：群中元素可以由最小数目个群元的乘积生成，这组群元称为该群的生成元。生成元的数目为有限群的秩。

欧拉函数（Euler Function）：欧拉函数 $\varphi(n)$ 表示 1 到 n 之间与 n 互为质数（互素）的数的个数，对于素数 p 来说有 $\varphi(p) = p - 1$。

乘法子群（Multiplicative Subgroup）：$\mathbb{Z}_{n^2}^*$ 表示整数模 n^2 的乘法子群。

环（Ring）：如果"+"运算满足交换律和结合律，"*"运算满足交换律、结合律和分配律，且具有零元和负元，则二元代数运算 $(R, +, *)$ 为一个环。

格（Lattice）：格是其非空有限子集都有一个上确界和一个下确界的偏序集合。

3. 部分同态加密

目前，非常多的 PHE 方案已经被提出。但在这里我们只介绍几种经典的方案，因为这些经典方案是其他后续 PHE 方案的基础。特别地，由于这些方案的概念简单，我们给出了相应数值例子。对于接下来介绍的 SWHE 和 FHE 方案，由于其概念的复杂性，我们将不介绍具体实例。

（1）RSA 方案

RSA 是一个早期的 PHE 方案，由于该方案由 Rivest、Shamir 和 Adleman 三人共同提出而得名。RSA 是基于公钥密码的第一个可行的实现方案。RSA 密码系统的安全性基于两个大素数乘积的保理问题的困难性。RSA 的算法实现如下。

密钥生成：对于两个大的素数 p 和 q（如果 p 和 q 太小，则容易被暴力破解），满足 $n = pq$ 和 $L = \text{lcm}(p-1, q-1)$（表示 $p-1$ 和 $q-1$ 的最小公倍数）。选择整数 $e \leqslant L$，

使得 $\gcd(L, e) = 1$（gcd 函数生成两个输入的最大公约数），根据 $(d \times e) \mod L = 1$ 可算出 d，则公钥 $\mathrm{pk} = (n, e)$，私钥 $\mathrm{sk} = d$。

加密：对于明文空间 M 上的任意明文 $m(0 \leqslant m < n)$，加密得到密文：

$$c = E_{\mathrm{pk}}(m) = m^e \mod n, \quad \forall m \in M \tag{3.13}$$

解密：对于任意密文 c，使用密钥 c 可以对其解密得到明文：

$$m = D_{\mathrm{sk}}(c) = c^d \mod n \tag{3.14}$$

从 RSA 算法实现过程可以看出，其加密和解密互为可逆映射。

RSA 方案的同态特性：给定 $m_1, m_2 \in M$，

$$E(m_1) \times E(m_2) = (m_1^e \mod n) \times (m_2^e \mod n) = (m_1 \times m_2)^e \mod n = E(m_1 \times m_2) \tag{3.15}$$

由 RSA 的同态性可知，$E(m_1) \times E(m_2)$ 可以在不需要解密的前提下直接通过 $E(m_1)$ 和 $E(m_2)$ 计算。进一步讲，RSA 方案只支持乘法同态，不支持加法同态。

简单实例：为了例子简单易懂，我们选择两个小素数 $p = 17, q = 19$，则有 $n = p \times q = 323$，$L = \mathrm{lcm}(16, 18) = 144$。由 $\gcd(e, 144) = 1$ 可知，$e = 5$ 是一个解。由此可得，公钥 $\mathrm{pk} = (5, 323)$。根据 $(d \times 5) \mod 144 = 1$ 可得，$d = 29$ 是一个可行解。到此，私钥 $\mathrm{sk} = (29, 323)$。假设明文 $m = 123$，则有

$$c = m^e \mod n = 123^5 \mod 323 = 225$$

给定私钥 $\mathrm{sk} = (29, 323)$ 和密文 $c = 225$，可正确解密出明文 $m = 123$。

$$m = c^d \mod n = 225^{29} \mod 323 = 123$$

（2）Paillier 方案

1999 年，Paillier 在其论文中提出基于 CRP（合数剩余问题）的加密方案 Paillier，其对应的算法描述如下。

密钥生成：对于两个满足 $\gcd(pq, (p-1)(q-1)) = 1$（约束 p 和 q 的长度相等）的大素数 p 和 q，计算 $n = pq$ 和 $\lambda = \mathrm{lcm}(p-1, q-1)$。选择一个随机整数 $g \in \mathbb{Z}_{n^2}^*$，使得 $\mu = (L(g^\lambda \mod n^2))^{-1} \mod n$ 存在，其中函数 L 定义为 $L(u) = (u-1)/n$（对于任意的属于 $\mathbb{Z}_{n^2}^*$ 的 u）。其产生的公钥和私钥分别是 $\mathrm{pk} = (n, g)$ 和 $\mathrm{sk} = (\lambda, \mu)$。

加密：对于明文 m，随机选择 $r(0 < r < n)$ 且其与 n 互质，得到对应的密文：

$$c = E(m) = g^m r^n \mod n^2 \tag{3.16}$$

解密：对于合适的密文 $c(c < n^2)$，通过下述公式进行解密：

$$D(c) = L\left(c^\lambda \mod n^2\right) \times \mu \mod n = m \tag{3.17}$$

从算法实现过程可以看出，其加密和解密互为可逆映射。

Paillier 方案的同态特性：给定 $m_1, m_2 \in M$，

$$E(m_1) \times E(m_2) = \left(g^{m_1} r_1^n \mod n^2\right) \times \left(g^{m_2} r_2^n \mod n^2\right)$$
$$= g^{m_1+m_2}\left(r_1 \times r_2\right)^n \mod n^2 = E\left(m_1 + m_2\right) \tag{3.18}$$

由上式可知，Paiiller 方案满足加法同态特性。

简单实例：为了例子简单易懂，我们选择两个小素数 $p = 7, q = 11$，则有 $n = p \times q = 77$，$n^2 = 5929$，$\lambda = 30$。取 $g = 5652$，则 $\mu = 51^{-1} = 74 \mod 77$。假设明文 $m = 42$，设随机数 $r = 23$ 则有

$$c = g^m r^n \mod n^2 = (5652)^{42} \times (23)^{77} \mod 5929 = (4019) \times (606) \mod 5929 = 4624$$

给定私钥 sk $= (23, 59)$ 和密文 $c = 4624$，可正确解密出明文 $m = 42$。

$$m = L(c^\lambda \mod n^2) \times \mu \mod n = L(5652^{30} \mod 5929) \times \mu \mod 77$$
$$= L(3928) \times 74 \mod 77 = 42$$

（3）其他 PHE 方案

美国学者 Goldwasse 和 Micali 在其 1982 年的论文中提出了 GM 方案，其安全性基于二次剩余问题的困难性。该方案的缺点是每一次加密只能处理 1 位信息。为解决这个问题，学者 Benaloh 在 GM 方案的基础上利用高阶剩余数问题提出了一种改进的概率同态加密体制。此外，Okamoto 和 Uchiyama 在 1998 年提出了一种新的 PHE 方案。该方案通过改变之前 HE 方案中的加密集合来提高计算性能。Naccache 和 Stern 在 1998 年提出了另一种 PHE 方案。该方案仅改变了 Benaloh 方案中的解密算法，却提高了计算效率。同样，Damgard-Jurik（DJ）在 2001 年也对 Paillier 方案进行了推广和改进。Kawachi 等人在 2007 年的论文中提出了一种基于底层格困难性的具有加法同态特性的方案。不过，该方案中的同态是伪同态。伪同态是一个代数性质，仍然允许密文上的同态操作，但是解密的时候会带来比较小的误差。

4. 有限同态加密

在 2009 年提出全同态加密之前，不少学者提出了有用的 SWHE 方案。这里我们主要聚焦于 SWHE 方案的基础，而不过多陈述具体方案，因为不少 SWHE 方案都能通过 Gentry 的方法转化为 FHE 方案。

（1）BGN 方案

2005 年以前，所有提出的加密系统的同态性都仅限于加法或乘法运算。离实现 FHE 最近的是 Boneh-Goh-Nissim（BGN）方案，它于 2005 年被 Boneh 提出。在保持密文大

小不变的情况下，它能支持任意次的加法运算和一次乘法运算。2010 年 Gentry、Halevi 和 Vaikuntanathan 提出了它的改进版本——GHV 方案，该方案的安全性基于容错问题的困难性。BGN 方案具体描述如下。

密钥生成：给定参数元组 q_1, q_2, G, G_1, e，其中 G 和 G_1 是阶为 $n = p_1q_1$ 的群，$e: G \times G \to G_1$ 是双线性映射。设 g 和 u 为群 G 的生成元，令 $h = u^{q_2}$，则 h 是群 G 的 q_1 阶子群的随机生成元。公钥可以表示为 (n, G, G_1, e, g, h)，私钥为 q_1。

加密：给定明文 m，从集合 $\{0, 1, \cdots, n-1\}$ 中随机选择 r，则密文可以表示为：

$$c = E(m) = g^m h^r \mod n \tag{3.19}$$

解密：已知明文 c 和私钥 q_1，计算 $c^1 = c^{q_1} = (g^m h^r)^{q_1} = (g^{q_1})^m$ 和 $g^1 = g^{q_1}$ 后，解密算法 $D(\cdot)$ 为：

$$m = D(c) = \log_{g^1} c^1 \tag{3.20}$$

BGN 方案的同态特性：给定 $m_1, m_2 \in M$，令 $g_1 = e(g, g)$，$h_1 = e(g, h)$，则 g_1 和 h_1 的阶分别为 n、h_1，且存在整数 α 使得 $h = g^{\alpha q_2}$。对于明文 m_1 和 m_2，及其对应的密文 $c_1 = E(m_1)$ 和 $c_2 = E(m_2)$，有：

$$\begin{aligned} c &= e(c_1, c_2)h_1^r = e(g^{m_1}h^{r_1}, g^{m_2}h^{r_2})h_1^r \\ &= g_1^{m_1m_2}h_1^{m_1r_2+r_2m_1+\alpha q_2r_1r_2+r} = g_1^{m_1m_2}h_1^{r^1} \end{aligned} \tag{3.21}$$

从公式 (3.21) 可以看出，由于 r^1 和 r 一样是均匀分布的，所以 m_1 和 m_2 可以从密文中恢复。然而，当前的密文 c 在群 G_1 而不是群 G 中（无法保持密文格式），所以只能支持一次同态乘法操作。不过，对群 G_1 中生成的密文可以进行无限次的同态加法操作。

简单实例：该方案的实例构造涉及双线性映射这一复杂数学概念，我们可通过线性域上的超椭圆曲线上的 Tate 对或者 Weil 对来构造。但由于其构造的复杂性，建议读者自行参考岳胜等人于 2010 年发表的论文。

（2）其他 SWHE 方案

第一个 SWHE 方案是 1994 年被 Fellows 等人提出的 Polly Cracker 方案。该方案能在密文上执行同态加法和同态乘法操作。但是，密文的大小随着同态操作（尤其是乘法操作）次数的增加而呈指数增长。针对这个问题，Levy 等人和 Van 等人提出了多个效率更高的 Polly Cracker 方案改进版，但是相关研究表明这些方案容易受到攻击。2011 年，学者 Albrecht 引入了一种带有噪声加密的 Polly Cracker 方案。该方案中同态加法运算不增加密文的大小，但是乘法运算会导致密文大小以平方级的速度增长。

5. 全同态加密

如果加密方案允许对加密数据进行无限次的包含各种运算的求值操作，并且输出结果依然在密文空间内，则称为全同态加密方案。该概念由 Revest 等人在 1978 年首次提出，自此以后备受关注。然而，这个开放性问题迟迟未被解决。直到 2009 年，IBM 研究员 Gentry 基于理想格首次构造出全同态加密方案，并在其博士论文中进行了详细论述。这个里程碑式的成果极大地推动了同态加密的发展。然而，从实际应用角度来看，这个方案有非常多的不足，例如计算代价太高、复杂的数学概念难以实现等。此后，研究者们提出了一系列优化的 FHE 方案。这些方案的安全性都是基于格问题的计算困难性。

格是一组无关向量（基向量）$b_1, b_2, \cdots, b_n$ 的线性组合。格 L 可以表示为:

$$L = \sum_{i=1}^{n} b_i v_i, v_i \in \mathbb{Z} \tag{3.22}$$

其中，任意向量 $b_1, b_2, \cdots, b_n$ 被称为格 L 的一个基。对于一个给定的格，它有无穷多个基（基不唯一）。在 Gentry 的开创性工作之前，相关研究工作者就注意到了基于格的密码学，特别是它在后量子密码学中的特性，比如安全性的证明、实现有效和概念简单。近年来，另一个流行的与格相关的问题是容错学习（Learning With Errors, LWE）。1998 年，Hoffstein 提出了基于格的加密系统中最重要的工作之一，即一种新的公钥加密方案，其安全性基于格的最短向量问题（Shortest Vector Problem, SVP）。在 SVP 中，给定格的一组基，目标是找到格中最短的非零向量。

在 Gentry 的工作之后，格在密码学研究中变得更加流行。Smart 等人只关注 Gentry 在 2009 年提出的基于理想格的 FHE 方案，而 Van 和 Dijk 等人引入基于近似 GCD 问题的整数上的 FHE 方案。该方案背后的主要动机是概念上的简单性。在此基础上，Brakerski 等研究者在 2011 年提出一种基于环上容错学习（Ring Learning with Errors, LWE）困难性的算法，该方案具有不错的效率。Lopez 在 2012 年提出一种类似 NTRU（Number Theory Research Unit）的 FHE 方案，它具有良好的效率和标准化特性。NTRU 加密是一种古老的、强标准化的基于格的加密方案，它的同态特性是最近才实现的。

接下来将详细介绍基于理想格（包括改进版）和容错学习的 FHE 方案，并简要介绍其他方案。

（1）基于理想格的 FHE 方案

Gentry 在博士论文中提出的第一个方案是 GGH 类的加密方案，其中 GGH 最初是由 Goldreich 等人在 1997 年提出的。然而，Gentry 在 GGH 密码系统中采用了双层而不是单层的噪声对信息进行加密。事实上，Gentry 的突破性工作是从基于理想格的 SWHE 方案开始的。如前所述，SWHE 方案仅能对密文进行有限次的同态运算。在一定次数之后，解密函数将无法从密文中正确地恢复消息。要将带有噪声的密文转换为合适的密文，必须减少密文中的噪声。为此，Gentry 使用称为"压缩"（Squashing）和"自举"（Bootstrapping）的方法获得一个新密文，该密文允许执行多次同态运算。重复使用上述方法，可以使得任何 SWHE 方案变成一个全同态方案。

最初，Gentry 使用没有格的理想和环来设计同态加密方案，其中理想是指环的一个特殊子集，例如偶数子集。这样，方案中使用的每个理想都能被环表示。Gentry 提出的基于理想和环的 SWHE 方案描述如下。

密钥生成：给定环 R 和理想 I 的一组基 B_I，算法 $\mathrm{IdealGen}(R, B_I)$ 生成一对基 $(B_J^{\mathrm{sk}}, B_J^{\mathrm{pk}})$，其中 $\mathrm{IdealGen}(\cdot)$ 算法输出理想环（由基 B_I 表示）上的公钥和私钥的基，使得 $I + J = R$。$\mathrm{Samp}(\cdot)$ 算法用来从给定理想的陪集中进行采样，其中陪集可由理想平移之后得到。最终，生成的公钥为 $(R, B_I, B_J^{\mathrm{pk}}, \mathrm{Samp}(\cdot))$，生成的私钥为 B_J^{sk}。

加密：对于随机向量 $\boldsymbol{r}$ 和 $\boldsymbol{g}$，从理想格 L 中选一个公钥的基 B_{pk}，则明文 $\boldsymbol{m} \in \{0,1\}^n$ 通过如下方式被加密：

$$c = E(\boldsymbol{m}) = \boldsymbol{m} + \boldsymbol{r} \cdot B_I + \boldsymbol{g} \cdot B_J^{\mathrm{pk}} \tag{3.23}$$

其中，B_I 是理想格 L 的基，$\boldsymbol{m} + \boldsymbol{r} \cdot B_I$ 被称为噪声参数。

解密：使用私钥（基）B_J^{sk} 对密文进行解密：

$$\boldsymbol{m} = c - B_J^{\mathrm{sk}} \cdot \left\lfloor \left(B_J^{\mathrm{sk}}\right)^{-1} \cdot c \right\rceil \mod B_I \tag{3.24}$$

其中，$\lfloor \cdot \rceil$ 是"取最近整数"函数，返回离向量系数最近的整数。

加法同态特性：对于明文向量 $m_1, m_2 \in \{0,1\}^n$，有

$$c_1 + c_2 = E(m_1) + E(m_2) = e_1 + e_2 + (e_1 + g_2 + e_2 + g_1 + g_1 + g_2) \cdot B_J^{\mathrm{pk}} \tag{3.25}$$

由公式 (3.25) 可知，$c_1 + c_2$ 依然在密文空间中，且格式不变。此外，对密文进行解密的话，只需计算 $(c_1 + c_2) \mod B_J^{\mathrm{pk}}$。当密文的噪声量小于 $B_J^{\mathrm{pk}}/2$ 时，上述计算结果就等价于 $m_1 + n_2 + (r_1 + r_2) \cdot B_I$。此时，解密算法可以正确地从密文中恢复 $m_1 + m_2$。

乘法同态特性：与加法同态特性类似，令 $\boldsymbol{e} = \boldsymbol{m} + \boldsymbol{r} \cdot B_I$，有

$$c_1 \times c_2 = E(m_1) \times E(m_2) = e_1 \times e_2 + (e_1 \times g_2 + e_2 \times g_1 + g_1 \times g_2) \cdot B_J^{\mathrm{pk}} \tag{3.26}$$

其中 $e_1 \times e_2 = m_1 \times m_2 + (m_1 \times r_2 + m_2 \times r_1 + r_1 \times r_2)$。可以验证，$c_1 \times c_2$ 依然在密文空间。如果噪声 $e_1 \times e_2$ 足够小，明文 $m_1 \times m_2$ 可以从密文 $c_1 \times c_2$ 中正确地恢复。注意，我们目前还是称其为 SWHE 方案，因为该方案对噪声大小有要求且只允许有限次的同态运算。为了使得该算法满足 FHE 性质，Gentry 引入了"压缩"技术。该技术可以用于可挤压的密文，比如有噪声而且电路深度小的密文。

压缩法：选定一个向量集合，满足向量相加的结果为密钥的乘法逆元。如果密文乘以这个集合的元素，电路深度就被压缩到方案可以处理的程度。此时，密文就是可压缩的，且其安全性基于稀疏子集求和问题的困难性。

由于其概念复杂（涉及理想、格等数学概念的实现），难以列举简单实例，请读者自行阅读 Gentry 的博士论文或其他相关资料。

如果一个方案能运行自身的解密算法，则该方案称为自举型。首先通过压缩法将密文转化为可自举的密文，然后通过自举过程可以得到一个新的密文。

自举法：自举是指通过重解密过程从有噪声的密文中获得与原文对应的新密文。其工作原理为：首先假设有两对不同的公钥和私钥 (pk1, sk1)、(pk2, sk2)，私钥只有用户有，公钥由用户和服务器共享。在服务器已知 $c = \text{Enc}_{\text{pk1}}(m)$ 的情况下，将私钥以密文的形式发给服务器。因为上述 SWHE 体制可以同态地执行自己的解密算法，所以带噪声的密文可以用 $\text{Enc}_{\text{pk1}}(\text{sk1})$ 同态解密。随后，用不同的公钥 pk2 对该结果进行加密，$\text{Enc}_{\text{pk2}}(\text{Dec}_{\text{sk1}}) = \text{Enc}_{\text{pk2}}(m)$。因为假设该方案是语义安全的，所以攻击方无法将该结果与 0 对应的密文进行区分。最后一个密文可以通过仅限用户拥有的私钥 sk2 进行加密，即 $\text{Enc}_{\text{pk2}}(\text{Dec}_{\text{sk1}}(c)) = \text{Enc}_{\text{pk2}}(m)$。

简而言之，该方案在对带有噪声的密文进行同态解密的过程中去除了密文中的噪声，随后又在加密过程中引入了新的但是更小的噪声。在这个过程中，密文就像是被重新加密了一样。在再次达到阈值点（例如基于理想格方法中的 $B_J^{\text{pk}}/2$）之前，我们可以对这个"新"密文进一步进行同态运算。注意，Gentry 的自举法显著增加了计算成本，阻碍了该方法成为实用的 FHE 方案。简而言之，从构造 SWHE 方案，再通过压缩方法减小解密算法的电路深度，再通过自举获得新的密文，完成了 FHE 方案的创建。因此，我们可以重复地应用自举过程对密文进行无限次运算，从而成功地得到一个 FHE 方案。

此后，一系列研究尝试对 Gentry 提出的原始方案进行改进。Gentry 在 2010 年提出了一个新的密钥生成算法，提高了其安全性。基于 Gentry 方案，Smart 等人在 2010 年提出了一个新的 FHE 方案。该方案在不牺牲安全性的前提下，采用了相对更小的密文和密钥。除此之外，还有一些工作致力于研究高效的密钥生成算法，以提高 FHE 的效率。

（2）基于整数的 DGHV 方案

在 Gentry 提出他的原始方案一年之后，Dijk、Gentry、Halevi、Vaikuntanathan 等人在 2010 年提出了基于整数的 DGHV 方案。该方案的安全性基于近似最大公因子问题的困难性。该方案最大的优点是概念简单，其对称版本可能是最简单的 FHE 方案之一，具体描述如下。

密钥生成：对于给定的安全参数 λ，随机生成一个 η 位长的奇整数。

加密：对于给定的大素数 p 和 q，选择一个远远小于 p 的数 r，明文 $m \in \{0, 1\}$ 通过如下方式加密：

$$c = E(m) = m + 2r + pq \tag{3.27}$$

其中，p 是被隐藏的私钥，c 是密文，$m + 2r$ 被称为噪声。

解密：通过如下方式对密文进行解密：

$$m = D(c) = (c \bmod p) \bmod 2 \tag{3.28}$$

由公式 (3.28) 可知，只有当 $m + 2r < p/2$ 时，才有 $c \bmod p = m + 2r$，进一步用 $m + 2r$ 对 2 取模可恢复出 m。所以，只有噪声小于 $p/2$ 时，解密算法才可以正常工作，这就限

制了该算法在密文上执行运算的次数。为此，Dijk 等人使用压缩和自举法构建 FHE 方案。其同态特性描述如下。

加法同态特性：对于明文 $m_1, m_2 \in \{0,1\}^n$，有

$$E\left(m_1\right) + E\left(m_2\right) = m_1 + 2r_1 + pq_1 + m_2 + 2r_2 + pq_2$$
$$= \left(m_1 + m_2\right) + 2\left(r_1 + r_2\right) + \left(q_1 + q_2\right)q \qquad (3.29)$$

其中，p 是密钥。显然，输出结果处于密文空间。而且，密文和的噪声等于密文噪声之和，当噪声 $|m_1 + 2r_1 + m_2 + 2r_2| < p/2$ 时，可以被正确解密。

乘法同态特性：对于明文 $m_1, m_2 \in \{0,1\}^n$，有

$$E\left(m_1\right) \times E\left(m_2\right) = (m_1 + 2r_1 + pq_1)(m_2 + 2r_2 + pq_2)$$
$$= m_1 m_2 + 2(m_1 r_2 + m_2 r_1 + 2r_1 r_2) + kp \qquad (3.30)$$

可见，结果保留了原始密文的格式，且具有同态特性。特别地，该密文之积的噪声等于原密文噪声的积。所以，该方案中噪声会随着乘法运算次数呈指数增长，这限制了乘法运算的次数。

简单实例：设 $p = 11$，$q_1 = q_2 = 5$，$m_1 = 0$，$m_2 = 1$。取 $r_1 = -1$，$r_2 = 1$。由上述加密方案可得：

$$c_1 = m_1 + 2r_1 + pq_1 = 0 - 2 \times 1 + 11 \times 5 = 53$$
$$c_2 = m_2 + 2r_2 + pq_2 = 1 + 2 \times 1 + 11 \times 5 = 58$$

解密过程有：

$$c_1 \bmod p = -2, \quad -2 \bmod 2 = 0$$
$$c_2 \bmod p = 3, \quad 3 \bmod 2 = 1$$

由上述过程可知，c_1 的噪声为 -2，c_2 的噪声为 3，都在范围 $(-p/2, p/2)$ 即 $(-11/2, 11/2)$ 中，所以两者均可被正确解密。同理，$c_1 + c_2$ 的噪声为 5，仍处于可解密范围。而对于 $c_1 \times c_2$，有 $c_1 \times c_2 = 53 \times 58 = 3074$，而 $3074 \bmod 11 = 5$，$5 \bmod 2 = 1 \neq m_1 \times m_2$。错误的原因在于 $c_1 \times c_2$ 的噪声为 -6，不在 $(-11/2, 11/2)$ 中。

上述算法是一个对称的 FHE 方案，Van 在 2010 年提出了其非对称版本。根据该方案的过程描述可知，它的概念非常简单。但是概念的简单性带来了巨大的计算消耗，所以该方案是非常低效的。为此，一些后续研究致力于提高该方案的效率。Coron 从减少公钥长度的角度出发进行了一系列研究，并获得了 $(O(\lambda^{10}) \rightarrow O(\lambda^7))$、$(O(\lambda^7) \rightarrow O(\lambda^5))$ 和 $(O(\lambda^5) \rightarrow O(\lambda^3))$ 的提升。特别需要说明的是，Chen 等人在 2014 年提出了批量 FHE 方法，大大提高了该方法的效率。这种批量加密的方法，可以将多个密文打包进一个密文。此外，还有其他相关工作也从各个角度对该方法进行了改进。

（3）基于容错学习的 FHE 方案

容错学习被认为是实际中最难解决的问题之一。该方案由 Regev 于 2009 年首次提出。Regev 把最坏情况下格问题的困难性，比如最短向量问题，转化为容错学习问题。这意味着如果一个算法能在有效时间内解决容错学习问题，那它同样可以在有效时间内解决最短向量问题。自此，该方案成为后量子密码学中最受瞩目的方案。在 2011 年，Brakerski 和 Vaikuntanathan 等人提出基于环容错学习的 SWHE 方案，使得 FHE 方案向实际应用迈出了重要的一步。该成果利用了环容错学习高效的特性，然后利用 Gentry 提出的压缩和自举技术将该方案转化为 FHE 方案。基于 LWE 的加密方案也被称为第二代同态加密框架。在介绍算法流程之前，先引入一些符号定义。$\langle a, b \rangle$ 表示向量 a、b 的内积，$d \overset{\$}{\leftarrow} \mathcal{D}$ 表示 d 是从分布 D 中随机抽取的一个元素。$\mathbb{Z}[x]/(f(x))$ 表示所有多项式模 $f(x)$ 的环，如果一个多项式 $f(x)$ 的环的系数属于 $\mathbb{Z}_q$，则其可表示为 $\mathbb{Z}_q[x]/(f(x))$。χ 表示环 R_q 的误差分布。给定这些符号定义后，该方案的对称版可以做如下描述。

密钥生成：从误差分布中随机取一个环的元素作为密钥，即 $s \overset{\$}{\leftarrow} \chi$。该密钥可以表示为 $s = (1, s, s^2, \cdots, s^D)$，其中 D 是一个整数。

加密：对于给定的大素数 p 和 q，选择一个远远小于 p 的数 r。明文 $m \in \{0, 1\}$ 通过如下方式加密：

$$c = E(m) = m + 2r + pq \tag{3.31}$$

其中，p 是被隐藏的私钥，c 是密文。

解密：给定密文 c，由如下方式解密：

$$m = \langle c, s \rangle (\text{mod } t) \tag{3.32}$$

当 $\langle c, s \rangle (\text{mod } t) < q/2$ 时，解密算法才能正常执行。

该方案与 DGHV 方案原理类似，但涉及环的误差分布、陪集等复杂数学概念，在此不做实例分析，请读者自行阅读相关文献。

对于对称方案来说，它还需要生成随机对 $(a, as + te)$。其同态特性与前两个方案一致，在此不再赘述。与之前的 SWHE 方案一样，为了使其满足 FHE 特性，作者利用压缩和自举法。此后，Brakerski 和 Vaikuntanathan 提出了另一个 SWHE 方案，该方案基于标准的 LWE 问题，但同时使用了重线性化技术。该技术可以使得过长的密文变为正常长度。除此之后还有不需要用到压缩和自举法的方案，但是这些方案往往只能处理有限深度的密文电路。Gentry 等人在 2013 年提出了一个简单、高效且基于属性的 FHE 方案。该方案简单且高效，因为它使用近似特征值方法来代替重线性化技术。该方案限制了部分参数的大小，使得密文格式得以保持。除了一些基于 LWE 的方案之外，一些研究者也在致力于设计更快的压缩算法来加速同态运算，或者设计新的高效的 SWHE 算法，如 NTRU 算法。

6. 同态加密的应用

由于同态加密在保护数据隐私和安全方面的优越性，再加上机器学习模型在应用过程中出现的越来越严重的数据隐私和安全问题，现在已经有不少研究者将同态加密应用到机器学习模型中，以实现在技术上的面向隐私保护的机器学习。考虑到逻辑回归在机器学习中的重要性和代表性，我们将重点介绍一个将同态加密技术应用到逻辑回归的例子（称为"安全逻辑回归"）。

逻辑回归是有监督机器学习中的代表性分类方法。考虑图 3-7中的场景，并将用户扩展到多个。假定 N 个用户与一个服务器共同训练一个逻辑回归模型，其中服务器用来接收、存储、共享和处理数据。为了在该场景下设计安全逻辑回归，首先需要通过函数近似地将逻辑回归表示为可同态计算的形式。因为原始的逻辑回归表达式包含对数函数，对于最多同时支持加法和乘法的同态加密技术来说，无法直接计算该函数。在此基础上，我们将举例说明如何运用 Paiilier 方案对该模型进行求解。

（1）逻辑回归简介

给定一个数据集 $\{x^i, y^i\}_{i=1}^N$，其中 $x^i = \{1, x_1^i, \cdots, x_d^i\} \in \mathbb{R}^{d+1}$，$y^i = \{0, 1\}$，定义具有如下形式的目标 J：

$$J(\theta) = \frac{\lambda}{2N} \sum_{j=1}^d \theta_j^2 + \frac{1}{N} \sum_{i=1}^N \left[-y^i \log\left(h_\theta\left(x^i\right)\right) - \left(1 - y^i\right) \log\left(1 - h_\theta\left(x^i\right)\right) \right] \tag{3.33}$$

其中，$\theta = (\theta_0, \theta_1, \cdots, \theta_d) \in \mathbb{R}^{d+1}$ 是模型参数，$h_\theta(x) : \mathbb{R}^{d+1} \to \mathbb{R}$ 是 sigmoid 函数，其形式如下：

$$h_\theta(x) = \frac{1}{1 + \exp\left(-\theta^{\mathrm{T}} x\right)} = \frac{1}{1 + \exp\left(-\sum_{j=0}^d \theta_j x_j\right)} \tag{3.34}$$

模型的训练目的是优化目标函数 J，并找到满足 $\theta^* = \mathrm{argmin}_\theta J(\theta)$ 的最优解。

（2）可同态计算的逻辑回归

由于原始的逻辑回归模型中包含对数运算，不能直接通过现有的同态加密方案进行计算。为了解决这个问题，我们可以通过近似的方法逼近对数函数，从而得到可同态计算的逻辑回归模型。例如用 k 次多项式，通过 $\log\left(\dfrac{1}{1 + \exp(u)}\right) \approx \sum_{j=0}^k a_j u^j$ 近似对数函数，则相应地可以得到

$$\log\left(1 - h_\theta(x)\right) \approx \sum_{j=0}^k a_j \left(\theta^{\mathrm{T}} x\right)^j$$

$$\log\left(h_\theta(x)\right) \approx \sum_{j=0}^k (-1)^j a_j \left(\theta^{\mathrm{T}} x\right)^j \tag{3.35}$$

将公式 (3.35) 中的近似项代入公式 (3.33)，可得目标函数 J 的近似为：

$$J_{\text{approx}}(\theta) = \frac{\lambda}{2N} \sum_{j=1}^{d} \theta_j^2 + J_{\text{approx}}^*(\theta) \tag{3.36}$$

其中，$J_{\text{approx}}^*(\theta) = \frac{1}{N} \sum_{i=1}^{N_{\text{data}}} \sum_{j=1}^{k} (y^i - y^i(-1)^j - 1) a_j (\theta^{\text{T}} x^i)^j - a_0$。同时，将 $(\theta^{\text{T}} x^i)^j (i = 1, \cdots, n)$ 展开为：

$$(\theta^{\text{T}} x)^j = \sum_{r_1, \ldots, r_j = 0}^{d} (\theta_{r_1} \cdots \theta_{r_j}) (x_{r_1} \cdots x_{r_j}) \tag{3.37}$$

定义符号 $A_{j,r_1,\ldots,r_j} = \sum_{i=1}^{N} (y^i - y^i(-1)^j - 1) (x_{r_1}^i \cdots x_{r_j}^i)$，同时将 k 设为 2（$k = 2$ 是一个常用选择，基于其合理的计算代价和良好的近似效果），则有

$$J_{\text{approx}}(\theta) = \frac{1}{N} \sum_{j=1}^{2} \sum_{r_1, \ldots, r_j = 0}^{d} a_j (\theta_{r_1} \cdots \theta_{r_j}) A_{j,r_1,\ldots,r_j} - a_0 \tag{3.38}$$

其中，$A_{1,r_1} = \sum_{i=1}^{N} (2y^i - 1) x_{r_1}^i$，$A_{2,r_1,r_2} = \sum_{i=1}^{N} (-1)(x_{r_1}^i x_{r_2}^i)$。如果使用泰勒展开式进行近似，则有

$$a_0 = -\log 2, \quad a_1 = -0.5, \quad a_2 = -0.125 \tag{3.39}$$

我们也可采用其他近似方法，如二次多项式下的误差最小方法，Aono 等人在 2016 年的论文中用实验表明，这两种近似方法的效果相似且都比较好。

（3）模型的安全计算

如图 3-7 所示过程，首先每个用户对其所拥有的数据进行加密，且所有用户的数据构成了该数据集。对于样本 i，需要计算实数 $a_{1,r_1}^i = (2y^i - 1) x_{r_1}^i \in \mathbb{R}$ 和 $a_{1,r_1,r_2}^i = (-1)(x_{r_1}^i x_{r_2}^i) \in \mathbb{R}$，其中 $0 \leqslant r_1, r_2 \leqslant d$。该过程由数据的拥有方完成，且一共需要计算 $n_d \left(\frac{(d+1)(d+4)}{2} \right)$ 个实数。为了行文简洁，我们用 dat^i 表示样本 i 上需要计算的所有 n_d 个实数。采用加法同态方案对 dat^i 进行加密，得到密文 CT：

$$\text{CT}^i = \mathbf{E}_{\text{pk}} \left(\{a_{1,r_1}^i\}_{0 \leqslant r_1 \leqslant d}, \{a_{2,r_1,r_2}^i\}_{0 \leqslant r_1, r_2 \leqslant d} \right) \tag{3.40}$$

其中，$\mathbf{E}_{\text{pk}}$ 表示符合要求的加密算法。

服务器端接收来自各用户的密文后，同态计算 $\text{CT} = \sum_{i=1}^{N} \text{CT}^i$。计算完之后，服务器将密文 CT 反馈给各用户。用户利用密钥对该密文进行解密，得到

$$\sum_{i=1}^{N} a_{1,r_1}^i \in \mathbb{R}, \quad \sum_{i=1}^{N} a_{2,r_1,r_2}^i \in \mathbb{R} \tag{3.41}$$

其中，$0 \leqslant r_1, r_2 \leqslant d$。解密得到明文之后，用户可以根据解析解算出 θ^*。

预测过程中，假设 $\theta = (\theta_0^*, \cdots, \theta_d^*)$ 是公开的，用于预测的输入数据 $x = (x_1, \cdots, x_d)$ 是加密的，由公式 (3.34) 可知

$$h_{\theta^*}(x) = \frac{1}{1 + \exp\left(-\theta_0^* - \sum_{j=1}^d \theta_j^* x_j\right)} \tag{3.42}$$

为了算出 $h_{\theta^*}(x)$，首先得知道 $\sum_{j=1}^d \theta_j^* x_j$。如果用户预测的数据是加密的，则需要计算 $\sum_{j=1}^d \theta_j^* \mathbf{E}_{\mathrm{pk}}(x_j)$，然后解密可得所需参数，从而进行预测。接下来，我们将介绍使用 Paillier 方案实现该模型的安全计算，具体实现可参考 Paillier 方案中的简单实例。

（4）基于 Paillier 方案的安全逻辑回归

接下来，我们以上一小节为基础介绍基于 Paillier 方案的安全逻辑回归的实现。假设 $\mathrm{PaiEnc}_{\mathrm{pk}}(\cdot)$ 为 Paillier 方案下的公钥加密算法。给定 $n = pq$，如果明文空间大小 $\log_2 n$ 大于 2048 位，则可以将多个整数 $\mathrm{dat}_1, \cdots, \mathrm{dat}_t$ 的精度位（一个实数 $r(0 \leqslant r < 1)$ 可以在二进制下用精度和精度位表示为 $\lfloor r \cdot 2^{\mathrm{prec}} \rfloor$ 的整数形式；可以类比十进制下的表示，如 $0.564 = 564 \times 10^{-3}$ 表示精度位为 564，精度为 10^{-3}）以如下方式打包到 Paillier 的密文中：

$$\mathrm{PaiEnc}_{\mathrm{pk}}(\overbrace{\underbrace{[\mathrm{dat}_1 \ 0_{\mathrm{pad}}]}_{\mathrm{prec+pad} \ \text{位}} \cdots \underbrace{[\mathrm{dat}_t \ 0_{\mathrm{pad}}]}_{\mathrm{prec+pad} \ \text{位}}}^{\lfloor \log_2 n \rfloor \text{位}}) \tag{3.43}$$

其中，0_{pad} 指补了 pad 位的 0 元素，这个操作会避免同态加法运算过程中可能出现的溢出现象。一般来说，$\mathrm{pad} \approx \log_2 N$，因为需要 N（样本数）次密文上的加法运算。此外，由于明文的大小一定要小于 $\log_2 n$，所以有 $t(\mathrm{prec} + \mathrm{pad}) \leqslant \log_2 n$。由该关系可得，

$$t = \left\lfloor \frac{\lfloor \log_2 n \rfloor}{\mathrm{prec} + \mathrm{pad}} \right\rfloor \tag{3.44}$$

该式表明了一个 Paillier 明文中能包含的精度位的上界。由此，上述打包方法可以用来加密大约 $\lfloor \log_2 n \rfloor / (\mathrm{prec} + \mathrm{pad})$ 个精度范围在 $[0, 1)$ 的实数，能支持大概 2^{pad} 次密文加法运算。

由上述分析可知，由数据方发送给服务器的 Paillier 密文数目为 $\frac{n_d}{t} = \frac{n_d(\mathrm{prec} + \mathrm{pad})}{\lfloor \log_2 n \rfloor}$。由于每个密文大小为 $2\lfloor \log_2 n \rfloor$ 位，所以发送密文所需要的通信资源 CommCost 为 $2n_d(\mathrm{prec} + \mathrm{pad})$ 位。

参见图 3-7 的步骤 4，服务器需要对 $\frac{n_d}{t}$ 列、N 行的密文进行同态加法运算，其计算复杂度大概为 $N \cdot \frac{n_d}{t}$。最后按行相加得到的 n_d / t 个密文被服务器反馈给数据方。

$$\text{PaiEnc}_{\text{pk}}(\underbrace{[\text{dat}_1^1\ 0_{\text{pad}}]}_{\text{prec}+\text{pad}\ \text{位}}\cdots\underbrace{[\text{dat}_t^1\ 0_{\text{pad}}]}_{\text{prec}+\text{pad}\ \text{位}}\overbrace{}^{\lfloor\log_2 n\rfloor}\text{位})\cdots$$

$$\vdots \qquad\qquad\qquad\qquad \vdots$$
$$+ \qquad\qquad\qquad\qquad + \qquad\qquad (3.45)$$
$$\vdots \qquad\qquad\qquad\qquad \vdots$$

$$\text{PaiEnc}_{\text{pk}}(\underbrace{[\text{dat}_1^1\ 0_{\text{pad}}]}_{\text{prec}+\text{pad}\ \text{位}}\cdots\underbrace{[\text{dat}_t^1\ 0_{\text{pad}}]}_{\text{prec}+\text{pad}\ \text{位}}\overbrace{}^{\lfloor\log_2 n\rfloor}\text{位})\cdots$$

用户对接收到的 n_d/t 个密文上的和进行解密，得到所需数值，即 $\sum_{i=1}^{N}\text{dat}_1^i\in\mathbb{Z},\cdots,$ $\sum_{i=1}^{N}\text{dat}_t^i\in\mathbb{Z},\cdots,\sum_{i=1}^{N}\text{dat}_{n_d}^i\in\mathbb{Z}$。利用以上数据，我们可构建想要的机器学习模型，且该过程中不涉及信息的泄露，实现了安全的逻辑回归。

除了逻辑回归，同态加密也被应用到其他统计机器学习模型中，如线性回归、K-means 聚类和主成分分析等，以及一些具体的机器学习应用场景，有兴趣的读者请自行查阅相关文献。

7. 同态加密的实现

如上一节所述，同态加密在机器学习中应用广泛。然而，由于概念的复杂性，许多同态加密方案的实现并不简单。不少实现方案都只针对特定的场景，只有少量的同态加密库支持复用，而且大多数库和包都使用 C 和 C++ 等语言的接口，增大了机器学习研究人员的上手难度。接下来，我们简要介绍一些实现同态加密的库和包，以便大家有针对性地选择这些同态加密库。首先，我们介绍几个基于 C 和 C++ 的同态加密库，然后介绍一个基于 R 语言的同态加密包。

（1）基于 C 和 C++ 的同态加密库

Minar 等人在 2010 年提供了一个 Gentry 方案的开源 C 语言实现——libfhe。这个实现是基于二进制的方案，但是有一些例程允许通过二进制表示对整数进行加密，然后分别加密每个二进制数字，从而实现二进制加法器的算法。该方案不涉及自举法，且自发布以来未进行更新。Scarab 是一个基于 C 语言的库，它实现了 Smart 在 2010 年提出的整数密文空间上的同态加密方案。这个库只允许对二进制消息进行加密，尽管支持加法（异或）和乘法（与）运算，但计算仍然有诸多限制。同样地，这个库也很久没更新了。HElib 是用 C++ 实现的同态加密库。这个库最初的算法细节可以参考 Halevi 在 2014 年发表的论文，目前仍在维护中。

同态加密库 HElib（2019 年版）也是基于 C++ 语言开发的，且仍在不断地更新维护中，功能也越来越完善。它被称为目前世界上最成熟、功能最全的同态加密库，适用于相对专业的研究和从业人员。其全面的功能也难以在本书中进行过多展示，在此推荐读者自行阅读相关技术文档。近来，IBM 公司先后开源了针对安卓、iOS、MacOS 和 Linux 等平台的全同态加密库 IBMHE。以 Linux 平台上的开源库为例，它将该工具包打包为一个 Docker 容器，使得入门并使用全同态加密技术变得更加容易。而且，它提供了很多代码实例，初学者可以根据这些样例一步步学习。对于这些成熟全面的同态加密库，我们不过多介绍，建议读者根据自己的需求针对性地阅读入门文档。

（2）基于 R 语言的同态加密包

上面介绍的同态加密库都是基于 C 和 C++ 等语言实现的，这可能会导致部分机器学习行业的人员难以快速上手。因此，我们介绍 Aslett 等人在 2014 年发表的一种易于使用的、基于 R 语言的同态加密包。该 R 包提供了可视化界面，使得开发和测试相对简单。它包含了少量的通用函数，支持不同的加密方案。其底层实现使用了高性能的 C 和 C++ 等语言。此外，它支持多线程并行，可以极大地提高多核机器的效率。

该 R 包中有以下几个常用函数。

1）方案函数 pars：该函数的第一个参数指定使用的加密方案，并且可以通过参数修改默认加密方案中的参数选项。如需详细了解各参数的命令，你可以通过函数 parsHelp 来获得帮助。

2）密钥生成函数 keygen：它只有一个由 pars 返回的参数对象。keygen 函数根据 pars 返回的参数，生成对应的公钥和私钥。

3）加密函数 enc：给定公钥（如 keygen 函数生成的公钥）和明文，该函数能返回根据所设定的公钥和加密方案加密后的密文。该方案不仅可以加密单个整数，还可以加密 R 语言中定义的整数向量和矩阵。且加密过程自动实现多线程加速，可以极大地提高研究人员的开发效率。

4）解密函数 dec：给定密钥（由 keygen 生成）和需要解密的密文（可以是标量、向量、矩阵等形式），该函数可以返回对应的明文，且保持原有的密文格式，如标量、向量、矩阵。

显然，相对于基于 C 和 C++ 的同态加密库，这个 R 包对研究人员非常友好，只需进行简单的参数设定即可实现同态加密方案，可以很好地缓解机器学习行业人员由于缺乏相关的数学、密码学等背景知识，而在实现基于同态加密的机器学习模型时举步维艰的困境。

8. 总结

在这个以互联网为中心的世界里，数据隐私保护扮演着比以往任何时候都重要的角色。对于电商公司、数字科技公司、银行、医院以及政府部门等数据高度敏感的系统，保护用户数据隐私至关重要。同态加密是一个技术上非常有前景的保护数据隐私的研究方向，因为它允许任何第三方在不事先解密的情况下对加密的数据进行操作。这样一个良好的特性，使得其备受关注。在本节中，我们从同态加密的基础出发，对主流方向及其相关方法进行梳理，并介绍了 3 种同态加密方案中的代表性方案及其相关改进版。现有的 FHE 方案仍须改进，以提高其实用性。现有同态加密方案在速度和性能方面存在很大的改进空间，也是未来一个重要的研究方向。期待随着研究的推进，同态加密在隐私保护、联邦学习中的应用能够更加广泛。

3.3   总结

本章以面向隐私保护的机器学习为主题，简单回顾了其中常见的攻击技术，重点介绍了常用隐私保护技术。差分隐私、安全多方计算和同态加密是三种常用的隐私保护技术，而且是技术上非常有前景的保护数据隐私的方向。在本章中，我们对这三种隐私保护技术的发展背景和相关理论进行了介绍，并对主流研究方向及相关方法进行了梳理，使得读者对它们有一个相对全面、系统的了解。由于篇幅有限，本章难以就攻击和隐私保护技术提供过多的细节内容。所以，如读者对某一块内容比较感兴趣，可以参考相关引文。面向隐私保护的机器学习在理论和实践上都具有较大的研究价值，期待随着研究的推进，它们能在联邦学习中发挥更大的价值。

第二部分

联邦学习算法详述

第 4 章

纵向联邦树模型算法

本章将为读者介绍在纵向联邦学习任务中的树模型算法，并通过随机森林算法的实例深入讲解联邦学习算法的设计思路与安全性论证。

本章的纵向联邦树模型算法基于两种不同的集成方式——Bagging 和 Boosting，因此分成了两种算法，即纵向联邦随机森林算法和纵向联邦梯度提升算法。

4.1 树模型简介

在五花八门的机器学习模型中，树模型可以说是应用最广泛的一类。其最显著的特点有两个：一是模型能非常直观地展现因果关系，对于理解内在决策逻辑的难度较低，从而在可解释性方面有较大的优势；二是模型的基础结构和决策路径非常简练，对计算资源需求很低，因此实际应用中深受好评。

我们首先简单回顾一下树模型中的决策树。决策树可以说是树模型中的基本款，一般使用二叉树结构记录每一层的决策分支并通过层层推理得到最终决策。决策树能够以分类树或者回归树的形式，解决常见的分类问题或者回归问题，因此花样繁多的树模型变种基本都是从决策树模型演变而来的。使用决策树建模的核心步骤是在每个待决策的节点上对特征进行排序，如图 4-1所示。根据建模问题的不同，我们可以以最小化交叉熵（分类树）或者最小化方差（回归树）作为指标，统计出对当前样本标注最具区分能力的特征及分割点并将其作为决策判据。根据决策判据对当前节点的样本进行分割，建立左子树和右子树并向下一层继续迭代。

通常来说，单棵决策树只能够在一定程度上完成机器学习任务。一方面，单棵决策树常常会存在数据利用不充分的问题，比如一棵深度为 10 的决策树模型最多只能将数据分成 1024 个不同的区间，因此不会产生超过 1024 种不同的决策路径。另一方面，单棵决策树出现过拟合的概率很高，作为决策判据，最具区分能力特征和分割点都是由训练集中的数据分布决定的，在测试集上的效果往往差得惊人。因此，在实际的机器学习任务中，我们通常会采用集成学习的思路将多棵决策树的决策结果集成到一个模型中，从而产出最终决策。传统机器学习中最常用的两种集成方式分别是 Bagging 和 Boosting。

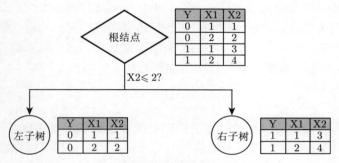

图 4-1　决策树（分类树）建树示例

　　下面我们会以 Bagging 对应的纵向联邦随机森林算法和 Boosting 对应的纵向联邦梯度提升算法为例，介绍联邦学习中的树模型算法的设计思路。

4.2　纵向联邦随机森林算法

4.2.1　算法结构

　　随机森林算法是一种典型的树模型算法，原理依然是基于树形结构对特征空间进行划分。相比单棵决策树的基本形态，随机森林算法通过随机选择样本和特征的方式，建立多棵独立的决策树，并通过 Bagging 的形式整合这些决策树各自的决策结果，以完成训练和预测，常见的 Bagging 方式是取投票多数（分类树）或者取平均（回归树）。由于样本和特征带来的双重随机性，随机森林算法天然就带有降维和采样的特点，可以轻松处理高维度或者大规模的数据，即使在特征遗失的情况下仍然可以保证准确度，甚至对于不平衡数据集也可以平衡误差，是一种适用范围广泛的机器学习方法。

　　本节介绍的纵向联邦随机森林算法实现方案可以保留单机环境下随机森林算法的所有优点。为了实现多个参与方之间的数据交互，该整体算法将被拆分成 4 个子算法步骤，在不同的参与方中执行，如图 4-2 所示。

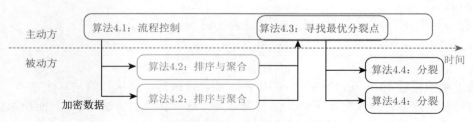

图 4-2　FedLearn 随机森林算法流程总览

明文传输和密文传输

多参与方之间交互的数据内容大致分为两类：一类是包含用户 ID、样本维度、样本数量等不需要对其他参与方保密的数据，可以简单使用明文传输；另一类是样本在各参与方的特征以及最关键的主动方的样本标签，这些是最受关注的隐私内容，需要确保交互时使用加密形态，避免某一个参与方拥有不该拥有的明文数据，产生隐私泄露问题。本例将使用 Paillier 同态加密作为数据传输过程中的加密选项。

4.2.2　算法详述

我们首先来看负责处理算法的整体流程控制的子过程 RandomForestPhase1，伪代码逻辑展示在算法 4.1中。这个过程需要实现的功能是，当决策树可以继续分裂增长时，选择最优分裂点将特征空间分成两部分；当发现决策树无论如何分裂都不能带来更好的分类效果时，停止整个流程。

算法 4.1　主算法（主动方执行）

输入：
　样本空间 I；
　特征维度 D；

输出：
　决策树

1: 检查算法终止条件是否满足，例如实例少于某预设值
2: **while** 逻辑为真 **do**
3: 　加密算法 4.2所需的输入并发送给被动方，接收后者传回的计算结果
4: 　调用算法 4.3寻找当前的最优分裂，并返回对应的值
5: 　**if** 终止信号为真 **then**
6: 　　跳出（终止）循环；
7: 　**else**
8: 　　调用算法 4.4将实例空间分为 I_L 和 I_R，然后创建一个新的记录 $[\text{record}_{id}, \text{server}_{id}]$（出于参考的目的）
9: 　**end if**
10: 　循环地用 I_L 建立左子树，用 I_R 建立右子树
11: **end while**

接下来的流程 RandomForestPhase2 将在被动方执行，其执行的是算法 4.2，主要目的是对特征排序并计算决策树分裂点的信息增益。这一步是在算法 4.1中判断决策树分裂是否可以带来效果的先决步骤。

算法 4.2　　通过特征排序并返回聚合值（被动方执行）

输入:

　特征维度（被动方信息）d;

　当前节点的实例空间 I;

　分位数 l;

　$\{\langle y_i \rangle\}_{i \in I}$

输出:

　$\mathbf{Y} \in \mathbb{R}^{d \times l}$

1: **for** $k = 0 \rightarrow d$ **do**

2:　通过特征 k 上的分位数提出 $S_k = \{ s_{k1}, s_{k2}, \cdots, s_{kl} \}$

3: **end for**

4: **for** $k = 0 \rightarrow d$ **do**

5:　$\mathbf{Y}_{kv} = \sum_{i \in (i | s_{k,v} \geqslant x_{i,k} \geqslant s_{k,v-1})} \langle y_i \rangle$

6: **end for**

其中，y 表示主动方拥有的标签，$\langle \rangle$ 意味着同态加密算符。在本例中，我们使用 Paillier 算法实现同态加密操作，保证被动方只能使用加密后的标签。当标签被主动方（原本就拥有使用标签权限的参与方）使用时，可以跳过使用同态加密算符的步骤。

接下来的流程 RandomForestPhase3 将回到拥有标签的主动方执行，其执行的是算法 4.3，目的是通过被动方各个分裂点的信息增益挑选出一个最优的分裂点。

其中，第 10 行计算评分（score）的过程是在计算左子树的方差（variance）和右子树的方差的加和。由于整个信息增益可以分解成原始方差减去左右子树方差的和，当我们消去原始方差这样一个共同项之后，通过左右子树加和的极值就可以推导出评分的最优值，也就算出了最优的分裂点。

找到最优分裂点后，需要执行流程 RandomForestPhase4，其执行的是算法 4.4，以拓展树的深度。在主/被动方根据最优分裂点将数据切分成两部分后，继续回到算法 4.1 的控制流程。

4.2.3　安全性分析

在联邦学习框架下，数据的安全性是设计算法需要考虑的一个非常重要的方面。在实际应用中，我们将数据安全性分成两个方面来分析，即数据传输的安全性以及接收数据的一方是否可以反推出其他数据源的数据。

1. 信息传输和持有统计

在训练开始的时候，主动方需要将样本的标签进行同态加密后发送给被动方。在每一次节点的分裂过程中，参与方需要将分裂后的左子树的样本空间和右子树的样本空间分发

算法 4.3   寻找最优分裂点（主动方执行）

输入：

当前样本的实例空间 I；

从 m 个参与方聚合加密后的梯度的统计信息（算法 4.2的输出）$\{\mathbf{Y}^i\}_{i=1}^m$；

最小信息增益 ϵ；

输出：

最优特征 k_{opt}；

最优分位数 v_{opt}；

1: **for** $i = 0 \to m$ **do**

2:      // 列举所有特征

3:      **for** $k = 0 \to d_i$ **do**

4:          $y_i \leftarrow 0$

5:          //列举所有阈值

6:          **for** $v = 0 \to l_k$ **do**

7:              得到加密值 $D(\mathbf{Y}_{kv}^i)$

8:              $y_l \leftarrow y_l + D(\mathbf{Y}_{kv}^i)$

9:              $y_r \leftarrow y - y_l$

10:             score $\leftarrow \max(\text{score}, E[Y_{\mathrm{l}}]^2 \times n_{\mathrm{l}} + E[Y_{\mathrm{r}}]^2 \times n_{\mathrm{r}})$，其中 n 表示样本（实例）数

11:             保留最大分数和对应的 k_{opt}、v_{opt}

12:             如果 score $> \epsilon + E[Y]^2 \times n$，返回 k_{opt}、v_{opt}，否则返回终止信号

13:         **end for**

14:     **end for**

15: **end for**

给其他训练参与方，以便进行后续的训练流程。同时，在每一次计算最优分裂点的过程中，所有被动方需要根据自己所持特征的分位点累加对应的标签，得到标签基于特征分位点的累加和（由于是同态加密，该求和依然为密文），并发送给主动方。主动方再经过计算，将最优分裂点的特征和分位数发送给对应的参与方，在节点上进行分裂操作。表 4-1总结了联邦随机森林算法中必要的数据传输内容以及对应的数据传输方向，表 4-2总结了训练流程中主动方和被动方分别持有的信息。

2. 标签安全性

接下来将根据联邦随机森林算法训练流程中的数据传输以及参与方持有的数据，对联邦随机森林算法的安全性进行分析。首先分析，主动方的标签是否可以被被动方探测到。

从标签本身来说，由于非对称加密技术，我们可以认为加密后的标签本身是很难被破解的。其次，由于所有叶节点是保存在主动方的，因此叶节点所保存的预测值（回归树为

算法 4.4　分裂样本空间（被动方执行）

输入:

　　当前节点的实例空间 I;

　　选择的特征 k_{opt};

　　选择的分位数 v_{opt};

输出:

　　左实例空间 I_L;

　　右实例空间 I_R;

　　记录标志;

1: 根据 k_{opt} 和 v_{opt} 将 I 分为 I_L 和 I_R

2: 为当前的分支 $(\text{record}_{id}, \text{feature}_{id}, \text{split value})$ 生成一个记录

均值，分类树为一个分位点，如二分类树为 50% 分位点）是不会被被动方获得的。第三，我们需要考虑叶节点上一层的根节点是否可以探测到叶节点的信息。假设两个叶节点的一个父节点是在某一个被动方，由于子节点的样本空间分割方法是由被动方决定的，因此被动方知道这两个叶节点的样本空间的信息。在这种情况下，被动方可以对这两个子节点的分类情况进行猜测，而其猜测的准确度则是由子节点的纯度（purity）来决定的。同时，由于随机森林算法的每一棵树都具有过拟合的倾向，因此在单棵树上，叶节点的分类被探测到的风险相比于其他算法也会有一定程度的上升，因此我们需要通过一定的技术手段来降低主动方的叶节点被探测到的风险。

表 4-1　联邦随机森林算法数据传输统计

数据传输内容	传输方向
加密后的标签	主动方 → 被动方
样本空间	被动方 ↔ 主动方
标签基于特征分位点的累加和	被动方 → 主动方

表 4-2　联邦随机森林算法参与方持有数据统计

信息内容	主动方是否持有	被动方是否持有
左右子树的样本空间	持有	持有
各个参与方的特征数	持有	未持有
标签基于特征分位点的累加和	持有	持有
各自特征的分裂阈值	持有	持有

3. 特征安全性

被动方的特征分布是否可以被主动方探测到也是需要分析的。

根据参与方传递的信息以及持有的信息，我们知道主动方对于被动方特征信息了解仅局限于特征数、标签基于特征分位点的累加和以及最优分割后的样本空间。通常来说，这些信息是不足以反推出被动方的特征的。然而在极端情况下，被动方的特征分布仍有被探测到的风险。考虑这样一种情况：一个主动方与一个被动方使用联邦随机森林算法进行建模。主动方无特征，被动方有一个特征。此时，主动方可以随机生成一组标签并发起一个训练，尝试进行一次节点分裂操作。分裂后得到左子树的样本空间 I_L 和右子树的样本空间 I_R，之后主动方停止训练。此时，主动方得到了被动方的一个特征的分组关系。之后主动方可以通过调整样本空间 I_L 和 I_R 再次训练两组随机树模型，以得到更加精细的样本空间分割，并反复进行这样的操作，直至主动方认为样本分类足够精细后停止。这样，被动方的样本特征的顺序在一定程度上（取决于主动方探测的精细度）就会被主动方探测到，从而造成一定特征信息的泄露。因此，我们也需要使用一些技术手段来保护被动方的特征。

4. 隐私加固联邦随机森林算法

Cheng 等人于 2019 年的论文中提出了一种 Completely SecureBoost 算法，用来保证主动方的叶节点信息不会由于上文中的被动方的猜测而泄露。其核心思想为先在主动方本地进行一轮提升树建模，从第二轮开始，联合各个参与方一起进行后续的联邦梯度提升树的建模。文章证明了在各个参与方 "honest-but-curious" 的设定下，主动方标签信息泄露的程度等价于第一轮建模的叶节点的纯度，而该纯度在本地正常建模的情况下可以达到 0.5，即无法通过每个叶节点的样本空间信息来猜测该叶节点所携带的决策信息。基于这种思想，我们对联邦随机森林算法进行了迭代，提出了隐私加固联邦随机森林算法。下面我们对该算法进行简要描述。

与 Cheng 等人所提算法类似，在算法的第一轮，我们使用梯度提升树策略在主动方进行一轮梯度提升树的建模。在第二轮的建模中，通过提升树的计算，我们可以知道在提升树的场景下需要优化以下目标函数：

$$\mathcal{L}^{(2)} = \sum_{i=1}^{n} [l(y_i, \hat{y}_i^{\ 1}) + g_i f_2(\boldsymbol{x_i}) + \frac{1}{2} h_i f_2^2(\boldsymbol{x_i})] + \Omega(f_2) \tag{4.1}$$

这里，$\Omega(f_2) = \gamma T + \frac{1}{2}\lambda||w||^2$，是防止过拟合的惩罚函数。$g_i = \partial_{\hat{y}^1} l(y_i, \hat{y}^1)$ 为第二轮提升树建模的损失函数对于 $f_1(\boldsymbol{x_i})$ 的一阶偏导系数，$h_i = \partial_{\hat{y}^1}^2 l(y_i, \hat{y}^1)$ 为第二轮提升树建模的损失函数对于 $f_1(\boldsymbol{x_i})$ 的二阶偏导系数。在第一轮提升树建模完毕的情况下，$l(y_i, \hat{y}_i^{\ 1})$ 为已知的标量，同时 g_i 与 h_i 也可以通过计算得到。因此，在不考虑过拟合惩罚函数的情况下，我们可以将损失函数改写为如下形式：

$$\mathcal{L}^{(2)} = \sum_{i=1}^{n} \left[g_i f_2(\boldsymbol{x_i}) + \frac{1}{2} h_i f_2^2(\boldsymbol{x_i}) \right]$$

$$= \frac{1}{2} \sum_{i=1}^{n} [h_i f_2^2(\boldsymbol{x_i}) + 2g_i f_2(\boldsymbol{x_i})]$$

$$= \frac{1}{2} \sum_{i=1}^{n} \left[\left(\sqrt{h_i} f_2(\boldsymbol{x_i}) + \frac{g_i}{\sqrt{h_i}} \right)^2 - \frac{g_i^2}{h_i} \right] \qquad (4.2)$$

$$= \frac{1}{2} \sum_{i=1}^{n} \left[\left(\sqrt{h_i} f_2(\boldsymbol{x_i}) - \frac{-g_i}{\sqrt{h_i}} \right)^2 \right] - \frac{1}{2} \sum_{i=1}^{n} \frac{g_i^2}{h_i}$$

此时，我们得到了一个最小化平方损失函数的优化问题，也可以看作一个每个样本标签为 $\frac{-g_i}{\sqrt{h_i}}$ 的回归问题。我们可以使用回归树对 $\sqrt{h_i} f_2(\boldsymbol{x_i})$ 进行求解与预测。预测结果传回主动方后，主动方通过对结果使用二阶偏导系数进行校正，得到真正的第二轮预测结果 $f_2(\boldsymbol{x_i})$。在实际建模中，我们对 $\frac{-g_i}{\sqrt{h_i}}$ 进行了同态加密处理，从而保证一阶偏导系数和二阶偏导系数本身不会被泄露。如果被动方通过一些方法猜测出 $\frac{-g_i}{\sqrt{h_i}}$ 的近似值，也会因为没有 g_i 或 h_i 的信息而无法得知样本的真实标签。

对于被动方的特征保护，针对上文提出的攻击方法，我们对建树过程进行如下改进：通常在构建树模型时给出的分裂决策方程均为 "$a \leqslant b$" 的形式，即小于或等于阈值的样本分割到左子树中，大于阈值的样本分割到右子树中。在建树过程中，我们对每一次节点分裂的决策方程的方向进行随机化处理，即每一个节点的决策方程的方向有 50% 的概率为 $a \leqslant b$，50% 的概率为 $a \geqslant b$。在这样的情况下，左右子树的样本空间并不具备固定的方向，从而保证了即使在极端情况下主动方也无法通过一些特定的建模方式探测出被动方的特征分布。

5. 隐私加固通用联邦学习算法

值得一提的是，式（4.2）中的损失函数为固定的平方损失函数，因此在保证 g_i 与 h_i 不泄露的情况下，通过对样本进行重新打标，我们在保证主动方和被动方不泄露自己的特征分布的情况下，也可以使用其他建模方法对损失函数进行拟合，如线性回归、核方法或者深度学习方法等。限于篇幅，我们在此不做展开讨论。

4.3 纵向联邦梯度提升算法

梯度提升算法也是一种典型的树模型算法，有 GBDT 和 XGBoost 等多个变种建模算法。相比单棵决策树的基本形态，梯度提升算法按顺序构建多棵相关联的决策树，在每一棵决策树的构建过程中只根据前面训练完、已经固定了的所有决策树子模型的残差优化当前树的子模型，整体 Boosting 的形式表现为每棵树决策的加和。由于迭代建树的过程利用了之前的信息，每一棵新的决策树都应该减少上一次的残差，因此迭代的方向非常明确，在理论上持续迭代将带来更好的预测效果，并且不需要很多调参，预测的准确度较高，因此 XGBoost 是一种非常高效的树模型算法。

4.3.1 XGBoost 算法

XGBoost 是陈天奇等人开发的一个开源机器学习项目，是一种监督学习算法。其原理是对多个弱分类器的结果通过 Boosting 进行加权并得到强分类器，因而属于梯度提升的树模型。XGBoost 力争在速度和效率上将 GBDT 算法发挥到极致，高效地实现了 GBDT 算法并进行了算法和工程上的许多改进，所以又称为 X(Extreme) GBoosted Tree。其在实际中被广泛应用，取得了不错的成绩。

XGBoost 基于分类与回归树（Classification and Regression Tree，CART ）实现，从名字就可以看出，它既可以处理分类也可以处理回归问题。CART 通过对样本进行划分来不断生成二叉树：首先按特征值对当前树节点上的样本数据排序，然后对排序的特征数据进行切分，划分成左右子树。分裂决策的过程就是选出最佳切分点的过程，其对应的特征和取值将作为树节点分裂依据。CART 的最佳切分点由某个评估指标确定。XGBoost 算法的损失函数（如公式 (4.3) 所示）经过合并、变形之后，只与每个叶节点上全部样本的一阶导数之和和二阶导数之和有联系。

$$
\begin{aligned}
\text{Obj}^{(t)} &\simeq \sum_{i=1}^{n}\left[g_i f_t(x_i) + \frac{1}{2}h_i f_t^2(x_i)\right] + \Omega(f_t) \\
&= \sum_{i=1}^{n}\left[g_i \omega_{q(x_i)} + \frac{1}{2}h_i \omega_{q(x_i)}^2\right] + \gamma T + \lambda\frac{1}{2}\sum_{j=1}^{T}\omega_j^2 \\
&= \sum_{j=1}^{T}\left[\left(\sum_{i\in I_j} g_i\right)\omega_j + \frac{1}{2}(\sum_{i\in I_j} h_i + \lambda)\omega_j^2\right] + \gamma T
\end{aligned}
\tag{4.3}
$$

对于一次分裂来说，它对整体训练目标的影响就是，从使用当前树节点来计算损失函数变为使用分裂之后的左右两个子节点进行计算。因此，分裂的评估指标就是用分裂后的分数减去未分裂时树节点的分数。我们将其称为分裂增益，公式如下：

$$
\begin{aligned}
\text{Gain} &= \frac{1}{2}\left[\frac{G_{\text{left}}^2}{H_{\text{left}} + \lambda} + \frac{G_{\text{right}}^2}{H_{\text{right}} + \lambda} - \frac{(G_{\text{left}} + G_{\text{right}})^2}{H_{\text{left}} + H_{\text{right}} + \lambda}\right] - \gamma \\
&\text{其中, } G_j = \sum_{i\in I_j} g_i, \ H_j = \sum_{i\in I_j} h_i
\end{aligned}
\tag{4.4}
$$

4.3.2 SecureBoost 算法

SecureBoost 是微众银行提出的纵向联邦学习算法，是 XGBoost 算法在联邦学习环境下的重新实现，在微众银行 FATE 平台中支持各式各样的场景，完成了许多联邦学习任务。

与非联邦环境下的其他 Boosting 树模型类似，SecureBoost 的核心步骤也是通过计算梯度的方法，完成对损失函数的梯度提升树建模：

$$F = \sum_{i=1}^{n} \left[g_i f_t(x_i) + \frac{1}{2} h_i f_t^2(x_i) \right] + \Omega(f_t)$$

$$g_i = \partial_{\hat{y}} l(y_i, \hat{y}^{(t-1)}), \ h_i \partial_{\hat{y}^{(t-1)}}^2 l(y_i, \hat{y}^{(t-1)})$$

(4.5)

其中，$l(\cdot, \cdot)$ 为基础损失函数（如分类树为 cross enctropy，回归树为 mean square error），$\Omega(f_t)$ 为防止过拟合加入的惩罚函数，g_i 与 h_i 分别为损失函数对预测值的一阶导数和二阶导数。

在联邦学习环境下，我们需要考虑实际建模中数据的隐私保护。通过上述计算并分析传输的数据，在各个参与方之间传输的敏感数据为 g_i 和 h_i。通过收集这两个值，我们很容易就可以写出用 g_i 和 h_i 反推损失函数中 y 的数学推导式子，也就是联邦学习任务中最需要保护的样本的标签。因此，SecureBoost 中应用了加法半同态加密技术，对需要传递的数据 g_i 和 h_i 进行了同态加密处理，确保未拥有标签的参与方无法解密 g_i 和 h_i 的真实值，从而在保护隐私数据的前提下完成提升树的建模。

SecureBoost 适用于多个平台拥有相同的数据样本 ID，但各自掌握不同特征集合的场景。其训练和推理要求包含两种角色：一种是拥有标签和部分特征数据的主动参与方，另一种是只拥有特征数据的被动参与方。在 SecureBoost 应用场景下，应当只有一个主动参与方和多个被动参与方，训练和推理仅能由主动参与方发起。

SecureBoost 算法和联邦随机森林算法的区别在于前者用梯度提升的方法传递 g_i 和 h_i，迭代建立新的决策树；而后者基于随机采样传递 y 来建立各自独立的决策树。在梯度提升相关的计算已经完成的情况下，两者的整体算法流程大同小异，在此不再赘述。

4.3.3 所提算法详述

京东科技对 SecureBoost 算法架构进行了改造，提出一种新的纵向联邦梯度提升树模型（FederatedGBoost）。其训练和推理结构包含两种角色：一种是拥有特征或标签数据的客户端（Client），另一种是负责协调和数据转发的服务器端（Server）。各个客户端之间不进行直接通信，通过服务器端的通信和调度完成训练和推理过程。所有客户端都可以作为联邦学习建模的发起方。具体的服务器端（协调端）与客户端架构设计可参见第 14 章。

1. 加密梯度共享

与 XGBoost 算法一致，联邦梯度提升树的特征预排序和特征分箱计算都在客户端本地进行。但是，**只有一个客户端拥有标签数据**，而所有客户端都需要梯度值才能计算候选的分裂增益，因此需要一套安全的梯度共享机制来为没有标签数据的客户端完成这一目的。

我们将拥有标签的客户端称为主动方。为了保证数据安全，纵向联邦梯度提升树使用了同态加密，具体步骤如下。

1） 主动方客户端 j 生成一对同态加密密钥 (p_k, s_k)，将公钥 p_k 发送给服务器端，而客户端 j 掌握公钥/私钥对。在每轮梯度更新时，客户端 j 用公钥加密本地梯度值并发给服务器端。

2） 服务器端将加密后的梯度值和公钥 p_k 转发给其他客户端。

3） 没有标签数据的客户端，根据特征分箱结果，对加密的梯度值进行分箱累计加和，这一过程使用同态加法计算。而且联邦梯度提升树中不涉及密文乘法计算，因此只需要半同态算法。客户端将分箱梯度值密文之和发送回服务器端。

4） 主动方客户端 j 收到服务器端转发的分箱梯度密文和后，使用 s_k 解密，并按照 XGBoost 算法的分裂增益公式 (4.4) 计算分裂增益。至此，主动方客户端 j 获得了全局所有特征及阈值候选的分裂增益，选出最佳分裂后，通知服务器端告知该分裂特征所属的客户端。

2. 模型存储和推理

与分布式 XGBoost 类似，纵向联邦梯度提升树的树结构和树节点分裂信息分开存储在不同平台上。各个树节点的分裂特征和阈值仅存储在该特征所属的客户端上，而拥有标签数据的客户端记录整个树结构，并维护一个记录节点分裂信息所在客户端的查询表 queryTable。在上文最后一个步骤中，客户端 j 将当前的树节点标记为序号 recordID，并在查询表 queryTable 中记录该序号所对应的客户端。叶节点存储在客户端 j 上，从而避免其他客户端通过叶节点的权重逆向推理出原始数据的标签值。

因此，最终每个客户端都拥有了模型的一部分子结构，这些子结构的合集构成完整的联邦梯度提升树模型。推理须由任意一个客户端发起，通过服务器端问询客户端 j，从而知道下一步向哪个客户端查询样本在树中的走向。当推理完成时，客户端 j 为每个推理样本计算到达的叶子权重和，并将得到的推理结果返回给发起推理的一方。

4.4 总结

本章着重介绍了纵向联邦树模型算法，基于两种不同的集成方式：Bagging 和 Boosting，分成了纵向联邦随机森林和纵向联邦梯度提升两种算法。

本章首先对决策树模型进行了简单的回顾，接着对这两种纵向联邦树模型的框架设计和算法细节进行了说明，对于树模型而言，算法的重点在于加密数据的使用和节点分裂过程的设计。同时本章也通过随机森林算法的实例，讲解了联邦学习算法的设计思路与安全性论证。

第 5 章

纵向联邦线性回归算法

    线性回归是机器学习中最基本的模型之一,它是很多问题的重要分析工具,在诸多场景中都有广泛的应用。例如,在金融风控场景下,线性回归常被用来预测贷款用户的信用程度;在互联网广告业务中,常常被用来预测广告点击率;在医疗场景中,则常常被用来预测疾病。在联邦学习中,线性回归同样占有重要的地位,因此我们有必要对联邦线性回归模型加以探讨。

    在 Qiang Yang 等人的论文中,作者将联邦学习模型按照数据重叠形式分成了三类,分别是横向联邦学习、纵向联邦学习和联邦迁移学习。横向联邦学习模型针对特征一致但 ID 不一致的数据;纵向联邦学习模型针对 ID 一致但特征不一致的数据;联邦迁移学习模型则针对特征和 ID 都不一致的数据。在本章的讨论中,我们沿用了这一分类方式。得益于线性模型的可加性,横向线性回归较为简单,我们不重点讨论,主要关注纵向联邦的情况,并介绍由 Qiang Yang 等人提出的一种联邦线性回归算法。

    基于实际情况和纵向联邦线性回归算法,我们提出了全新的纵向联邦多视角线性回归算法。通过从多个视角对对象进行建模,并联合优化所有函数,这种方法往往能够更准确地挖掘不同子空间中数据间的相关性,提高模型效果。由于本章涉及较多符号,因此在此统一列出了本章所用到的符号,见表 5-1。

表 5-1 符号表

η	步长
λ	正则化参数
S	多个参与方的数据总体所构成的空间
S_i	第 i 个参与方数据总体所构成的子空间
m	S 的维数
m_i	S_i 的维数
f_i	参与方 i 的本地预测函数
U_{p_i}	从 S 到 S_{p_i} 的指标矩阵
n	ID 对齐后所有参与方的样本总数
p	参与方总数

（续）

W_i	S_i 中样本特征所对应的训练参数
W	S 中样本特征所对应的训练参数
D_i	第 i 个参与方的训练数据集
D	所有参与方训练数据的并集
I	所有方数据 ID 的并集
O	I 中所有 ID 的重叠模式
$X_j^{(i)}$	D_i 中的第 j 个样本
y_i	D 中的第 i 个样本的标签
O_i	样本 ID 为 i 时的混合模式
α_{O_i}	混合模式为 O_i 时的混合参数
$L(W)$	纵向联邦线性回归的损失函数
$L(W, \alpha)$	联邦多视角线性回归的损失函数
$\nabla_W L$	损失函数 L 关于参数向量 W 的梯度
$\|\cdot\|_2^2$	向量二范数的平方
$[[\cdot]]$	加法同态加密下的密文
$\mathbb{Z}_N^*$	整数集合 $\{1, 2, 3, \cdots, N - 1\}$

5.1 纵向联邦线性回归

在本节中，我们回顾一下 Qiang Yang 等人 2019 年在论文 *Federated Machine Learning: Concept and Applications* 中提出的纵向联邦线性回归算法。在该论文中，作者提出了一种基于半同态加密和存在可信第三方的纵向联邦线性回归算法。

总体来说，纵向联邦线性回归算法的损失函数和预测函数与普通的线性回归算法并无太大差异，它们的损失函数相同且均可采用梯度下降法进行训练。不同之处在于训练数据分布在不同的参与方，为了通过梯度下降法进行训练，梯度的计算需要由多方共同完成。因此，在纵向联邦线性回归中计算梯度时，每一个参与方通过利用自己拥有的那部分数据，计算出梯度的中间结果，在一个可信第三方的参与下完成梯度汇总并得到最终的梯度值，从而进行参数更新。为了防止梯度和原始数据泄露，对传输到其他参与方的所有数据进行了半同态加密，因此在其他参与方上进行的计算将全部在半同态加密下完成。

具体地，给定学习率 η、正则化系数 λ 以及 p 个参与方，它们的数据集分别记为 $\{X_i^{(1)}\}_{i \in D_1}, \{X_i^{(2)}\}_{i \in D_2}, \cdots, \{X_i^{(p)}\}_{i \in D_p}$，每个参与方特征空间所对应的线性回归参数分别为 $W_1, W_2, \cdots, W_p$，总的参数集合 $W = W_1 \cup W_2 \cup \cdots \cup W_p$，假设其中某一个参与方拥有标签，记为 $\{y_i\}_{i \in D}$。记参与方 j 的本地预测函数为由该参与方数据和数据所对应的特征所得到的预测值 $f^{(j)}(x)$，即 $f^{(j)}(x) = W_j X_i^{(j)}$，那么训练损失函数则可表示为：

$$L(W) = \frac{1}{n} \sum_{i=1}^{n} \left(\sum_{j=1}^{p} f^{(j)}(x) - y_i \right)^2 + \frac{\lambda}{2} \left(\sum_{j=1}^{p} \|W_j\|^2 \right)$$

训练参数关于损失函数的梯度为：

$$\nabla_W L = \frac{2}{n} \sum_{i=1}^{n} \left(\sum_{j=1}^{p} f^{(j)}(x) - y_i \right) x + \lambda \|W_j\|$$

记 $d_i = \sum_{j=1}^p f^{(j)}(x) - y_i$，在计算 d_i 时，需要将每个参与方的 $\hat{y}$ 通过同态加密传至有标签的参与方，因此需要对其他参与方的 $\hat{y}_i^{(j)}$ 进行技术上的加密以防隐私泄露。记 $[[\cdot]]$ 为加法同态加密，$[[d_i]] = \sum_{j=1}^p [[f^{(j)}(x)]] - [[y_i]]$。因此，在同态加密下，训练参数关于损失函数的梯度为：

$$[[\nabla_{W_j} L]] = \frac{2}{n} \sum_{i=1}^n ([[d_i]] x_i^{(j)}) + [[W_j]]$$

5.1.1 算法训练过程

根据以上的讨论，表 5-2 给出了纵向联邦线性回归的训练过程。在训练时，除了每个参与方之外，还需要引入一个可信的第三方。第三方负责同态加密公钥/私钥的生成和梯度密文的解密。该论文指出，为了防止第三方获取训练参与方的梯度明文，在解密前，每个参与方对发送给第三方的待解密数据加入了随机掩码。在半诚实模型的假设下，这种方式在技术上可以防止第三方获取训练参与方的隐私信息。在表 5-2 中，假设所有参与方中只有一个有标签，将其记为参与方 B。由于除 B 之外的其他参与方的行为均相同，我们将其中的一个记为参与方 A，并只描述 A 的步骤。

表 5-2 纵向联邦线性回归的训练过程

	其他参与方 （将其中一个参与方记为 A）	含有标签的参与方 （假设为参与方 B）	第三方
步骤 1	初始化本方训练参数	初始化本方训练参数	生成同态加密的公/私钥， 并将公钥发送给训练参与方
步骤 2	计算本地预测值 $[[f^A(x)]]$	计算 $[[f^B(x)]]$，接收其他方本地预测值， 计算 $[[d_i]]$ 并返回给其他参与方； 计算 $[[L]]$ 并发给第三方	
步骤 3	生成掩码 R_A， 计算 $[[\nabla_{w_A} L]]$，加上 $[[R_A]]$， 得到 $[[\nabla_{w_A} L]] + [[R_A]]$， 并发送给第三方	生成掩码 R_B， 计算 $[[\nabla_{w_B} L]]$，加上 $[[R_B]]$ 得到 $[[\nabla_{w_B} L]] + [[R_B]]$， 并发送给第三方	解密 $[[L]]$、$[[\nabla_{w_A} L]] + [[R_A]]$、 $[[\nabla_{w_B} L]] + [[R_B]]$ 并将结果分别返回给各个参与方
步骤 4	更新本方训练参数	更新本方训练参数	

下面我们简要讨论表 5-2 中协议在半诚实模型假设下的安全性。在半诚实模型假设下，各方严格遵循协议步骤执行算法。在步骤 1、2 中，各参与方传出的数据均为同态加密后的数据，A、B 方均无私钥，所以参与方 A、B 均无法获得除本方数据以外的任何信息。在步骤 3 中，各参与方传输自己的梯度给第三方，并在解密前加入随机掩码，所以第三方也无法获得训练参与方的任何信息。因此，表 5-2 中的协议在半诚实模型下是安全的。

5.1.2 算法预测过程

纵向联邦线性回归的预测过程同样需要各参与方协作并由一个可信的第三方输出最终结果。表 5-3 总结了预测的过程。注意，各参与方直接发送数据给可信的第三方，在第三方完全可信的情况下，各参与方的数据和结果并不会暴露给其他方。

表 5-3   纵向联邦线性回归的预测过程

	参与方（将其中一个参与方记为 A）	第三方
步骤 1		将需要预测的数据 ID（i）发送给各参与方
步骤 2	计算 $[[f^A(x)]]$ 并将结果发送给第三方	计算 $\sum_{j=1}^{p}[[f^j(x)]]$ 并返回结果

5.1.3   纵向联邦的一个困境

由于数据样本在 ID 和特征上的限制，横向和纵向联邦学习在训练和预测时必须选择 ID 全部对齐或者特征全部对齐，无法对齐的样本则不能参与训练和预测。在真实应用场景中，这种设置往往会产生诸多困难。

我们以一个真实的业务案例来说明这个问题。金融公司在信贷业务中往往会针对目标客户投放广告来提高产品的关注度。在一个互联网广告案例中，金融公司 A、B 希望对它们的目标客户投放广告来提高产品的注册授信度。对于公司 A、B，它们分别拥有各自用户的 ID 和标签，但是缺少这些用户的特征。某外部数据供应方 C 拥有较为完整的用户信息。于是在 A、B、C 三方建模过程中，A、B 提供用户 ID、少部分用户特征和标签，C 提供较为完整的用户特征。注意，单纯地采用横向或者纵向的方式都无法有效进行三方联合建模。因为在横向的情况下，A、B 两方用户重合的范围太小；而在纵向的情况下，A、B、C 三方重合的特征数量太少。更加重要的是，即使采用横向或者纵向的数据进行了训练，在预测阶段也会由于样本无法重合而不能有效地进行预测，因此我们希望找到一种新的联邦学习方法来解决这种问题。

5.2   联邦多视角线性回归

在本节中，我们将介绍一种基于多视角学习（Multi-View Learning）的联邦学习方法。多视角学习假定被建模的对象可以从多个视角（view）来描述，每个视角之间往往有较强的相关性。通过从多个视角对对象进行建模，并联合优化所有函数，这种方法往往能够更准确地挖掘不同子空间中数据间的相关性，提高模型效果。关于多视角学习的详细背景，读者可以参考 Xu 和 Li 等人分别于 2013 年和 2019 年发表的文章。

不难看出，在 5.1.3 节案例中的不同参与方数据集上，相同的 ID 对应着同一个用户。因此数据样本也具有较强的关联性。假如我们把相同 ID 所对应的样本看作在一个用户的视角下的描述，则可以获得更强的数据表征。同时，我们可以**假设观测到的所有数据是来自不同参与方各自视角的组合，并且对数据集中出现的视角组合统一建模并进行联合训练**，便可以解决上文提到的 ID 无法对齐所产生的问题。

更严格地说，不妨假设每个参与方的样本为同一个高维空间总体在不同子空间内的采样，将这个高维空间记为 S，每个参与方样本集合生成的子空间记为 $S_1, S_2, \cdots, S_p$。我们的目标是通过对不同子空间内样本的重叠方式进行加权，从而学习到一个定义域在 S 中的线性函数。

由于各参与方的数据集可能是重叠的。因此，在不同参与方的数据集上，不同 ID 所对应的样本的重叠方式可能是不同的。以 5.1.3 节案例为例，图 5-1 给出了各个样本重叠的一个例子。从图中可以看出，样本 i 在参与方 A、B、C 上同时重叠，而样本 j 只在参与方 B、C 上重叠。因此，在给出多视角联邦学习的定义之前，我们首先需要对样本在各个参与方数据集上的重叠方式加以定义。

定义 5.1（重叠模式）　假设在联邦建模中共有 p 个参与方，记 p 个参与方的样本集合分别为 $X_1, X_2, \cdots, X_p$，p 个参与方的样本 ID 的集合分别为 $I_1, I_2, \cdots, I_p$，记所有参与方样本的并集为 $X = X_1 \bigcup X_2 \bigcup \cdots \bigcup X_p$，记所有参与方 ID 的并集为 $I = I_1 \bigcup I_2 \bigcup \cdots \bigcup I_p$。对于 $\forall i \in I$，定义 ID 为 i 的样本的**重叠模式** O_i 为这个 ID 所在的参与方编号集合。

例如，在图 5-1 中，样本 i 所对应的重叠模式 O 为 $\{A, B, C\}$，样本 j 所对应的重叠模式为 $\{B, C\}$。

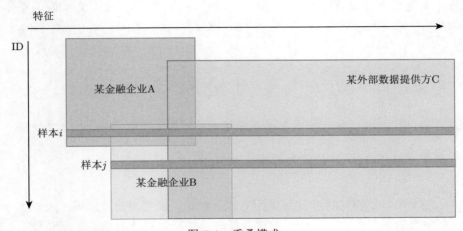

图 5-1　重叠模式

假设多个参与方数据存在一定关联，那么在联邦多视角学习中，我们可以将同一个 ID 在不同参与方上的样本看作同一个高维空间总体在不同子空间中分别采样产生的结果。记这个高维空间的分布为 $P_{X \in S}(x)$，则 $X_1, X_2, \cdots, X_p$ 分别服从 $P_{X \in S_1}(x_1), P_{X \in S_2}(x_2), \cdots, P_{X \in S_p}(x_p)$，而 $P_{X \in S_1}(x_1), P_{X \in S_2}(x_2), \cdots, P_{X \in S_p}(x_p)$ 分别是 $P_S(X)$ 的边际分布。

令 $H(\Theta, x_i, O_i)$ 为一个将 x_i 映射到 S 的函数，即 $H(\Theta, x_i, O_i) : \bigcup_{j \in O_i} S_j \mapsto S$，则联邦多视角线性回归可以定义为：

$$\underset{\Theta, W}{\text{minimize}} \sum_{i \in I} (WH(\Theta, x_i, O_i) - y_i)^2 + \frac{\lambda}{2}\|W\|_2^2$$

接下来考察 H 的定义，我们仍以图 5-1 中的样本 i 举例。由于样本 i 在 A、B、C 三方都有重叠，且我们假设所有方样本均采样自同一个高维分布，因此可假设 $H(x_i) = U_A x_i^{(A)} + U_B x_i^{(B)} + U_C x_i^{(C)}$，其中 U_A、U_B、U_C 分别为从 S_A、S_B、S_C 到 S 的线性变换

矩阵，这个线性变换将 S_A、S_B、S_C 中的特征移动到 S 中的对应位置上并对每个特征分别取算术平均。以 U_A 为例，其中第 j 列为一个长度是 m 的 one-hot 向量，若其中第 i 个位置非零，则表示 S_A 中的第 j 个特征在 S 中的第 i 个位置上。由于需要取算术平均，若 S_A 中的第 j 个特征在 A、B、C 三个参与方共重合了 k 次（$0 < k < 4$），则对应的非零值为 $1/k$。同时，对每个参与方的样本加入重要性因子 $\{\alpha_A, \alpha_B, \alpha_C, |\alpha_A + \alpha_B + \alpha_C = 1\}$ 来调整每一方样本在求和中的重要性，则 $H(x_i) = \alpha_A U_A x_i^{(A)} + \alpha_B U_B x_i^{(B)} + \alpha_C U_C x_i^{(C)}$。

注意到此时的 x_i 属于 A、B、C 三方均重合的情况。对于不同的重叠模式，α_A、α_B、α_C 的值应当不同，故每一种重叠模式应当有不同的重要性因子，并保证它们的和为 1。若某个 ID 所对应的样本在某参与方中不存在，则此时该参与方的 α 为 0。

因此联邦多视角线性回归的损失函数和预测函数定义如下。

定义 5.2（联邦多视角线性回归） 假设在联邦建模中共有 p 个参与方参加，记 p 个参与方的样本集合分别为 $X_1, X_2, \cdots, X_p$。记 $x_i^{(j)} \in X_j$ 为 ID 为 i 且在第 j 个参与方中的样本，令 U_j 是上述定义的从 S_j 到 S 的转换矩阵，O_i 是 ID 为 i 的样本的重叠模式，$\alpha^{(i)} = \{\alpha_1^{(i)}, \alpha_2^{(i)}, \cdots, \alpha_p^{(i)} | \sum_{k=1}^{p} \alpha_k^{(i)} = 1\}$，则

$$f(x_i, W, \alpha^{(i)}) = W \left(\sum_{j=1}^{p} \alpha_j^{(i)} U_j x_i^{(j)} \right) \tag{5.1}$$

记 $\alpha = \{\alpha^{(i)} | i \in I\}$，可得联邦多视角线性回归的损失函数为：

$$L(W, \alpha) = \frac{1}{n} \sum_{i \in I} (f(x_i, W, \alpha^{(i)}) - y_i)^2 + \frac{\lambda}{2} \|W\|_2^2 \tag{5.2}$$

在实际应用中，我们有时可以获得各个参与方特征权重的先验知识，例如在一些情况下，可以知晓数据采集方式、预处理方式以及涉及特征重要性的相关专家经验等，因此可以凭借经验对各种重叠模式人为设置权重，此时多视角联邦线性回归退化为一般的线性回归。

5.2.1 基于 BFGS 的二阶优化方法

在本节中，我们基于二阶优化方法 BFGS 求解目标函数的局部极小值。区别于常用的机器学习中的分布式优化算法，联邦学习在训练时的时间和空间开销更大，主要原因在于：① 多方通信交互时需要同态加密，单次乘法/加法的时间消耗可达普通操作的百倍以上，在同态加密下的运算成为整个系统的时间瓶颈；② 同态加密下的数据量呈指数级别增长，给网络传输带来了挑战。因此，我们希望对传统的二阶优化方法进行改进，力求使尽量多的计算可以在不加密的情况下利用本地数据在本地完成。由于各个参与方数据集的重叠模式不同，很多样本所对应的 ID 有时只存在于一个参与方中，对于这部分数据相关的计算往往也不需要与其他参与方交互。因此，在计算中我们可以将这些样本的相关计算集中在本地完成。

1. BFGS 算法

BFGS 是一种高效的拟牛顿算法，利用目标函数的一阶和二阶信息来确定搜索方向。与牛顿法不同的是，它不直接计算 Hessian 矩阵，而是对它的逆矩阵进行近似。令近似的 Hessian 逆矩阵为 $\boldsymbol{H}$，在 BFGS 中 $\boldsymbol{H}$ 的迭代公式为：

$$\boldsymbol{H}_{k+1} = (I - \rho_k s_k d_k^{\mathrm{T}})\boldsymbol{H}_k(I - \rho_k d_k s_k^{\mathrm{T}}) + \rho_k s_k s_k^{\mathrm{T}} \tag{5.3}$$

其中，

$$s_k = w_{k+1} - w_k$$
$$d_k = g^{(k+1)} - g^{(k)}$$
$$\rho_k = \frac{1}{s_k d_k^{\mathrm{T}}}$$

2. $\boldsymbol{H}$ 和 g 在多个参与方上的计算

如上文所述，为了进一步减小计算开销，我们希望将每个样本的一阶、二阶导数分为需要共同参与计算和仅需在本地完成两部分。因此，我们首先将参与方的每个样本按照重叠与否分成**私有样本**和**非私有样本**。

定义 5.3（私有样本和非私有样本）　对任意参与方来说，若其某一样本与其他参与方均无重叠，则称此样本为这个参与方的 **私有样本**。参与方 j 的私有样本记为 X_j^{priv}，则 $X_j^{\mathrm{priv}} = \{x \in X_j | O_{I_x} = \{j\}\}$，**非私有样本**则定义为 $X_j \setminus X_j^{\mathrm{priv}}$。

（1）对于私有样本的计算：$\boldsymbol{x} \in \boldsymbol{X}_j^{\mathrm{priv}}$

令全空间 S 的维数为 m，参与方 p_i 的样本子空间 S_i 的维数为 m_i，X 为全体样本的集合，该集合的大小为 n。方便起见，将损失函数 $l(f(x), y) = (y - f(x))^2$（在逻辑回归中为逻辑函数）简写为 $l(f)$，定义 W^i 为第 i 个参与方样本空间所对应的参数，按照定义 5.2，则损失函数可以写成如下形式：

$$L(W) = \sum_{x \in X_j^{\mathrm{priv}}} l(W_i x, y) + \sum_{x \in X_j \setminus X_j^{\mathrm{priv}}} l(f(x, W), y)$$

令 $Z = W_i x$，对于上式求梯度，应用链式法则我们可以得到：

$$\nabla_W L = \sum_{x \in X_j^{\mathrm{priv}}} U_x x \nabla_Z l(Z) + \sum_{x \in X_j \setminus X_j^{\mathrm{priv}}} \nabla_f l(f) \nabla_w f(W)$$

注意到，在上式中，加号左边的项在计算时不需要其他参与方的任何信息，可以完全在本地完成计算并通过 $\boldsymbol{U}_j$ 映射到全空间 S。

进一步求 Hessian 矩阵，

$$\nabla_W^2 L = \sum_{x \in X_j^{\mathrm{priv}}} U_x \nabla_Z^2 l(Z) U_x^{\mathrm{T}} + \sum_{x \in X_j \setminus X_j^{\mathrm{priv}}} \nabla_f l(f) \nabla_W^2 f(W)$$

同理可知，在计算二阶导数时，私有样本的部分也可以完全在本地完成计算。在使用拟牛顿法近似 L 对 W 的 Hessian 矩阵 $\nabla_W^2 L$ 时，可在每个参与方本地直接对 $\nabla_Z^2 l(Z)$ 进行近似，然后将近似结果映射到全空间。这样既降低了计算复杂度，又减小了近似稀疏高维矩阵时产生的误差。

（2）对于非私有样本：$x \in X_j \setminus X_j^{\text{priv}}$

与私有样本的计算不同，非私有样本相关的计算无法由单一参与方完成，需要涉及数据交互。因此，为了保护参与方数据的安全性，我们需要遵照安全多方计算中的方法对计算过程加以保护。本节先给出明文的计算公式。在 5.2.2 节中，我们会详细介绍一种基于秘密共享和同态加密的计算协议。

❑ **梯度计算**

对于 $\forall x \in X_j$，令 $f^{(j)}(x, W, \alpha)$ 为 x 在参与方 j 上的预测值，简写为 $f^{(j)}(x)$。

首先计算损失函数对训练参数 w_i 的导数：$\dfrac{\partial L}{\partial w_i} = \dfrac{\partial l}{\partial f} \dfrac{\partial f}{\partial w_i}$。

计算 $\partial f / \partial w_i$ 需要将来自各个参与方的预测值 $f^{(j)}$ 相加得到全局预测值 f：

$$\frac{\partial f}{\partial w_i} = \frac{\partial}{\partial w_i} \left(\sum_{j=1}^{p} \sum_{x \in X_j} f^{(j)}(x) \right)$$

计算出 f 后接着基于 $\dfrac{\partial l}{\partial f}$ 可以得到 $\partial L / \partial w_i$：

$$\frac{\partial l}{\partial f} = \sum_{j=1}^{p} \frac{\partial l^{(j)}}{\partial f} = \sum_{j=1}^{p} \frac{\partial}{\partial f} \left(\sum_{x \in X_j} l\left(f^{(j)}\right) \right) \tag{5.4}$$

由于每种重叠模式都对应一个不同的 α，因此参数 α 的个数取决于参与方数据集重叠模式的种类。给定一种重叠模式 o，令符合这种重叠模式的样本集合为 X_o，则 L 对 α_o 的导数为：

$$\frac{\partial L}{\partial \alpha_o} = \frac{\partial l}{\partial f} \frac{\partial}{\partial \alpha_o} \left(\sum_{j=1}^{p} \sum_{x \in X_o \cap X_j} f^{(j)}(x, \alpha) \right) \tag{5.5}$$

由上式可总结出梯度的计算过程为：参与方在本地计算 $\dfrac{\partial l^{(j)}}{\partial f}$、$\dfrac{\partial f^{(j)}}{\partial w_i}$、$\dfrac{\partial f^{(j)}}{\partial \alpha_o}$，然后多方聚合得到 $\dfrac{\partial L}{\partial f}$；然后再计算 $\dfrac{\partial L}{\partial f} \dfrac{\partial f^{(j)}}{\partial w_i}$；最后再一次聚合各方结果得到一阶导数 $\dfrac{\partial L}{\partial w_i}$、$\dfrac{\partial L}{\partial \alpha_o}$。

❑ **Hessian 矩阵的近似**

根据式 (5.3)，由于计算 $\boldsymbol{H}$ 时需要计算 w、g 在每一次迭代中的变化 s 和 d，且由于 s、d 都无法由单独的参与方计算得到，因此需要在得到每个参与方在本轮的 g、w 之后再收集处理求得最终结果。

5.2.2　安全计算协议

在本节中，我们将安全多方计算加入上述计算过程，以保证数据的安全性。本协议基于半诚实模型，即假设被攻陷方只是从协议中收集信息，而没有偏离协议规范。与 Yang 等人提出的依赖可信的第三方的方式不同，出于安全性和公平性考虑，其采用**去中心化架构**，即在该协议中，所有运算均由参与方执行，**不依赖可信第三方**。需要指出的是，在该协议中，需从参与方中随机选出一个 Master，这个 Master 可以是参与方中的任何一个，同时也不要求此方是可信的。Master 和其他参与方仅仅在计算任务上有所区别：Master 所做的工作包括在同态加密下的聚合和己方数据的处理，而非 Master 节点只负责处理本参与方的数据。作为对比，Yang 等人提出的方法要求第三方必须是独立于任何参与方并且可信的。

1. 密码学基本组件和基本假设

首先介绍我们用到的几个基本组件和基本假设。

（1）Shamir 秘密共享

Shamir 秘密共享由 Shamir 等人提出。其利用"一个 t 阶多项式可以被这个多项式中的 $t+1$ 个点完全确定"这一性质，将一个明文隐藏在一个随机多项式中，并通过对多项式取值来分解成多个部分，然后对这个多项式执行拉格朗日插值，通过多个部分的结合恢复明文。严格地说，假设我们想把一个秘密 s 拆分为 n 份（每一份被称为一个 Share），至少有任意 $t+1(n > t+1)$ 个 Share 才能恢复 s。Shamir 秘密共享的做法是在有限域 F 中定义 t 阶随机多项式 $P(X)$，令 $P(0) = s$，并取 n 个不同的值构成 $(x_1, P(x_1)), (x_2, P(x_2)), \cdots, (x_n, P(x_n))$。在本文中，我们默认取 $x_1 = 1, x_2 = 2, \cdots, x_n = n$，则这 n 个取值为 n 个 Share。恢复秘密时，任取其中的 $t+1$ 个点，执行拉格朗日插值法：

$$P(X) = \sum_{i=1}^{t+1} l_i P(x_i)$$

其中，l_i 称为拉格朗日系数，即

$$l_i = \Pi_{j=1, j \neq i} \frac{X - x_j}{x_i - x_j} \tag{5.6}$$

并取 $P(0)$ 即可恢复 s。

（2）BGW 安全多方计算协议

BGW 协议是最早的安全多方计算协议之一。它利用 Shamir 秘密共享中每个 Share 在加法和乘法下的同态性来实现在密文状态下（即明文通过 Share 的方式被分享到不同的参与方）的加法和乘法，可用于评估任意四则运算表达式。Ben-Or 等人在论文中证明了 BGW 在多数诚实条件下是安全的。Beaver 在其论文中提出了一种对 BGW 乘法运算进行加速的方法。该方法将协议执行分为线上/线下两个部分，并使用线下预处理得到的三元组，使得乘法运算不需要额外的网络交互。

（3）同态加密

同态加密是实现安全多方计算的有效手段之一。它令人们可以在加密的数据中进行诸如检索、比较等操作，得出正确的结果，而在整个处理过程中无须对数据进行解密。全同态加密可以实现加法和乘法在密文下的计算，但速度往往较慢；半同态加密只能实现加法或者乘法运算，但往往速度较快。关于同态加密的详细内容，建议读者参考 Acar 等人于 2018 年提出的关于同态加密的综述。由于联邦学习的诸多场景对时间有较高的要求，并且对于绝大多数线性模型，诸如线性回归和逻辑回归，均只用密文加法运算（对于逻辑函数可做线性近似），因此我们采用了较为高效的 Paillier 方案进行密文计算，详细严谨的讨论可参考 Paillier 于 1999 年发表的论文。

在此，我们对 Paillier 方案的公/私钥生成过程进行简述：在 $\mathbb{Z}_N^*$ 中随机取两个大质数 p 和 q，并计算它们的乘积 N，公钥为 $g = N + 1$，私钥为 N 的欧拉函数，即 $\phi(N) = (p-1)(q-1)$。

加密时，随机取 $r \in \mathbb{Z}_{N^2}^*$ 对明文 $m \in \mathbb{Z}_N^*$ 进行如下计算得到密文 c：

$$c = g^m r^N \mod N^2$$

解密时，计算

$$m = L(c^\lambda \mod N^2)\lambda^{-1} \mod N$$

其中，$L(x) = (x-1)/N$。

（4）安全性假设

考虑在绝大多数业务中的实际情况，我们假设参加联邦学习的各个参与方是满足**半诚实模型**的。相比较而言，对于更强的安全性假设——恶意模型，半诚实模型在时间效率上更好，且在安全性方面，半诚实模型符合绝大多数业务的实际情况。

（5）通信网络结构

每个参与方均可直接与其他参与方通信。在执行协议之前，随机选出一个参与方作为 Master 来收集并聚合各方加密后的本地信息。

2. 基于分布式密钥生成和阈值解密的 Paillier 算法

在不存在可信第三方的情况下，密钥生成和解密相对于整个训练过程较为独立，我们在本小节单独介绍这两个过程。

由于安全训练和推理采用了去中心化架构，因此我们使用了无可信第三方的分布式密钥生成和阈值解密的 Paillier 算法。该算法可分为无可信第三方的分布式密钥生成和阈值解密两个部分。它们分别由 Boneh 和 Fouque 等人于 2001 年的论文中首次提出，并由 Nishide 等人给出整个协议的安全性证明。Veugen 等人在论文中描述了该算法的实现过程并给出了若干优化。

在介绍基于分布式密钥生成和阈值解密的 Paillier 算法之前，我们有必要先介绍它的基础——基于阈值解密的 Paillier 算法。

（1）基于阈值解密的 Paillier 算法

阈值解密（Threshold Decryption）是秘密共享在公钥密码体系中的应用之一。它利用秘密共享将私钥分成多个 Share，在解密时，首先用 Share 对密文进行初次解密，产生多个中间结果，然后将中间结果聚合起来再次解密得到明文。基于阈值解密的 Paillier 算法由 Fouque 等人在论文中首次介绍。作者假设在多个参与方之外还存在一个可信的第三方，这个第三方通过 Shamir 秘密共享为各个参与方生成不同的 Paillier 密钥，解密时需要一定数量的参与方共同解密。

在我们的应用中，规定每个参与方都生成密钥，且每个参与方都必须参与解密。因此，Shamir 秘密共享中随机多项式的阶数即参与方的个数减 1。那么，第三方的密钥生成过程可以简述为：假设参与方的个数为 p，随机取 $\beta \in \mathbb{Z}_N^*$，并生成 $\lambda\beta$ 的 p 个 Share，每个 Share 为各个参与方的私钥，公钥为 $(g, \lambda\beta \mod N)$。假设 $\lambda\beta$ 的 Share 对应的多项式为 $h(X)$，在各个参与方 $1, 2, \cdots, p$ 上的 Share 分别为 $h(1), h(2), \cdots, h(p)$。

假设密文为 c 且参与方 j 需要对 c 解密。图 5-2 描述了解密步骤。在解密开始时，每个参与方首先计算中间结果 c_i，并传给参与方 j：

$$c_i = c^{h(i)} \mod N^2$$

参与方 j 收集各参与方的中间结果 c_i 后，通过公式 (5.6) 计算拉格朗日系数 l_i，再解密得到明文 m：

$$m = L(c^{\lambda\beta} \mod N^2)\theta^{-1} \mod N$$

其中，$c^{\lambda\beta} = \Pi_{j=1}^q c_i^{l_i} \mod N^2$。

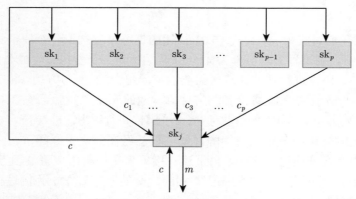

图 5-2　基于阈值解密的 Paillier 算法的解密步骤：各参与方首先用各自的私钥 $\{sk_j | j \in \{1, 2, \cdots, p\}\}$ 对密文 c 进行初次解密，产生多个中间结果 $\{c_j | j \in \{1, 2, \cdots, p\}\}$，然后将中间结果聚合起来再次解密得到明文 m

（2）无可信第三方的 Paillier 分布式密钥生成

与基于阈值解密的 Paillier 算法不同的是，在无可信第三方的情况下，生成密钥的操作不能由一方单独完成，因此需要一套新的公钥密钥生成方法。Boneh 在其 2001 年的论文中首先介绍了 RSA 的分布式密钥生成协议，Nishide 等人将其扩展到 Paillier 分布式密钥生成上并给出了整个协议的安全性证明。Veugen 等人在论文中描述了该算法的实现过程并给出了若干优化。

接下来，基于 Thijs 等人发表于 2019 年的文献，我们简要介绍无可信第三方的 Paillier 分布式密钥生成过程。Paillier 分布式密钥生成可分为两个阶段：分布式生成模数 N；多方生成公钥和各自的私钥。

分布式生成模数 N： 与 RSA 相似，Paillier 密钥生成也基于两个大质数 p 和 q 的乘积 N。在分布式密钥生成的过程中，需要各个参与方协同生成各自的 p_i、q_i，使得 $p = \sum_i p_i, q = \sum_i q_i, N = (\sum_i p_i)(\sum_i q_i)$，但要求每个参与方都只知道 N 和己方的 p_i、q_i，而无法获知 p、q 的具体值。在 Boneh 等人于 2001 年发表的文献中，每个参与方首先生成随机数 p_i 和 q_i，通过 BGW 协议计算 $N = (\sum_i p_i)(\sum_i q_i)$。由于这个 N 可能不是两个素数的乘积，故需要进行双素数判定。如果是双素数，则进入下一个阶段，否则丢弃生成的 N，从头开始。通过 BGW 协议生成合适的 N 后，对各方公布 N 的值。

注意，生成模数的步骤一般会重复较多的次数，但实验证明它的时间开销仍然在可接受范围内。在 Malkin 等人于 1999 年发表的论文的实验中：3 个参与方各自使用 6 线程的机器生成 2048 位的 RSA 密钥，平均耗时约 18 分钟。另外，注意到密钥生成过程独立于训练和推理过程，可作为线下预处理步骤提前进行以节省时间开销。

多方生成公钥和各自的私钥： 在无可信第三方的情况下，每个参与方可以通过 BGW 协议计算出 $(\lambda\beta \mod N)$ 和 $\lambda\beta$ 的 Share。该计算的具体过程较为烦琐，为保证本章叙述的连贯性，详细过程建议读者参考 Paillier 公钥密码系统等文章。

3. 训练过程

在本节中，我们对式 (5.4) 和式 (5.5) 描述的训练过程构造一个安全计算协议。首先是训练过程，整个训练过程大致可分为 4 个步骤：1）为各个参与方生成公钥和私钥，同时在线下生成 BGW 协议进行乘法计算所需要的三元组；2）参与方用 Paillier 算法计算梯度 g 并对各个参与方解密；3）各个参与方计算本地的 $s_k d_k$，然后通过 BGW 协议计算 H；4）最后在每个参与方中更新 W 的值并对更新后的 W 进行解密，进入下一次迭代或终止。

步骤 1 中生成公钥和分布式密钥的详细过程已经在前文中介绍了，三元组的计算在 Beaver 的文献中有详细描述，此处不再赘述。接下来我们给出步骤 2 到步骤 4 的详细过程。由于除 Master 外所有参与方的操作都相同，此处以参与方 j 为例进行介绍。

（1）计算梯度 g

计算梯度的过程分为以下 4 个步骤。

1）所有参与方计算本地预测值。首先，每个参与方按照式 (5.1) 计算己方非私有样本

的预测值 $f^{(j)}$，并进行同态加密得到 $[[f^{(j)}]]$，其中

$$f^{(j)}(x_i, W, \alpha) = W\left(\alpha_j^{(i)} \boldsymbol{U}_j x_i^{(j)}\right), \forall x_i \in X_j \setminus X_j^{\mathrm{priv}}$$

有标签的参与方将加密后的标签 $[[\{y\}]]$ 传给 Master。

2）Master 聚合各方发来的 $f^{(j)}$。各个参与方将 $[[f^{(j)}]]$ 传给 Master 进行求和，得到 $[[\partial L/\partial w_i]] = [[f - y]]$，然后返给各个参与方：

$$[[f(W, \alpha) - y]] = \sum_{x \in X \setminus X^{\mathrm{priv}}} \left(\sum_{j=1}^{p} [[f^{(j)}(x)]] - [[y]]\right)$$

注意，虽然 Master 获得了各方的 $f^{(j)}$，但是由于阈值解密需要所有方共同参与，由此 Master 无法知晓任何有效信息。

3）各个参与方计算本方的梯度中间值。每个参与方收到 Master 传来的 $[[f - y]]$ 后，计算本方的梯度中间值：

$$[[g_j]] = \sum_{x \in X_j \setminus X_j^{\mathrm{priv}}} [[f(W, \alpha) - y]]x + [[\sum_{x \in X_j^{\mathrm{priv}}} \left(f^{(j)}(x, W, \alpha) - y\right)x]]$$

4）Master 聚合各方发来的 $[[g_j]]$。Master 聚合各方发来的 $[[g_j]] (j \in \{1, 2, \cdots, p\})$，得到梯度密文 $[[g]] = \sum_{j=1}^{p} g_j$，并返给各个参与方。各参与方随之对 $[[g]]$ 进行解密（参考前文），得到本轮迭代梯度 g。同样，基于阈值解密的性质，除非所有参与方共同解密或者 Master 获得了所有参与方的密钥，否则它不能获得任何有效信息。

（2）计算 H

求 H 时需要进行密文乘法计算，由于 Paillier 算法不能完成此功能，我们选择使用 BGW 协议进行计算。需要计算的内容参考式 (5.3)。在计算过程中，BGW 协议的通信复杂度为 $\mathcal{O}(pm^2)$，其中 m 为样本特征数。由于在绝大多数情况下样本特征数较小，故而总的时间消耗较少。BGW 协议执行过程在 Cramer 等人 2015 年发表的文章中有详细介绍，为了避免内容冗杂，建议读者直接参考。

（3）更新 W 的值

各个参与方更新得到 W_j^{k+1}，其中 $j \in \{1, 2, \cdots, p\}$，$k$ 表示第 k 轮迭代，并检查 g 二范数的大小，符合条件时停止迭代。

$$W_j^{k+1} = W_j^k - \eta H g$$

（4）安全性简要证明

我们对整个计算过程的安全性进行简要说明。在求 g 的过程中，任何发送到他方的数据均经过了加密，解密时必须由所有参与方共同参与。因此，所有参与方仅仅能获得密文，而无法知晓其中的信息。在求解 H 的过程中，所有计算均通过 BGW 协议进行，所以计算过程中的安全性由 BGW 协议的安全性保证。各个参与方在整个训练过程中仅仅获得属于自己特征的那部分梯度和参数 W，所以计算过程是安全的。

4. 预测过程

预测过程的前两步与训练过程中计算梯度的前两步相似。

1）所有参与方计算本地预测值。计算己方非私有样本的预测值 $f^{(j)}$，并进行同态加密得到 $[[f^{(j)}]]$，其中

$$f^{(j)}(x_i, W, \alpha) = W\left(\alpha_j^{(i)} \boldsymbol{U}_j x_i^{(j)}\right), \forall x_i \in X_j \setminus X_j^{\mathrm{priv}}$$

2）Master 聚合各方发来的 $f^{(j)}$。各个参与方将 $f^{(j)}$ 加密得到 $[[f^{(j)}]]$，并将其传给 Master 进行求和，得到预测值 $[[f]]$，然后返给各个参与方。

$$[[f(W, \alpha)]] = \sum_{x \in X \setminus X^{\mathrm{priv}}} \left(\sum_{j=1}^{p} [[f^{(j)}(x)]]\right)$$

3）各方解密得到最终结果。各个参与方收到 $[[f]]$ 并按照前文所述的方式进行两步解密，然后计算己方私有样本的预测值并返回结果。注意，有时并不需要所有参与方均得到预测结果，这时可以由需要预测值的那一方发起解密请求，各方在本地解密后仅将解密中间结果返给请求方，最后由该方解密得到结果。

与训练过程相似，各个参与方传出的数据均经过加密且解密过程由所有参与方共同执行。每个参与方只能获得各自的预测结果。

5.3　总结

在本章中，我们着重介绍了纵向联邦线性回归的两种方法。在 5.1 节，我们介绍了一种基本的纵向联邦线性回归方法，这种方法提供了在联邦学习中的一种算法设计范式，为之后更为实用和高效的方法提供了借鉴。5.2 节在 Yang 等人综述的基础上，从一个实际业务场景中遇到的困境出发，对 5.1 节的方法进行了扩展，并用去中心化结构代替了可信第三方，使得该算法更贴合实际的业务场景。需要指出的是，联邦学习中的线性回归算法远远不止以上两种。在实际应用中，联邦学习中的线性回归问题往往随着实际的业务需求和系统条件的变化而变化。

除此之外，在诸如隐私保护机器学习、安全多方计算等相关领域，一些工作同样值得关注。它们往往不拘泥于横纵联邦的形式，而更关注安全性、训练效率、系统稳定性等各个方面。与线性回归相关的，例如：在更强的安全性方面，Wenting Zheng 等人于 2019 年提出了一种基于恶意攻击模型的线性联合学习系统；*SecureML* 中介绍了一种基于 2PC（Secure Two-Party Computation）的隐私保护训练系统；而 Fan 等人在 2020 年发表的文献中探讨了在网络噪声环境下的线性模型的联合训练问题。

第 6 章

纵向联邦核学习算法

对于真实世界中的数据挖掘任务而言，多个参与方常常保存有一个公共数据的多个不同特征部分。这种类型数据一般称为纵向划分数据（Vertically Partitioned Data）。伴随着隐私保护的巨大需求，我们很难通过传统的机器学习算法对这种纵向划分数据进行数据挖掘。考虑到很少有文献针对非线性方法尤其是核方法进行设计，我们在本章提出了一种纵向联邦核学习（Vertically Federated Kernel Learning，VFKL）算法来训练纵向划分数据。具体来说，我们首先用随机傅里叶特征（Random Fourier Feature，RFF）来近似核函数，然后利用特殊设计的双随机梯度更新预测函数，同时从技术层面保证在数据和模型端不泄露隐私（比如标签等信息）。理论上，VFKL 算法可以提供次线性收敛速度，同时在常见的半诚实假设中保证数据的安全性。我们在多个大规模数据集上设计了众多实验来说明 VFKL 算法的有效性和优越性。

6.1 引言

我们以一个具体的示例来说明纵向划分数据。现在有一家数字金融公司、一家电子商务公司和一家银行，分别持有同一个人的不同信息：数字金融公司持有网上消费、贷款和还款信息；电子商务公司持有网上购物信息；银行则持有客户信息，如平均月存款、账户的结余和账单。如果这个人想要从数字金融公司获得一笔贷款，该公司就可以协同利用存储在这三个机构的信息来评估这笔金融贷款的信用风险，流程如图 6-1 所示。

然而，随着政府的政策和公司商业机密的要求，直接从其他参与方访问数据是不现实的。具体来说，为了回应用户对个人隐私数据日益增长的关切，欧盟发布了《通用数据保护条例》（General Data Protection Regulation，GDPR）。对于公司来说，一方面，用户的数据是一种有价值的资产，公司有责任来保护它。另一方面，真实的用户数据对于训练一个很好的商业学习模型（比如推荐系统）来说是很有用的。因此，在对纵向划分数据进行联邦学习的时候不泄露隐私是很重要的。

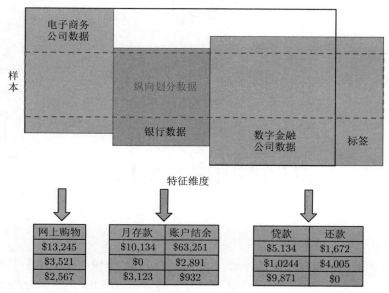

图 6-1　纵向划分数据示意图。每个样本可以看作一个人。每个样本的不同特征维度表示每家机构所拥有的这个人的不同信息。虚线框表示多家机构拥有的同一客户的信息，并由此构建出纵向划分数据。因为我们的场景设定是数字金融公司，所以标签数量与数字金融公司样本数量相同。标签可以为二值的，即（+1，−1），对应二分类问题；也可以为连续值，对应回归问题。在实际应用中，二分类问题居多，所给的标签 +1 表示发放贷款，−1 表示未发放贷款

当前，研究者们在多个领域提出了众多纵向联邦学习算法，比如说线性回归，K-Means 聚类、逻辑回归、随机森林、支持向量机、协同相关分析和关联规则挖掘。从优化的角度来看，Wan 等人在 2007 年提出了针对纵向划分数据的隐私保护梯度下降算法。Zhang 等人在 2018 年提出了针对高维线性分类的特征分布 SVRG（Stochastic Variance Reducing Gradient）算法。

然而，现有的联邦学习算法都是基于"学习模型是隐式线性可分的"这个假设来训练的，即 $f(x) = \mathcal{G} \cdot h(x)$，其中 $\mathcal{G}$ 是任一可微分函数，$h(x)$ 是一个具有 $\sum_{\ell=1}^{m} h^{\ell}(w_{g_{\ell}}, x_{g_{\ell}})$ 形式的线性可分函数，$\{g_1, g_2, \cdots, g_m\}$ 是一个特征划分。实际上，我们知道非线性模型常常会获得较线性模型更优的结果。因此，几乎我们提到的上述所有方法都受限于这个线性可分假设，从而具有有限的性能。核方法是非线性方法中的一个重要分支。核方法有如下不满足线性可分假设的形式：$f(x) = \sum_{i}^{N} \alpha_i k(x_i, \cdot)$，其中 $k(\cdot, \cdot)$ 是一个核函数。据我们所知，yu 等人在 2006 年提出的 PP-SVMV（Privacy-preserving SVM Vertically）方法是唯一一个针对纵向划分数据的隐私保护非线性核方法。然而，PP-SVMV 方法必须从不同的节点收集局部的核矩阵，然后将它们相加为一个全局核矩阵，这将导致高额的通信开销。因此，如何通过核方法对纵向划分数据进行高效、可扩展的训练，同时又不泄露隐私，仍

具挑战性。

为了解决这个问题，我们提出一个全新的纵向划分联邦学习核方法 VFKL 以在纵向划分数据上进行训练。具体地讲，我们首先通过随机傅里叶特征（RFF）方法对核函数进行近似，然后通过特殊设计的双随机梯度联邦式地更新预测函数，同时在数据和模型端不泄露隐私。理论上，VFKL 方法可以提供次线性收敛速度（接近 $\mathcal{O}(1/t)$），并可在常用的半诚实假设中保证数据的安全性。

6.2　双随机核方法

在本节中，我们首先介绍核方法和随机傅里叶特征近似技术，然后对双随机梯度（Doubly Stochastic Gradient，DSG）方法进行简要介绍，最后讨论 DSG 方法和 VFKL 方法之间的关系。DSG 方法是一个可扩展的高效核方法，它使用双随机梯度（即随机样本和随机特征）来更新核函数。我们将 DSG 方法扩展到了纵向划分数据，然后提出了 VFKL 方法。

6.2.1　问题定义

给出一个训练集 $\{(x_i, y_i)\}_{i=1}^N$，其中 $x_i \in \mathbb{R}^d$，对于二分类问题有 $y_i \in \{+1, -1\}$，对于回归问题有 $y_i \in \mathbb{R}$。我们将一个凸的损失函数记为 $l(u, y)$（如表 6-1，常用的有 Square Loss、Hinge Loss 和 Logistic Loss，本文使用的是 Square Loss）。给定一个正定核函数（Positive Definite Kernel，PD Kernel）$k(\cdot, \cdot)$，以及与它相关且唯一的再生核希尔伯特空间（Reproducing Kernel Hilbert Space，RKHS）$\mathcal{H}$，核方法常常用来找到一个预测函数 $f \in \mathcal{H}$ 来解决下面的优化问题：

$$\arg\min_{f \in \mathcal{H}} \mathcal{L}(f) = \mathbb{E}_{(x,y)} l(f(x), y) + \frac{c}{2}\|f\|_{\mathcal{H}}^2 \tag{6.1}$$

表 6-1　二分类（BC）和回归（R）问题中常用的损失函数

名称	任务	是否为凸	损失函数
Square Loss	BC+R	是	$L(f(x_i), y_i) = (f(x_i) - y_i)^2$
Logistic Loss	BC	是	$L(f(x_i), y_i) = \log(1 + \exp(-y_i f(x_i)))$
Smooth Hinge Loss	BC	是	$L(f(x_i), y_i) = \begin{cases} \dfrac{1}{2} - z_i & z_i \leqslant 0 \\ \dfrac{1}{2}(1 - z_i)^2 & 0 < z_i < 1 \\ 0 & z_i \geqslant 1 \end{cases}$ 其中 $z_i = y_i f(x_i)$

其中，$c > 0$ 是正则项参数。式 (6.1) 是一个凸优化问题。凸优化问题有一个重要的特性：所有局部最优解都是全局最优解。这个特性可以保证我们在求解时不会陷入局部最优解，即如果找到了问题的一个局部最优解，则它一定也是全局最优解，这极大地简化了

问题的求解。因为这样的性质，我们在求凸优化中的最大/最小化问题时，就可以直接寻找函数梯度为 0 的点。然而对有些复杂的函数直接求解梯度为 0 的点比较困难。我们一般用梯度下降法（Gradient Descent，GD）来逐步逼近最优解。因为 GD 的每次训练需要使用样本集中的所有样本来计算整个凸优化问题的梯度，由此引入了额外的计算成本，所以对于一些大规模数据集，我们也可以随机选取一小批次样本来近似整个凸优化问题的梯度，即采用随机梯度下降法（Stochastic Gradient Descent，SGD）来优化问题。

6.2.2 核方法的简要介绍

在机器学习算法中，我们使用核方法一般是为了将低维的线性不可分数据转换到高维空间的线性可分情形，从而学习到更好的分类器。又因为数据经过高维映射后，输入数据和输出结果的函数关系将是非线性的，这样的核方法分类器一般称为非线性分类器。而我们知道，常用的非线性分类器是深度神经网络，然而深度神经网络过大的参数量使其无法很好地应用到实际的场景中，特别是联邦学习场景。基于核方法的支持向量机是除深度神经网络之外，性能最好的非线性分类器之一。我们接下来简要介绍核函数及核方法。

定义 6.1　记 $\mathcal{X}$ 是输入空间（即欧几里得空间的子集或者离散集合），又记 $\mathcal{H}$ 为特征空间（即希尔伯特空间），如果存在一个从 $\mathcal{X}$ 到 $\mathcal{H}$ 的映射函数：$\phi(x): \mathcal{X} \to \mathcal{H}$，使得其对于所有 $x_i, x_j \in \mathcal{X}$，函数 $k(\cdot, \cdot)$ 满足条件 $k(x_i, x_j) = \phi(x_i) \cdot \phi(x_j)$，则称函数 k 为核函数，ϕ 为映射函数，式中的 $\phi(x_i) \cdot \phi(x_j)$ 为 $\phi(x_i)$ 和 $\phi(x_j)$ 的内积。

这种考虑的特殊点在于，我们在学习和预测的时候只需定义核函数 k 而不用显式地定义映射函数 ϕ，因为在一般情况下，直接计算 k 比较容易。

然而，并不是所有的函数都可以做核函数。表 6-2 给出一些常见的核函数。

定理 6.1　令 $\mathcal{X}$ 是输入空间，$k(\cdot, \cdot)$ 是定义在 $\mathcal{X} \times \mathcal{X}$ 的对称函数，那么 k 是核函数，当且仅当对于任意数据 $D = \{x_1, x_2, \cdots, x_n\} \in \mathcal{X}$，核矩阵 $\boldsymbol{K}$ 总是半正定的：

$$\boldsymbol{K} = \begin{bmatrix} k(x_1, x_1) & \cdots & k(x_1, x_n) & \cdots & k(x_1, x_n) \\ \vdots & & \vdots & & \vdots \\ k(x_i, x_1) & \cdots & k(x_i, x_j) & \cdots & k(x_i, x_n) \\ \vdots & & \vdots & & \vdots \\ k(x_n, x_1) & \cdots & k(x_n, x_j) & \cdots & k(x_n, x_n) \end{bmatrix} \tag{6.2}$$

定理 6.1 表明，只要一个对称函数所对应的核矩阵半正定，它就可以作为核函数使用。事实上，对于一个半正定核矩阵，其总能找到一个与之对应的映射函数 ϕ。也就是说，任何一个核函数都隐式地定义了一个 RKHS。该 RKHS 是一个完备的内积空间，并具有再生核的性质：$f \cdot k(x, \cdot) = f(x), k(x, \cdot) \cdot k(y, \cdot) = k(x, y)$。

通常，我们把半正定核矩阵对应的核函数称为正定核。由上面的讨论可知，我们希望样本在映射后的特征空间中线性可分，所以特征空间的好坏就直接影响了核方法的性能。

因此，核函数的选取方法就成为关键。如表 6-2 所示，常用的核函数有线性核、多项式核、高斯核、拉普拉斯核、Sigmoid 核。此外，我们还可以通过核函数间的线性组合、直积等方式获得更多的核函数。

表 6-2　常见的核函数

名称	表达式	参数
线性核	$k(x_i, x_j) = x_i^{\mathrm{T}} x_j$	
多项式核	$k(x_i, x_j) = (x_i^{\mathrm{T}} x_j)^d$	$d \geqslant 1$ 为多项式的次数，$d = 1$ 退化为线性核
高斯核（RBF 核）	$k(x_i, x_j) = \exp\left(-\dfrac{\|x_i - x_j\|^2}{2\sigma^2}\right)$	$\sigma > 0$ 为高斯核的带宽
拉普拉斯核	$k(x_i, x_j) = \exp\left(-\dfrac{\|x_i - x_j\|}{\sigma}\right)$	$\sigma > 0$
Sigmoid 核	$k(x_i, x_j) = \tanh(\beta x_i^{\mathrm{T}} x_j + \theta)$	$\tanh$ 为双曲正切函数，$\beta > 0, \theta < 0$

完成了核函数的相关定义，我们有表示定理（Representation Theorem）这种对损失函数更普遍的结论，即对于像式 (6.1) 的优化问题，我们有如下定理。

定理 6.2　$\mathcal{H}$ 为核函数 k 对应的 RKHS，$\|f\|_{\mathcal{H}}$ 为定义在 $\mathcal{H}$ 中关于 f 的范数。对于具有任意非负的损失函数 $l: \mathbb{R}^m \to [0, \infty]$ 和任意单调递增函数 $\Delta: [0, \infty] \to \mathbb{R}^m$：

$$\min_{f \in \mathcal{H}} \mathcal{L}(f) = l(f) + \Delta(\|f\|_{\mathcal{H}}) \tag{6.3}$$

其解总可以写为 $f(x) = \sum_i \alpha_i k(x_i, \cdot)$。

像线性的支持向量机等模型，我们可以将其划分超平面的模型记为 $f(x) = w^{\mathrm{T}} x + b$，其中 w 和 b 为模型参数。令 $\phi(x)$ 为将 x 映射后的向量，那么线性模型就变为非线性模型（特征空间线性可分模型）$f(x) = w^{\mathrm{T}} \phi(x) + b$，从而其优化目标就从

$$\min_{w,b} \frac{1}{2}\|w\|^2 \tag{6.4}$$
$$\text{s.t. } y_i(w^{\mathrm{T}} x_i + b) \geqslant 1, \ i = 1, 2, \cdots, m$$

变为

$$\min_{w,b} \frac{1}{2}\|w\|^2 \tag{6.5}$$
$$\text{s.t. } y_i(w^{\mathrm{T}} \phi(x_i) + b) \geqslant 1, \ i = 1, 2, \cdots, m$$

其解也相应地从

$$f(x) = w^{\mathrm{T}} x + b = \sum_{i=1}^{m} a_i y_i x_i^{\mathrm{T}} x + b \tag{6.6}$$

变为

$$f(x) = w^{\mathrm{T}} \phi(x) + b = \sum_{i=1}^{m} a_i y_i \phi(x_i)^{\mathrm{T}} \phi(x) + b = \sum_{i=1}^{m} a_i y_i k(x, x_i) + b \tag{6.7}$$

因为 b 为常数项，我们可以将解表示为定理 6.2 中核函数线性组合的形式。

所以，仍然记 ϕ 为低维到高维的映射函数，我们就可以将定理 6.2 中的解表示为高维线性可分的形式，即 $f(x) = \omega^{\mathrm{T}} \phi(x)$，其中 $\omega = \sum_i \alpha_i \phi(x_i)$。换句话说，样本点 x_i 和 x_j 在高维特征空间的内积 $\phi(x_i) \cdot \phi(x_j)$ 等于它们在原始样本空间的核函数计算结果。然而，这种传统的核方法在大规模或者高维数据集上计算缓慢。为了加速核函数的计算，研究者们提出了使用核函数的傅里叶变换得到的基函数内积来近似它，并取得了不错的效果。我们在 6.2.3 节将对这种方法进行详细介绍。

6.2.3　随机傅里叶特征近似

随机傅里叶特征（Random Fourier Features，RFF）是一个扩展核方法的有效技术。它利用了连续、移不变的正定核函数（即 $k(x_i, x_j) = k(x_i - x_j)$）和定理 6.3 所示的随机过程之间有趣的对偶性。

定理 6.3　一个连续的、实值的、对称和移不变的函数在 $\mathbb{R}^d$ 上 $k(x_i - x_j)$ 是正定核，当且仅当存在一个在 $\mathbb{R}^d$ 上的有限非负度量 $\mathbb{P}(\omega)$ 使得

$$k(x_i - x_j) = \int_{\mathbb{R}^d} e^{i\omega^{\mathrm{T}}(x_i - x_j)} d\mathbb{P}(\omega) = \int_{\mathbb{R}^d \times [0, 2\pi]} 2\cos(\omega^{\mathrm{T}} x_i + b)\cos(\omega^{\mathrm{T}} x_j + b) d(\mathbb{P}(\omega) \times \mathbb{P}(b)) \tag{6.8}$$

其中，$\mathbb{P}(b)$ 是一个在 $[0, 2\pi]$ 上的均匀分布，我们将基函数 $\sqrt{2}\cos(\omega^{\mathrm{T}} x + b)$ 记为 $\phi_\omega(x)$。

为了高效计算定理 6.3 中的积分形式，我们用蒙特卡洛采样对其进行近似：

$$k(x_i - x_j) \approx \frac{1}{D} \sum_{z=1}^{D} \phi_{\omega_z}(x_i) \cdot \phi_{\omega_z}(x_j) = \phi_{\boldsymbol{\omega}}(x_i) \cdot \phi_{\boldsymbol{\omega}}(x_j) \tag{6.9}$$

其中，D 是随机傅里叶特征个数；$\omega_z \in \mathbb{R}^d$ 采样自 $\mathbb{P}(\omega)$，为了方便表示，将等式中的 ω_z 堆叠为矩阵 $\boldsymbol{\omega}$（即 $\boldsymbol{\omega} \in \mathbb{R}^{d \times D}$）。具体来说，对于 RBF 核 $k(x_i, x_j) = \exp\left(-\dfrac{\|x_i - x_j\|^2}{2\sigma^2}\right)$，$\mathbb{P}(\boldsymbol{\omega})$ 是一个密度与 $\exp\left(-\dfrac{\sigma^2 \|\boldsymbol{\omega}\|^2}{2}\right)$ 成正比的高斯分布。对于拉普拉斯核，$\mathbb{P}(\boldsymbol{\omega})$ 是一个柯西分布。计算随机特征映射 ϕ 需要计算原始输入特征的线性组合（即 $\boldsymbol{\omega}^{\mathrm{T}} x + b$），其是可以纵向划分的。这样的特性使得随机特征近似特别适合联邦学习。

6.2.4　双随机梯度

根据表示定理、函数 $f = \sum_i \alpha_i k(x_i, \cdot) \in \mathcal{H}$ 和再生核的性质，$f(x)$ 的导数为：

$$\nabla f(x) = \nabla \langle f, k(x, \cdot) \rangle_{\mathcal{H}} = \nabla \sum_i \alpha_i k(x_i, x) = k(x, \cdot) \tag{6.10}$$

$\|f\|_{\mathcal{H}}^2$ 的导数为：

$$\nabla\|f\|_{\mathcal{H}}^2 = \nabla\langle f, f\rangle_{\mathcal{H}} = \nabla\sum_i\sum_j \alpha_i\alpha_j k(x_i, x_j) = 2\sum_i \alpha_i k(x_i, \cdot) = 2f \tag{6.11}$$

因此，关于随机特征 $\boldsymbol{\omega}$ 的 $\nabla f(x)$ 的随机梯度（即公式(6.10)）可以重写为：

$$\nabla\hat{f}(x) = \hat{k}(x, \cdot) = \phi_{\boldsymbol{\omega}}(x) \cdot \phi_{\boldsymbol{\omega}}(\cdot) \tag{6.12}$$

给定一个随机采样的样本点 (x_i, y_i) 和随机特征 ω_i，损失函数 $l(f(x_i), y_i)$ 在 RKHS 上的双随机梯度，即关于随机样本 (x_i, y_i) 和随机特征 ω_i 可以重写为：

$$\xi(\cdot) = l'(f(x_i), y_i)\phi_{\omega_i}(x_i) \cdot \phi_{\omega_i}(\cdot) \tag{6.13}$$

因为 $\nabla\|f\|_{\mathcal{H}}^2 = 2f$，$\mathcal{L}(f)$ 的随机梯度可以写为：

$$\widehat{\xi}(\cdot) = \xi(\cdot) + cf(\cdot) = l'(f(x_i), y_i)\phi_{\omega_i}(x_i) \cdot \phi_{\omega_i}(\cdot) + cf(\cdot) \tag{6.14}$$

我们有 $\mathbb{E}_{(x,y)}\mathbb{E}_\omega\widehat{\xi}(\cdot) = \nabla\mathcal{L}(f)$。根据公式 (6.14)，我们可以通过步长 η_t 来更新解。令 $f_1(\cdot) = 0$，则有：

$$f_{t+1}(\cdot) = f_t(\cdot) - \eta_t\left(\xi(\cdot) + cf(\cdot)\right) = \sum_{i=1}^{t} -\eta_i \prod_{j=i+1}^{t}(1 - \eta_j c)\xi_i(\cdot) \tag{6.15}$$

$$= \sum_{i=1}^{t} -\eta_i \prod_{j=i+1}^{t}(1 - \eta_j c)l'(f(x_i), y_i)\phi_{\omega_i}(x_i) \cdot \phi_{\omega_i}(\cdot) = \sum_{i=1}^{t} \alpha_i^t \phi_{\omega_i}(\cdot)$$

根据公式 (6.15)，函数 $f(\cdot)$ 可以看作 $\phi_{\omega_i}(\cdot)$ 的加权和，其中权重是 $\alpha_i^t (i = 1, \cdots, t)$，与 6.1 节提到的核方法形式 $f(x) = \sum_i^N \alpha_i k(x_i, x)$ 相同，预测函数 $f(x)$ 不满足隐式线性可分的假设。同时，$f(x)$ 又可写成 6.2.2 节中提到的高维线性可分形式。

讨论 DSG 可以扩展到纵向划分数据的关键是随机特征的计算是线性可分的。因此，我们先在单个节点上计算自己部分的纵向划分数据的随机特征，然后在需要用整体的核函数来计算全局函数梯度时，通过累加单个节点的随机特征来重建整体随机特征，从而近似得到整体的核函数。

6.3 所提算法

在本节中，我们提供在纵向划分数据情形下的非线性问题表示，然后给出整个方法的结构，最后提供 VFKL 算法的详细介绍。

6.3.1　问题表示

就像前面提到的，在众多的实际数据挖掘和机器学习任务中，训练样本点 (x,y) 可以被纵向划分为 m 个部分，即 $x=[x_{g_1},x_{g_2},\cdots,x_{g_m}]$。其中，$x_{g_\ell}\in\mathbb{R}^{d_\ell}$ 保存在第 ℓ 个节点，并且 $\sum_{\ell=1}^m d_\ell=d$。根据节点是否保存有标签信息，我们将节点分为两类：一类是活跃节点，另一类是消极节点。在联邦学习中，活跃节点一般是主导节点，消极节点则是扮演接收端的角色。我们将 S_ℓ 记为保存在第 ℓ 个节点上的数据，其中标签 $\{y_i\}_{i=1}^l$ 分布在活跃节点中。

在此设定下，我们提出算法 VFKL 的目标：通过活跃节点和消极节点在纵向划分数据 $\{S_\ell\}_{\ell=1}^m$ 上的协同学习，求解非线性学习问题的同时保护数据隐私。

6.3.2　算法结构

与纵向联邦学习的设置相同，每个节点保存有自己本地的纵向划分数据，下文中的本地代指单个节点。图 6-2 给出了 VFKL 算法的系统架构。就像我们前面提到的那样，VFKL 的主要思想就是随机特征的计算可以纵向划分。具体来说，我们分别给出了数据隐私保护、模型隐私保护和树结构通信的详细介绍。

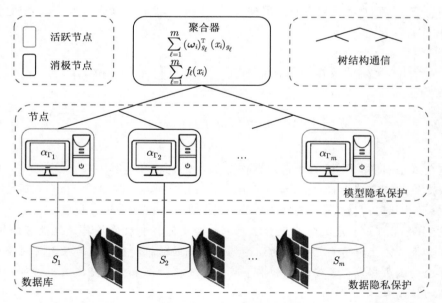

图 6-2　VFKL 的系统结构。聚合器在此章仅代指聚合（加和）操作

❑ **数据隐私保护**：为了在技术上保护纵向划分数据的隐私，我们需要划分 $\phi_{\omega_i}(x_i)=\sqrt{2}\cos(\omega_i^\mathrm{T}x_i+b)$ 的计算，以避免将本地数据 $(x_i)_{g_\ell}$ 传送给其他节点。具体来说，我们给第 ℓ 个节点发送一个随机种子。一旦接收到随机种子，该节点就会根据随

机种子唯一地生成随机方向 ω_i。因此，我们本地计算 $(\omega_i)_{g_\ell}^{\mathrm{T}}(x_i)_{g_\ell} + b$，就避免了直接将本地数据 $(x_i)_{g_\ell}$ 传送给其他节点来计算 $\omega_i^{\mathrm{T}} x_i + b$。在 6.3.3 节，我们将讨论为何根据其他节点传来的 $(\omega_i)_{g_\ell}^{\mathrm{T}}(x_i)_{g_\ell} + b$ 值很难推出任意的 $(x_i)_{g_\ell}$。

❑ **模型隐私保护**：模型参数 α_i 分别秘密地保存在不同的节点中。根据模型参数 α_i 的位置，我们将模型参数 $\{\alpha_i\}_{i=1}^t$ 分为 $\{\alpha_{\Gamma_\ell}\}_{\ell=1}^m$，其中 α_{Γ_ℓ} 表示第 ℓ 个节点的模型参数，Γ_ℓ 是对应迭代次数索引的集合。我们不直接传送本地模型的参数 α_{Γ_ℓ} 给其他节点。为了得到 $f(x)$，本地计算 $f_\ell(x) = \sum_{i \in \Gamma_\ell} \alpha_i \phi_{\omega_i}(x)$，然后传给其他节点，接着就可以通过累加 $f_\ell(x)$ 得到 $f(x)$。如果 $|\Gamma_\ell| \geqslant 2$，基于 $f_\ell(x)$ 的值将很难推出本地模型参数 α_{Γ_ℓ}。因此，我们在技术上达到了模型隐私保护。

❑ **树结构通信**：Zhang 等人于 2018 年提出了一个高效的树结构通信机制来获得全局和，这比简单的星型通信和环形通信更快。我们为了更快、更隐秘地从不同节点累加本地结果而采用这种机制。以 4 个节点为例，对节点进行配对，这样当节点 1 加上来自节点 2 的结果时，节点 3 可以加上来自节点 4 的结果。最后，来自这两对节点的结果被发送到聚合器，我们获得全局和，如图 6-3a 所示。如果上述过程的顺序相反，我们称其为逆序树结构通信。

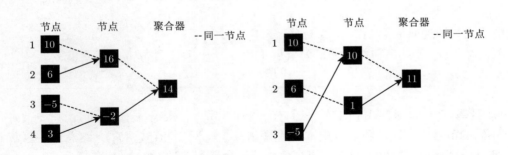

a) 在节点 $\{1, 2, 3, 4\}$ 上形成的树结构 T_1　　　　b) 在节点 $\{1, 2, 3\}$ 上形成的树结构 T_2

图 6-3　在两种完全不同的树结构 T_1 和 T_2 上进行的树结构通信

6.3.3　算法设计

为了将 DSG 方法扩展到基于纵向划分数据的联邦学习中的同时在技术上保护数据隐私，我们需要小心地设计计算 $\omega_i^{\mathrm{T}} x_i + b$ 的过程和解的更新。

1）**计算 $\omega_i^{\mathrm{T}} x_i + b$。** 对于每个节点，根据相同的随机种子 i 和概率度量 $\mathbb{P}$，生成随机方向 ω_i。因此，我们可以本地计算 $(\omega_i)_{g_\ell}^{\mathrm{T}}(x_i)_{g_\ell}$。为了在技术上保证 $(x_i)_{g_\ell}$ 的隐私，我们从 $[0, 2\pi]$ 随机均匀地采样得到 b_ℓ，然后传送 $(\omega_i)_{g_\ell}^{\mathrm{T}}(x_i)_{g_\ell} + b_\ell$ 给其他节点，而不是直接传送 $(\omega_i)_{g_\ell}^{\mathrm{T}}(x_i)_{g_\ell}$。等到所有节点都完成了本地 $(\omega_i)_{g_\ell}^{\mathrm{T}}(x_i)_{g_\ell} + b_\ell$ 的计算，我们可以通过基于 T_1 结构的树结构通信高效、安全地获得节点 $\{1, \cdots, m\}$ 的全局和 $\sum_{\ell=1}^m \left((\omega_i)_{g_\ell}^{\mathrm{T}}(x_i)_{g_\ell} + b_\ell\right)$。

现在，对于第 ℓ 个节点来说，我们得到了 m 个 b。为了恢复 $\sum_{\hat{\ell}=1}^{m}\left((\omega_i)_{g_{\hat{\ell}}}^{\mathrm{T}}(x_i)_{g_{\hat{\ell}}}\right)+b$ 的值，我们通过删除其他 b_{ℓ} 值，从 $\{1,\cdots,m\}/\{\ell\}$ 中选一个 $b_{\ell'}$ 作为 b 的值（即删除 $\overline{b}_{\ell'}=\sum_{\hat{\ell}\neq\ell'}b_{\hat{\ell}}$）。为了阻止 b_{ℓ} 的任何信息被泄露，我们使用完全不同的树结构 T_2（参考定义 6.2）来对节点 $\{1,\cdots,m\}/\{\ell'\}$ 计算 $\overline{b}_{\ell'}=\sum_{\hat{\ell}\neq\ell'}b_{\hat{\ell}}$。计算 $\omega_i^{\mathrm{T}}x_i+b$ 的详细流程参见算法 6.1。

定义 6.2　对于两个树结构 T_1 和 T_2，如果不存在一个子树，它有一个以上的叶节点同时属于 T_1 和 T_2，它们就完全不同。

算法 6.1　在第 ℓ 个活跃节点上计算 $\omega_i^{\mathrm{T}}x_i+b$

输入： ω_i，x_i

　　{// 这个循环要求多个并行运行的节点}

1: **for** $\hat{\ell}=1,\cdots,m$ **do**
2: 　　计算 $(\omega_i)_{g_{\hat{\ell}}}^{\mathrm{T}}(x_i)_{g_{\hat{\ell}}}$，利用种子 $\sigma_{\hat{\ell}}(i)$ 随机均匀地从 $[0,2\pi]$ 生成 $b_{\hat{\ell}}$。
3: 　　计算 $(\omega_i)_{g_{\hat{\ell}}}^{\mathrm{T}}(x_i)_{g_{\hat{\ell}}}+b_{\hat{\ell}}$。
4: **end for**
5: 利用基于 T_1 结构的树结构通信为所有节点 $\{1,\cdots,m\}$ 计算 $\Delta=\sum_{\hat{\ell}=1}^{m}((\omega_i)_{g_{\hat{\ell}}}^{T}(x_i)_{g_{\hat{\ell}}}+b_{\hat{\ell}})$。
6: 随机均匀地选取 $\ell'\in\{1,\cdots,m\}/\{\ell\}$。
7: 利用基于 T_2 结构的树结构通信为节点 $\{1,\cdots,m\}/\{\ell'\}$ 计算 $\overline{b}_{\ell'}=\sum_{\hat{\ell}\neq\ell'}b_{\hat{\ell}}$。

输出： $\Delta-\overline{b}_{\ell'}$

2）计算 $f(x_i)$。根据式 (6.15)，我们有 $f(x_i)=\sum_{i=1}^{t}\alpha_i^t\phi_{\omega_i}(x_i)$。然而 α_i^t 和 $\phi_{\omega_i}(x_i)$ 保存于不同的节点中，因此我们首先本地计算 $f_{\ell}(x_i)=\sum_{i\in\Gamma_{\ell}}\alpha_i^t\phi_{\omega_i}(x_i)$，这总结在算法 6.2 中。通过树结构通信机制，我们可以高效地获得全局和 $\sum_{\ell=1}^{m}f_{\ell}(x_i)$，它等于 $f(x_i)$（参考算法 6.3 的第 6 行）。

算法 6.2　在第 ℓ 个活跃节点上计算 $f_{\ell}(x)$

输入： $\mathbb{P}(\omega)$，$\alpha_{\Gamma\ell}$，Γ_{ℓ}，x

1: 令 $f_{\ell}(x)=0$。
2: **for** 每个 $i\in\Gamma_{\ell}$ **do**
3: 　　对于所有节点用随机种子 i 采样出 $\omega_i\sim\mathbb{P}(\boldsymbol{\omega})$。
4: 　　如果本地保存有 $\omega_i^{\mathrm{T}}x+b$ 则取出，否则通过算法 6.1 计算 $\omega_i^{\mathrm{T}}x+b$。
5: 　　通过 $\omega_i^{\mathrm{T}}x+b$ 计算 $\phi_{\omega_i}(x)$。
6: 　　$f_{\ell}(x)=f_{\ell}(x)+\alpha_i\phi_{\omega_i}(x)$。
7: **end for**

输出： $f_{\ell}(x)$

3）更新规则。 因为 α_i^t 保存在不同节点，我们使用逆序树结构通信在每个节点上通过参数 $(1-\eta c)$ 来更新 α_i^t（参考算法 6.3 的第 10 行）。

基于这些关键步骤，我们将 VFKL 的总体算法总结到算法 6.3。不同于 DSG 使用的递减步长，VFKL 算法使用的是固定步长 η，这将在并行计算环境中更容易计算。然而，固定步长的收敛分析比递减步长的要更复杂。我们在后文给出理论分析。

算法 6.3　　在第 ℓ 个节点上的 VFKL 算法

输入： $\mathbb{P}(\omega)$，本地数据 S^ℓ，正则项参数 c，固定步长 η，总迭代次数 t

1: **保持在并行环境中运行**
2: 　　获得本地数据 S^ℓ 的第 i 个样本点 $(x_i)_{g_\ell}$。
3: 　　通过逆序树结构 T_0 将 i 发给其他节点。
4: 　　对于所有节点用随机种子 i 采样出 $\omega_i \sim \mathbb{P}(\omega)$。
5: 　　调用算法 6.1 计算 $\omega_i^{\mathrm{T}} x_i + b$，然后本地保存。
6: 　　调用算法 6.2 计算本地 $f_{\ell'}(x_i)$ 值，其中 $\ell' = 1, \cdots, m$。
7: 　　使用基于 T_0 结构的树结构通信来计算 $f(x_i) = \sum_{\ell=1}^{m} f_\ell(x_i)$。
8: 　　根据 $\omega_i^{\mathrm{T}} x_i + b$ 计算 $\phi_{\omega_i}(x_i)$。
9: 　　计算 $\alpha_i = -\eta\left(l'(f(x_i), y_i)\phi_{\omega_i}(x_i)\right)$，然后本地保存 α_i。
10: 　　对于所有节点，更新所有 i 之前的参数 $\alpha_j = (1-\eta c)\alpha_j$。
11: **结束并行环境循环**

输出： α_{Γ^ℓ}

6.3.4　场景案例

在本节中，为了使读者对所述算法有更加直观的理解，我们展示了一个符合真实应用场景的案例。该案例的目的是利用机器学习模型求解真实的金融数据集 UCICreditCard 上的问题——根据用户的多项个人信息预测用户是否会出现贷款违约情况。该案例可以帮助读者理解如何在具体任务中应用所提算法。具体地，我们在 UCICreditCard 数据集上应用所提出的 VFKL 算法，求解具有式 (6.1) 形式的最优化问题模型。

（1）场景介绍

该数据集包含 23 个特征，分别为贷款额度、性别、教育程度、婚姻状况、年龄、月还款状况、月度账单总额以及月支付金额等个人信息；标签（是否会出现贷款违约情况，其中 1 表示违约，0 表示不违约）；数据集一共包含 30000 个样本。据此数据集我们设想有如下所述的场景。假设 A、B、C 公司分别拥有客户的不同特征，其中公司 A 拥有贷款额度、性别、年龄和 6 个月的月还款情况等 9 个特征；公司 B 拥有贷款额度、性别、年龄、教育程度以及 6 个月的月度账单总额等 9 个特征，公司 C 拥有性别、年龄、婚姻状况以及 6 个月的月支付金额等 9 个特征；且每个公司的客户不尽相同（即样本 ID 不完全相同）。

特别地，公司 A、B、C 都是贷款发放方，想利用机器模型判断用户是否会出现贷款违约情况。一般来说，各个公司会利用自己的数据训练一个机器学习模型，然而由于每个公司都只有 9 个特征的数据，没有其他对于判断用户是否违约有帮助的信息（例如公司 A 没有教育程度、婚姻状况、月度账单等信息），所以利用自己的数据训练而得的模型可能会出现表现不佳的情况。其他公司拥有相关用户的其他信息，且这些信息对学习所需的模型有一定的帮助。因此，一个理想的方式是将几个公司的特征数据聚合在一起训练模型，以求获得一个表现更好的模型。然而，由于隐私保护的相关法律法规和商业竞争等，公司之间无法直接共享这些用户数据。在这种情况下，一个可行的方案是利用联邦学习在技术上实现三个公司在隐私保护下的协同学习。

（2）模型建立

首先，我们假设各公司的数据已经被处理为纵向联邦学习中的标准分布形式，以与数据集 UCICreditCard 对应。其中，公司 A 提供贷款额度、性别、年龄和 6 个月的月还款情况等 9 个特征（即 $x_{g_1} = [x_1, x_2, x_6, \cdots, x_{11}] \in \mathbb{R}^9$）；公司 B 提供教育程度、6 个月的月度账单总额等 7 个特征（即 $x_{g_2} = [x_3, x_{12}, \cdots, x_{17}] \in \mathbb{R}^7$）；公司 C 提供婚姻状况、6 个月的月度账单总额等 7 个特征（即 $x_{g_3} = [x_4, x_{18}, \cdots, x_{23}] \in \mathbb{R}^7$）；且每个公司均包含 30000 个共同的样本编号（实验中我们按照 3 : 1 的比例将数据集划分为训练集和验证测试集），由于该场景下所有公司都是贷款发放方，所以 A、B、C 三个公司都有标签数据。采用 ℓ_2 正则化的最优化问题来建模，则该场景下的问题可以表示为：

$$\min_{f \in \mathcal{H}} = \frac{1}{n} \sum_{i=1}^{n} l(f(x_i), y_i) + \frac{1}{c} \sum_{\ell=1}^{m} \|f_\ell\|_{\mathcal{H}}^2 \tag{6.16}$$

其中，$m = 3$，$n = 22500$，$d = 23$，$f = \alpha \phi(x)$，见式 (6.15)，$x = [x_{g_1}, x_{g_2}, x_{g_3}]$，且特征数据和模型参数 α 分别存储在对应的公司中。

（3）模型学习

由情景设定可知，公司 A、B、C 都有标签数据，都是主动方，所以公司 A、B、C 都能主动执行算法 6.3。接下来，我们将以公司 A 为例讲解学习过程。根据算法 6.3，公司 A 随机挑选序号为 i 的样本，同时确定每个公司的随机种子均为 i 并分别采样出随机方向 ω_i，然后本地调用算法 6.1 计算 $\omega_i^{\mathrm{T}} x + b$ 并保存。接下来，公司 A 本地调用算法 6.2 计算自身 $f_\ell(x_i)$。同时，公司 B、C 利用当前的本地模型参数和本地特征数据分别协同计算 $\omega_i^{\mathrm{T}} x + b$ 和 $f_\ell(x_i)$。注意，算法 6.1 中涉及的聚合累加等操作（第 5 行和第 6 行）是在不同树结构上完成的，在技术上保证了计算操作过程中的隐私性。由于公司 A 是主动发起计算的一方，因此公司 A 充当协作者，在算法 6.1 中计算并得到 $\Delta - \overline{b}_{\ell'}$。在算法 6.3 的步骤 9 中，公司 A 根据聚合而得的 $\sum_{\ell=1}^{m} f_\ell$ 和标签数据计算模型参数 α 并保存，并在步骤 10 中更新其本地模型参数。与公司 A 类似，公司 B、C 也可以执行算法 6.3 并对本地模型参数进行对应的更新。三个公司 A、B、C 可以并行地重复上述过程，直至收敛，即可获得对应的模型。

6.4 理论分析

在本节中,我们介绍 VFKL 算法的收敛性、安全性和复杂度分析。我们在 KDD2020 的文章[⊖] 中提供了详细的证明。

6.4.1 收敛性分析

作为分析的基础,引理 6.1 将指出算法 6.1 的输出实际上等于 $\omega_i^{\mathrm{T}} x + b$。

引理 6.1 算法 6.1 的输出(即 $\sum_{\hat{\ell}=1}^m \left((\omega_i)_{g_{\hat{\ell}}}^{\mathrm{T}}(x)_{g_{\hat{\ell}}} + b_{\hat{\ell}} \right) - \bar{b}_{\ell'}$) 等于 $\omega_i^{\mathrm{T}} x + b$,其中每个 $b_{\hat{\ell}}$ 和 b 都是由 $[0, 2\pi]$ 的均匀分布采样得到的,$\bar{b}_{\ell'} = \sum_{\hat{\ell} \neq \ell'} b_{\hat{\ell}}$ ($\ell' \in \{1, \cdots, q\}/\{\ell\}$)。

根据引理 6.1,我们可以知道联邦学习算法 VFKL 可以产生与固定步长的 DSG 算法相同的双随机梯度。因此,在假设 6.1 下,我们可以证明 VFKL 算法几乎以 $\mathcal{O}(1/t)$ 的速度收敛于最优解,如定理 6.4 所示。注意,DSG 算法的收敛证明局限于递减步长的情况。

假设 6.1 假设下面条件成立:

1) 公式 (6.1) 存在最优解,记为 f_*。

2) 关于 $l(u, y)$ 第一个参数的导数有上界 $|l'(u, y)| < M$。

3) 损失函数 $l(u, y)$ 和它的一阶导数对于其第一个参数来说是 L-Lipschitz 连续的。

4) 核函数值有上界,即 $k(x, x') \leqslant \kappa$,随机特征映射有上界,即 $|\phi_\omega(x) \cdot \phi_\omega(x')| \leqslant \phi$。

定理 6.4 令 $\epsilon > 0$,$\min\left\{ \dfrac{1}{c'}, \dfrac{\epsilon c}{4M^2(\sqrt{\kappa} + \sqrt{\phi})^2} \right\} > \eta > 0$,对于算法 6.3,$\eta = \dfrac{\epsilon\vartheta}{8\kappa B}$ 且 $\vartheta \in (0, 1]$,在假设 6.1下,我们可以在 $t \geqslant \dfrac{8\kappa B \log(8\kappa e_1/\epsilon)}{\vartheta\epsilon c}$ 次迭代后达到 $\mathbb{E}\left[|f_t(x) - f_*(x)|^2\right] \leqslant \epsilon$,其中 $B = \left[\sqrt{G_2^2 + G_1} + G_2 \right]^2$,$G_1 = \dfrac{2\kappa M^2}{c}$,$G_2 = \dfrac{\kappa^{1/2} M(\sqrt{\kappa} + \sqrt{\phi})}{2c^{3/2}}$,$e_1 = \mathbb{E}[\|h_1 - f_*\|_{\mathcal{H}}^2]$。

根据定理 6.4,对于任何给定的数据 x,f_{t+1} 在 x 处的值将收敛于在欧几里得距离上接近于 f_* 的值。如果忽略 $\log(1/\epsilon)$ 因子,收敛速度近乎是 $\mathcal{O}(1/t)$。虽然 VFKL 算法通过随机特征引入了更多的随机性,但这个收敛速度几乎与标准的 SGD 算法相同,从而保证了算法的有效性。

6.4.2 安全性分析

在如下半诚实假设中,我们讨论了 VFKL 算法的数据安全性(换句话说,阻止某节点的本地数据泄露给其他节点或者被其他节点推断出来)。

假设 6.2(半诚实安全) 所有节点将遵循协议或算法来执行正确的计算。但是,它们可能会保留中间计算结果,并在以后可能使用这些记录来推断其他节点的数据。

因为每个节点都知道给定随机种子的参数 ω,我们可以有一个线性系统 $o_j = (\omega_j)_{g_\ell}^{\mathrm{T}}(x_j)_{g_\ell}$,并有一系列关于 ω_j 和 o_j 的试验尝试。如果 o_j 的序列已知的话,它有可能从 $o_j =$

⊖ 可在文章 *Federated doubly stochastic kernel learning for vertically partitioned data* 的附录中获得。

$(\omega_j)_{g_\ell}^{\mathrm{T}}(x_j)_{g_\ell}$ 的线性系统中推断出 $(x_j)_{g_\ell}$，我们称之为推理攻击。在这一部分中，我们将证明 VFKL 算法可以防止推理攻击（即定理 6.5）。

定义 6.3（推理攻击，Inference Attack）　对第 ℓ 个节点的推理攻击：不直接访问该节点，通过某个特定特征组 g 推断出属于其他节点的原始样本 x_j。

定理 6.5　根据半诚实假设，VFKL 算法可以防止推理攻击。

如上所述，防止推理攻击的关键是屏蔽 o_j 的值。正如在算法 6.1 的第 2~3 行中描述的那样，我们在 $(\omega_j)_{g_\ell}^{\mathrm{T}}(x_j)_{g_\ell}$ 中增加了一个额外的随机变量 $b_{\hat{\ell}}$。算法每次只将 $(\boldsymbol{\omega}_j)_{g_\ell}^{\mathrm{T}}(x_j)_{g_\ell} + b_{\hat{\ell}}$ 的值传递给另一个节点，因此，接收方的节点不可能直接推断出 o_j 的值。最后，第 ℓ 个活跃节点通过使用基于 T_1 结构的树结构通信机制，获得全局和 $\sum_{\ell=1}^{m}\left((\boldsymbol{\omega}_j)_{g_{\hat{\ell}}}^{\mathrm{T}}(x_j)_{g_{\hat{\ell}}} + b_{\hat{\ell}}\right)$。因此，算法 6.1 中的第 2~4 行在技术上保护了数据隐私。

正如引理 6.1 证明的那样，算法 6.1 的第 5~6 行是通过从加和 $\sum_{\ell=1}^{m}\left((\boldsymbol{\omega}_j)_{g_{\hat{\ell}}}^{\mathrm{T}}(x_j)_{g_{\hat{\ell}}} + b_{\hat{\ell}}\right)$ 中移除 $\overline{b}_{\ell'} = \sum_{\hat{\ell} \neq \ell'} b_{\hat{\ell}}$ 来获得 $\boldsymbol{\omega}_j^{\mathrm{T}} x + b$ 的。为了证明 VFKL 算法可以防止推理攻击，我们只需要证明在算法 6.1 的第 6 行中 $\overline{b}_{\ell'} = \sum_{\hat{\ell} \neq \ell'} b_{\hat{\ell}}$ 的计算不会泄露树结构 T_1 的某节点中 $b_{\hat{\ell}}$ 的值或者 $b_{\hat{\ell}}$ 的和。

引理 6.2　在算法 6.1，如果 T_1 和 T_2 是完全不同的两个树结构，那么对于任一节点 $\hat{\ell}$，$b_{\hat{\ell}}$ 的值或者 $b_{\hat{\ell}}$ 的和将不会泄露给其他节点。

6.4.3　复杂度分析

VFKL 一次迭代的计算复杂度是 $\mathcal{O}(dmt)$，整体的计算复杂度是 $\mathcal{O}(dmt^2)$。此外，VFKL 一次迭代的通信开销为 $\mathcal{O}(mt)$，总通信开销为 $\mathcal{O}(mt^2)$。详细推导 VFKL 计算复杂度和通信成本的过程同样在前述文章的附录中提供。

6.5　实验验证

在本节中，我们首先详细介绍实验的整体设置，然后给出实验结果（包括多个核方法随时间变化的测试误差对比，随着训练样本增加的训练时间对比，不同通信结构花费的时间对比，多个方法的箱线图对比和超参数选择对比），最后对多种结果进行讨论。

6.5.1　实验设置

为了证明 VFKL 在使用纵向划分数据进行联邦核学习方面的优势，我们将 VFKL 与该领域的最新算法 PP-SVMV 进行了比较。此外，我们还与最新提出的将梯度提升树算法推广到联邦学习场景的 SecureBoost 方法进行了比较。另外，为了验证 VFKL 对纵向划分数据的预测准确性，我们将其与不受联邦学习设定约束的 Oracle 模型进行了比较⊖。对于 Oracle 模型，我们使用最先进的核分类求解器，包括 LIBSVM 和 DSG。最后，我们加入了使用线性模型的 FD-SVRG 来验证 VFKL 结果的准确性。

⊖　本文中的 Oracle 模型指的是具有完整数据集的模型。

我们的实验是在一台 24 核 Intel Xeon CPU E5-2650 v4 机器上进行的,内存为 256GB。我们用 Python 实现 VFKL,其中的并行计算是通过 MPI4py 库来实现的。我们通过官方统一框架⊖来运行 SecureBoost 算法。LIBSVM 的代码从官方主页获得。我们使用了由 Dai 等人为 DSG 提供的实现代码⊖,并将学习率修改为固定学习率。

我们在表 6-3 中总结了实验中使用的数据集(包括 7 个二分类数据集和 2 个真实金融数据集)。前七个数据集来自 LIBSVM 网站⊖,defaultcredit(也称 UCICreditCard)数据集来自 UCI ⑭,givemecredit(也称 GiveMeSomeCredit)数据集来自 Kaggle ㊄。

表 6-3　实验中用到的基准数据集

数据集	特征维度	样本数量
gisette	5 000	6 000
phishing	68	11 055
a9a	123	48 842
ijcnn1	22	49 990
w8a	300	64 700
real-sim	20 958	72 309
epsilon	2 000	400 000
defaultcredit	23	30 000
givemecredit	10	150 000

我们将数据集按 3:1 的比例分别切割为训练集和测试集。需要注意的是,在 real-sim、givemecredit 和 epsilon 数据集的实验中,PP-SVMV 常常会耗尽内存,这意味着在使用上述指定的计算资源时,该方法只在样本数量低于 45,000 时有效。另外,由于训练时间超过 15 小时,因此没有给出 SecureBoost 算法关于 epsilon 数据集的结果。

6.5.2　实验结果和讨论

我们在图 6-4 中提供了 VFKL 与三种最先进的核方法的测试误差与训练时间。显然,相比其他先进的核方法,我们的算法总是能最快收敛。

在图 6-5 中,我们展示了 VFKL 和 PP-SVMV 的训练时间与不同的训练样本数对比的结果。同样地,对于 PP-SVMV,图中缺少 a9a 数据集和 w8a 数据集中样本数量大于 45,000 的实验结果是由于机器内存不足。所以,我们的方法比 PP-SVMV 具有更好的可扩展性。这种可扩展性优势的原因是多方面的,主要是因为 VFKL 采用了高效且容易并行的随机特征方法。此外,我们还可以证明在 PP-SVMV 中使用的通信结构不是最优的,这意味着其在发送和接收切分的核矩阵时将花费更多的时间。

⊖ 框架代码:https://github.com/FederatedAI/FATE。

⊖ DSG 代码:https://github.com/zixu1986/Doubly_Stochastic_Gradients。

⊖ LIBSVM 数据集:https://www.csie.ntu.edu.tw/~cjlin/libsvmtools/datasets/。

⑭ https://archive.ics.uci.edu/ml/datasets/default+of+credit+card+clients。

㊄ https://www.kaggle.com/c/GiveMeSomeCredit/data。

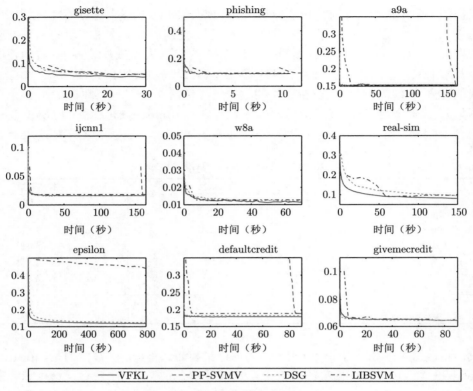

图 6-4　二分类结果对比

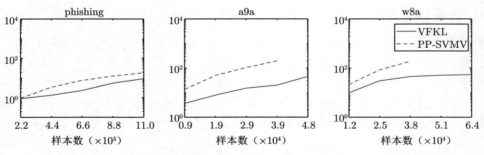

图 6-5　不同训练样本的训练时间的对比（单位：训练时间（秒）/样本数）

　　如前所述，VFKL 使用树结构的通信方案来分发和聚合计算。为了验证这种通信系统设计的效率，我们比较了三种常用通信结构的效率，即环形、树形和星型结构。比较任务的目标是计算 3 个数据集的训练集的核矩阵（线性核）。具体来说，每个节点保存有训练集的一个特征子集，并要求仅使用特征子集来计算核矩阵。然后分别使用 3 种通信结构对每个节点上计算出的局部核矩阵进行求和。我们的实验比较了获得最终核矩阵的效率（花费的通信时间），结果如图 6-6 所示。

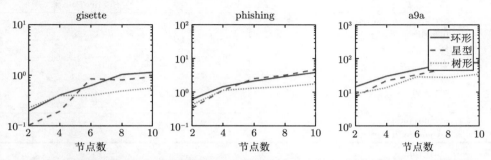

图 6-6　在三个数据集上不同通信结构的花费时间对比（单位：花费时间（秒）/节点数）

从图 6-6 可以看出，随着节点的增加，树结构通信成本增加得最少。这就解释了 PP-SVMV 效率低的原因，它使用的是环形通信结构。

在图 6-7 中，我们也给出了 3 种先进的核方法、提升树方法（SecureBoost）、线性方法（FD-SVRG）和 VFKL 的测试误差。所有的结果都是在 10 个不同的训练/测试分割试验中得到的平均值。从图 6-7 中我们发现，VFKL 总是达到最小的测试误差和方差。另外，SecureBoost 在 real-sim 等高维数据集上的性能较差。此外，我们很容易发现线性方法通常比其他核方法的结果更差。

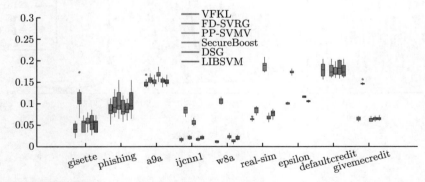

图 6-7　三种先进核方法（PP-SVMV，DSG，LIBSVM）、提升树方法（SecureBoost）、线性方法（FD-SVRG）和 VFKL 的测试误差箱线图（见彩插）

由于 SecureBoost 算法的官方实现（1.1 版本）并没有提供每次迭代的花费时间，因此我们在表 6-4 中给出了 VFKL 和 SecureBoost 之间的总训练时间。从这些结果可以看出，SecureBoost 算法不适用于高维或大尺度数据集，这限制了该算法的泛化。

最后，我们提供了超参数敏感性分析结果，如图 6-8 中的步长 η 和正则化参数 c。在实验中，我们从 $[1 : 1e^{-3}]$ 中选择 η，从 $[1e^1 : 1e^{-5}]$ 中选择 c。结果表明，该方法在步长越小的情况下，性能越好，而且对较小的正则化参数不敏感。

表 6-4   VFKL 与 SecureBoost 算法的总训练时间

数据集	VFKL（分）	SecureBoost（分）
gisette	1	46
phishing	1	10
a9a	2	15
ijcnn1	1	17
w8a	1	17
real-sim	14	65
epsilon	29	>900
defaultcredit	1	13
givemecredit	3	32

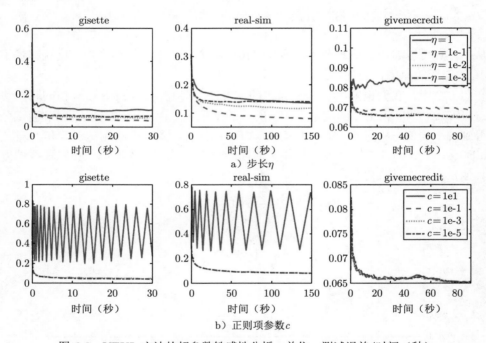

图 6-8   VFKL 方法的超参数敏感性分析。单位：测试误差/时间（秒）

6.6   总结

在技术上对纵向划分数据进行隐私保护的联邦学习是当前数据挖掘应用的热点。在本章中，我们提出了处理纵向划分数据的 VFKL 算法，它突破了现有联邦学习算法中隐含线性可分性的限制，并证明了 VFKL 具有次线性收敛速度，在半诚实假设下保证了数据的安全性。大量实验结果表明，VFKL 算法在保持相似的泛化性能的同时，在高维数据中比现有的核方法更有效率。

第 7 章

异步纵向联邦学习算法

作为新兴的多方联合建模应用的解决方案，基于纵向划分数据的隐私保护协同学习已展现出颇具前景的结果。其中，数据持有方（例如，政府部门、隐私金融和电子商务公司）在整个建模过程中保持协同，而不是依赖可信的第三方来保存数据。然而，现有的针对纵向划分数据的联邦学习算法（即纵向联邦学习算法）都局限于同步计算。为了提高纵向联邦学习系统在各参与方计算/通信资源不均衡情况下的效率，在保证数据隐私的前提下，设计异步纵向联邦学习算法是非常必要的。本章在纵向联邦学习的设定下，提出了异步随机梯度下降算法 AFSGD-VP（Asynchronous Federated Stochastic Gradient Descent on the Vertically Partitioned Data）及其对应的方差缩减版本，即 AFSVRG-VP 和 AFSAGA-VP，同时给出了 3 个算法在强凸条件下的理论收敛性，并表明算法的收敛对异步延迟没有要求。此外，本章还从技术角度讨论了算法的模型隐私、数据隐私、计算复杂度，以及通信代价等。一系列纵向划分数据集上的实验结果不仅证明了三个算法的理论结果，也表明该异步算法的效率比对应同步算法的效率要高很多。

异步更新的纵向联邦学习算法比同步算法具有更高的效率，在强凸条件下具有理论收敛速度。该算法包含普通的基于 SGD（Stochastic Gradient Gradient）的算法和两个分别基于 SVRG、SAGA（SGD 的方差缩减版算法）的变体算法，可以抵御精确推理攻击和近似推理攻击。

7.1　引言

从算法设计的角度讲，目前有大量的相关研究针对纵向划分数据。而且针对不同的应用有许多保护隐私的联邦学习算法，例如协同统计分析、线性回归、关联规则挖掘、逻辑回归、XGBoost、随机森林、支持向量机等。然而，这些针对纵向划分数据的联邦学习算法都局限于同步计算，而同步计算的效率比异步计算低得多，因为它浪费了大量的空闲计算资源（参考图 7-1）。

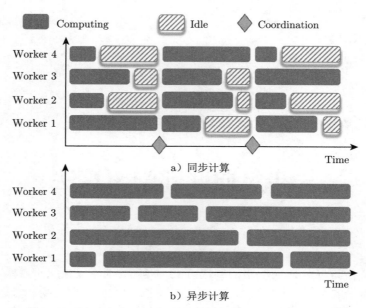

图 7-1　异步计算与同步计算

随机梯度下降算法及其对应的方差缩减变体已经在解决大规模机器学习问题的训练算法中占主导地位。具体来说，SGD 的每次迭代都独立选择一个样本，并使用该样本的随机梯度来更新解。随机性使得 SGD 每次迭代的计算代价很低，但同时也会导致随机梯度的方差很大。为了减小随机梯度的方差，我们对 SGD 采用了不同的方差减小技术，包括 SVRG、SAG、SAGA 等。

然而，在技术上保证数据和模型隐私性的同时，利用 SGD 及其变体（如无特别说明，均指方差缩小的变体）并行且异步地训练纵向划分数据的研究几乎是空白。为了解决这一难题，我们给出了一种异步纵向联邦学习 AFSGD-VP 算法及其变体 SVRG 和 SAGA。更重要的是，我们给出了三种算法的目标函数在强凸条件下的理论收敛速度。

7.2　相关工作

本节将简要回顾针对纵向划分数据的异步分布式随机优化算法以及 SGD 类算法。

7.2.1　现有工作概述

目前有很多针对大规模学习问题的异步分布式随机优化算法，但大多局限于横向联邦学习。具体而言，对于光滑凸优化问题，Zhao 等人提出了一种基于 SVRG 的异步随机算法，并证明了其具有线性收敛速度；Mania 等人提出了一个扰动迭代框架（Perturbed Iterate Framework）来分析基于稀疏梯度的异步随机 SVRG 算法；Huo 等人在其论文中将异步随机 SVRG 算法推广到非凸问题，并证明了其具有次线性收敛速度；Leblond 等人则提出了一种异步 SAGA 算法，并证明了它的线性收敛速度。对于非光滑正则化凸优化问题，Gu 等人独立提出了基于 SVRG 的异步随机近端梯度算法，并证明了其具有线性收敛速度。

Zhang 等人提出的 FD-SVRG 算法是第一个针对纵向划分数据的具有隐私保护功能的 SGD 方法，但它是同步算法。据我们所知，FDML 算法是唯一的异步纵向联邦学习算法。然而，由于 FDML 对延迟的上界（此处假设延迟是有界的，且存在一个上界）有很强的依赖性。而延迟上界的理论值在实际系统中往往是未知的，因此该算法在实际问题中不一定能保证收敛。因此，FDML 算法在实际应用中不可避免地导致了表达力的丧失，这是延迟上界的理论价值与实际价值不一致所造成的。后文的实验结果通过比较分类精度也验证了这一问题。相反，本章所提出的算法是无损的，因为在理论分析和实际实现中对延迟没有任何限制或者要求。本章所提出的算法与 FDML 的主要区别如下。

1）虽然 FDML 算法和本章提出的算法都是异步分布式算法，但 FDML 算法是一个主从（Master-Slave）结构的算法，本章提出的算法是分散式（Decentralized）算法。分散体系结构比主从体系结构更健壮，主从体系结构是分散体系结构的静态和特殊情况。更重要的是，本章给出了算法的理论收敛速度。

2）FDML 算法支持递减的步长，本章提出的算法允许固定的步长，这将使得该算法更适合于异步分布式算法，因为不需要每次迭代时都调整步长。

3）FDML 算法只支持 SGD，而本章所提出的算法除了基于 SGD，还有基于 SVRG 和 SAGA 的。

7.2.2 SGD 类算法回顾

如前所述，SGD 类算法已经成为解决大规模机器学习问题的流行算法。我们首先简要回顾 SGD 类算法的更新框架，其中包括多变量方差减小方法。具体来说，给定一个无偏的随机梯度 v，即 $\mathbb{E}v = \nabla f(\boldsymbol{w})$，则 SGD 类算法的更新规则可以表示为：

$$\boldsymbol{w} \leftarrow \boldsymbol{w} - \gamma v \tag{7.1}$$

其中，γ 是学习率。接下来介绍 SGD、SVRG 和 SAGA 算法的梯度的具体形式。

❏ SGD：SGD 算法在每次迭代中都独立地选一个样本 (x_i, y_i)，然后用相对于抽样样本 (x_i, y_i) 的随机梯度 $\nabla f_i(\boldsymbol{w})$ 来更新解。

$$v = \nabla f_i(\boldsymbol{w}) \tag{7.2}$$

❏ SVRG：SVRG 算法不是直接使用随机梯度 $\nabla f_i(\boldsymbol{w})$，而是使用如下所示的无偏随机梯度 v 进行更新。

$$v = \nabla f_i(\boldsymbol{w}) - \nabla f_i(\widetilde{w}) + \nabla f(\widetilde{w}) \tag{7.3}$$

其中，$\tilde{w}$ 表示 $\boldsymbol{w}$ 在一定回合之后的某个回合的取值。

❑ SAGA：SAGA 算法的无偏随机梯度 v 公式如下。

$$v = \nabla f_i(\boldsymbol{w}) - \alpha_i + \frac{1}{l} \sum_{i=1}^{l} \alpha_i \qquad (7.4)$$

其中，α_i 是 $\nabla f_i(\boldsymbol{w})$ 的最新历史梯度。

7.3 问题表示

本节考虑具有 $\boldsymbol{w}^{\mathrm{T}}x$ 形式的模型。给定一个训练集 $\mathcal{S} = \{(x_i, y_i)\}_{i=1}^{l}$，其中 $x_i \in \mathbb{R}^d$，对于二分类问题，$y_i \in \{+1, -1\}$；对于回归问题，$y_i \in \mathbb{R}^{\ominus}$。样本 (x_i, y_i) 和模型参数 $\boldsymbol{w}$ 的损失函数可以表示为 $L(\boldsymbol{w}^{\mathrm{T}}x_i, y_i)$。因此，本算法要优化如下的经验风险最小化问题：

$$\min_{w \in \mathbb{R}^d} f(\boldsymbol{w}) = \frac{1}{l} \sum_{i=1}^{l} \underbrace{L(\boldsymbol{w}^{\mathrm{T}}x_i, y_i) + g(\boldsymbol{w})}_{f_i(\boldsymbol{w})} \qquad (7.5)$$

其中 $g(\boldsymbol{w})$ 是一个正则项，每个 $f_i : \mathbb{R}^d \to \mathbb{R}$ 都是一个光滑且可能非凸的函数。显然，经验风险最小化问题是该问题的一个特例。除了经验风险最小化问题之外，公式 (7.5) 还涵盖了一系列其他正则化学习问题，例如 ℓ_2 正则化的逻辑回归问题、岭回归问题和最小二乘支持向量机问题。

如前所述，在很多现实世界的机器学习应用中，输入的训练样本 (x, y) 被纵向划分为 q 个参与方，即 $\{\mathcal{G}_1, \cdots, \mathcal{G}_q\}$。因此，有 $x = [x_{\mathcal{G}_1}, x_{\mathcal{G}_2}, \cdots, x_{\mathcal{G}_q}]$，其中 $x_{\mathcal{G}_\ell} \in \mathbb{R}^{d_\ell}$ 存在于第 ℓ 个参与方中，且有 $\sum_{\ell=1}^{q} d_\ell = d$。根据参与方是否有标签数据，我们可以将其分为两类：主动方和被动方。其中，主动方不仅有特征数据，还有标签数据；而被动方只有特征数据。令 D^ℓ 表示存在于第 ℓ 个参与方上的数据，标签 y_i 只分布在主动方，则算法研究问题可以总结为：让主动方和被动方一起协同解决在纵向划分数据 $\{D^\ell\}_{\ell=1}^{q}$ 上正则化的经验风险最小化问题，利用异步并行的 SGD 及其变体 SVRG 和 SAGA，同时保证数据的隐私性。

7.4 所提算法

本节首先给出异步纵向联邦学习算法的框架，然后提出 3 个基于 SGD 类算法的异步纵向联邦学习算法，即 AFSGD-VP、AFSVRG-VP 和 AFSAGA-VP 算法。

7.4.1 算法框架

如前所述，AFSGD-VP、AFSVRG-VP 和 AFSAGA-VP 是隐私保护的异步联邦学习算法。图 7-2 展示了它们的系统结构（框架）。接下来将分别对树结构通信、数据隐私和

⊖ 对于分类和一维回归问题，我们并不强制标签 y 属于 $\{+1, -1\}$ 或 $\mathbb{R}$。事实上，标签 y 可以是其他选择，甚至是多维问题，例如基于 ℓ_2 范数正则化的多模态回归问题，只要有对应的损失函数。

模型隐私进行详细的描述。

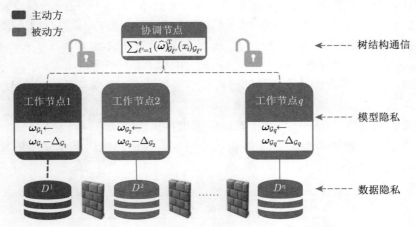

图 7-2 隐私保护的异步联邦学习算法的系统结构

（1）树结构通信

为了获得 $\boldsymbol{w}^\mathrm{T}\boldsymbol{x}_i$，我们需要从不同的参与方获得对应的计算结果。Zhang 等人在其 2018 年的文章中提出了一种高效的树结构通信方案来获取全局和，该方案比直接将所有参与方的结果发送到协作者再进行求和的策略要快很多（不同聚合方法的效率取决于通信效率和计算效率。在简单聚合方法中，无论是通信还是求和计算都由主节点承担。而对于树结构通信，通信和求和的计算在不同的节点（即参与方）中是均匀分布的。因此，如果同时调用很多这样的操作，基于树结构的方案比简单的求和要快）。在本文中，我们使用树结构通信方案来获得 $\boldsymbol{w}^\mathrm{T}\boldsymbol{x}_i$。注意，树结构通信方案是使用异步模式来实现并获得 $\boldsymbol{w}^\mathrm{T}\boldsymbol{x}_i$ 的，这意味着每个参与方中 $\boldsymbol{w}_{\mathcal{G}_\ell}$ 所处的迭代回合数是不对齐的。它与其他文献中使用的同步模式有很大的不同，在同步模式中所有的 $\boldsymbol{w}_{\mathcal{G}_\ell}$ 都处于同一个迭代轮次中。

基于树结构的通信方案，在第 ℓ 个主动方上计算 $\sum_{\ell'=1}^{q} \boldsymbol{w}_{\mathcal{G}_{\ell'}}^\mathrm{T}(\boldsymbol{x}_i)_{\mathcal{G}_{\ell'}}$ 的基础算法见算法 7.1。

算法 7.1 在第 ℓ 个主动方上计算 $\sum_{\ell'=1}^{q} \boldsymbol{w}_{\mathcal{G}_{\ell'}}^\mathrm{T}(\boldsymbol{x}_i)_{\mathcal{G}_{\ell'}}$ 的基础算法

输入： $\boldsymbol{w}$，$\boldsymbol{x}_i$

    {这个循环要求多个参与方并行运行}

1: **for** $\ell' = 1, \cdots, q$ **do**
2:     计算 $\boldsymbol{w}_{\mathcal{G}_{\ell'}}^\mathrm{T}(\boldsymbol{x}_i)_{\mathcal{G}_{\ell'}}$
3: **end for**
4: 使用树结构通信方案计算 $\xi = \sum_{\ell'=1}^{q} \boldsymbol{w}_{\mathcal{G}_{\ell'}}^\mathrm{T}(\boldsymbol{x}_i)_{\mathcal{G}_{\ell'}}$

输出： ξ

（2）数据和模型隐私

为了保证该算法中数据和模型的隐私性，所有的数据 $(x_i)_{\mathcal{G}_\ell}$ 和对应的模型参数 $\boldsymbol{w}_{\mathcal{G}_\ell}$ 都以安全的模式分别存在第 ℓ 个参与方上。该方案中任意参与方都不能直接传输数据 $(x_i)_{\mathcal{G}_\ell}$ 和本地模型参数 $\boldsymbol{w}_{\mathcal{G}_\ell}$ 给其他参与方。为了获得 $\boldsymbol{w}^{\mathrm{T}} x_i$，需要本地计算 $\boldsymbol{w}_{\mathcal{G}_\ell}^{\mathrm{T}}(x_i)_{\mathcal{G}_\ell}$，然后只传输 $\boldsymbol{w}_{\mathcal{G}_\ell}^{\mathrm{T}}(x_i)_{\mathcal{G}_\ell}$ 给其他参与方，以便计算 $\boldsymbol{w}^{\mathrm{T}} x$。用接收到的中间值 $\boldsymbol{w}_{\mathcal{G}_\ell}^{\mathrm{T}}(x_i)_{\mathcal{G}_\ell}$ 推导局部模型 $\boldsymbol{w}_{\mathcal{G}_\ell}$ 和数据 $(x_i)_{\mathcal{G}_\ell}$ 非常困难，具体的分析细节可参考 7.5.2 节。因此，所提出的异步纵向联邦学习算法可以很好地保证数据和模型的隐私性。

虽然用接收到的中间值 $\boldsymbol{w}_{\mathcal{G}_\ell}^{\mathrm{T}}(x_i)_{\mathcal{G}_\ell}$ 难以精确地推出模型 $\boldsymbol{w}_{\mathcal{G}_\ell}$ 和数据 $(x_i)_{\mathcal{G}_\ell}$ 的具体值，但是仍存在近似攻击的可能性。为了解决这个问题，我们提出用一个安全的算法来计算 $\sum_{\ell'=1}^{q} \boldsymbol{w}_{\mathcal{G}_{\ell'}}^{\mathrm{T}}(x_i)_{\mathcal{G}_{\ell'}}$，具体见算法 7.2。

算法 7.2   在第 ℓ 个主动方上计算 $\sum_{\ell'=1}^{q} w_{\mathcal{G}_{\ell'}}^{\mathrm{T}}(x_i)_{\mathcal{G}_{\ell'}}$ 的安全算法

输入： w，x_i

  {这个循环要求多个参与方并行运行}

1: **for** $\ell' = 1, \cdots, q$ **do**
2:    生成一个随机数 $b^{\ell'}$
3:    计算 $\boldsymbol{w}_{\mathcal{G}_{\ell'}}^{\mathrm{T}}(x_i)_{\mathcal{G}_{\ell'}} + b^{\ell'}$
4: **end for**
5: 基于树结构 T_1 计算 $\xi = \sum_{\ell'=1}^{q} \left(w_{\mathcal{G}_{\ell'}}^{\mathrm{T}}(x_i)_{\mathcal{G}_{\ell'}} + b^{\ell'} \right)$
6: 基于与 T_1 完全不同的树结构 T_2 计算 $\bar{b} = \sum_{\ell'=1}^{q} b^{\ell'}$

输出： $\xi - \bar{b}$

具体地，首先生成一个随机数 $b^{\ell'}$，并将其与 $\boldsymbol{w}_{\mathcal{G}_{\ell'}}^{\mathrm{T}}(x_i)_{\mathcal{G}_{\ell'}}$ 相加，然后用树 T_1（基于树结构通信方案）计算 $\sum_{\ell'=1}^{q}(\boldsymbol{w}_{\mathcal{G}_{\ell'}}^{\mathrm{T}}(x_i)_{\mathcal{G}_{\ell'}} + b^{\ell'})$。该操作可以提升传输 $\boldsymbol{w}_{\mathcal{G}_{\ell'}}^{\mathrm{T}}(x_i)_{\mathcal{G}_{\ell'}} + b^{\ell'}$ 过程中数据和模型的安全性。当然，最后还需要从 $\sum_{\ell'=1}^{q} \left(\boldsymbol{w}_{\mathcal{G}_{\ell'}}^{\mathrm{T}}(x_i)_{\mathcal{G}_{\ell'}} + b^{\ell'} \right)$ 中复原 $\sum_{\ell'=1}^{q} \boldsymbol{w}_{\mathcal{G}_{\ell'}}^{\mathrm{T}}(x_i)_{\mathcal{G}_{\ell'}}$ 的值。为了防止基于树 T_1 聚合而得到的值 $b^{\ell'}$ 在传输过程中被泄露，我们用一个完全不同的树 T_2（请参考定义 6.2 和图 6-3）计算 $\bar{b} = \sum_{\ell'=1}^{q} b^{\ell'}$。

7.4.2 算法详述

在本节中，我们提出了 3 种异步纵向联邦随机梯度下降算法，即 AFSGD-VP、AFSVRG-VP 和 AFSAGA-VP，具体描述如下。

（1）AFSGD-VP 算法

对于 AFSGD-VP 算法，每个主动参与方都须重复执行以下步骤。

1）**挑选一个索引**。从 $\{1, \cdots, l\}$ 中随机挑选一个索引 i，据此从本地数据中选出样本 $(x_i)_{\mathcal{G}_\ell}$。

2）**计算** $\widehat{\boldsymbol{w}}^{\mathrm{T}}x_i$。用异步模式的树结构通信算法（即算法 7.1 或者算法 7.2）聚合得到 $\widehat{\boldsymbol{w}}^{\mathrm{T}}x_i = \sum_{\ell'=1}^{q}(\widehat{\boldsymbol{w}})_{\mathcal{G}_{\ell'}}^{\mathrm{T}}(x_i)_{\mathcal{G}_{\ell'}}$，其中 $\widehat{\boldsymbol{w}}$ 表示从不同参与方中读取的处于不一致状态的 $\boldsymbol{w}$。此外，对于不同的 ℓ'，$(\widehat{\boldsymbol{w}})_{\mathcal{G}_{\ell'}}$ 可能处于完全不同的迭代状态。注意，总是有 $(\boldsymbol{w})_{\mathcal{G}_\ell} = (\widehat{\boldsymbol{w}})_{\mathcal{G}_\ell}$。

3）**计算局部随机梯度**。基于 $\widehat{\boldsymbol{w}}^{\mathrm{T}}x_i$，计算随机梯度 $\widehat{v}^\ell = \nabla_{\mathcal{G}_\ell} f_i(\widehat{\boldsymbol{w}})$，其中 $\nabla f_i(\boldsymbol{w}) = \dfrac{\partial L(\widehat{\boldsymbol{w}}^{\mathrm{T}}x_i, y_i)}{\partial(\widehat{\boldsymbol{w}}^{\mathrm{T}}x_i)}x_i + \nabla g(\widehat{\boldsymbol{w}})$。

4）**更新**。采用梯度下降法，通过 $w_{\mathcal{G}_\ell} \leftarrow w_{\mathcal{G}_\ell} - \gamma \cdot \widehat{v}^\ell$ 更新模型参数 $w_{\mathcal{G}_\ell}$，其中 γ 是学习率。

AFSGD-VP 算法的具体步骤见算法 7.3。

算法 7.3 在主动方 ℓ 上基于 SGD 的异步纵向联邦学习算法

输入： 本地数据 D^ℓ，学习率 γ
1: 初始化 $\boldsymbol{w}_{\mathcal{G}_\ell} \in \mathbb{R}^{d_\ell}$
2: **并行执行**
3: 　从 $\{1,\cdots,l\}$ 中随机挑选一个索引 i，据此从本地数据中选出样本 $(\boldsymbol{x}_i)_{\mathcal{G}_\ell}$
4: 　计算 $(\boldsymbol{w})_{\mathcal{G}_\ell}^{\mathrm{T}}(\boldsymbol{x}_i)_{\mathcal{G}_\ell}$
5: 　基于算法 7.1 或算法 7.2 计算 $\sum_{\ell'=1}^{q}(\widehat{\boldsymbol{w}})_{\mathcal{G}_{\ell'}}^{\mathrm{T}}(\boldsymbol{x}_i)_{\mathcal{G}_{\ell'}}$
6: 　基于值 $\widehat{\boldsymbol{w}}^{\mathrm{T}}x_i$，计算 $\widehat{v}^\ell = \nabla_{\mathcal{G}_\ell} f_i(\widehat{\boldsymbol{w}})$
7: 　更新 $\boldsymbol{w}_{\mathcal{G}_\ell} \leftarrow \boldsymbol{w}_{\mathcal{G}_\ell} - \gamma \cdot \widehat{v}^\ell$
8: **终止循环**
输出： $\boldsymbol{w}_{\mathcal{G}_\ell}$

（2）AFSVRG-VP 算法

与 SGD 算法一样，AFSGD-VP 算法中的随机梯度由于随机采样而具有较大的方差。为了解决这个问题，AFSVRG-VP 采用 SVRG 技术来减小随机梯度的方差。AFSVRG-VP 算法的具体步骤见算法 7.4。相对于 AFSGD-VP，算法 AFSVRG-VP 有以下特点。

1）AFSVRG-VP 需要在每个外循环中计算本地的全梯度 $\nabla_{\mathcal{G}_\ell} f(\boldsymbol{w}^s) = \frac{1}{l}\sum_{i=1}^{l}\nabla_{\mathcal{G}_\ell} f_i(\boldsymbol{w}^s)$ 作为全梯度的快照，其中上标 s 表示第 s 个外循环。

2）该算法在每个迭代回合中不仅需要计算 $\widehat{\boldsymbol{w}}^{\mathrm{T}}x_i$，还需要计算 $(\boldsymbol{w}^s)^{\mathrm{T}}\boldsymbol{x}_i$。

3）AFSVRG-VP 需要计算具有如下形式的无偏梯度：$\widehat{v}^\ell = \nabla_{\mathcal{G}_\ell} f_i(\widehat{\boldsymbol{w}}) - \nabla_{\mathcal{G}_\ell} f_i(\boldsymbol{w}^s) + \nabla_{\mathcal{G}_\ell} f(\boldsymbol{w}^s)$。

（3）AFSAGA-VP 算法

如前所述，SGD 算法中的随机梯度由于随机采样而具有较大的方差。为了解决这个方差的问题，算法 AFSAGA-VP 使用 SAGA 技术来减小随机梯度的方差，其具体步骤见算法 7.5。

算法 7.4   在主动方 ℓ 上基于 SVRG 的异步纵向联邦学习算法（AFSVRG-VP）

输入： 本地数据 D^ℓ，学习率 γ

1: 初始化 $\boldsymbol{w}_{\mathcal{G}_\ell}^0 \in \mathbb{R}^{d_\ell}$

2: **for** $s = 0, 1, 2, \cdots, S-1$ **do**

3:　　利用树结构通信计算本地的全梯度 $\nabla_{\mathcal{G}_\ell} f(w^s) = \frac{1}{l} \sum_{i=1}^l \nabla_{\mathcal{G}_\ell} f_i(w^s)$

4:　　$w_{\mathcal{G}_\ell} = w_{\mathcal{G}_\ell}^s$

5:　　**并行执行**

6:　　　　从 $\{1, \cdots, l\}$ 中随机挑选一个索引 i，据此从本地数据中选出样本 $(x_i)_{\mathcal{G}_\ell}$

7:　　　　计算 $(\boldsymbol{w})_{\mathcal{G}_\ell}^{\mathrm{T}}(x_i)_{\mathcal{G}_\ell}$ 和 $(\boldsymbol{w}^s)_{\mathcal{G}_\ell}^{\mathrm{T}}(x_i)_{\mathcal{G}_\ell}$

8:　　　　基于算法 7.1 或算法 7.2 计算 $\widehat{\boldsymbol{w}}^{\mathrm{T}} x_i = \sum_{\ell'=1}^q (\widehat{w})_{\mathcal{G}_{\ell'}}^{\mathrm{T}}(x_i)_{\mathcal{G}_{\ell'}}$ 和 $(\boldsymbol{w}^s)^{\mathrm{T}} x_i = \sum_{\ell'=1}^q (w^s)_{\mathcal{G}_{\ell'}}^{\mathrm{T}}(x_i)_{\mathcal{G}_\ell}$

9:　　　　计算 $\widehat{v}^\ell = \nabla_{\mathcal{G}_\ell} f_i(\widehat{w}) - \nabla_{\mathcal{G}_\ell} f_i(w^s) + \nabla_{\mathcal{G}_\ell} f(w^s)$

10:　　　　更新 $w_{\mathcal{G}_\ell} \leftarrow w_{\mathcal{G}_\ell} - \gamma \cdot \widehat{v}^\ell$

11:　　**终止循环**

12:　　$w_{\mathcal{G}_\ell}^{s+1} = w_{\mathcal{G}_\ell}$

13: **end for**

输出： $w_{\mathcal{G}_\ell}$

算法 7.5   在主动方 ℓ 上基于 SAGA 的异步纵向联邦学习算法（AFSAGA-VP）

输入： 本地数据 D^ℓ，学习率 γ

1: 初始化 $\boldsymbol{w}_{\mathcal{G}_\ell} \in \mathbb{R}^{d_\ell}$

2: 基于树结构通信计算本地梯度 $\boldsymbol{\alpha}_i^\ell = \nabla_{\mathcal{G}_\ell} f_i(\boldsymbol{w})$，$i \in \{1, \cdots, n\}$，然后保存在本地历史梯度矩阵中

3: **并行执行**

4:　　从 $\{1, \cdots, l\}$ 中随机挑选一个索引 i，据此从本地数据中选出样本 $(\boldsymbol{x}_i)_{\mathcal{G}_\ell}$

5:　　计算 $(\boldsymbol{w})_{\mathcal{G}_\ell}^{\mathrm{T}}(\boldsymbol{x}_i)_{\mathcal{G}_\ell}$

6:　　基于算法 7.1 或算法 7.2 计算 $\widehat{\boldsymbol{w}}^{\mathrm{T}} x_i = \sum_{\ell=1}^q (\widehat{\boldsymbol{w}})_{\mathcal{G}_\ell}^{\mathrm{T}}(x_i)_{\mathcal{G}_\ell}$

7:　　计算 $\widehat{v}^\ell = \nabla_{\mathcal{G}_\ell} f_i(\widehat{w}) - \widehat{\boldsymbol{\alpha}}_i^\ell + \frac{1}{l} \sum_{i=1}^l \widehat{\boldsymbol{\alpha}}_i^\ell$

8:　　更新 $\boldsymbol{w}_{\mathcal{G}_\ell} \leftarrow \boldsymbol{w}_{\mathcal{G}_\ell} - \gamma \cdot \widehat{v}^\ell$

9:　　更新 $\widehat{\boldsymbol{\alpha}}_i^\ell \leftarrow \nabla_{\mathcal{G}_\ell} f_i(\widehat{w})$

10: **终止循环**

输出： $w_{\mathcal{G}_\ell}$

　　具体地，该算法需要维护一个用于存储最新的本地历史梯度的矩阵 $\boldsymbol{\alpha}_i^\ell$，每个循环中

采用 $\widehat{\boldsymbol{\alpha}}_i^\ell \leftarrow \nabla_{\mathcal{G}_\ell} f_i(\boldsymbol{w})$ 方式更新矩阵中的梯度。根据最新的梯度矩阵 $\widehat{\boldsymbol{\alpha}}_i^\ell$，AFSAGA-VP 采用 $\widehat{v}^\ell = \nabla_{\mathcal{G}_\ell} f_i(\widehat{\boldsymbol{w}}) - \widehat{\boldsymbol{\alpha}}_i^\ell + \frac{1}{l}\sum_{i=1}^l \widehat{\boldsymbol{\alpha}}_i^\ell$ 计算本地梯度。

7.4.3　场景案例

这里以 6.3.4 节的案例为背景，一个可行的方案是利用联邦学习实现三个公司在隐私保护下的协同学习。

（1）模型建立

首先，假设各公司的数据已经被处理为纵向联邦学习中的标准分布形式，以与数据集 UCICreditCard 对应。其中，公司 A 提供贷款额度、性别、年龄和 6 个月的月还款情况等 9 个特征（即 $\boldsymbol{x}_{\mathcal{G}_1} = [x_1, x_2, x_6, \cdots, x_{11}] \in \mathbb{R}^9$）；公司 B 提供教育程度、6 个月的月度账单总额等 7 个特征（即 $\boldsymbol{x}_{\mathcal{G}_2} = [x_3, x_{12}, \cdots, x_{17}] \in \mathbb{R}^7$）；公司 C 提供婚姻状况、6 个月的月度账单总额等 7 个特征（$\boldsymbol{x}_{\mathcal{G}_3} = [x_4, x_{18}, \cdots, x_{23}] \in \mathbb{R}^7$）；且每个公司均包含 30000 个共同的样本 ID（24000 个样本用作训练集，6000 个样本用作测试集）。由于该场景下所有公司都是贷款发放方，因此 A、B、C 三个公司都有标签数据。采用 ℓ_2 正则化的逻辑回归模型进行建模，则该场景下的问题可以表示为：

$$\min_{\boldsymbol{w} \in \mathbb{R}^d} f(\boldsymbol{w}) := \frac{1}{n} \sum_{i=1}^n \mathcal{L}(\theta_i, y_i) + \lambda \sum_{m=1}^q \|\boldsymbol{w}_{\mathcal{G}_m}\|^2 \tag{7.6}$$

其中 $q = 3$，$n = 24000$，$d = 23$，$\theta = \boldsymbol{w}^{\mathrm{T}} \boldsymbol{x}_i = \sum_{m=1}^3 \boldsymbol{w}_{\mathcal{G}_m}^{\mathrm{T}} (\boldsymbol{x}_i)_{\mathcal{G}_m}$，$\boldsymbol{x} = [\boldsymbol{x}_{\mathcal{G}_1}, \boldsymbol{x}_{\mathcal{G}_2}, \boldsymbol{x}_{\mathcal{G}_3}]$，$\boldsymbol{w} = [\boldsymbol{w}_{\mathcal{G}_1}, \boldsymbol{w}_{\mathcal{G}_2}, \boldsymbol{w}_{\mathcal{G}_3}]$，且特征数据和模型参数分别存储在对应的公司中。

（2）模型学习

由情景设定可知，公司 A、B、C 都有标签数据，都是主动方，所以公司 A、B、C 都能主动执行算法 7.3。接下来以公司 A 为例讲解学习过程。根据算法 7.3，公司 A 随机挑选样本 i，然后本地计算 $\theta_1 = \widehat{\boldsymbol{w}}_{\mathcal{G}_1}^{\mathrm{T}} (\boldsymbol{x}_i)_{\mathcal{G}_1}$，进而调用算法 7.1 或者算法 7.2 计算 $\theta = \widehat{\boldsymbol{w}}^{\mathrm{T}} \boldsymbol{x}_i$。具体地，以调用算法 7.2 为例，此时公司 B、C 需要分别利用当前的本地模型参数（由于是异步更新，计算所用的本地模型参数可能与实时的模型参数不一致）和本地特征数据计算 $\theta_2 = \widehat{\boldsymbol{w}}_{\mathcal{G}_2}^{\mathrm{T}} (\boldsymbol{x}_i)_{\mathcal{G}_2}$、$\theta_3 = \widehat{\boldsymbol{w}}_{\mathcal{G}_3}^{\mathrm{T}} (\boldsymbol{x}_i)_{\mathcal{G}_3}$，同时公司 A、B、C 分别生成随机数 δ^1、δ^2、δ^3；然后通过不同的树结构（如算法 7.3 中的步骤 5、6）分别聚合 ξ 和 $\bar{b}$，即 $\xi = \sum_{m=1}^3 (\theta_m = \widehat{\boldsymbol{w}}_m^{\mathrm{T}} (\boldsymbol{x}_i)_{\mathcal{G}_m} + \delta^m)$ 和 $\bar{b} = \sum_{m=1}^3 \delta^m$。由于此时公司 A 是主动发起计算的一方，因此公司 A 充当协作者，并计算 $\xi - \bar{b}$ 得到 $\theta = \widehat{\boldsymbol{w}}^{\mathrm{T}} \boldsymbol{x}_i$。在算法 7.3 的步骤 6 中，公司 A 根据聚合而得的 $\widehat{\boldsymbol{w}}^{\mathrm{T}} \boldsymbol{x}_i$ 和标签数据计算 $\vartheta = \frac{\partial \mathcal{L}(\mathrm{T}\boldsymbol{x}_i, y_i)}{\partial \widehat{\boldsymbol{w}}^{\mathrm{T}} \boldsymbol{x}_i} = \frac{-y_i \exp(-y_i \theta)}{1 + \exp(-y_i \theta)}$，然后计算随机梯度 $\vartheta(\boldsymbol{x}_i)_{\mathcal{G}_1} + 2\lambda \widehat{\boldsymbol{w}}_1$，并在步骤 7 中更新本地模型参数。与公司 A 类似，公司 B、C 也可以执行算法 7.3 并对本地模型进行对应的更新。公司 A、B、C 分别异步并行地重复上述过程，直至收敛，即可获得对应的模型。对于算法 7.4 和算法 7.5，我们只需将对应的算法过程进行替换即可。

7.5　理论分析

在本节中，我们将对 AFSGD-VP、AFSVRG-VP 和 AFSVRG-VP 的收敛性、安全性和复杂性进行分析。

7.5.1　收敛性分析

首先引入几个基本假设，然后给出 AFSGD-VP、AFSVRG-VP 和 AFSAGA-VP 的收敛性结果。

预备知识：首先给出强凸性假设（即假设 7.1），然后给出 Lipschitz 光滑性假设（即假设 7.2）以及块坐标梯度的有界性假设（即假设 7.3）。以上假设在凸分析中都是常见的标准假设。

假设 7.1（强凸性）　式 (7.5) 中的可微函数 f_i $(i \in \{1, \cdots, l\})$ 是 $\mu(\mu > 0)$ 强凸的，意味着对于 $\forall w$ 和 $\forall w'$，有

$$f_i(w) \geqslant f_i(w') + \langle \nabla f_i(w'), w - w' \rangle + \frac{\mu}{2} \|w - w'\|^2 \tag{7.7}$$

假设 7.2（Lipschitz 光滑性）　式 (7.5) 中的任一函数 f_i $(i \in \{1, \cdots, l\})$ 都是 L 光滑的，其中 L 是常数，即对于 $\forall w$ 和 $\forall w'$，有

$$\|\nabla f_i(w) - \nabla f_i(w')\| \leqslant L\|w - w'\| \tag{7.8}$$

式 (7.5) 中的任一函数 f_i $(\forall i \in \{1, \cdots, l\}$ 都是块坐标 Lipschitz 光滑的，即对于第 ℓ 个块 $\mathcal{G}_\ell$，存在常数 L_ℓ 使得对于 $\forall w$ 和 $\forall \ell \in \{1, \cdots, q\}$ 下式成立：

$$\|\nabla_{\mathcal{G}_\ell} f_i(w + \boldsymbol{U}_\ell \Delta_\ell) - \nabla_{\mathcal{G}_\ell} f_i(w)\| \leqslant L_\ell \|\Delta_\ell\| \tag{7.9}$$

其中，$\Delta_\ell \in \mathbb{R}^{d_\ell}$，$\boldsymbol{U}_\ell \in \mathbb{R}^{d \times d_\ell}$，$[\boldsymbol{U}_1, \boldsymbol{U}_2, \cdots, \boldsymbol{U}_q] = \mathbf{I}_d$。

根据上文中的假设，定义 $L_{\max} = \max_{\ell=1,\cdots,q} L_\ell$。

假设 7.3（块坐标梯度的有界性）　对于式 (7.5) 中的函数 $f_i(x)$ $(i \in \{1, \cdots, l\})$，块坐标梯度 $\nabla_{\mathcal{G}_\ell} f_i(w)$ 是有界的，如果存在一个常数 G 使得 $\|\nabla_{\mathcal{G}_\ell} f_i(w)\|^2 \leqslant G$ 成立，其中 $i \in \{1, \cdots, l\}$，$\ell \in \{1, \cdots, q\}$。

接下来，我们将讨论异步分析中的难点问题。

（1）全局地标记每次迭代

正如算法 7.3~7.5 所示，对于在不同参与方中运行的循环，我们在分析的时候并没有给出它们的全局迭代计数。用全局迭代计数器对处于不同参与方中的迭代次数进行标记对于理论分析来说非常重要。更具体地，全局迭代计数器在算法 AFSGD-VP、AFSVRG-VP 和 AFSAGA-VP 的收敛速度分析中起着重要的作用。针对这个问题，我们采用了"通信后"标记的策略。该策略中，当一个参与方完成 $\hat{\boldsymbol{w}}^{\mathrm{T}} x_i$ 的计算之后，才更新迭代计数器。

这意味着 $\widehat{w}_t$（或者 $\widehat{w}_t^s$）是第 $(t+1)$ 个完全计算完的 $\widehat{w}^{\mathrm{T}}x_i$。"通信后"标记策略确保了 i_t 是均匀分布的，而且确保了 i_t 和 $\widehat{w}_t$ 是独立的。

我们将从迭代计数 t 完全访问所有坐标的连续迭代的最小集合定义为 $K(t)$，具体见定义 7.1。

定义 7.1　令 $\overline{K}(t) = \{\{t, t+1, \cdots, t+\sigma\} : \psi(\{t, t+1, \cdots, t+\sigma\}) = \{1, \cdots, q\}\}$，从迭代计数 t 完全访问所有坐标的连续迭代的最小集合被定义为 $K(t) = \min_{K'(t) \in \overline{K}(t)} |K'(t)|$。

让 $\psi^{-1}(\ell, K)$ 表示集合 K 中所有满足 $\psi(\psi^{-1}(\ell, K)) = \ell$ 的元素。假设集合 $\psi^{-1}(\ell, K(t))$ 的大小存在一个上界 η_1（即假设 7.4）。

假设 7.4　对于 $\forall t$ 和 $\forall \ell \in \{1, \cdots, q\}$，所有 $\psi^{-1}(\ell, K(t))$ 的大小存在上界 η_1，也即 $|\psi^{-1}(\ell, K(t))| \leqslant \eta_1$。

根据 $K(t)$ 的定义，对于第 t 个全局迭代，其完全访问所有坐标的回合数被定义为 $\upsilon(t)$，该回合开始的迭代数为 $\varphi(t)$，见定义 7.2。算法的收敛性分析正是基于回合数 $\upsilon(t)$。

定义 7.2　令 $P(t)$ 是 $\{0, 1, \cdots, t-\sigma'\}$ 的一个划分，其中 $\sigma' \geqslant 0$，对于任意的 $\kappa \in P(t)$，存在 $t' \leqslant t$ 使得 $K(t') = \kappa$，而且存在 $\kappa_1 \in P(t)$ 使得 $K(0) = \kappa_1$，则回合数 $\upsilon(t)$ 可以定义为集合 $P(t)$ 最大的基。给定一个全局迭代计数 $u \leqslant t$，如果存在 $\kappa \in P(t)$ 使得 $u \in \kappa$，则定义该回合最开始的迭代 $\varphi(t)$ 为 κ 中最小的元素，否则 $\varphi(t) = t - \sigma' + 1$。

（2）全局更新规则

算法 7.3~7.5 中的更新规则（例如 $w_{\mathcal{G}_\ell} \leftarrow w_{\mathcal{G}_\ell} - \gamma \cdot \widehat{v}^\ell$）是某个参与方中的本地更新规则。为了给出算法 AFSGD-VP、AFSVRG-VP 和 AFSAGA-VP 的收敛速度分析，需要提供这些算法的全局更新规则。由于 $w_{\mathcal{G}_\ell} \leftarrow w_{\mathcal{G}_\ell} - \gamma \cdot \widehat{v}^\ell$ 中使用了加法操作的可交换性，因此这些更新在相应的参与方中完成的顺序是不相关的。算法 AFSGD-VP、AFSVRG-VP 和 AFSAGA-VP 的全局更新规则如下：

$$w_{t+1} = w_t - \gamma \boldsymbol{U}_{\psi(t)} \widehat{v}_t^{\psi(t)} \tag{7.10}$$

注意，公式 (7.10) 定义了相邻迭代之间的关系，由于加法操作的可交换性，该关系与全局标记迭代的规则不冲突。

（3）w_t 和 $\widehat{w}_t$ 之间的关系

正如在前面所提到的那样，算法 AFSGD-VP、AFSVRG-VP 和 AFSAGA-VP 采用异步模式的树结构通信方案获得 $\widehat{w}^{\mathrm{T}}x_i = \sum_{\ell'=1}^q (\widehat{w})_{\mathcal{G}_{\ell'}}^{\mathrm{T}} (x_i)_{\mathcal{G}_{\ell'}}$，其中 $\widehat{w}$ 表示从不同参与方中获得的不一致的 w。对于 $\ell' \neq \ell$，向量 $(\widehat{w}_t)_{\mathcal{G}_{\ell'}}$ 可能会与 $(w_t)_{\mathcal{G}_{\ell'}}$ 不一致。这意味着，向量 $\widehat{w}_t$ 中的某些区域和向量 w_t 中对应的区域是一样的，例如 $(w)_{\mathcal{G}_\ell} = (\widehat{w})_{\mathcal{G}_\ell}$，但是其他区域可能不同。为了解决该问题，我们假设更新的延迟存在一个上界。具体地，定义一个迭代集合 $D(t)$，使得

$$\widehat{w}_t - w_t = \gamma \sum_{u \in D(t)} \boldsymbol{U}_{\psi(u)} \widehat{v}_u^{\psi(u)} \tag{7.11}$$

其中对于 $\forall u \in D(t)$ 都有 $u < t$。假设存在一个上界 τ，使得 $\tau \geqslant t - \min\{t'|t' \in D(t)\}$ 成立（即假设 7.5）。

假设 7.5（重叠的有界性） 算法 AFSGD-VP、AFSVRG-VP 和 AFSAGA-VP 中的任意迭代 t 都存在上界 τ，使得 $\tau \geqslant t - \min\{u|u \in D(t)\}$ 成立。

此外，假设 $\psi^{-1}(\ell, D(t))$ 的大小存在上界 η_2（假设 7.6）。

假设 7.6（$\psi^{-1}(\ell, D(t))$ 大小的有界性） 对于 $\forall t$ 和 $\forall \ell \in \{1, \cdots, q\}$，所有 $\psi(\psi^{-1}(\ell, D(t)))$ 的大小都存在上界 η_2，即 $|\psi(\psi^{-1}(\ell, K))| \leqslant \eta_2$。

算法 AFSGD-VP 的收敛结果见定理 7.1。

定理 7.1 在假设 7.1~7.6 下，为了用算法 AFSGD-VP 获得公式 (7.5) 的精度为 ϵ 的解，即 $\mathbb{E}f(\boldsymbol{w}_t) - f(\boldsymbol{w}^*) \leqslant \epsilon$，须令

$$\gamma = \frac{-L_{\max} + \sqrt{L_{\max}^2 + \dfrac{2\mu\epsilon(L^2 q\eta_1^2 + \eta_2 L^2 \tau)}{G\eta_1 q}}}{2L^2(q\eta_1^2 + \eta_2 \tau)} \tag{7.12}$$

而且回合数 $\upsilon(t)$ 应该满足如下条件：

$$\upsilon(t) \geqslant \frac{2}{\mu} \frac{2L^2(q\eta_1^2 + \eta_2 \tau)}{-L_{\max} + \sqrt{L_{\max}^2 + \dfrac{2\mu\epsilon(L^2 q\eta_1^2 + \eta_2 L^2 \tau)}{G\eta_1 q}}} \cdot \log\left(\frac{2\left(f(w_0) - f(w^*)\right)}{\epsilon}\right) \tag{7.13}$$

定理 7.1 表明算法 AFSGD-VP 的收敛速度是 $\mathcal{O}\left(\dfrac{1}{\sqrt{\epsilon}}\log\left(\dfrac{1}{\epsilon}\right)\right)$。同时表明，如果想用一个更小的步长获得一个更精确的解，则收敛速度会下降。

算法 AFSVRG-VP 的收敛结果见定理 7.2。

定理 7.2 在假设 7.1~7.6 下，为了用算法 AFSGD-VP 获得公式 (7.5) 的精度为 ϵ 的解，即 $\mathbb{E}f(\boldsymbol{w}_t) - f(\boldsymbol{w}^*) \leqslant \epsilon$，令 $C = (\eta_1\gamma L^2 q\eta_1 + L_{\max})\dfrac{\gamma^2}{2}$ 和 $\rho = \dfrac{\gamma\mu}{2} - \dfrac{16L^2\eta_1 qC}{\mu}$，选择 γ 使得

$$\rho < 0 \tag{7.14}$$

$$\frac{8L^2\eta_1 qC}{\rho\mu} \leqslant 0.5 \tag{7.15}$$

$$\gamma^3\left(\left(\frac{1}{2} + \frac{2C}{\gamma}\right)\eta_2\tau + 4\frac{C}{\gamma}\eta_1^2 q\right)\frac{\eta_1 qL^2 G}{\rho} \leqslant \frac{\epsilon}{8} \tag{7.16}$$

则内部的回合数应该满足 $\upsilon(t) \geqslant \dfrac{\log 0.25}{\log(1-\rho)}$，且外循环应该满足 $S \geqslant \dfrac{\log\dfrac{2(f(w_0)-f(\boldsymbol{w}^*))}{\epsilon}}{\log\dfrac{4}{3}}$。

定理 7.2 表明算法 AFSVRG-VP 的收敛速度是 $\mathcal{O}\left(\log\left(\dfrac{1}{\epsilon}\right)\right)$。

算法 AFSAGA-VP 的收敛结果见定理 7.3。

定理 7.3　在假设 7.1~7.6 下，为了用算法 AFSGD-VP 获得公式 (7.5) 的精度为 ϵ 的解，即 $\mathbb{E}f(w_t) - f(w^*) \leqslant \epsilon$，令 $c_0 = \left(\left(\dfrac{\eta_2}{2} + 3(\gamma q\eta_1^2 + L_{\max})(\eta_1 + 2\eta_2)\right)\tau + (\gamma L^2 q\eta_1^2 + 8L_{\max})\eta_1 q\eta_1\right)\gamma^4 L^2 \eta_1 qG$，$c_1 = \left(\gamma L^2 q\eta_1^2 + L_{\max}\right)\gamma^2\eta_1 q2L^2$，$c_2 = 4\left(\gamma L^2 q\eta_1^2 + L_{\max}\right)\dfrac{L^2\eta_1^2 q}{l}\gamma^2$ 和 $\rho \in \left(1 - \dfrac{1}{l}, 1\right)$，可以选择合适的 γ 使得

$$\frac{4c_0}{\gamma\mu(1-\rho)\left(\dfrac{\gamma\mu^2}{4} - 2c_1 - c_2\right)} \leqslant \frac{\epsilon}{2} \tag{7.17}$$

$$0 < 1 - \frac{\gamma\mu}{4} < 1 \tag{7.18}$$

$$-\frac{\gamma\mu^2}{4} + 2c_1 + c_2\left(1 + \frac{1}{1 - \dfrac{1 - \dfrac{1}{l}}{\rho}}\right) \leqslant 0 \tag{7.19}$$

$$-\frac{\gamma\mu^2}{4} + c_2 + c_1\left(2 + \frac{1}{1 - \dfrac{1 - \dfrac{1}{l}}{\rho}}\right) \leqslant 0 \tag{7.20}$$

则回合数应该满足：

$$\upsilon(t) \geqslant \frac{\log\dfrac{2\left(2\rho - 1 + \dfrac{\gamma\mu}{4}\right)\left(f(w_0) - f(\boldsymbol{w}^*)\right)}{\epsilon\left(\rho - 1 + \dfrac{\gamma\mu}{4}\right)\left(\dfrac{\gamma\mu^2}{4} - 2c_1 - c_2\right)}}{\log\dfrac{1}{\rho}}$$

定理 7.3 表明算法 AFSAGA-VP 的收敛速度为 $\mathcal{O}\left(\log\left(\dfrac{1}{\epsilon}\right)\right)$。

7.5.2　安全性分析

本节讨论算法 AFSG-VP、AFSVRG-VP 和 AFSAGA-VP 在半诚实假设下的数据安全和模型安全。注意，该假设（即假设 7.7）是之前工作中的常用假设。

假设 7.7（半诚实安全性）　所有的参与方都将按照算法（协议）进行正确的计算。但是，他们可以使用自己保留的中间计算结果来推断其他参与方的数据和模型。

在详细讨论数据和模型隐私之前，首先引入精确推理攻击和近似推理攻击的定义。

定义 7.3（精确推理攻击）　参与方 ℓ 上的精确推理攻击是指在不直接访问的情况下，精确推出属于其他参与方的数据 x 或者模型 w。

定义 7.4（近似推理攻击）　参与方 ℓ 上的近似推理攻击是指在不直接访问的情况下，近似推出属于其他参与方的数据 x 或者模型 w，其中近似程度由参数 ϵ 衡量，即对于推断得到的 $\widehat{x}_{\mathcal{G}}$ 和 $\widehat{w}_{\mathcal{G}}$ 有 $\|\widehat{x}_{\mathcal{G}} - x_{\mathcal{G}}\|_{\infty} \leqslant \epsilon$ 或者 $\|\widehat{w}_{\mathcal{G}} - w_{\mathcal{G}}\|_{\infty} \leqslant \epsilon$。

（1）基于算法 7.1 的安全性分析

基于算法 7.1 的 AFSGD-VP、AFSVRG-VP 和 AFSAGA-VP 算法能抵御精确推理攻击，但是存在一定的被近似推理攻击成功的风险。

特别地，为了推断出其他参与方中 $(\boldsymbol{w}_t)_{\mathcal{G}_\ell}$ 的信息，只能在仅仅已知 o_t 的情况下，通过一系列线性等式 $o_t = (\boldsymbol{w}_t)_{\mathcal{G}_\ell}^{\mathrm{T}}(x_i)_{\mathcal{G}_\ell}$ 进行推断。因此，不可能据此精确地推断出 $(\boldsymbol{w}_t)_{\mathcal{G}_\ell}$ 的值，即使在特征维度为 1 的极限情况下。同理，也不能精确地推断出 $(x_i)_{\mathcal{G}_\ell}$。

然而，当参与方的特征维度为 1 时，有可能根据等式关系 $o_j = \boldsymbol{w}_{\mathcal{G}_\ell}^{\mathrm{T}}(x_i)_{\mathcal{G}_\ell}$ 近似推断出 $(\boldsymbol{w}_t)_{\mathcal{G}_\ell}$。具体地，如果知道 $(x_i)_{\mathcal{G}_\ell}$ 的取值范围 $\mathcal{I}$，则有 $o_j/w_{\mathcal{G}_\ell} \in \mathcal{I}$。根据这个关系式，就可以近似地推断出 $w_{\mathcal{G}_\ell}$，进一步可以近似推断出 $(x_i)_{\mathcal{G}_\ell}$。因此，算法 7.1 存在被近似推理攻击的可能。

（2）基于算法 7.2 的安全性分析

基于算法 7.2 的 AFSGD-VP、AFSVRG-VP 和 AFSAGA-VP 能抵御近似推理攻击。

正如上文分析的那样，抵御近似推理攻击的关键点是遮掩 o_j 的具体值。正如算法 7.2 的第 2~3 行所示，可以给 $\boldsymbol{w}_{\mathcal{G}_{\ell'}}^{\mathrm{T}}(x_i)_{\mathcal{G}_{\ell'}}$ 加一个随机数 $b^{\ell'}$，然后将 $\boldsymbol{w}_{\mathcal{G}_{\ell'}}^{\mathrm{T}}(x_i)_{\mathcal{G}_{\ell'}} + b^{\ell'}$ 的值传输给其他参与方。这个操作使得接收方无法知道 o_j 的真实值。最终第 ℓ 个主动方得到全局和 $\sum_{\ell'=1}^{q}\left(\boldsymbol{w}_{\mathcal{G}_{\ell'}}^{\mathrm{T}}(x_i)_{\mathcal{G}_{\ell'}} + b^{\ell'}\right)$ 并通过树结构 T_1 通信。因此，算法 7.2 的第 2~5 行可以确保数据的隐私性。

算法 7.2 的第 6 行通过用 $\sum_{\ell'=1}^{q}\left(\boldsymbol{w}_{\mathcal{G}_{\ell'}}^{\mathrm{T}}(x_i)_{\mathcal{G}_{\ell'}} + b^{\ell'}\right)$ 减去 $\bar{b} = \sum_{\ell'=1}^{q} b^{\ell'}$ 的方式得到 $\boldsymbol{w}^{\mathrm{T}}x$。为了证明算法 7.2 能降低近似推理攻击风险，只需要证明用该算法计算 $\bar{b} = \sum_{\ell'=1}^{q} b^{\ell'}$ 的时候不会泄露 $b^{\ell'}$ 或者 $b^{\ell'}$ 的值，请参考以下引理。

引理　使用与树形结构 T_1 完全不同的结构 T_2 计算 $\bar{b} = \sum_{\ell'=1}^{q} b^{\ell'}$，没有任何泄露 $b^{\ell'}$ 或者 $b^{\ell'}$ 的风险。

7.5.3　复杂度分析

算法 AFSGD-VP、AFSVRG-VP 和 AFSAGA-VP 的计算复杂度和通信消耗的分析如下。

- [ ] 对于算法 AFSGD-VP，每次迭代的计算复杂度是 $\mathcal{O}(d+q)$。因此，算法 AFSGD-VP 总的计算复杂度是 $\mathcal{O}((d+q)t)$，其中 t 表示迭代次数。此外，算法 AFSGD-VP 每次迭代的通信复杂度是 $\mathcal{O}(q)$，总的通信复杂度是 $\mathcal{O}(qt)$。

❑ 对于算法 AFSVRG-VP，执行第 3 行代码的计算和通信复杂度分别是 $\mathcal{O}((d+q)l)$ 和 $\mathcal{O}(ql)$。假设算法 AFSVRG-VP 的内循环迭代次数是 t，则其总的计算和通信复杂度分别是 $\mathcal{O}((d+q)(l+t)S)$ 和 $\mathcal{O}(q(l+t)S)$。

❑ 对于算法 AFSAGA-VP，执行第 2 行代码的计算和通信复杂度分别是 $\mathcal{O}((d+q)l)$ 和 $\mathcal{O}(ql)$。假设算法的 AFSAGA-VP 迭代次数是 t，则其总的计算和通信复杂度分别是 $\mathcal{O}((d+q)(l+t))$ 和 $\mathcal{O}(q(l+t))$。

7.6　实验验证

在实验中，我们不仅可验证 AFSGD-VP、AFSVRG-VP 和 AFSVRG-VP 的收敛性、安全性，同时也表明我们的算法比相应的同步算法（即 FSGD-VP、FSVRG-VP 和 FSAGA-VP）更高效。

7.6.1　实验设置

我们在 Amazon Cloud EC2 的 16 个实例节点（8 个弗吉尼亚州的实例，8 个俄亥俄州的实例）上运行了所有的实验。每个节点有 8 个 Intel Xeon vCPU、32GB 内存、25GB 带宽。我们使用 MPI 来实现通信方案，用 Armadillo v9.700.3 实现矩阵高效运算。所有实验中正则项系数都是 $\lambda = 1e^{-4}$，然后从 $\{5e^{-1}, 1e^{-1}, 5e^{-2}, 1e^{-2}, \cdots\}$ 中选一个最优的学习率 γ。我们假定有一个掉队节点，其计算速度比普通工作节点慢 1/3。在实践中，联邦学习系统中不同的参与方具有不同的计算和通信能力是很常见的。

（1）数据集

为了充分展示异步纵向联邦学习算法的可扩展性，我们在如表 7-1 所示的 8 个数据集上进行了实验。

表 7-1　实验中用到的数据集

	分类任务数据						回归任务数据	
	金融数据		大规模数据		多分类数据			
	Credit1	Credit2	rcv1.binary	url	news20	rcv1.multiclass	E2006-tfidf	Year
# 类别	2	2	2	2	20	53	—	—
# 训练样本	24 000	96 257	677 399	1 916 904	15 935	518 571	16 087	463 715
# 测试样本	6 000	24 012	20 242	479 226	3 993	15 564	3 308	51 630
# 特征	90	92	47 236	3 231 961	62 061	47 236	150 360	90

两个相对较小的真实金融数据集（Credit1（UCICreditCard）和 Credit2（GiveMeSomeCredit））来自 Kaggle 网站⊖，其他 6 个数据集则来自 LIBSVM 网站⊖。我们以 4:1 的比例将 news20 和 url 数据集随机分为训练数据和测试数据。由于 rcv1 测试数据样本较多，我们使用 rcv1 的测试数据进行训练，使用训练数据进行测试。

⊖　https://www.kaggle.com/datasets。
⊖　https://www.csie.ntu.edu.tw/cjlin/libsvmtools/datasets/。

（2）问题

我们在分类和回归任务上做了比较，其中算法 FSVRG-VP 几乎与算法 FD-SVRG 效果一样。对于二分类任务，考虑如下 ℓ_2 范数正则化的逻辑回归问题：

$$\min_{\boldsymbol{w}} f(\boldsymbol{w}) = \frac{1}{l} \sum_{i=1}^{l} \log(1 + e^{-y_i \boldsymbol{w}^{\mathrm{T}} x_i}) + \frac{\lambda}{2} \|\boldsymbol{w}\|_2^2 \tag{7.21}$$

其中，数据 $x_i \in \mathbb{R}^d$ 且对应的标签 y_i 为 ± 1。对于多分类问题，考虑如下 ℓ_2 范数正则化的多项式逻辑回归模问题：

$$\min_{\boldsymbol{w} \in \mathbb{R}^{d \times c}} f(\boldsymbol{w}) = \frac{1}{l} \sum_{i=1}^{l} \left[\log \left(\sum_{j=1}^{c} e^{\boldsymbol{w}_{\cdot j}^{\mathrm{T}} x_i} \right) - \sum_{j=1}^{c} Y_{ij} \boldsymbol{w}_{\cdot j}^{\mathrm{T}} x_i \right] + \frac{\lambda}{2} \|\boldsymbol{w}\|_2^2 \tag{7.22}$$

其中 c 是类别数，$\boldsymbol{w}_{\cdot j}$ 是 w 的第 j 列，标签 $y_i \in \{1, 2, \cdots, c\}$，对于 $Y \in \mathbb{R}^{l \times c}$，如果 $j = y_i$，则 $Y_{ij} = 1$，否则 $Y_{ij} = 0$。对于回归任务，使用 ℓ_2 范数正则化的岭回归方法：

$$\min_{\boldsymbol{w}, b} f(\boldsymbol{w}, b) = \frac{1}{l} \sum_{i=1}^{l} (\boldsymbol{w}^{\mathrm{T}} x_i + b - y_i)^2 + \frac{\lambda}{2} \left(\|\boldsymbol{w}\|_2^2 + b^2 \right) \tag{7.23}$$

（3）实验细节

我们的异步算法是在去中心化框架下实现的。在这个框架中，每个参与方都有自己的本地数据和模型参数。没有用来聚合数据/特征/梯度的主节点，否则可能会导致一定的用户信息泄露。相反，我们使用图 7-2 所示的协调节点来收集用本地数据和其他参与方的模型计算得到的乘积。每个工作节点都可以独立调用协调节点来启用异步更新模式。局部乘积的聚合是以需求的方式被动执行的，这意味着只有当一个参与方需要更新其本地参数时，它才会请求协调节点从其他参与方拉取本地乘积。不同于横向联邦学习传输梯度的方式，我们的方法只传输本地乘积，因此更难以被攻击。我们注意到：如果公式 (7.5) 中数据的维数为 d，则梯度的大小也为 d。但无论数据的维数有多大，本地乘积的维度大小都是 1，这意味着梯度比本地乘积包含更多的数据信息。因此，利用梯度比利用本地乘积更容易推断出原始数据的特征。数据重构攻击可以利用生成对抗网络解决优化问题，从而利用梯度信息重构数据。

具体来说，在我们的异步算法中，每个工作节点都独立地执行计算。工作进程的主线程执行主要的梯度计算和模型更新操作。另一个监听器线程继续监听请求，并将本地产品发送回请求源。每个节点的计算图可以总结如下：

1）随机选择一个数据索引。

2）调用协调节点将索引广播给其他参与方的监听器。

3）规约从侦听器返回的本地乘积的总和。

4）执行梯度计算和模型参数更新。

注意，本地乘积是根据参与方的当前参数计算的。然而，总的来说，有些参与方可能比其他参与方更新参数的次数更多。为了降低通信成本，广播（Broadcast）和规约（Reduce）操作也采用了树结构。

7.6.2　实验结果和讨论

1. 分类任务

我们首先在金融数据集上将提出的异步纵向联邦学习算法与其同步版本进行比较，以展示算法解决实际应用的能力。在异步算法中，每个参与方每隔固定的时间保存它的局部参数以用于预测。在同步设置中，当所有的参与方以相同的速度运行时，每个参与方保存每隔固定次数迭代后的参数。其他实验也采用这个方案。UCICreditCard 和 GiveMeSome-Credit 数据集的原始特征总数分别为 23 和 10。我们对分类特征采用 one-hot 编码，并对其他特征进行标准化。简单数据预处理后，特征数分别为 90 和 92。

这部分实验使用了 4 个参与方（即 4 个工作节点）。如图 7-3a 和图 7-3b 所示，异步纵向联邦学习算法始终超过了同步算法。y 轴 "函数次优性" 表示目标函数相对全局最优的误差。收敛曲线的形状由选择的优化方法来确定。SGD 的误差精度通常高于 SVRG，而 SAGA 的误差精度与 SVRG 相似。计算量和通信复杂度对收敛速度的影响最大。在异步设置中，没有低效等待其他参与方的空闲时间，所以更新频率要高得多，这使得我们的异步算法的收敛速度（在训练时间的维度上定义，而不是训练轮次）更快。

先前的实验表明，该异步纵向联邦学习算法可以更有效地解决实际的金融问题。在这一部分中，我们将在大规模的基准数据集（样本数量大，特征维度高）上进一步验证。在数据集 rcv1.binary、news20 和 rcv1.multiclass 上的实验中，参与方数目为 8，而 url 数据集上的实验的参与方数目为 16。实验结果见图 7-4，异步的 SGD、SVRG 和 SAGA 在所有 4 个数据集上的表现都超过了同步版本。

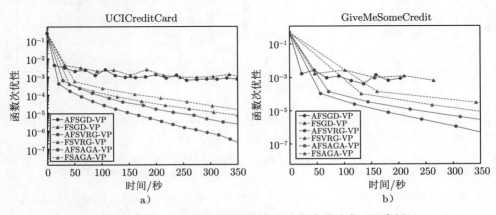

图 7-3　算法在分类任务和回归任务上的收敛速度（见彩插）

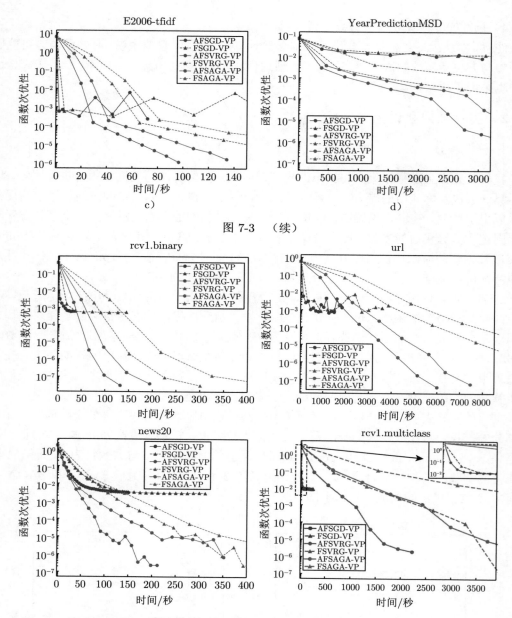

图 7-4　算法在大规模分类任务上的收敛速度，其中上面两个是二分类任务，下面是多分类
　　　　任务（见彩插）

2. 回归任务

为了进一步说明异步算法在不同任务上的优势，我们还对回归问题进行了实验，结果见图 7-3c 和图 7-3d。该任务采用的数据集为样本数少、特征较多的 E2006-tfidf 数据，以

及样本数较多但特征数量较少的 YearPredictionMSD 数据，得出了与之前相似的结论。

3. 异步有效性

表 7-2 总结了异步算法与同步算法的加速结果。该加速结果根据算法达到一定的最优精度（例如，对于基于 SVRG 和 SAGA 的算法，最优精度取 $1 \times e^{-4}$；对于基于 SGD 的算法，在不同的数据集上最优精度分别取 $1 \times e^{-2}$ 或 $1 \times e^{-3}$）时的训练时间求得。

表 7-2　异步加速

数据集	加速		
	SGD	SVRG	SAGA
UCICreditCard	2.14	2.49	1.79
GiveMeSomeCredit	2.40	2.26	2.38
rcv1.binary	2.02	2.30	2.22
url	2.11	2.64	2.05
news20	2.85	1.83	1.95
rcv1.multiclass	2.32	2.81	2.61
E2006-tfidf	2.24	2.12	2.02
YearPredictionMSD	2.26	2.15	2.38

为了进一步分析异步算法的效率，我们量化了异步和同步算法的时间消耗组成，如图 7-5 所示。在同步算法中，执行时间和更新频率都是按照离散点的时间和更新频率来缩放的。掉队的参与方（Straggler）的计算时间大大高于非掉队方的计算时间，导致同步算法中非掉队点需要大量的同步时间。而在异步算法中，非掉队方无须等待掉队方完成当前迭代就能从掉队方那里聚合得到最新的乘积信息。这样既消除了同步时间，又可以在更新频率上获得较大的增益。

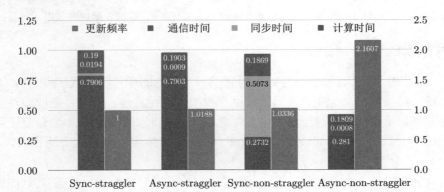

图 7-5　对异步算法耗时的分解，以展示其高效性（实验在 url 数据集上进行，参与方数目为 8）（见彩插）

4. 异步扩展性

系统中参与方数量的扩展性见图 7-6。右下角的图表明异步方法对滞后效应有扩展性。由于同步算法要求非掉队方低效地等待掉队方，因此同步算法不能解决掉队的问题，而且扩展性很差。异步算法在一开始表现得很好，因为它们可以很好地解决参与方掉队问题。但当参与方数量持续增长时，通信开销将大大限制众多参与者带来的性能加速。

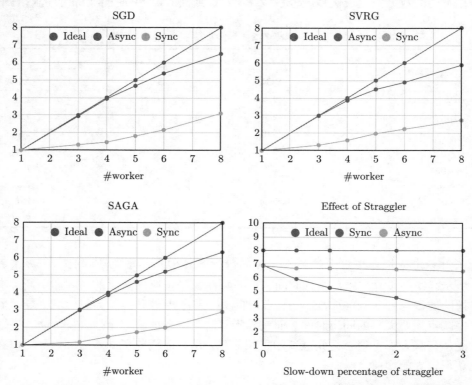

图 7-6　可扩展性实验结果（在 url 数据上的二分类任务）。纵轴表示加速效果（见彩插）

5. 与算法 FDML 的比较

注意，FDML 算法为每个参与方都构建了一个本地的子模型（式 (7.22)），并在服务器节点上将局部预测结合起来，共同优化整个模型。重要的是，FDML 的收敛性强依赖于延迟上界的理论值。然而，这个值对于实际系统来说是未知的。因此，当延迟上界的理论值与实际值不一致时，会不可避免地导致 FDML 在实际应用中表达力的丧失，如图 7-7 所示。

我们没有比较两者的函数损失值，因为 FDML 并没有完全优化问题（式 (7.22)），而是将其作为子模型。FDML 只提出了基于 SGD 版本的算法，所以我们用异步 SGD 作为训练方法与 FDML 进行比较。实验中，两个参与方的效果相比一个参与方有所下降。这也在 Hu 等人的逻辑回归实验中有所体现。然而，当我们逐渐增加节点数量时，FDML 的性能迅速恶化，而我们的算法的性能保持不变。随着节点数量的增加和每个节点在每个样本中得到的特征数量的减少，表达能力的丧失变得更加严重。相比之下，我们的算法的参与方数量是可扩展的，因为它是真的在优化问题（式 (7.22)）。

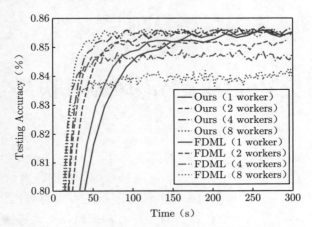

图 7-7　与 FDML 算法在多类分类任务上的比较

7.7　总结

本章提出了一种异步的纵向联邦学习算法（AFSGD-VP）及其变体 SVRG 和 SAGA。目前，这些算法是具有理论保证的异步纵向联邦学习算法。重要的是，我们给出了 AFSGD-VP 及其变体 SVRG 和 SAGA 在强凸目标函数下的收敛速度，且其对延迟的上界没有限制。我们还证明了技术角度上的模型隐私性和数据隐私性。多个纵向划分数据集上的大量实验结果不仅验证了 AFSGD-VP 及其变体 SVRG 和 SAGA 的理论结果，而且表明这些异步算法比相应的同步算法更高效。

第 **8** 章

基于反向更新的双层异步纵向联邦学习算法

由于对多方协同建模日益强烈的需求和对隐私泄露的担忧,纵向联邦学习(Vertical Federated Learning, VFL)受到了越来越多的关注。在实际的 VFL 应用中,通常只有一个或部分参与方有标签数据,这使得所有参与方都很难在不泄露隐私的情况下协同学习模型。同时,现有的大多数算法都陷入了同步计算的困境——训练时间受掉队方的拖累,这就导致了 VFL 算法的训练时间过长,在实际应用中效率低下。为了解决这些真实应用场景中常见的问题,本章提出了一个新的纵向联邦学习框架 VFB^2,该框架集成了新设计的反向更新机制和双层异步并行结构。同时,本章在该框架下提出了 VFB^2-SGD、VFB^2-SVRG 和 VFB^2-SAGA 三种算法,并给出了这三种算法在强凸和非凸条件下的理论收敛速度。此外,还分析了 VFB^2 框架在半诚实模型下的安全性。在基准数据集上的大量实验表明,这个算法是高效的、可扩展的、无损的。

8.1 引言

联邦学习已经成为安全协同建模的范式。最近很多研究,如 Mcmahan 等人的工作,聚焦于横向联邦学习。横向联邦学习中的每一个参与方都有一个具有所有特征的样本子集。也有一些研究纵向联邦学习的文献,如 Gascon 等人的工作。在纵向联邦学习中,每一个参与方都有全部样本,但是只有部分两两不相交的特征子集。由于纵向联邦学习在隐私保护的多方协同建模中得到了广泛应用,因此本章关注纵向联邦学习。

基于同态加密(Homomorphic Encryption,HE)和基于交换原始计算结果(Exchanging the Raw Computational Result, ERCR)的方法是当前两种主流的 VFL 方法。基于 HE 的方法利用 HE 技术对原始数据进行加密,然后将加密后的数据(密文)用于训练隐私保护的模型。然而,基于 HE 的方法有两个主要缺点。首先,密文域上的同态数学运算复杂度很高,因此该方法的建模非常耗时。其次,HE 需要近似才能支持非线性函数,如 Sigmoid 函数和对数函数的运算,这不可避免地导致各种使用非线性函数的机器学习模型的精度损失。因此，此类方法的低效率和不准确性极大地限制了它们在实际 VFL 任务中的广泛应用。

基于 ERCR 的方法利用标签和从其他参与方传来的原始中间计算结果来计算随机梯度，然后使用分布式随机梯度下降（SGD）方法来高效地训练 VFL 模型。虽然基于 ERCR 的方法避免了上述基于 HE 方法的缺点，但现有的基于 ERCR 的方法在设计时只考虑了所有参与方都有标签数据的情况，这通常与现实世界的 VFL 任务不一致。在实际的 VFL 应用中，通常只有一方或部分参与方（称为"主动方"）具有标签数据，而剩下的参与方（称为"被动方"）只能提供额外的特征数据，没有标签数据。当这些基于 ERCR 的方法应用于既有主动方又有被动方的任务场景时，算法甚至不能保证收敛。因为只有主动方可以基于标签计算损失函数的梯度，而被动方不能，即在训练过程中没有对被动方的模型参数进行优化。因此，从技术角度设计合适的算法来解决实际应用场景——只有一方或部分方持有标签的 VFL 任务，成为一个极具挑战性的问题。

此外，使用同步计算的算法被应用于现实世界的 VFL 任务时效率低下，特别是当 VFL 系统中的计算资源不平衡时。注意，在实际的应用场景中，多个参与方分别有着不同规模的计算资源是很常见的，因此需要设计出适用于实际 VFL 任务的高效异步算法。虽然目前研究者已经在研究一些异步 VFL 算法，但是效果并不显著。

为此，本章提出一种新的纵向联邦学习框架——VFB^2 来解决这些具有挑战性的问题。该框架集成了新颖的反向更新机制（Backward Updating Mechanism，BUM）和双层异步并行结构（Bilevel Asynchronous Parallel Architecture，BAPA）。具体地说，反向更新机制使得所有参与方（而不仅仅是主动方）能够安全地协同更新模型，并使得学到的最终模型是无损的；双层异步并行结构则用于高效的反向更新。考虑到 SGD 类算法在优化机器学习模型方面的优势，我们还在该框架下提出了三种新的 SGD 类算法，即 VFB^2-SGD、VFB^2-SVRG 和 VFB^2-SAGA。

符号说明： $\widehat{w}$ 表示 w 的不一致的状态。$\bar{w}$ 表示协作方用于计算局部随机梯度梯度的 w。由于通信延迟，$\bar{w}$ 往往不是最新时刻的 w。$\psi(t)$ 表示在第 t 次全局迭代时，执行更新的参与方。给定有限集合 S，$|S|$ 表示集合的基（或者势）。

8.2 问题表示

给定一个训练数据集 $\{x_i, y_i\}_{i=1}^n$，分类任务 $y_i \in \{-1, +1\}$ 或者回归任务 $y_i \in \mathbb{R}$，且 $x_i \in \mathbb{R}^d$。本章考虑具有 $w^{\mathrm{T}}x$ 形式的模型，其中 $w \in \mathbb{R}^d$ 是模型参数。对于纵向联邦学习来说，特征数据 x_i 纵向地分布在 $q \geqslant 2$ 个参与方上，即 $x_i = [(x_i)_{\mathcal{G}_1}; \cdots; (x_i)_{\mathcal{G}_q}]$，其中 $(x_i)_{\mathcal{G}_\ell} \in \mathbb{R}^{d_\ell}$ 非重叠地存储在第 ℓ 个参与方上，即 $\sum_{\ell=1}^q d_\ell = d$。类似地，对于模型参数，有 $w = [w_{\mathcal{G}_1}; \cdots; w_{\mathcal{G}_q}]$。特别地，本章关注如下形式的正则化的经验风险最小化问题。

$$\min_{\boldsymbol{w}\in\mathbb{R}^d} f(\boldsymbol{w}) := \frac{1}{n}\sum_{i=1}^{n} \underbrace{\mathcal{L}\left(\boldsymbol{w}^{\mathrm{T}}x_i, y_i\right) + \lambda\sum_{\ell=1}^{q} g(w_{\mathcal{G}_\ell})}_{f_i(\boldsymbol{w})} \tag{8.1}$$

其中，$\boldsymbol{w}^{\mathrm{T}}x_i = \sum_{\ell=1}^{q}\boldsymbol{w}_{\mathcal{G}_\ell}^{\mathrm{T}}(x_i)_{\mathcal{G}_\ell}$，$\mathcal{L}$ 表示损失函数，$\sum_{\ell=1}^{q} g(w_{\mathcal{G}_\ell})$ 是正则项，而且 $f_i:\mathbb{R}^d\to\mathbb{R}$ 是光滑但可能非凸的。公式 (8.1) 涵盖的模型有二分类任务和回归任务。

本章引入了两类参与方：**主动方**和**被动方**，其中前者表示有标签数据的参与方，后者没有。特别地，假设一共有 m（$1\leqslant m\leqslant q$）个主动方。通过主动发起更新，主动方可以在模型更新中扮演主导者的角色，所有参与方（包括主动方和被动方）都被动地启动更新，扮演着协作者的角色。为了保证模型的安全性，只有主动方知道损失函数的形式。则本章模型研究的问题总结如下。

给定：纵向划分的数据 $\{x_{\mathcal{G}_\ell}\}_{\ell=1}^{q}$ 由 q 个参与方提供，其中只有主动方有标签数据。

学习：一个由所有参与方（包括主动方和被动方）共同学习的机器学习模型 M，且从技术角度保证隐私不被泄露。

约束：模型 M 的精度一定要与在非联邦学习设置下学到的模型 M' 有差不多的精度，也即无损的。

8.3 所提算法

本节首先介绍纵向联邦学习框架 VFB^2 中集成的反向更新机制和双层异步并行结构，然后提出该框架下的三个 SGD 类异步算法。

8.3.1 算法框架

VFB^2 由三个组件组成，如图 8-1a 所示。

（1）反向更新机制

反向更新机制的核心是使被动方能在不直接访问标签数据的情况下利用标签信息计算随机梯度。特别地，反向更新机制将标签 y_i 编码进一个中间值 $\vartheta := \dfrac{\partial\mathcal{L}\left(\boldsymbol{w}^{\mathrm{T}}x_i, y_i\right)}{\partial\left(\boldsymbol{w}^{\mathrm{T}}x_i\right)}$，然后将 ϑ 和 i 分发给其他参与方。此时，被动方可以根据接收到的 ϑ 和 i 计算随机梯度并更新模型（详情请参考算法 8.1 和算法 8.2）。图 8-1b 描述了 ϑ 被参与方 1 分发到剩下参与方的情况。在这种情况下，所有参与方，而不是只有主动参与方，可以在隐私保护的情况下协同学习模型。

对于具有方向更新机制的 VFL 算法，不同主动方主导的更新是以分布式内存并行执行的，而某一参与方内部的协同更新是以共享内存并行执行的。两者并行方式的不同导致无法直接采用现有的异步并行结构，从而带来设计新的并行结构的挑战。为了应对这一挑战，我们精心设计了一款新颖的双层异步并行结构。

算法 8.1 VFB^2-SGD（第 ℓ 个参与方上主动发起主导更新的算法）

输入： 存在第 ℓ 个参与方上的局部数据 $\{(x_i)_{\mathcal{G}_\ell}, y_i\}_{i=1}^n$，学习率 γ

1: 初始化必要的参数

并行执行（在多个主动方之间以分布式内存的方式）

2:     从 $\{1, \cdots, n\}$ 随机挑选一个索引 i

3:     基于算法 8.3 计算 $\widehat{\boldsymbol{w}}^{\mathrm{T}} x_i$（即 $\sum_{\ell'=1}^q \widehat{\boldsymbol{w}}_{\mathcal{G}_{\ell'}}^{\mathrm{T}} (x_i)_{\mathcal{G}_{\ell'}}$）

4:     计算 $\vartheta = \dfrac{\partial \mathcal{L}\left(\widehat{\boldsymbol{w}}^{\mathrm{T}} x_i, y_i\right)}{\partial\left(\widehat{\boldsymbol{w}}^{\mathrm{T}} x_i\right)}$

5:     将 ϑ 和索引 i 发给协作方

6:     计算 $\widetilde{v}^\ell = \nabla_{\mathcal{G}_\ell} f_i(\widehat{w})$

7:     更新 $w_{\mathcal{G}_\ell} \leftarrow w_{\mathcal{G}_\ell} - \gamma \widetilde{v}^\ell$

结束并行

算法 8.2 VFB^2-SGD（第 ℓ 个参与方上被动执行协作更新的算法）

输入： 存在第 ℓ 个参与方上的本地数据 $\{(x_i)_{\mathcal{G}_\ell}, y_i\}_{i=1}^n$，学习率 γ

1: 初始化必要的参数（针对被动方，因为主动方已经初始化）

并行地执行（基于共享内存的多线程并行）

2:     从主导方接收 ϑ 和索引 i

3:     计算 $\widetilde{v}^\ell = \nabla_{\mathcal{G}_\ell} \mathcal{L}(\bar{w}) + \lambda \nabla_{\mathcal{G}_\ell} g(\widehat{w}) = \vartheta \cdot (x_i)_{\mathcal{G}_\ell} + \lambda \nabla g(\widehat{w}_{\mathcal{G}_\ell})$

4:     更新 $w_{\mathcal{G}_\ell} \leftarrow w_{\mathcal{G}_\ell} - \gamma \widetilde{v}^\ell$

5: **结束并行**

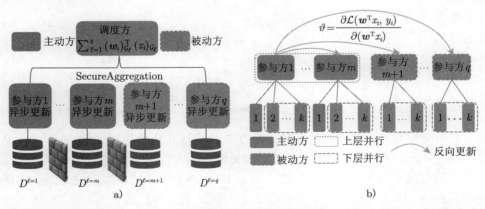

图 8-1   a）结构示意；b）反向更新机制和双层异步并行结构示意图，其中 k 表示每个参与方中的线程数

（2）双层异步并行结构

双层异步并行结构包括两级并行结构，其中上层表示参与方之间的并行，下层表示参

与方内部的并行。更具体地说，参与方之间的并行表示主动方之间的分布式内存并行，这使得所有主动方都能够异步地执行主导更新；而参与方内部的并行表示每一个参与方内部基于共享内存的协同更新，这使得特定参与方内部可以有多个线程异步执行协作更新。图 8-1b 说明了包含 m 个主动方的双层异步并行结构。

为了利用其他参与方提供的特征数据，任意一个参与方必须获得 $\boldsymbol{w}^{\mathrm{T}} x_i = \sum_{\ell=1}^{q} \boldsymbol{w}_{\mathcal{G}_{\ell}}^{\mathrm{T}} (x_i)_{\mathcal{G}_{\ell}}$。近年来有许多研究者通过安全聚合中间计算值达到这个目的。这里采用了高效的树状通信结构进行安全聚合，该聚合方法的安全性得到了验证。

（3）安全聚合策略

聚合步骤的细节总结在算法 8.3 中。在第 2 步中，第 ℓ 个参与方本地计算 $\boldsymbol{w}_{\mathcal{G}_{\ell}}^{\mathrm{T}} (x_i)_{\mathcal{G}_{\ell}}$，以防止参数 $\boldsymbol{w}_{\mathcal{G}_{\ell}}$ 和数据 $(x_i)_{\mathcal{G}_{\ell}}$ 直接泄露。特别地，给 $\boldsymbol{w}_{\mathcal{G}_{\ell}}^{\mathrm{T}} (x_i)_{\mathcal{G}_{\ell}}$ 加了一个随机数 δ_{ℓ}，用来屏蔽 $\boldsymbol{w}_{\mathcal{G}_{\ell}}^{\mathrm{T}} (x_i)_{\mathcal{G}_{\ell}}$ 的原始值，这个小策略就可以加强聚合过程中的安全性。在第 4～5 步中，ξ_1 和 ξ_2 分别通过树结构 T_1 和 T_2 聚合而得。注意，树结构 T_2 和 T_1 是完全不同的，这样能保证随机数在威胁模型 1 下不被去除。最终，在输出阶段用 $\sum_{\ell=1}^{q} (\boldsymbol{w}_{\mathcal{G}_{\ell}}^{\mathrm{T}} (x_i)_{\mathcal{G}_{\ell}} + \delta_{\ell})$ 减去 $\sum_{\ell=1}^{q} \delta_{\ell}$ 后可以得到原始值 $\boldsymbol{w}^{\mathrm{T}} x_i = \sum_{\ell=1}^{q} (\boldsymbol{w}_{\mathcal{G}_{\ell}}^{\mathrm{T}} (x_i)_{\mathcal{G}_{\ell}}$。通过这样一个安全聚合的策略，我们可以保证 $(x_i)_{\mathcal{G}_{\ell}}$ 和 $\boldsymbol{w}_{\mathcal{G}_{\ell}}$ 在聚合过程中不会泄露。

算法 8.3   获得 $\boldsymbol{w}^{\mathrm{T}} x_i$ 的安全算法

输入：每个参与方上的 $\{w_{\mathcal{G}_{\ell'}}\}_{\ell'=1}^{q}$ 和 $\{(x_i)_{\mathcal{G}_{\ell'}}\}_{\ell'=1}^{q}$，索引 i

　　并行执行

1: **for** $\ell' = 1, \cdots, q$ **do**
2: 　　生成一个随机数 $\delta_{\ell'}$ 然后计算 $\boldsymbol{w}_{\mathcal{G}_{\ell'}}^{\mathrm{T}} (x_i)_{\mathcal{G}_{\ell'}} + \delta_{\ell'}$
3: **end for**
4: 通过树 T_1 获得 $\xi_1 = \sum_{\ell'=1}^{q} (\boldsymbol{w}_{\mathcal{G}_{\ell'}}^{\mathrm{T}} (x_i)_{\mathcal{G}_{\ell'}} + \delta_{\ell'})$
5: 通过与 T_1 不同的树 T_2 获得 $\xi_2 = \sum_{\ell'=1}^{q} \delta_{\ell'}$

输出：$\boldsymbol{w}^{\mathrm{T}} x_i = \xi_1 - \xi_2$

8.3.2　算法详述

随机梯度下降法是机器学习的一种流行方法。然而，由于随机梯度的内在方差，它的收敛速度很慢。因此，许多流行的方差缩减技术相继被提出，包括 SVRG、SAGA、SPIDER。本章针对性地提出了 3 种 SGD 类算法，即 SGD、SVRG 和 SAGA。它们是在实践中最受欢迎的几种 SGD 类方法。我们在算法 8.1 和算法 8.2 中总结了 VFB²-SGD 的详细步骤。对于 VFB²-SVRG 和 VFB²-SAGA，只需用相应的更新规则进行替换即可。

如算法 8.1 所示，在每个主导更新中，主导者（一个主动方）计算 ϑ 然后把它和索引 i 发送给协作方（剩下的 $q-1$ 个参与方）。如算法 8.2 所示，对于参与方 ℓ，一旦接收到 ϑ 和 i，它都会异步地发起一个新的协同更新。对于主导者，它通过 $\nabla_{\mathcal{G}_{\ell}} f_i(\widehat{\boldsymbol{w}}) = \nabla_{\mathcal{G}_{\ell}} \mathcal{L}(\widehat{\boldsymbol{w}}) + \lambda \nabla g(\widehat{\boldsymbol{w}}_{\mathcal{G}_{\ell}})$

计算局部随机梯度。然而对于协作方，它用接收到的 ϑ 计算 $\nabla_{\mathcal{G}_\ell}\mathcal{L}$，用本地的 $\widehat{\boldsymbol{w}}$ 计算 $\nabla_{\mathcal{G}_\ell}g$（如算法 8.2 的步骤 3 所示）。注意，主动方也需要执行算法 8.2 来配合其他主导者的更新，以确保所有参与方的参数都被更新。

8.3.3　场景案例

在本节中，为了使读者对所述算法有更加直观的理解，我们展示了一个符合真实应用场景的案例。该案例的目的是利用机器学习模型求解真实的金融数据集 UCICreditCard 上的问题——根据用户的多项个人信息预测用户是否会出现贷款违约情况。该案例可帮助读者理解如何在具体任务中应用所提算法。具体地，我们在 UCICreditCard 数据集上应用所提出的 VFB^2 类算法，求解具有式 (8.1) 形式的逻辑回归模型。

（1）场景介绍

该数据集包含 23 个特征，分别为贷款额度、性别、教育程度、婚姻状况、年龄、月还款状况、月度账单总额以及月支付金额等个人信息；标签（是否会出现贷款违约情况，其中 1 表示违约，0 表示不违约）；数据集一共包含 30000 个样本。据此数据集我们设想有如下所述的场景。假设 A、B、C、D 四家公司分别拥有客户的不同特征，其中公司 A 拥有贷款额度，性别、年龄和 6 个月的月还款情况等 9 个特征；B 拥有性别、教育程度、婚姻状况、年龄等 4 个特征；C 拥有性别、年龄以及 6 个月的月度账单总额等 8 个特征，D 有性别、年龄、6 个月的月支付金额等 8 个特征；且每个公司的客户不尽相同（也即样本 ID 不完全相同）。特别地，该场景中公司 A 是贷款发放方，想利用机器模型判断用户是否会出现贷款违约情况。一般来说，公司 A 会利用自己的数据训练一个机器学习模型，然而由于公司 A 只有 9 个特征的数据，却没有如教育程度、婚姻状况、月度账单等其他对于判断用户是否违约有帮助的信息，所以利用该数据训练而得的模型可能会出现表现不佳的情况。公司 B、C、D 拥有相关用户的其他信息，且这些信息对学习公司 A 所需的模型有一定的帮助。因此，一个理想的方式是利用其他公司的特征数据一起训练模型，以求获得一个表现更好的模型。然而，由于隐私保护的相关法律法规和商业竞争等，公司之间无法直接共享这些用户数据。在这种情况下，一个可行的方案是利用联邦学习在技术层面实现四个公司在隐私保护下的协同学习。

（2）模型建立

首先，我们假设各公司的数据已经被处理为纵向联邦学习中的标准分布形式，以与数据集 UCICreditCard 对应。其中，公司 A 提供贷款额度、性别、年龄和 6 个月的月还款情况等 9 个特征（即 $\boldsymbol{x}_{\mathcal{G}_1} = [x_1, x_2, x_6, \cdots, x_{11}] \in \mathbb{R}^9$）；B 提供教育程度、婚姻状况共 2 个特征（即 $\boldsymbol{x}_{\mathcal{G}_2} = [x_3, x_4] \in \mathbb{R}^2$）；C 提供 6 个月的月度账单总额共 6 个特征（即 $\boldsymbol{x}_{\mathcal{G}_3} = [x_{12}, \cdots, x_{17}] \in \mathbb{R}^6$）；D 提供 6 个月的月支付金额共 6 个特征（即 $\boldsymbol{x}_{\mathcal{G}_4} = [x_{18}, \cdots, x_{23}] \in \mathbb{R}^6$）；且每个公司均包含 30000 个共同的样本 ID（24000 个样本用作训练集，6000 个样本用作测试集；只有公司 A 有标签数据）。采用 ℓ_2 正则化的逻辑回

归模型进行建模，则该场景下的问题可以表示为：

$$\min_{\boldsymbol{w}\in\mathbb{R}^d} f(\boldsymbol{w}) := \frac{1}{n}\sum_{i=1}^{n}\mathcal{L}(\theta_i,y_i) + \lambda\sum_{m=1}^{q}\|\boldsymbol{w}_m\|^2 \tag{8.2}$$

其中 $q=4$，$n=24000$，$d=23$，$\theta = \boldsymbol{w}^{\mathrm{T}}\boldsymbol{x}_i = \sum_{m=1}^{4}\boldsymbol{w}_m^{\mathrm{T}}(\boldsymbol{x}_i)_{\mathcal{G}_m} = \sum_{m=1}^{4}\boldsymbol{w}_m^{\mathrm{T}}(\boldsymbol{x}_i)_{\mathcal{G}_m}$，$\boldsymbol{x} = [\boldsymbol{x}_{\mathcal{G}_1},\boldsymbol{x}_{\mathcal{G}_2},\boldsymbol{x}_{\mathcal{G}_3},\boldsymbol{x}_{\mathcal{G}_4}]$，$\boldsymbol{w} = [\boldsymbol{w}_1,\boldsymbol{w}_2,\boldsymbol{w}_3,\boldsymbol{w}_4]$，且特征数据和模型参数分别存储在对应的公司中。

（3）模型学习

由情景设定可知，只有公司 A 有标签数据，所以公司 A 是主动方，公司 B、C、D 是被动方。根据算法 8.1 可知，公司 A 随机挑选样本 i，然后调用算法 8.3 计算 $\theta = \widehat{\boldsymbol{w}}^{\mathrm{T}}\boldsymbol{x}_i$。具体地，在调用算法 8.3 时，公司 A、B、C、D 分别利用当前的本地模型参数（由于异步更新，其计算所用的本地模型参数可能与实时的模型参数不一致）和本地特征数据计算 $\theta_1 = \widehat{\boldsymbol{w}}_1^{\mathrm{T}}(\boldsymbol{x}_i)_{\mathcal{G}_1}$、$\theta_2 = \widehat{\boldsymbol{w}}_2^{\mathrm{T}}(\boldsymbol{x}_i)_{\mathcal{G}_2}$、$\theta_3 = \widehat{\boldsymbol{w}}_3^{\mathrm{T}}(\boldsymbol{x}_i)_{\mathcal{G}_3}$、$\theta_4 = \widehat{\boldsymbol{w}}_4^{\mathrm{T}}(\boldsymbol{x}_i)_{\mathcal{G}_4}$，并分别产生随机数 δ_1、δ_2、δ_3、δ_4；然后通过不同的树结构分别聚合 ξ_1 和 ξ_2，即 $\xi_1 = \sum_{m=1}^{4}(\theta_m = \widehat{\boldsymbol{w}}_m^{\mathrm{T}}(\boldsymbol{x}_i)_{\mathcal{G}_m}+\delta_m)$ 和 $\xi_2 = \sum_{m=1}^{4}\delta_m$。由于公司 A 是主动发起计算的一方，因此公司 A 充当协作者，并计算 $\xi_1 - \xi_2$ 得到 $\theta = \widehat{\boldsymbol{w}}^{\mathrm{T}}\boldsymbol{x}_i$。在步骤 4 中，公司 A 根据聚合而得的 θ 和独有的标签数据计算 $\vartheta = \dfrac{\partial\mathcal{L}(\boldsymbol{w}^{\mathrm{T}}\boldsymbol{x}_i,y_i)}{\partial\widehat{\boldsymbol{w}}^{\mathrm{T}}\boldsymbol{x}_i} = \dfrac{-y_i\exp(-y_i\theta)}{1+\exp(-y_i\theta)}$，然后将 ϑ 发送给公司 B、C、D。对于公司 A，可计算其随机梯度为 $\vartheta(\boldsymbol{x}_i)_{\mathcal{G}_1} + 2\lambda\widehat{\boldsymbol{w}}_1$，并在步骤 7 中更新本地模型参数。对于逻辑回归模型，其损失函数对本地参数的偏梯度表达式为 $\dfrac{(\boldsymbol{x}_i)_{\mathcal{G}_m}\partial\mathcal{L}(\boldsymbol{w}^{\mathrm{T}}\boldsymbol{x}_i,y_i)}{\partial\widehat{\boldsymbol{w}}^{\mathrm{T}}\boldsymbol{x}_i} = \dfrac{-y_i\exp(-y_i\theta)}{1+\exp(-y_i\theta)}$。因此，对于公司 B、C、D 等被动方，即使没有标签数据也可以通过 $\dfrac{(\boldsymbol{x}_i)_{\mathcal{G}_m}\partial\mathcal{L}(\boldsymbol{w}^{\mathrm{T}}\boldsymbol{x}_i,y_i)}{\partial\widehat{\boldsymbol{w}}^{\mathrm{T}}\boldsymbol{x}_i} = \dfrac{-y_i\exp(-y_i\theta)}{1+\exp(-y_i\theta)} = (\boldsymbol{x}_i)_{\mathcal{G}_m}\vartheta$ 计算损失函数的偏梯度，并利用本地参数计算正则项的偏梯度，即 $2\lambda\widehat{\boldsymbol{w}}_m$。最后利用所得梯度对模型进行更新。异步并行地重复上述过程，直至收敛，则可获得对应的模型。

8.4　理论分析

本节将提供收敛性分析。请参考 Zhang 等人的论文[⊖]以了解更多证明细节。首先介绍强凸和非凸问题的基础假设。

假设 8.1　对于函数 $f_i(w)$，假设其满足以下条件：

1) **李普希兹梯度**：对于每个函数 f_i $(i=1,\cdots,n)$，存在常数 $L>0$，使得对于任意的 $w,w'\in\mathbb{R}^d$，有

$$\|\nabla f_i(w) - \nabla f_i(w')\| \leqslant L\|w-w'\| \tag{8.3}$$

⊖ 请参考论文 Secure Bilevel Asynchronous Vertical Federated Learning with Backward Updating 的 arXiv 版。

2) **块坐标李普希兹梯度**: 对于 $i = 1, \cdots, n$, 存在一个常数 $L_\ell > 0$, 使得对于第 ℓ 个块 $\mathcal{G}_\ell$ $(\ell = 1, \cdots, q)$, 有

$$\|\nabla_{\mathcal{G}_\ell} f_i(w + U_\ell \Delta_\ell) - \nabla_{\mathcal{G}_\ell} f_i(w)\| \leqslant L_\ell \|\Delta_\ell\| \tag{8.4}$$

其中, $\Delta_\ell \in \mathbb{R}^{d_\ell}$, $U_\ell \in \mathbb{R}^{d \times d_\ell}$, $[U_1, \cdots, U_q] = I_d$。

3) **梯度有界**: 存在一个常数 G, 使得对于任意的 f_i 块 $\mathcal{G}_\ell(\ell = 1, \cdots, q)$, 都有 $\|\nabla_{\mathcal{G}_\ell} f_i(w)\|^2 \leqslant G$ 成立。

假设 8.2　正则项 g 是 L_g 光滑的,这意味着存在常数 $L_g > 0$,使得对于 $\ell(\ell = 1, \cdots, q)$ 和 $\forall w_{\mathcal{G}_\ell}, w'_{\mathcal{G}_\ell} \in \mathbb{R}^{d_\ell}$ 都有

$$\|\nabla g(w_{\mathcal{G}_\ell}) - \nabla g(w'_{\mathcal{G}_\ell})\| \leqslant L_g \|w_{\mathcal{G}_\ell} - w'_{\mathcal{G}_\ell}\| \tag{8.5}$$

假设 8.2在正则项 g 上引入了光滑性,这在收敛性分析中是必要的。因为对于一个特定的协作方来说,它用接收到的 $\hat{w}$ (记为 $\bar{w}$) 计算 $\nabla_{\mathcal{G}_\ell} \mathcal{L}$,并用本地的 $\hat{w}$ 计算 $\nabla_{\mathcal{G}_\ell} g = \nabla g(w_{\mathcal{G}_\ell})$。因此,在分析中需要单独追踪正则项 g 在更新过程中的行为。与之前的研究工作类似,本章引入了有界的延迟。

假设 8.3　有界的延迟: 主导者和与协作方之间不一致的读取和通信的时间延迟上限分别是 τ_1 和 τ_2。

给定 $\hat{w}$ 作为 w 不一致的读取,可以用于计算主导更新中的随机梯度。与相关参考文献中的分析一样,有

$$\hat{w}_t - w_t = \gamma \sum_{u \in D(t)} U_{\psi(u)} \tilde{v}_u^{\psi(u)} \tag{8.6}$$

其中, $D(t) = \{t - 1, \cdots, t - \tau_0\}$ 表示 t 时刻之前的迭代回合中非重叠的子集,且 $\tau_0 \leqslant \tau_1$。$\bar{w}$ 是协作更新中计算 $\nabla_{\mathcal{G}_\ell} \mathcal{L}$ 的模型参数。由于特定的主导者和它对应的协作方之间的通信延迟,该参数是 $\hat{w}$ 的过时状态。参考相关文献的分析,有

$$\bar{w}_t = \hat{w}_{t-\tau_0} = \hat{w}_t + \gamma \sum_{t' \in D'(t)} U_{\psi(t')} \tilde{v}_{t'}^{\psi(t')} \tag{8.7}$$

其中 $D'(t) = \{t - 1, \cdots, t - \tau_0\}$ 是在通信期间执行的迭代回合的子集,且有 $\tau_0 \leqslant \tau_2$。

8.4.1　收敛性分析——强凸问题

假设 8.4　每个函数 $f_i(i = 1, \cdots, n)$ 是 μ-强凸的,即对于任意 $w, w' \in \mathbb{R}^d$ 存在常数 $\mu > 0$ 使得

$$f_i(w) \geqslant f_i(w') + \langle \nabla f_i(w'), w - w' \rangle + \frac{\mu}{2} \|w - w'\|^2 \tag{8.8}$$

对于强凸问题,引入符号 $K(t)$,表示一个最小的集合。该集合包含从全局迭代 t 开始到访问所有坐标后结束的所有迭代。这个概念的引入对于全局模型的异步收敛分析是必要的。此外,假设 $K(t)$ 的上界是 η_1, 即 $|K(t)| \leqslant \eta_1$。基于 $K(t)$,本章引入了如下定义的回合数 $v(t)$。

定义 8.1 令 $P(t)$ 是 $\{0, 1, \cdots, t - \sigma'\}$ 的一个划分，其中 $\sigma' \geqslant 0$。对于任意 $\kappa \subseteq P(t)$，存在 $t' \leqslant t$ 使得 $K(t') = \kappa$，以及 $\kappa_1 \subseteq P(t)$ 使得 $K(0) = \kappa_1$。第 t 次全局迭代对应的回合数，即 $v(t)$ 被定义为 $P(t)$ 的最大基。

给定回合数 $v(t)$ 的定义，则对于强凸问题有如下理论结果。

定理 8.1 在假设 $8.1 \sim 8.4$ 下，用算法 $\text{VFB}^2\text{-SGD}$ 找到式 (8.1) 的 ϵ 解，即 $\mathbb{E}(f(w_t) - f(w^*)) \leqslant \epsilon$。令 $\gamma \leqslant \dfrac{\epsilon \mu^{1/3}}{(96 G L_*^2)^{1/3}}$，如果 $\tau \leqslant \min\left\{\epsilon^{-4/3}, \dfrac{(G L_*^2)^{2/3}}{\epsilon^2 \mu^{2/3}}\right\}$，则回合数 $v(t)$ 应该满足

$$v(t) \geqslant \frac{44 (G L_*^2)^{1/3}}{\mu^{4/3} \epsilon} \log\left(\frac{2(f(w_0) - f(w^*))}{\epsilon}\right) \tag{8.9}$$

其中，$L_* = \max\{L, \{L_\ell\}_{\ell=1}^q, L_g\}$，$\tau = \max\{\tau_1^2, \tau_2^2, \eta_1^2\}$，$w_0$ 和 w^* 分别表示初始参数和最优参数。

定理 8.2 在假设 $8.1 \sim 8.4$ 下，用算法 $\text{VFB}^2\text{-SVRG}$ 找到式 (8.1) 的 ϵ 解，令 $C = (L_*^2 \gamma + L_*) \dfrac{\gamma^2}{2}$ 和 $\rho = \dfrac{\gamma \mu}{2} - \dfrac{16 L_*^2 \eta_1 C}{\mu}$，选择参数 γ 使得

$$1 - 2 L_*^2 \gamma^2 \tau > 0$$
$$\rho > 0$$
$$\frac{8 L_*^2 \tau^{1/2} C}{\rho \mu} \leqslant 0.05$$
$$L_*^2 \gamma^2 \tau^{3/2} (28 C + 5\gamma) \frac{36 G}{\rho (1 - 2 L_*^2 \gamma^2 \tau)} \leqslant \frac{\epsilon}{8} \tag{8.10}$$

其中，回合数 $v(t)$ 应该满足 $v(t) \geqslant \dfrac{\log 0.25}{\log(1 - \rho)}$，且算法的外循环次数 S 应该满足 $S \geqslant \dfrac{1}{\log \dfrac{4}{3}} \log \dfrac{2 f(w_0) - f(w^*)}{\epsilon}$。

定理 8.3 在假设 $8.1 \sim 8.4$下，用算法 $\text{VFB}^2\text{-SAGA}$ 找到公式 (8.1) 的 ϵ 解，令

$$c_0 = \left(2 \gamma^3 \tau^{3/2} + (L_*^2 \gamma^3 \tau + L_* \gamma^2) 180 \gamma^2 \tau^{3/2} + 8 \gamma^2 \tau\right) \frac{18 G L_*^2}{1 - 72 L_*^2 \gamma^2 \tau}$$
$$c_1 = 2 L_*^2 \tau (L_*^2 \gamma^3 \tau + L_* \gamma^2)$$
$$c_2 = 4 (L_*^2 \gamma^3 \tau + L_* \gamma^2) \frac{L_*^2 \tau}{n} \tag{8.11}$$

且 $\rho \in \left(1 - \dfrac{1}{n}, 1\right)$，选择 γ 使得

$$1 - 72 L_*^2 \gamma^2 \tau > 0$$
$$0 < 1 - \frac{\gamma \mu}{4} < 1$$

$$\frac{4c_0}{\gamma\mu(1-\rho)\left(\dfrac{\gamma\mu^2}{4}-2c_1-c_2\right)}\leqslant\frac{\epsilon}{2}$$

$$-\frac{\gamma\mu^2}{4}+2c_1+c_2\left(1+\left(1-\frac{1-\dfrac{1}{n}}{\rho}\right)^{-1}\right)\leqslant 0$$

$$-\frac{\gamma\mu^2}{4}+c_2+c_1\left(2+\left(1-\frac{1-\dfrac{1}{n}}{\rho}\right)^{-1}\right)\leqslant 0 \tag{8.12}$$

则回合数 $v(t)$ 应该满足 $v(t)\geqslant\dfrac{1}{\log\dfrac{1}{\rho}}\log\dfrac{2\left(2\rho-1+\dfrac{\gamma\mu}{4}\right)(f(w_0)-f(w^*))}{\epsilon\left(\rho-1+\dfrac{\gamma\mu}{4}\right)\left(\dfrac{\gamma\mu^2}{4}-2c_1-c_2\right)}$。

评论　对于强凸问题，给出相应定理的假设和参数，算法 VFB^2-SGD 的收敛速度是 $\mathcal{O}\left(\dfrac{1}{\epsilon}\log\left(\dfrac{1}{\epsilon}\right)\right)$，算法 VFB^2-SVRG 和 VFB^2-SAGA 的收敛速度都是 $\mathcal{O}\left(\log\left(\dfrac{1}{\epsilon}\right)\right)$。

8.4.2　收敛性分析——非凸问题

假设 8.5　假设非凸函数 $f(w)$ 是有下界的：

$$f^* := \inf_{w\in\mathbb{R}^d} f(w) > -\infty \tag{8.13}$$

假设 8.5 保证了非凸问题解的存在性。对于非凸问题，引入符号 $K'(t)$，表示包含 q 个迭代且遍历所有坐标的集合，即 $K'(t) = \{\{t, t+\bar{t}_1, \cdots, t+\bar{t}_{q-1}\} : \psi(\{t, t+\bar{t}_1, \cdots, t+\bar{t}_{q-1}\}) = \{1, \cdots, q\}\}$，其中第 t 次全局迭代表示一次主导迭代（由主动方发起的主导更新）。此外，这些迭代分别由一个主导者和剩下的协作方（这些协作方均从该主导者接收 ϑ）执行。另外，假设 $K'(t)$ 可以在 η_2 个全局迭代中完成，即对于 $\forall t'\in\mathcal{A}(t)$，有 $\eta_2 \geqslant \max\{u|u\in K'(t')\}-t'$。注意，不同于 $K(t)$，对于 $K'(t)$ 有 $|K'(t)|=q$。而且，由于强凸和非凸问题分析的不同，$K'(t)$ 的定义不强调 "连续的迭代"。基于 $K'(t)$ 引入如下定义的回合数 $v'(t)$。

定义 8.2　$\mathcal{A}(t)$ 表示全局迭代的集合，其中对于 $\forall\, t'\in\mathcal{A}(t)$ 有第 t' 个全局迭代表示一个主导迭代，而 $\cup_{\forall t'\in\mathcal{A}(t)}K'(t') = \{0, 1, \cdots, t\}$。回合数 $v'(t)$ 被定义为 $|\mathcal{A}(t)|$。

给定回合数 $v'(t)$ 的定义，对于非凸问题有如下理论结果。

定理 8.4　在假设 8.1～8.3 和假设 8.5 下，为了找到公式 (8.1) 的 ϵ 一阶稳定点，即对于随机变量 w 有 $\mathbb{E}\|\nabla f(w)\|\leqslant\epsilon$，对于算法 VFB^2-SGD，令 $\gamma=\dfrac{\epsilon}{L_*qG}$，如果 $\tau\leqslant\dfrac{512qG}{\epsilon^2}$，则总的回合数 T 应该满足：

$$T \geqslant \frac{\mathbb{E}\left[f(w_0)-f^*\right]L_*qG}{\epsilon^2} \tag{8.14}$$

其中，$L_* = \max\{L, \{L_\ell\}_{\ell=1}^q, L_g\}$，$\tau = \max\{\tau_1^2, \tau_2^2, \eta_2^2\}$，$f(w_0)$ 是函数的初始值（初始参数下函数的取值），f^* 在公式 (8.13) 中被定义。

定理 8.5 在假设 8.1～8.3 和假设 8.5 下，用算法 VFB^2-SVRG 求解公式 (8.1)，令 $\gamma = \dfrac{m_0}{L_* n^\alpha}$（其中 $0 < m_0 < \dfrac{1}{8}, 0 < \alpha \leqslant 1$），如果一个外循环的回合数 N 满足 $N \leqslant \left\lfloor \dfrac{n^\alpha}{2m_0} \right\rfloor$，且 $\tau < \min\left\{ \dfrac{n^{2\alpha}}{20m_0^2}, \dfrac{1-8m_0}{40m_0^2} \right\}$，则有

$$\frac{1}{T} \sum_{s=1}^{S} \sum_{t=0}^{N-1} \mathbb{E}||\nabla f(w_{t_0}^s)||^2 \leqslant \frac{L_* n^\alpha \mathbb{E}\left[f(w_0) - f(w^*)\right]}{T\sigma} \tag{8.15}$$

其中，T 是总的回合数，t_0 是回合 t 的第一个迭代，σ 是一个与 n 无关的取值较小的数。

定理 8.6 在假设 8.1～8.3 和假设 8.5 下，用算法 VFB^2-SAGA 求解公式 (8.1)，令 $\gamma = \dfrac{m_0}{L_* n^\alpha}$（其中 $0 < m_0 < \dfrac{1}{20}, 0 < \alpha \leqslant 1$），如果总的回合数 T 满足 $T \leqslant \left\lfloor \dfrac{n^\alpha}{4m_0} \right\rfloor$ 和 $\tau < \min\left\{ \dfrac{n^{2\alpha}}{180m_0^2}, \dfrac{1-20m_0}{40m_0^2} \right\}$，则有

$$\frac{1}{T} \sum_{t=0}^{T-1} \mathbb{E}||\nabla f(w_{t_0})||^2 \leqslant \frac{L_* n^\alpha \mathbb{E}\left[f(w_0) - f(w^*)\right]}{T\sigma} \tag{8.16}$$

评论 对于非凸问题，在定理中给定的条件下，算法 VFB^2-SGD 的收敛速度是 $\mathcal{O}(1/\sqrt{T})$，算法 VFB^2-SVRG 和 VFB^2-SAGA 的收敛速度是 $\mathcal{O}(1/T)$。

8.4.3 安全性分析

本小节从技术角度讨论 VFB^2 在常用的半诚实威胁模型下的数据和模型安全性。具体地，考虑安全分析中常用的两种半诚实威胁模型，其中威胁模型 2 允许参与方之间的共谋而威胁模型 1 不允许。

❑ **诚实但好奇**（**Honest-but-curious**）（威胁模型 1）：所有的参与方都将按照算法（协议）进行正确的计算。但是，他们可以使用自己保留的中间计算结果来推断其他参与方的数据和模型。

❑ **诚实但共谋**（**Honest-but-colluding**）（威胁模型 2）：所有的参与方都将按照算法进行正确的计算。然而，一些参与方可能会通过共享他们保留的中间计算结果来密谋推断其他参与方的数据和模型。

我们通过分析和证明该算法抵御推理攻击的能力来证明 VFB^2 的安全性。

定义 8.3（推理攻击） 参与方 ℓ 上的推理攻击是指在不直接访问的情况下，推理属于其他参与方的数据 $(x_i)_{\mathcal{G}_\ell}$（或者参数 $w_{\mathcal{G}_\ell}$）或者只有主动方才有的标签数据 y_i。

引理 给定等式 $o_i = w_{\mathcal{G}_\ell}^{\mathrm{T}}(x_i)_{\mathcal{G}_\ell}$ 或者 $o_i = \dfrac{\partial \mathcal{L}\left(\widehat{w}^{\mathrm{T}} x_i, y_i\right)}{\partial\left(\widehat{w}^{\mathrm{T}} x_i\right)}$ 且只知道 o_i 值，则该等式有无数个不同的解。

该引理的证明可参考 Zhang 等人的论文。基于以上引理，我们得到定理 8.7。

定理 8.7 在两种威胁模型下，算法 VFB^2 都能抵御推理攻击。

（1）特征和模型的安全性

在聚合过程中，$o_i = \boldsymbol{w}_{\mathcal{G}_\ell}^{\mathrm{T}}(\boldsymbol{x}_i)_{\mathcal{G}_\ell}$ 的值被随机数 δ_ℓ 掩盖了，且只传输 $\boldsymbol{w}_{\mathcal{G}_\ell}^{\mathrm{T}}(\boldsymbol{x}_i)_{\mathcal{G}_\ell} + \delta_\ell$ 的值。在威胁模型 1 下，接收方无法直接访问 o_i 的真实值，更别说通过关系 $o_i = \boldsymbol{w}_{\mathcal{G}_\ell}^{\mathrm{T}}(\boldsymbol{x}_i)_{\mathcal{G}_\ell}$ 推理 $\boldsymbol{w}_{\mathcal{G}_\ell}$ 和 $(\boldsymbol{x}_i)_{\mathcal{G}_\ell}$ 的值了。在威胁模型 2 下，通过与其他参与方共谋，接收方存在将随机值 δ_ℓ 从项 $\boldsymbol{w}_{\mathcal{G}_\ell}^{\mathrm{T}}(\boldsymbol{x}_i)_{\mathcal{G}_\ell} + \delta_\ell$ 中移除的风险。在该情形下，运用以上引理可知，即使该随机值被移除，也无法精确推断 $\boldsymbol{w}_{\mathcal{G}_\ell}^{\mathrm{T}}$ 和 $(\boldsymbol{x}_i)_{\mathcal{G}_\ell}$ 的真实值。因此，聚合过程在两种半诚实威胁模型下都可以防止推理攻击。

（2）标签安全性

在分析标签的安全性时，我们不考虑主动方与被动方的密谋，否则会让防止标签泄露变得毫无意义。在反向更新过程中，如果被动方 ℓ 想要通过接收到的 ϑ 推断 y_i，则它必须求解等式 $\vartheta = \dfrac{\partial \mathcal{L}\left(\widehat{\boldsymbol{w}}^{\mathrm{T}} x_i, y_i\right)}{\partial\left(\widehat{\boldsymbol{w}}^{\mathrm{T}} x_i\right)}$。然而，参与方 ℓ 只知道 ϑ。因此，根据以上引理可知，被动方不可能精确推断出其对应的标签。此外，被动方之间的串通对标签的安全性没有威胁。因此，在两种半诚实威胁模型下，反向更新都可以有效地防止推理攻击。

通过以上分析，我们认为我们提出的算法能在技术上保证特征数据、标签数据和模型参数的隐私安全性。

8.5 实验验证

在本节中，我们用大量的实验来证明算法的效率、可扩展性和无损性。

8.5.1 实验设置

所有实验都是在一台有 48 个线程的机器上进行的。为了模拟有多台机器（或多个参与方）的分布式环境，我们为每一个参与方安排了一个额外的线程来调度这些线程，该额外线程还能用来协调与其他参与方（及其线程）的通信。我们使用 MPI 来实现通信方案。数据被纵向随机地划分为 q 个非重叠部分，且每个参与方上的特征数量几乎相等。假设每个参与方的调度线程数为 m，我们使用训练数据集或随机选取 80% 的样本作为训练数据，而测试数据集或者剩下的 20% 作为测试数据。所有实验中，正则项系数 λ 都为 $1\mathrm{e}^{-4}$，然后从 $\{5\mathrm{e}^{-1}, 1\mathrm{e}^{-1}, 5\mathrm{e}^{-2}, 1\mathrm{e}^{-2}, \cdots\}$ 中选一个最优的学习率 γ。

（1）数据集

我们采用 4 个数据集供实验评估，并把这些数据集总结在表 8-1 中。其中，数据集 D_1（UCICreditCard）和 D_2（GiveMeSomeCredit）都是来自 Kaggle 网站 $^{\ominus}$ 的真实金融数据集。这两个数据集可以证明该算法处理真实任务的能力。数据集 D_3（news20）和 D_4

$\ominus$ https://www.kaggle.com/datasets。

（webspam）是来自 LIBSVM 网站⊖的大规模数据集。我们利用 one-hot 编码处理数据集 D_1 和 D_2 中的类别特征，使得两个数据集的特征数分别变成 90 和 92。

表 8-1　数据集介绍

	金融数据		大规模数据	
	D_1	D_2	D_3	D_4
# 样本数	24 000	96 257	17 996	175 000
# 特征数	90	92	1 355 191	16 609 143

（2）问题

对于 μ 强凸的情况，考虑以下 ℓ_2 范数的正则化逻辑回归问题：

$$\min_{\boldsymbol{w} \in \mathbb{R}^d} f(\boldsymbol{w}) := \frac{1}{n} \sum_{i=1}^{n} \log(1 + \mathrm{e}^{-y_i \boldsymbol{w}^{\mathrm{T}} \boldsymbol{x}_i}) + \frac{\lambda}{2} \|\boldsymbol{w}\|^2 \tag{8.17}$$

和下面这个非凸问题：

$$\min_{\boldsymbol{w} \in \mathbb{R}^d} f(\boldsymbol{w}) := \frac{1}{n} \sum_{i=1}^{n} \log(1 + \mathrm{e}^{-y_i \boldsymbol{w}^{\mathrm{T}} \boldsymbol{x}_i}) + \frac{\lambda}{2} \sum_{i=1}^{d} \frac{\boldsymbol{w}_i^2}{1 + \boldsymbol{w}_i^2}$$

8.5.2　实验结果和讨论

为了展示异步算法的效率，引入本章所提出算法的同步版，即同步反向更新的纵向联邦学习算法（Synchronous VFL Algorithms with BUM，简称为 VFB）。在实现该同步算法时，我们人为地合成了一个可能比最快的参与方要慢 30% 到 50% 的参与方，以模拟真实任务中计算资源不平衡的情况。

（1）异步效率

在这些实验中，假设 $q = 8$、$m = 3$，对于采用相同的随机梯度下降法但不同并行方式的算法（例如，异步的基于 SVRG 的算法及其对应的同步算法），设其步长相同。如图 8-2 和图 8-3 所示，异步算法一致地比其对应的同步算法的效率更高（同等情况下，用时更短）。

此外，从损失函数值与回合数的关系曲线来看，基于 SVRG 和 SAGA 的算法比基于 SGD 的算法具有更好的收敛速度，这与理论结果是一致的。

（2）异步可扩展性

从参与方数目 q 来考虑异步加速的可扩展性。给定 m，多方加速被定义为

$$q \text{ 方加速} = \frac{\text{一个参与方的运行时间}}{q \text{ 个参与方的运行时间}} \tag{8.18}$$

⊖　https://www.csie.ntu.edu.tw/cjlin/libsvmtools/datasets/。

其中，运行时间定义为达到某一次最优精度所需的时间，例如对于数据集 D_4，该次最优精度设为 $1e^{-3}$。为此，针对公式 (8.18) 设计了对应的实验，其结果如图 8-4 所示。可见，异步算法比同步算法有更好的 q 方加速性能，且能达到近似线性的加速效果。

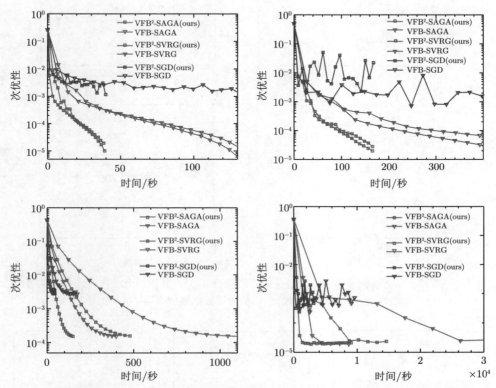

图 8-2　求解 μ 强凸的纵向联邦学习模型（也即式 (8.17)），其中每个点代表一个训练回合（也即算法遍历一次整个数据集），实验所用数据集依次是 D_1、D_2、D_3、D_4

（3）算法的无损性

为了证明算法的无损性，我们特地比较了 VFB^2-SVRG 和它的非联邦（NonF）版本的算法（即参与方的数量是 1），以及基于 ERCR 但没有反向更新机制的算法，即 Gu 等人于 2020 年在文章中提出的 AFSVRG-VP 算法。特别是 AFSVRG-VP 也采用了分布式随机梯度下降方法，但被动方由于缺少标签无法对相应的参数进行优化。在实现 AFSVRG-VP 算法时，假设只有一半的参与方有标签，即其他参与方持有的特征相对应的参数没有优化。比较实验重复了 10 次，设 $m = 3$、$q = 8$，且算法停止条件相同。如表 8-2 所示，所提算法的精度与非联邦版的算法相同，且远远优于 AFSVRG-VP 算法，这有力地证明了所提算法的优越性。

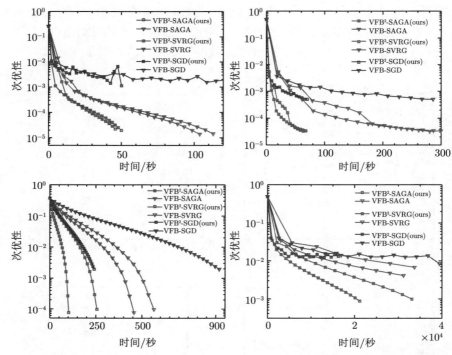

图 8-3 求解非凸的纵向联邦学习模型（也即公式 (8.18)），其中每个点代表一个训练回合（也即算法遍历一次整个数据集），实验所用数据集依次是 D_1、D_2、D_3、D_4

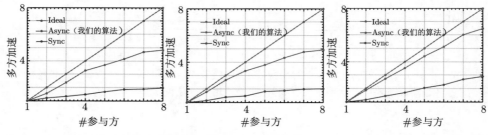

图 8-4 $m = 2$ 时三个算法的加速扩展性（自左往右依次是基于 SGD、SVRG 和 SAGA 的算法结果，实验是在数据集 D_4 上做的）

表 8-2 不同算法的预测精度表

	算法	D_1	D_2	D_3	D_4
	NonF	81.96%±0.25%	93.56%±0.19%	98.29%±0.21%	92.17%±0.12%
公式 (8.17)	AFSVRG-VP	79.35%±0.19%	93.35%±0.18%	97.24%±0.11%	89.17%±0.10%
	所提算法	81.96%±0.22%	93.56%±0.20%	98.29%±0.20%	92.17%±0.13%
	NonF	82.03%±0.32%	93.56%±0.25%	98.45%±0.29%	92.71%±0.24%
公式 (8.18)	AFSVRG-VP	79.36%±0.24%	93.35%±0.22%	97.59%±0.13%	89.98%±0.14%
	所提算法	82.03%±0.34%	93.56%±0.24%	98.45%±0.33%	92.71%±0.27%

8.6　总结

本章针对实际应用中的纵向联邦学习系统提出了一种新的反向更新机制，在该系统中，我们假设只有一方或部分参与方有标签数据。本章提出的新算法能使所有参与方，而不仅仅是主动方，可以协同更新模型，并保证了算法的收敛性。这是之前提出的基于 ERCR 的纵向联邦学习方法在实际任务中不具备的性质。此外，本章还提出了一种双层异步并行结构，可使基于 ERCR 的反向更新算法在实际任务中更加高效。

CHAPTER 9

第 9 章

纵向联邦深度学习算法

近年来，机器学习受到学术界和工业界越来越多的关注，并被广泛应用于各类任务，包括多媒体概念检索、图像分类、视频推荐、社会网络分析、文本挖掘等。在众多机器学习算法中，深度学习（也被称为表示学习）是应用最广泛的模型。此外，数据的爆炸性增长、可用性以及硬件技术的显著进步，使得分布式学习和深度学习等技术成为当前的研究热点。许多先进的深度学习技术也被提出，并在不同类型的任务中展现出良好的应用前景，如自然语言处理、视觉数据处理、语音和音频处理，以及许多其他应用场景。随着社会对隐私安全愈发重视，上述应用场景中的隐私问题也饱受争议和关注。前面几章从传统机器学习方法的角度提出了各种新颖、有效的纵向联邦学习算法，均未涉及深度学习模型。为此，本章将介绍纵向联邦深度学习算法。

该算法是针对深度模型的联邦学习算法，而不同于前两章只针对线性模型；该算法可支持异步更新，比同步算法具有更高的效率。

9.1 引言

联邦学习受到了学术界和业界的广泛关注，因为它在技术层面上满足了隐私保护的协同建模需求。根据数据的划分方式，现有的联邦学习框架可以分为两大类，即横向联邦学习和纵向联邦学习。在横向联邦学习中，各参与方有相同的样本特征、不同的样本 ID；而对于纵向联邦学习，不同参与方拥有相同样本 ID，但特征子集相互不同。这类场景在新兴的跨组织协同建模应用中很常见，包括但不限于医学研究、风险评估和定向营销等。例如，拥有网上购物信息的电子商务公司可以与拥有同一个人的其他信息（如月平均存款和网上消费）的银行和数字金融公司协同训练联合模型，以实现精准的客户定位与分析。

现有的纵向联邦学习算法大多针对传统的机器学习模型，如逻辑回归、线性回归、支持向量机等，正如第 6~8 章中所述。因此，有必要提出纵向联邦深度学习算法，作为上述算法的一个简单补充。

9.2 所提算法

具体地，考虑一个有 q 个参与方和一个服务器的通用纵向联邦学习系统（或者针对特征分布数据的机器学习系统），其中每个参与方都有部分纵向划分的特征数据，而服务器（一个参与方或者可信的第三方）还有标签数据。在这样的系统中，各参与方和服务器都想解决以下组合形式的有限和问题：

$$f(w_0, \boldsymbol{w}) := \underbrace{\frac{1}{n} \sum_{i=1}^{n} F_0\left(w_0, c_{i,1}, \cdots, c_{i,q}; y_i\right) + \lambda \sum_{m=1}^{q} g(w_m)}_{f_i(w_0, \boldsymbol{w})}$$

$$c_{i,m} = F_m(w_m; x_{i,m}), \quad m \in [q] \tag{9.1}$$

其中 $f_i(w_0, \boldsymbol{w}) : \mathbb{R}^d \to \mathbb{R}$ 是第 i 个样本上的损失函数，$\boldsymbol{w} = \{w_1, \cdots, w_q\}$，对于 $m \in [q]$，$w_m \in \mathbb{R}^{d_m}$（给定一个正整数 q，符号 $[q]$ 表示集合 $\{1, \cdots, q\}$）在参与方 m 上定义了一个局部模型 F_m，该模型将输入 $x_{i,m}$ 映射成输出 $c_{i,m}$，其中 $w_0 \in \mathbb{R}^{d_0}$ 在服务器端定义了一个全局模型 F_0，$d = \sum_{m=0}^{q} d_m$。特别地，公式 (9.1) 是一个涵盖了很多机器学习模型的通用形式。下面展示一个通用的深度神经网络模型。

深度神经网络模型：如果 F_m 是一个复杂的非线性模型，例如神经网络，则 $c_{i,m}$ 可以用如下所示的模型表示：

$$u_0 = x_{i,m} \tag{9.2a}$$

$$u_l = \sigma_l(h_l u_{l-1} + b_l), \quad 其中 \ l = 1, \cdots, K \tag{9.2b}$$

$$c_{i,m} = u_K \tag{9.2c}$$

其中，σ_l 是一个线性或者非线性形式的激活函数，h_l 和 b_l 对应着局部模型的参数 w_m。具体地，$w_m = [h_1, \cdots, h_K, b_1, \cdots, b_K]$，$K$ 是网络层数。在这种情况下，F_0 可以是一个像全连接层这样简单的神经网络，也可以是其他复杂的深度神经网络。

9.2.1 算法框架

针对公式 (9.1) 形式的深度神经网络模型，我们提出了一个新的纵向联邦深度学习（Vertical Federated Deep Learning，VFDL）框架，该框架的示意图如图 9-1 所示。整个数据纵向分布在各个参与方中且在本地隐私存储。局部模型和全局模型分别本地存储在参与方和服务器上，模型的学习则是协同进行的。此外，每个局部模型都与全局模型级联，所有的局部模型都可以通过该全局模型相连。

在这个框架中，每个局部模型将输入 $x_{i,m}$ 映射成对应的局部函数值，且所有的函数值都异步地传输到服务器，并作为全局模型的输入。然后，服务器计算全局模型对局部模型输出值（即全局模型对输入）的偏梯度（与偏导对应）并将其返给对应的激活的参与方

（该局部模型的拥有者）（参考算法 9.1 的第 2 行）。在收到偏梯度之后，激活的参与方可以计算局部梯度并将其用于更新局部模型。模型参数和数据等信息在各个参与方之间的共享是被禁止的，因此可以在技术上防止隐私被直接泄露。接下来，我们将展示如何计算对应的梯度并提出纵向联邦深度学习算法。

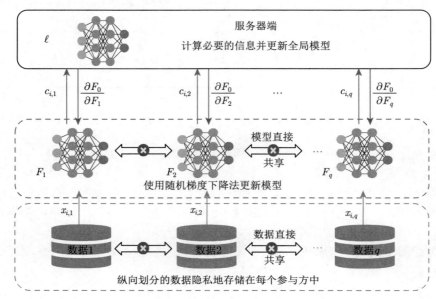

图 9-1   VFDL 结构示意

9.2.2 算法详述

本小节在该框架下提出了一个异步纵向联邦深度学习（Asynchronous Vertical Federated Deep Learning，AVFDL）算法。

首先，给定形如公式 (9.1) 所示的问题，根据链式法则，有

$$\frac{\partial F_0}{\partial w_m} = \frac{\partial F_0}{\partial F_m}\frac{\partial F_m}{\partial w_m} \tag{9.3}$$

其中 $m = [q]$。其全局模型对局部模型 F_m 输出的偏导为

$$\frac{\partial F_0}{\partial F_m} = \frac{\partial F_0(w_0, \boldsymbol{c}_i, y_i)}{\partial c_{i,m}} \tag{9.4}$$

其中 $\boldsymbol{c}_i = \{c_{i,m}\}_{m=1}^q$。注意，我们后面所提出的方法是异步的，因此必须维持一个矩阵来存储所有 $\{\boldsymbol{c}_i\}_{i=1}^n$ 的值（或向量）。如果是同步版本的 VFDL，则不需要该矩阵。在这种情况下，必要的信息如对于给定的样本 i 和所有的 $c_{i,m}$（$m \in \{q\}$），在每次通信中都应该被有效地传输。公式 (9.3) 中右边的两项可以分别被客户端和服务器端有效地计算。

AVFDL-SGD 的具体步骤见算法 9.1。

算法 9.1　　AVFDL-SGD 算法

0: 对于所有的参与方 $m \in [q]$，初始化其局部模型参数等变量

1: **while** 没收敛 **do**

2:　　**当** 用户 m 被激活时，**执行：**

3:　　　挑选一个样本 $i \overset{\text{Unif}}{\sim} [n]$

4:　　　利用本地数据和模型计算 $c_{i,m}$

5:　　　上传 $c_{i,m}$ 到服务器

6:　　　从服务器端接收 $\dfrac{\partial F_0}{\partial F_m}$（以监听或者请求的方式），然后计算 $\dfrac{\partial F_m}{\partial w_m}$

7:　　　计算随机梯度估计算子 $\widetilde{v}_m = \dfrac{\partial F_0}{\partial F_m}\dfrac{\partial F_m}{\partial w_m}$

8:　　　更新 $w_m \leftarrow w_m - \eta_m \widetilde{v}_m$

9:　　**当服务器接收到** $c_{i,m}$ 时**执行：**

10:　　　计算 $\dfrac{\partial F_0}{\partial F_m}$

11:　　　计算 $\widetilde{v}_0 = \hat{\nabla}_{w_0} f_i(w_0, \boldsymbol{w})$

12:　　　更新全局模型参数 $w_0 \leftarrow w_0 - \eta_0 \widetilde{v}_0$

13:　　　将 $\dfrac{\partial F_0}{\partial F_m}$ 发送给参与方 m

14: **end while**

在步骤 4 中，被激活的参与方 m 用它私有的数据和模型计算 $c_{i,m}$。在步骤 5，$c_{i,m}$ 被发送给服务器。在接收到参与方 m 发送的 $c_{i,m}$ 之后，服务器就用它以及之前接收到的其他参与方的局部模型函数值（存储在矩阵中）计算 F_0 及偏梯度。注意，这些来自其他 $q-1$ 个参与方的函数值是过时的（或者说，不是根据最新的参数计算得来的），因为是异步更新（对于同步版，则没有"过时"一说）。对于参与方 m，它需要主动向服务器发起查询 $\dfrac{\partial F_0}{\partial F_m}$ 的请求，然后综合利用本地计算得到的 $\dfrac{\partial F_m}{\partial w_m}$ 来计算 $\dfrac{\partial F_0}{\partial w_m}$。

在该算法中，我们采用随机梯度下降法（SGD）作为随机梯度估计算子。由于该估计算子的固有方差较大，因此该算法的性能不是很理想。如想得到其方差缩减版的算法，如基于 SVRG 和 SAGA 甚至 SPIDER 的算法，只需将更新规则（或者随机梯度估计算子）替换为 SVRG、SAGA 等即可，或者参考前面章节介绍的内容将基于 SGD 的算法扩展成基于 SVRG 和 SAGA 等的算法。

9.2.3　场景案例

在本小节中，为了使读者对所述算法有更加直观的理解，我们展示了一个符合真实应用场景的案例。该案例的目的是利用机器学习模型求解真实的金融数据集 UCICreditCard

上的问题——根据用户的多项个人信息预测用户是否会出现贷款违约情况。该案例可帮助读者理解如何在具体任务中应用所提算法。具体地,我们在 UCICreditCard 数据集上应用所提出的 VFB^2 类算法来求解公式 (9.1) 形式的神经网络问题。

该数据集包含 23 个特征,分别为贷款额度、性别、教育程度、婚姻状况、年龄、月还款状况、月度账单总额以及月支付金额等个人信息;标签(是否会出现贷款违约情况,其中 1 表示违约,0 表示不违约);数据集一共包含 30000 个样本。据此数据集我们设想有如下所述的场景。假设 A、B、C、D 四家公司分别拥有客户的不同特征,其中公司 A 拥有贷款额度、性别、年龄和 6 个月的月还款情况等 9 个特征;B 拥有性别、教育程度、婚姻状况、年龄等 4 个特征;C 拥有性别、年龄以及 6 个月的月度账单总额等 8 个特征,D 有性别、年龄、6 个月的月支付金额等 8 个特征;且每个公司的客户不尽相同(也即样本 ID 不完全相同)。特别地,该场景中公司 A 是贷款发放方,想利用机器模型判断用户是否会出现贷款违约情况。一般来说,公司 A 会利用自己的数据训练一个机器学习模型,然而由于公司 A 只有 9 个特征的数据,却没有如教育程度、婚姻状况、月度账单等其他对判断用户是否违约有帮助的信息,所以利用该数据训练而得的模型可能会出现表现不佳的情况。公司 B、C、D 拥有相关用户的其他信息,且这些信息对学习公司 A 所需的模型会有一定的帮助。因此,一个理想的方式是利用其他公司的特征数据一起训练模型,以求获得一个表现更好的模型。然而,由于隐私保护的相关法律法规和商业竞争等原因,公司之间无法直接共享这些用户数据。在这种情况下,一个可行的方案是利用联邦学习在满足管辖地法律法规及监管要求的前提下实现四个公司在隐私保护下的协同学习。

(1)模型建立

首先,我们假设各公司的数据已经被处理为纵向联邦学习中的标准分布形式,以与数据集 UCICreditCard 对应。其中,公司 A 提供贷款额度、性别、年龄和 6 个月的月还款情况等 9 个特征(即 $\boldsymbol{x}_{\mathcal{G}_1} = [x_1, x_2, x_6, \cdots, x_{11}] \in \mathbb{R}^9$);公司 B 提供教育程度、婚姻状况共 2 个特征(即 $\boldsymbol{x}_{\mathcal{G}_2} = [x_3, x_4] \in \mathbb{R}^2$);公司 C 提供 6 个月的月度账单总额等 6 个特征($\boldsymbol{x}_{\mathcal{G}_3} = [x_{12}, \cdots, x_{17}] \in \mathbb{R}^6$);公司 D 提供 6 个月的月支付金额等 6 个特征($\boldsymbol{x}_{\mathcal{G}_4} = [x_{18}, \cdots, x_{23}] \in \mathbb{R}^6$);且每个公司均包含 30000 个共同的样本 ID(24000 个样本用作训练集,6000 个样本用作测试集;只有公司 A 有标签数据)。则该场景下的问题可以表示为:

$$f(w_0, \boldsymbol{w}) := \underbrace{\frac{1}{n} \sum_{i=1}^n F_0\left(w_0, c_{i,1}, \cdots, c_{i,q}; y_i\right) + \lambda \sum_{m=1}^q \|w_m\|^2}_{f_i(w_0, \boldsymbol{w})}$$

$$c_{i,m} = F_m(w_m; x_{i,m}), \quad m \in [q] \tag{9.5}$$

其中 $f_i(w_0, \boldsymbol{w}) : \mathbb{R}^d \to \mathbb{R}$ 是第 i 个样本上的损失函数,$q = 4$,$n = 24000$,$d = 23$,数据 $x = [x_1, x_2, x_3, x_4]$ 分别存于公司 A、B、C、D 中,参数 $\boldsymbol{w} = \{w_0, w_1, w_2, w_3, w_4\}$,且对于 $m = 1, 2, 3, 4$,w_m 分别在公司 A、B、C、D 上定义了一个局部模型 F_m,该模型

将输入 $x_{i,m}$ 映射成输出 $c_{i,m}$，其中 $w_0 \in \mathbb{R}^{d_0}$ 定义了一个在服务器端维持并学习的全局模型 F_0。

（2）模型学习

由于只有公司 A 有标签数据，因此在该场景中公司 A 为参与方 1，同时扮演着服务器的角色（即参与方 0），公司 B、C、D 分别代表参与方 2、3、4。假设公司 B 为用户，公司 A 为服务器，则根据算法 9.1 公司 B 随机挑选样本 i，然后利用本地数据和模型 w_2 计算 $c_{i,2}$ 并将 $c_{i,2}$ 上传给公司 A。公司 A 接收到 $c_{i,2}$ 之后首先计算全局模型 F_0 对 F_2（即 $c_{i,2}$）的偏导数 $\dfrac{\partial F_0}{\partial F_2}$，然后如算法 9.1 第 11 步所示，计算 f_i 对全局模型的偏导数，并对全局模型进行更新。最后，公司 A 将 $\dfrac{\partial F_0}{\partial F_m}$ 发送给公司 B。公司 B 接收到公司 A 发送来的 $\dfrac{\partial F_0}{\partial F_2}$ 之后，利用链式法则计算 f_i 对参数 w_2 的偏导，也即 $\dfrac{\partial F_0}{\partial F_2} \dfrac{\partial F_m}{\partial w_m}$，并在步骤 8 中对本地模型 w_2 进行更新。对于算法 9.1 中的步骤 13，严格来说只需位于步骤 10 之后即可。由于公司 A、B、C、D 都有用户的角色，因此均需执行步骤 3 和步骤 8；而公司 A 同时扮演着服务器的角色，因此还需要同时执行步骤 10 和步骤 13。注意，公司 A 虽然扮演着用户和服务器的角色，但这两个角色对应的算法步骤是并行且独立分开执行的。此外，服务器也可以由一个可信的第三方扮演。最后，各个公司异步并行地重复上述过程，直至收敛，即可学得对应的模型。

9.3 理论分析

本节将从技术角度对算法的隐私安全和复杂度进行分析。

9.3.1 复杂度分析

在算法 9.1 的步骤 4 中，计算 $c_{i,m}$ 需要 $\mathcal{O}(d_m)$ 次乘法操作，所以其对应的计算复杂度为 $\mathcal{O}(d_m)$。类似地，步骤 6、7、8 的计算复杂度也是 $\mathcal{O}(d_m)$。步骤 10、11、12 加起来的计算复杂度为 $\mathcal{O}(d_0)$。因此，算法 9.1 的总计算复杂度为 $\mathcal{O}(d_m + d_0)$。在算法 9.1 中，只有全局模型对局部模型输出的偏导数在参与方 m 和服务器之间传输，因此算法 9.1 的整体通信复杂度是 $\mathcal{O}(1)$（此处基于假设——局部模型的输出是一个标量，如果是一个 d_m 维的向量，则通信复杂度对应为 $\mathcal{O}(d_m)$）。该算法的通信复杂度相对较低，尤其是当本地模型的输出为标量时。

9.3.2 安全性分析

为了从技术层面保证该算法中数据和模型的隐私性，所有的数据 $(x_i)_m$ 和对应的模型参数 w_m 都只分别安全地存储在对应的参与方或服务器端。该方案中任意参与方都不能直接传输数据 $(x_i)_m$ 和本地模型参数 w_m 给其他参与方，正如在算法 9.1 中所示，只需传输本地模型的输出和部分偏导数。就本地输出而言，由于本地模型本身的复杂性，用户很难在已知输出的情况下推理模型参数和特征数据两个变量（具体的分析细节可参考前面章节中的隐私安全分析），也很难根据部分偏导数推导出有价值的信息（目前暂未有研究表明其会泄露模型、数据隐私）。因此，所提出的异步联邦深度学习算法可以在技术上保证数据和模型的隐私性。

9.4　实验验证

在本书中，我们在两个常用的深度学习数据集上验证所提算法的有效性。

9.4.1　实验设置

在实验中，我们采用 Gloo 作为通信机制，采用 PyTorch 实现深度网络。与其他章节类似，我们将数据按特征划分（即纵向划分）为 q 个不重叠的部分，且每个部分的特征数量几乎相等。对于所有的参与方（客户端）来说，其步长 γ 都是从 $\{5e^{-1}, 1e^{-1}, 5e^{-2}, 1e^{-2}, \cdots\}$ 中选出来的，而服务器端的步长则设为 γ/q（因为服务器端全局更新的频次是本地模型的 q 倍）。实验所用数据集为深度网络中常用的 MNIST 和 Fashion MNIST。在实验中，我们设定参与方数为 4，即 $q = 4$，且假设服务器端为一个安全的第三方。

实验采用了一个基于全连接网络（Fully Connected Network，FCN）的模型。其中，本地模型为一个两层的全连接网络（784×128×1），且采用 ReLU 作为激活函数。全局模型也是两层的网络，其中第一层为 $q \times 10$ 的全连接层，第二层为 Sofamax 层。

9.4.2　实验结果和讨论

为了突出所提异步算法的有效性，我们设计了该算法的同步版本（即 VFDL 算法）并进行比较。图 9-2 展示了实验结果。其中，纵坐标为函数损失值与最优值的差值，横坐标为运行时间。该实验结果表明，我们的方法可以很好地求解深度模型，同时所提的异步算法相对于其同步版本也能显著提升效率。

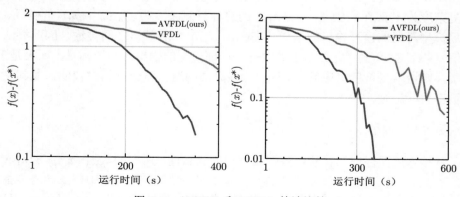

图 9-2　AVFDL 和 VFDL 算法比较

9.5　总结

本章在纵向联邦学习的设定下提出了一个异步的针对深度学习的框架，并在该框架下提出了一个基于随机梯度下降的算法 AVFDL-SGD。该算法的异步性使其可以更好地利用各参与方的计算资源。实验结果也表明，该异步算法比其同步算法高效。

CHAPTER 10

第 **10** 章

快速安全的同态加密数据挖掘框架

随着人们对数据挖掘中数据隐私安全的日益重视，同态加密（HE）技术由于能实现在密文空间上的运算受到了越来越多的关注。通过使用同态加密技术可以将训练模型等任务安全地外包给不完全信任但有强大计算能力的公有云。然而，基于同态加密的模型训练具有非常高的计算复杂度，导致其难以扩展到现实生活中常见的大规模问题上。因此，能否将同态加密技术应用到大规模数据挖掘中仍然是一个难题。为此，我们在本章中提出了一种新颖的基于分布式同态加密的通用数据挖掘框架。具体而言，该方法的主要思想是使用一点额外的通信代价换取同态加密中深度较浅的计算电路，从而降低总体复杂度。我们在多个数据挖掘算法和基准数据集上进行了试验，结果表明了该框架的高效性和有效性。例如，该分布式框架在 5 分钟左右成功地训练了一个可以识别出数字 3 和 8 的逻辑回归模型，而对应的集中式模型则需要近 2 小时。

10.1　引言

在过去的十年中，高科技领域取得了突破性进展，随之而来的是日益增长的数据。在工业界，数据不再托管在单一服务器或者集群上，并需要更多的资源来分析。云计算和分布式机器学习技术成为大数据存储和分析的理想解决方案。但与此同时，人们开始担忧公有云计算中使用到的用户敏感数据，尤其是在数字科技和医疗领域。传统的加密技术主要用来解决数据在存储和传输过程中的安全和隐私问题，而不是数据分析过程。这给机器学习和数据挖掘研究者带来了巨大的挑战：在公有云计算和分布式机器学习环境中，该如何安全地训练机器学习和数据挖掘模型。目前，隐私保护的学习方案大致可以分为 4 种，即 Dwork 等人推动的差分隐私（Differential Privacy，DP）、Yao 等人提出的安全多方计算（Secure Multi-Party Computation，SMC）、Gentry 等人推动的同态加密和 Champagne 等人提到的安全飞地（Secure Enclave，SE）。这些方法有如下优缺点。

- **差分隐私**：该方法具有很强的理论保证，可以保护隐私但会导致模型性能下降，并在很多对模型精度有要求的情况下无法使用。同时，差分隐私中隐私参数的选择，如噪声大小 ϵ 的选取仍然未解决。
- **安全多方计算**：该方法能使多方参与者在不透露自己输入的情况下安全地计算一个函数，但它严重依赖于通信，而且在安全多方计算框架下构建模型通常并不是很容易。
- **同态加密**：该方法因能在密文空间进行同态计算而出名，但它的计算开销通常很大。
- **安全飞地**：该方法将模型的训练外包给一个可信的第三方。显然，它的安全性完全依赖于第三方系统的设计。针对这种系统有很多类攻击，比如著名的侧信道攻击。

由这些技术的当前现状可知，部署大规模的安全数据挖掘系统仍然是有挑战的。本章的初衷是通过降低基于同态加密的数据挖掘系统的时间复杂度，向构建实用、安全的数据挖掘系统迈进一步。具体而言，我们提出了一种新型的分布式安全数据挖掘框架，它可以利用同态加密技术进行快速的模型学习。该框架的设计是基于同态加密的一个关键特性：同态加密实际上是在进行近似计算且每次操作后都会在密文中积累噪声。显然，如果噪声积累过多，明文就无法被正确地恢复。因此，密码研究人员发明了一种称为自举法（Bootstrap）的技术来控制噪声。然而，Bootstrap 操作的时间复杂度非常高（相比其他基本同态操作至少高 10 倍），而且会导致其他操作的复杂度变高。因此，如果不使用Bootstrap 操作，则可以节省大量的计算资源。接下来，我们将证明这对于数据挖掘模型来说是可行的，尤其是在分布式学习的场景下。实际上，数据挖掘模型对噪声相对不敏感。不少研究表明，即使将模型参数大小压缩至 1bit 也不会降低多少性能。更重要的是，分布式学习中计算电路的深度是有限的，因为工作节点每隔几次迭代就会更新其模型参数。基于这个简单的发现，我们设计了该框架。而且，我们将在实验部分进一步证明，该框架在保证模型性能的同时，能提升至少 10 倍的训练速度。一个简单的实例是，使用该框架在 MNIST 数据集上训练一个逻辑回归模型，能在 5 分钟内达到 96.5% 的准确率，而传统的基于同态加密的学习框架则需要近 2 小时的训练时间。最后，值得注意的是，该数据挖掘系统可以保护数据的隐私性，因为工作人员只能访问加密后的数据而不知道原始数据。

10.2　相关工作

在提出框架之前，我们首先介绍一些预备知识，其中同态加密部分可参考第 3 章。同态加密支持在密文空间中对密文进行数学计算，其中"同态"是指加密函数和解密函数在明文和密文之间是同态的。更确切地说，假设 z_i 表示明文，s_i 表示密文，π 和 π^{-1} 分别表示加密和解密函数，则对于同态加密来说，给定

$$
\begin{aligned}
s_1 &= \pi(z_1) \\
s_2 &= \pi(z_2)
\end{aligned}
\tag{10.1}
$$

和

$$z_0 = z_1 \otimes z_2$$
$$s_0 = s_1 \tilde{\otimes} s_2$$

(10.2)

则满足 $s_0 = \pi(z_0)$，其中 $\otimes$ 表示任意算术计算，如加法或乘法，而 $\tilde{\otimes}$ 表示该计算对应的加密版。

同态加密可以追溯到 20 世纪 70 年代提出的 RSA 算法。此后，不同类型的同态加密方案被提出。Paillier 等人在 1999 年提出了只支持同态加法的 Paillier 方案。像 Paillier 这样仅支持部分同态加密运算的方案被称为部分同态加密方案，而同时支持加法和有限次乘法的方案（像 Brakerski 在 2014 年提出的方法）则被称为有限全同态加密方案。但它们不是全同态加密方案，因为它们限制了计算电路的最大深度（乘法次数）。Gentry 在 2009 年提出了第一个支持任意次运算的全同态加密（FHE）方案。该方案的一个关键创新是使用 Bootstrap 技术来控制密文噪声。其实，Bootstrap 的核心思想是以同态的方式对密文进行重新加密，即在密文空间定义一个与解密和加密操作同态的计算电路，然后对这个电路进行计算。Gentry 最初提出的方案的计算速度非常慢（相比其他基本同态运算，例如只支持加法或乘法的部分同态加密方案，其要慢几个数量级）。此后不少学者都在研究如何提高该方案的实用性。特别地，我们提出的框架建立在最近提出的"近似数同态加密"（Homomorphic Encryption for Arithmetic of Approximate Numbers，HEAAN）全同态加密方案的基础上。这个方案有两个主要特点。首先，它支持同态舍入操作（Rounding Operation），因此，与其他全同态方案中的指数关系相比，密文模量的大小相对于计算电路的深度呈线性。此外，舍入操作特别适合于机器学习应用，因为这些应用中模型参数的精度往往不太重要。其次，它支持打包操作（Packing Operation），即一个密文可以对一组明文（参数）进行加密。因此，对密文的操作相当于对明文做并行计算，提高了训练速度。

接下来，我们从多个角度简单地概述一下同态加密数据挖掘的最新发展。从同态加密框架的角度来看，部分同态加密方案由于其简单性而在早期被广泛使用，但是由于功能有限，它们的应用受到了极大的限制。例如，Hardy 在 2017 年的论文中表明，基于 Paillier 框架的应用需要通过精心设计的算法来避免乘法运算。Carpov 和 Crawford 分别在 2019 年和 2018 年的论文中表明，就全同态加密而言，理论上可以在加密数据上训练任意模型。然而，复杂度成为其主要瓶颈。从数据挖掘模型角度来看，最近的研究集中在浅层模型上，例如 Crawford 等人研究了逻辑回归，Cheng 等人研究了决策树，Cheon 和 Jaschke 等人研究了聚类模型。至于深度模型，目前主要聚焦于在私有数据上进行推理，在模型训练方面的工作不多。其主要困难来自同态加密的高复杂度；一方面，梯度计算电路相比浅层模型要深得多；另一方面，深度模型通常需要更多的迭代才能收敛。这两个因素结合在一起，使得在目前的同态加密系统上训练深度模型是不切实际的。还有研究者尝试在同态加密框架和数据挖掘模型之间进行调整，使其更适合对方。在同态加密方面，Jiang 和 Mishra 在 2018 年都提出了快速的矩阵–向量乘法，以便加速基于同态加密的数据挖掘。Crawford 等人在 2018 年发表的论文中通过数据挖掘，对常用的同态运算进行特定运算优化（例如比较运算和翻转等）。在模型方面，研究主要有两个方向：一个是减少计算电路的深度，例如 Cheon 等人在 2018 年发表的论文中建议使用集成方法，以便每个模型可以在较少的迭代中收敛，从而减少电路深度；另一个是将机器学习模型线性化，如 Han 和 Bonte 等人的论文中使用了泰勒展开或回归方法，以便缓解大多数同态加密框架中缺乏高效非线性运算的问题。

10.3 同态加密数据挖掘框架

在本节中，我们将对该数据挖掘框架进行介绍，并对所提算法进行详述。

10.3.1 算法框架

接下来将对该框架的各个部分进行介绍。首先介绍的是 HEAAN，它主要由三个部分组成：编码和解码、加密和解密以及基本的同态运算（例如加法、乘法等）。

- ❑ **编码和解码**：通过正则化嵌入技术将明文空间中的向量转换为 N 阶循环多项式环中的多项式（等效于多项式的系数向量）。
- ❑ **加密和解密**：将都是循环多项式的明文和密文进行转换。在这个过程中，我们需要用到循环多项式的公钥和私钥。该过程的安全性由基于环的容错学习（Ring Learning with Errors，R-LWE）问题的困难性来保证（参考第 3 章）。
- ❑ **同态运算**：该框架支持加法、乘法、Bootstrap 和缩放等同态操作。其中，Bootstrap 用于调整密文噪声并缩放，以执行同态舍入运算，使密文的模数相对于计算电路的深度呈线性关系。

此外，还有与复杂性有关的两个重要参数：一个是环多项式的阶数 N，它决定了一次性将不同明文打包成一个密文的数量；另一个是密文模 M，它控制了同态操作的复杂性。简单地说，我们希望最大化 N 的同时最小化 M，以加快计算速度。但 M 和 N 是正相关的，所以两者之间有一个权衡。在 Han 等人 2018 年的论文中，作者训练了一个基于 HEAAN 的逻辑回归模型。在本章中，Han 等人提出的模型被称为集中式同态加密模型，并作为基准模型。这里简单提一下该论文中提出的两个有用的技巧。首先，作者为逻辑回归设计了一个定制的数据打包模式。更具体地说，假设有一个 $N \times D$ 的数据矩阵 X，其中 N 是样本数，D 表示特征维度，如果对 X 进行加密，则可以把它分成多个块，用一个密文加密一个块的数据。对参数向量采用类似的方式进行分组和加密。如该论文所述，所提出的按块打包方法在训练速度上优于其他更直接的方法，例如仅仅按行或列打包。其次，作者用回归法对 Sigmoid 函数等线性函数进行线性化，这不同于常用的泰勒展开法。文中表明用回归法要优于泰勒展开方式。回归法如下：假设用 M 阶多项式 $p(x) = \sum_{i=1}^{M} \alpha_i x^i$ 来拟合非线性函数 $f(x)$，则需要解决以下高阶最小二乘问题：

$$\min_{\alpha \in R^M} \sum_{j=1}^{N} \frac{1}{2}(f(x_j) - p(x_j))^2 \tag{10.3}$$

其中，$\{x_j\}_{j\in[N]}$ 是随机采样所得。在本章中，我们遵循这种思想来近似其他非线性激活函数，例如支持向量机算法中使用的铰链损失函数（Hinge Loss Function）。

10.3.2 算法详述

我们使用参数服务器模型（可参考第 11 章中对参数服务器模型的介绍）进行分布式模型训练。在该框架中，假设服务器是诚实的，并拥有用于加密和解密的私钥，而工作节点以隐私保护的方式进行模型训练，即工作节点仅可以访问加密的数据和加密的模型参数。如图 10-1 所示，该框架包括两个阶段：初始化阶段和训练阶段。在初始化阶段，服务器首先生成公钥和密钥对，并使用生成的密钥对数据进行加密。然后对数据进行分块，并将数据分配给相应的工作节点。在训练阶段，每个工作节点都会对加密数据进行训练，直到加密参数的噪声达到某个预定的阈值，然后工作节点将加密参数发送回服务器并请求更新。服务器端等待工作节点的请求，当收到更新请求时，服务器对参数进行解密，并对自己的参数副本进行更新，然后将加密后的新参数返回给工作节点。注意，该框架是通用的，与具体的同态加密方案、数据挖掘模型或分布式学习框架无关。只要任意一个模型、框架中的 Bootstrap 是限制应用的瓶颈，该框架就可以极大地提高训练速度。为了便于理解，本章考虑了基于 HEAAN 框架同步训练非线性模型的情况。具体而言，本章研究了以下线性模型：

$$\min_{\omega \in \Omega \subset R^d} f(\omega) = \min_{\omega \in \Omega \subset R^d} \sum_{i=1}^{n} L(y_i \times f(x_i)) + R(\omega) \tag{10.4}$$

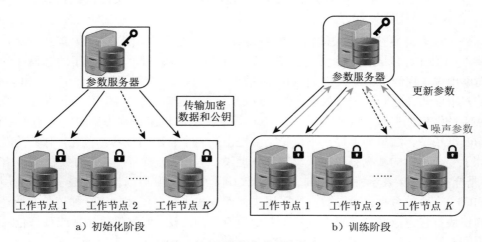

图 10-1   训练框架的两个阶段

其中，$\{x_i, y_i\}_{i\in[n]}$ 表示训练数据集，$f(x_i) = \omega x_i$ 和 ω 是参数。L 表示损失函数，一些常

见的对应模型选择见表 10-1。R 是回归函数，如 L_p 回归。接下来描述一种用框架训练上述模型的方法。

表 10-1　不同线性模型的损失函数

损失函数	$L(y, f(x))$
Binomial Deviance Loss	$\log(1 + \exp(-yf(x)))$
SVM Hinge Loss	$[1 - yf(x)]_+$
Huber Loss	$\begin{cases} -4yf(x), & yf(x) < -1 \\ [1 - yf(x)]_+^2, & yf(x) \geqslant -1 \end{cases}$

假设使用基于梯度的方法来优化公式 (10.4)，则 ω 的更新规则如下：

$$\omega_{k+1} = \omega_k - \eta \nabla f(\omega_k) \tag{10.5}$$

其中，η 为学习率，$\nabla f(\omega_k)$ 表示 f 对变量 ω_k 的梯度，则可以推导出线性模型 $\nabla f(\omega_k)$ 的公式：

$$\nabla f(\omega_k) = \sum_{i=1}^{n} y_i \nabla L \times x_i + \nabla R \tag{10.6}$$

其中，∇L 和 ∇R 分别表示 L 和 R 的梯度。由于学习线性模型的核心步骤是公式 (10.5)，因此需要在同态加密下对其训练，并将其线性化。由简单观测可知，其非线性主要来自 ∇L。这里采用 Han 等人提出的方法将其线性化。我们将表 10-1 中损失函数的近似项总结在表 10-2 中。此外，基于图 10-2 中的回归法，我们绘制了铰链损失及其多项式近似的效果。通过线性化，公式 (10.5) 中的更新步骤可以写为：

$$\omega_{k+1} = \omega_k - \eta \hat{\nabla} f(\omega_k) \tag{10.7}$$

其中

$$\hat{\nabla} f(\omega_k) = \sum_{i}^{n} y_i \hat{\nabla} L \times x_i + \nabla R \tag{10.8}$$

$\hat{\nabla} L$ 如表 10-2 所示。为简单起见，我们假设回归函数是光滑的多项式。如果需要的话，也可以类似地将 ∇R 线性化为 ∇L。

表 10-2　表 10-1 中损失梯度的多项式近似（使用 4 阶多项式近似来获得损失梯度的 3 阶近似）

损失函数	$\hat{\nabla} L(x)$ 的近似
Binomial Deviance Loss	$0.5 - 0.0843x + 0.0002x^3$
SVM Hinge Loss	$0.5875 - 0.1005x + 0.0008x^2 - 0.00039x^3$
Huber Loss	$2 - 0.1311x + 0.00005x^3$

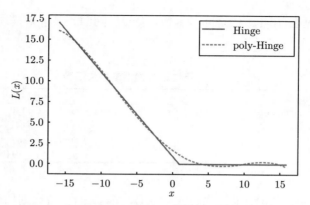

图 10-2   铰链损失及其基于线性回归的多项式逼近

经过线性化过程，更新步骤只包括加法和乘法。我们可以定义一个计算电路，该电路可以在 HEAAN 框架下进行计算。每个工作节点的基础训练算法如算法 10.1 所示。该算法的一个关键点是避免了 Bootstrap 操作。具体而言，当加密参数 $\pi(\omega)$ 的噪声超过阈值时，就将其返给服务器并进行刷新。根据经验，我们只需每隔 l 次迭代刷新 $\pi(\omega)$，如算法 10.1 的第 8~10 行所示。值得注意的是，该操作对于提高框架的性能是至关重要的。实验结果表明，与 Han 等人提出的集中式方法相比，这将提升 10 倍以上的训练速度。此外，该框架还利用论文中的打包技术将多个训练样本打包成一个密文，以便利用 HEAAN 框架的并行能力。至于服务器，它的功能是将每个工作节点的结果进行合并，并根据工作节点的请求刷新过时的参数，其过程总结在算法 10.2 中。

算法 10.1   工作节点的训练算法

1: **输入**：学习率 η，公钥 pk，本地参数的更新周期 l，训练次数 K

2: **输出**：加密的收敛时的参数 $\pi(\omega_K)$

3: **初始化阶段**：

4: 从服务器接收数据，即加密数据集 $\{\pi(x_i), \pi(y_i)\}_{i \in [N]}$、公钥 pk 和初始化的加密参数 $\pi(\omega_0)$

5: **训练阶段**：

6: **for** $k = 1$ **to** K **do**

7:    通过同态加密计算公式 (10.8) 更新参数 $\pi(\omega)$

8:    **if** $k \% l = 0$ **then**

9:      把 $\pi(\omega)$ 发送给服务器，等服务器发送更新后的参数之后执行下一步

10:    **end if**

11: **end for**

算法 10.2　　服务器端的训练算法

1: **输入**：训练数据集 $\{x_i, y_i\}_{i\in[N]}$，初始参数 ω_0

2: **输出**：收敛时的参数 ω_K

3: **初始化阶段**：

4: 生成公钥 pk 和私钥 sk，加密训练数据集 $\{x_i, y_i\}_{i\in[N]}$，加密参数 ω_0

5: 将加密后的数据集 $\{\pi(x_i), \pi(y_i)\}_{i\in[N]}$、公钥 pk 和初始化的参数 $\pi(\omega_0)$ 发送给每个工作节点

6: **训练阶段**：

7: **while** 工作节点还在运行 **do**

8: 　**if** 从工作节点接收到请求 **then**

9: 　　解密从工作节点接收到的参数 $\pi(\omega)_{\mathrm{param}}$ 并得到 ω_{param}

10: 　　通过 ω_{param} 更新自己的 ω

11: 　　对 ω 加密，然后把它发送给工作节点

12: 　**end if**

13: **end while**

10.4　实验验证

本节将通过大量的实验表明所提框架的有效性。具体地，我们将其与集中式同态加密训练框架进行了比较，并对提升框架性能的因素进行了探讨。在所有的实验结果图中，"Plain"表示明文（未加密的结果）；"Centralized"表示基于集中式训练框架的实验结果。更具体地说，10.4.1 节中的结果是在分布式环境下获得的。我们在一个简化的 MNIST 数据集和一个金融数据集上训练了不同的线性模型，同时做了各种消融实验，以研究不同参数对该框架性能的影响。在 10.4.2 节中，我们在 Caldas 等人使用的 FEMNIST 联邦学习数据集上进行测试，以证明我们的框架在联邦学习场景下也是有效的。实验是在 64 核的英特尔 XeonE5-2683v4@2.10GHz 服务器上进行的。我们使用 Graham 等人开发的 OpenMPI 库来模拟工作节点和服务器之间的通信，使用 HEAAN $^{\ominus}$ 的 C++ 库来执行同态加密相关的计算，如同态加法和乘法。

10.4.1　分布式学习场景

在本小节中，我们将在分布式学习环境下进行试验，以测试框架效果。具体而言，我们在简化的 MNIST 数据集和金融数据集上学习不同的线性模型。该数据集的构建过程如下：从 MNIST 数据集中提取数字 3 和 8，以构建包含 11982 个训练样本和 1984 个验证样本的数据集。然后对训练集进行随机划分，以构建训练集和测试集（测试集由服务器保

$\ominus$　https://github.com/snucrypto/HEAAN。

存）。同时这些数字图像被下采样为 14×14 大小。至于金融数据集，我们采用 Han 等人提到的原始数据集的子集，其中包括 30000 个人的信用信息，每个人包括 24 个特征。我们将数据集拆分为 27000 个样本的训练集和 3000 个样本的验证集，然后将训练集进一步随机拆分，构建每个工作节点的数据集。

接下来，我们将对这些实验结果进行介绍。图 10-3 展示了在 MNIST 数据集上训练一个逻辑回归模型时测试精度与训练时间（对数比例）的关系。如图 10-3 所示，分布式学习算法和集中式学习算法的精度都达到了 96.5% 左右，说明该方法不会影响模型的精度。但是，就训练时间而言，我们的框架收敛速度比集中式版本快得多。集中式框架收敛需要 4000~5000s，而我们的框架通常只需 300~400s。特别地，我们已经仔细优化了集中式框架，以使其达到最佳性能。具体来说，我们每 3 次执行一次 Bootstrap，以使集中式框架在密文的大小和 Bootstrap 频率之间达到最好的折中。在我们的框架实验中，工作节点刷新参数的频率是变化的。显然，工作节点刷新参数的频率越高，对应的通信开销就越高。每次迭代都刷新参数的模型通信开销最大，但效果依然最好。这表明即使与普通的同态操作的成本相比，通信成本都可以忽略不计，更不用说更加耗时的 Bootstrap 操作了。我们提出的框架收敛速度快实际上是因为这个框架没有非常耗时的 Bootstrap 操作，节省了大量的计算时间，间接使密文模数的模值变小。因为密文模数的大小与计算电路的深度呈正相关，而 Bootstrap 操作占用了相当一部分电路深度。自然，当计算电路深度变浅时，我们可以使用更小的密文模数。当使用较小的密文模数时，其他相关的基本同态操作的计算时间也会减少。这些都有利于框架训练速度的提升。为了说明密文模数的影响，我们做了一个消融实验，即只消除 Bootstrap 操作，但保持密文模数的大小不变，结果如图 10-4 所示。正如我们所看到的，简单地消除 Bootstrap 操作可以节省大约一半的计算时间，但仍然在 10^3s 的数量级。如果我们同时用更小的密文模数，其训练时间可以进一步

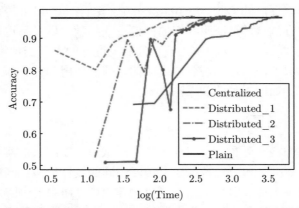

图 10-3 在简化的 MNIST 数据集上训练的逻辑回归模型的验证精度与训练时间（对数比例）的关系。"Distributed-k"表示对于我们的框架来说，工作节点每隔 k 次迭代就会刷新参数

减少到 10^2s 的数量级。综上所述，我们的框架避免了成本昂贵的 Bootstrap 操作，并通过降低密文模数降低了其他基本操作的复杂性。尽管这些是以增加通信开销为代价的，但正如实验结果所示，增加的通信开销相对于同态加密运算的耗时来说可以忽略不计。

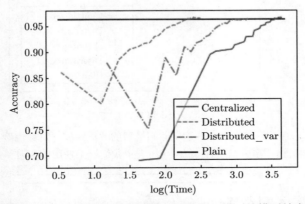

图 10-4   在简化的 MNIST 数据集上训练得到的逻辑回归模型的模型精度与训练时间（对数比例）的关系。其中，"Distributed" 对应我们的框架，而 "Distributed-var" 是指我们框架的变体，其密文模数的大小保持不变

为了验证所提框架的鲁棒性，我们用表 10-2 中的多项式近似在 MNIST 数据集上训练了不同的线性模型。表 10-3 显示了每种模型的最好验证精度及其对应的训练时间。每种损失函数的精度和训练时间大致相同，佐证了框架的鲁棒性。接下来，我们更改超参数以测试它们对学习过程的影响，结果如图 10-5 和图 10-6 所示。

表 10-3   不同线性模型在 MNIST 数据集上的验证精度和训练时间

损失函数	精度	时间/秒
Binomial Deviance Loss	96.52	323.44
SVM Hinge Loss	96.42	333.74
Huber	96.57	333.65

与集中式框架有关的实验的超参数保持与先前的实验相同。对于图 10-5 中的实验，我们将批量的大小固定为 64，并改变学习率。对于图 10-6 中的实验，我们将学习率固定为 1，并改变批量的大小。如实验结果所示，当学习率为 1 且批量的大小为 128 时，模型具有快速和稳定收敛性。此外，我们还研究了工作节点数量的影响，结果如图 10-7 所示。结果表明更多的工作节点会导致更高的通信开销和更长的训练时间。我们还在更大、更复杂的数据集上测试了我们的框架，即如上所述的金融数据集。我们将框架在验证集上的精度和训练时间与集中式框架进行了比较，并将结果列在表 10-4 中。注意，即使是在更大、更复杂的数据集上，与集中式框架相比，我们的框架依然可以达到大致相同的精度（甚至更好），同时仍保持 10 倍运行速度的提升。

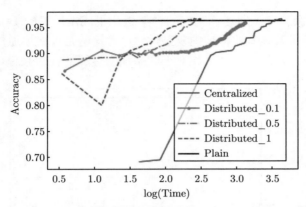

图 10-5   在 MNIST 数据集上训练的逻辑回归模型的训练时间（对数比例）和对应的验证
集上的精度，其中"Distributed-k"表示我们框架使用的学习率是 k

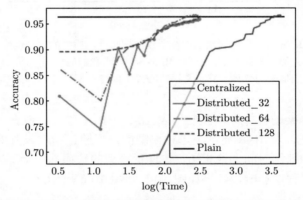

图 10-6   在 MNIST 数据集上训练的逻辑回归模型在验证集上的精度与训练时间（对数比
例）的关系，其中"Distributed-k"是指我们的框架所使用的批量大小为 k

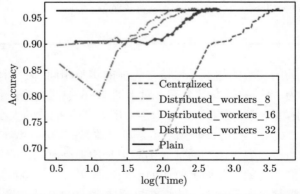

图 10-7   在 MNIST 数据集上训练的逻辑回归模型在验证集上的精度与训练时间（对数比
例）的关系，其中"Distributed_workers-k"是指我们的框架所使用的工作节点
数为 k （见彩插）

表 10-4　逻辑回归模型在金融数据集上的验证精度和训练时间

框架	精度	时间/秒
分布式	79.62	303.83
集中式	79.42	4 059.68
原始模型	79.42	——

10.4.2　联邦学习场景

在本小节中，我们测试了所提框架在联邦学习环境下的效果。联邦学习是针对数据分布在多个设备上的数据集的应用场景提出的，此外，这些数据集的分布可能是异构的。用户数据的安全性和隐私性是联邦学习中的一大挑战，这与我们基于同态加密的快速数据挖掘架构是非常匹配的。本小节以 Caldas 在 2018 年发表的论文中使用的 FEMNIST 数据集来模拟联邦学习场景。FEMNIST 是从 MNIST 数据集中生成的，根据每个作者所写字符对数据集进行分区。由于每个作者都有自己独特的书写风格，他们所写字符的基本分布是不同的，因此 FEMNIST 是模拟联邦学习情况的理想选择。更具体地说，我们按以下方式构造数据集：我们为每个工作节点随机选择 50 个作者，并使用他们所写的字符来构造数据集。图 10-8 显示了两个不同作者书写的数字的样本，左图中的数字 8 较细且向右倾斜，而右图中的数字则较粗且向左倾斜。集中式学习框架使用所有用户所写字符组合在一起形成的数据集。与分布式学习情况相同，我们在 FEMNIST 数据集上学习了不同的模型，其精度和训练时间如表 10-5 所示。可见，不同模型的性能大致相同，SVM 模型的准确性稍差。同时，我们采用不同的学习率和批量大小，验证我们框架的鲁棒性，结果如图 10-9 和图 10-10 所示。结果表明，我们的框架在联邦学习环境下也实现了 10 倍的速度提升。

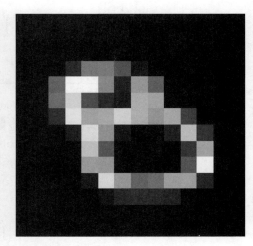

图 10-8　来自 FEMNIST 数据集的两个样本

表 10-5   在 FEMNIST 数据集上训练不同模型的结果

损失函数	精度	时间/秒
Binomial Deviance Loss	94.64	327.09
SVM Hinge Loss	93.66	337.63
Huber Loss	94.91	327.01

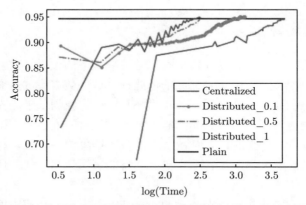

图 10-9   在 FEMNIST 数据集上训练的逻辑回归模型在验证集上的精度与训练时间（对数比例）的关系，其中"Distributed-k"表示工作节点的学习率为 k。在此实验中，我们固定批量大小为 64

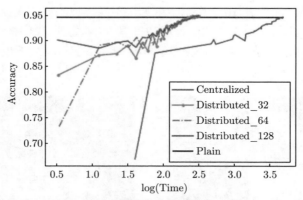

图 10-10   在 FEMNIST 数据集上训练的逻辑回归模型，其验证集上的精度与训练时间（对数比例）的关系图。其中"Distributed-k"表示批量大小为 k。在此实验中，我们固定学习率为 1

10.5 总结

在本章中，我们提出了一种分布式学习框架，以大幅提高基于同态加密的数据挖掘算法的训练速度。这个框架是通用的，不局限于特定的同态加密方案（只要该方案用到了

Bootstrap 操作)、分布式学习框架或特定模型。在未来的工作中，我们会在更大范围（更多的同态加密方案及模型）下测试我们的框架。但是密文域上的同态运算（特别是乘法）的高耗时仍然是一个瓶颈，因为它比普通运算要慢几个数量级。随着同态加密的发展，该框架的性能可以得到进一步提高。最后，由于该模型在密文空间中执行计算，因此可以保护隐私。但是，如果我们对模型进行解密，该模型可能会包含一些私人信息，一种可能的补救方法是将该框架与其他隐私保护技术（例如差分隐私）结合使用。

第 11 章

横向联邦学习算法

本章将介绍横向联邦学习（Horizontal Federated Learning，HFL）。11.1 节会介绍横向联邦学习的定义、训练的基本过程及其相关研究的引入。11.2 节介绍常见的分布式优化算法，作为从分布式优化角度理解横向联邦学习算法的基础。在此基础上，11.3~11.5 节分别介绍了同步横向联邦学习算法、异步横向联邦学习算法和快速通信的横向联邦学习算法，以便读者对横向联邦学习算法有一个相对全面的了解。

11.1 横向联邦学习简介

横向联邦学习也被称为基于样本的联邦学习或者样本划分的联邦学习。不同于前面几章（如第 4~9 章）中对数据进行"纵向"划分的纵向联邦学习，横向联邦学习表示对训练数据进行"横向"划分。在该划分方式下，每个用户（例如手机或者某家公司等联邦学习系统中的参与方。注意，在横向联邦学习中更多是使用"client"这个单词，所以在本章中我们将遵循习惯，用"用户"一词表示横向联邦学习中的参与方）拥有不同的样本（即样本的 ID 不同），但所有用户的样本具有相同的特征空间。例如，两家数字科技公司面向的客户群体不同，但是业务非常相近，因此它们数据集的样本 ID 不尽相同，数据集的特征空间却非常相似。在这种情况下，如果两家公司联合起来进行协同建模，则可以归结为一个横向联邦学习模型。具体地说，给定非重叠的分布在 K 个用户上的数据 $\{\mathcal{D}_i\}_{i=1}^K$，其中第 k 个用户上的数据集 $\mathcal{D}_k$ 可以表示为特征数据、标签数据对集合 $\{x_i, y_i\}_{i=1}^{n_k}$，$x_i \in \mathbb{R}^d$ 表示特征数据，n_k 表示第 k 个用户拥有的样本数，则对于任意用户上的数据集 D_i、D_j，其中 $i \neq j$ 且 $i, j = 1, \cdots, K$，有

$$\mathcal{X}_i = \mathcal{X}_j, \quad \mathcal{Y}_i = \mathcal{Y}_j, \quad \mathcal{I}_i \neq \mathcal{I}_j \tag{11.1}$$

其中 $\mathcal{X}_i$ 表示 D_i 的特征空间，$\mathcal{Y}_i$ 表示 D_i 的标签空间，$\mathcal{I}_i$ 表示 D_i 的样本 ID 空间。一个包含三个用户的横向联邦学习系统的简单图见图 11-1，虚线部分为对齐后的用作训练

的数据。该训练数据中，每个用户的特征空间是一样的，但是样本空间完全不一样。在横向联邦学习中，不同的算法对应着不同的框架模型。为了使读者对横向联邦学习有一个更加具象的理解，我们介绍一下横向联邦学习的训练过程。在该过程中，服务器通过重复以下步骤来训练模型，直到训练达到预设的终止条件为止。

- ❏ 用户选择：服务器从满足要求的用户中选择用户。例如，为了避免给用户带来影响，安卓手机可能只在连接不计费的 Wi-Fi 且空闲的情况下才会登录服务器（如安卓云）。
- ❏ 广播：被选择的用户从服务器下载当前的模型参数和训练程序（例如，TensorFlow 的计算图、机器学习模型的权重）。
- ❏ 用户计算：每个选定的用户在本地进行模型训练和更新。例如在本地数据上使用随机梯度下降算法进行模型更新。
- ❏ 聚合：服务器收集用户的更新并进行聚合。该过程是一个研究热点，目前的主流技术有增加隐私的安全聚合、提高通信效率的有损压缩聚合以及添加噪声的差分隐私聚合等。
- ❏ 模型更新：服务器通过聚合当前轮次中选定用户的更新，在本地更新全局模型。

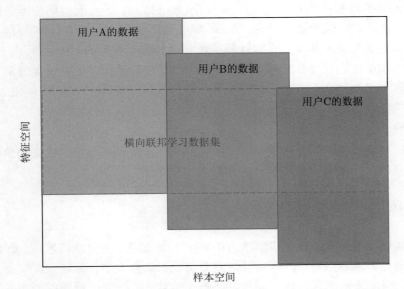

图 11-1　横向联邦学习示意图。该联邦学习系统包含三个用户，每个用户的特征空间一样，但是拥有不同的样本

目前有很多人在研究上述训练过程中的不同部分。针对用户选择过程，Rizk 等人在 2020 年提出了非均匀采样方法。Cho 等人在 2020 年的文章中发表了用户选择策略对算法收敛性的影响。针对广播、聚合过程中的通信和计算效率，Wang 等人在其 2020 年论文中提出通过使用局部平均（Local Averaging）来减少使用全局平均（Global Averaging）的

频率，从而降低通信消耗。Ye 等人在 2020 年的论文中展示了使用量化方法压缩通信数据的精度，从而提高通信效率。Ozfatura 在 2021 年的论文中提出使用稀疏化方法降低通信开销，提高通信效率。Chai 等人则在 2020 年的论文中结合同步计算和异步计算，提高了模型训练过程中的通信效率和计算效率。

针对更新过程，Konevcny 在 2016 年提出了一个经典模型。该模型使用结构化更新（Structured Update）和草图更新（Sketched Update）的方式缓解了用户网络连接可靠性低和通信速度低的问题。Mcmahan 则在 2016 年提出了联邦平均算法，该算法中每个用户利用存储在本地的数据学习一个局部模型，然后将该局部模型发送给服务器，服务器对所有的局部模型取平均得到最终的全局模型。该算法对于不平衡的非独立同分布数据具有很强的鲁棒性，并且能在相对少的通信轮次下训练出质量较高的模型。

针对聚合过程，Bonawitz 等人于 2017 年基于秘密共享提出了一种安全的聚合加密方案。在该方案下，服务器端（比如安卓云）只能看到聚合完成之后的梯度，而不知道每个用户私有的真实梯度值。该方案适用于大规模无线终端（例如手机）通过一个服务器共同建模的场景。Grama 在 2020 年对现有的联邦学习中的聚合方式做了一个综述，并在医疗健康数据上实现和评估了这些聚合方式。

为了保护训练过程中数据的隐私性和安全性，Shokri 等人使用局部差分隐私技术对模型参数注入噪声，以保护数据隐私。Aono 等人利用同态加密技术保护数据隐私。Truex 等人则结合差分隐私技术和安全多方计算实现噪声和隐私安全的折中。

此外，Smith 等人在 2017 年提出了多任务联邦学习系统。该系统很好地实现了联邦学习和多任务学习的结合。在该系统下，多个用户可以在从技术上保护隐私的前提下，通过分享知识的方式完成不同的学习任务。此外，该系统还能有效地缓解通信开销大、网络延迟高等问题。

考虑到横向联邦学习与分布式学习的密切联系，本章将从分布式优化的角度对横向联邦学习进行介绍。接下来将介绍常见的分布式优化算法。

11.2　常见的分布式优化算法

为了提高模型效果并使基于机器学习的解决方案适用于更复杂的应用，我们往往需要大量的数据进行训练。然而，处理大量的数据需要非常强大的计算能力，单个计算机（或者工作节点）可能无法满足需求。因此，分布式学习（将处理大量数据的任务分配给多台机器一起处理的研究领域）应运而生。分布式学习是指利用多个工作节点，例如单个计算机或者其他设备，同时处理数据、训练模型，旨在将机器学习扩展到更大规模的训练数据和更大的模型上。

显然，横向联邦学习与分布式学习在形式和场景设定上非常相似。一个最显著的共同点是，横向联邦学习和分布式学习都将数据分布在多个用户上。不少研究，如 Kobevcny、Sahu、Phuong 等人分别发表于 2016 年、2018 年和 2019 年的文章，将横向联邦学习看作分布式学习的特殊形式。更具体地说，横向联邦学习是隐私保护的分布式学习（从技术层面防止隐私泄露）。为了使读者对横向联邦学习的算法基础有一个更清晰的了解和认识，我们将在本章介绍分布式学习。然而，考虑到分布式学习本身也是一个覆盖面非常广的研究领域，因此本节将主要介绍一些常见的分布式优化算法，而不会对分布式学习做综述。如果读者对分布式学习感兴趣，可参考 Verbraeken、Chen、Lian 等人分别于 2020 年、2016 年和 2018 年发表的论文。

介绍分布式优化算法之前，我们有必要说明基于共享内存的算法和基于分布式内存的算法的区别。前者往往部署在一台多核计算机上，在不同的核上运行不同的进程，实现进程级的并行加速。在该类算法中，任意进程对共享内存中数据的改动将立即影响其他能访问该内存的进程，且不同进程之间可以直接访问共享内存而无须进行数据传输，因此可以提高程序的效率。后者一般部署在多台机器上，利用分布在多台计算机上的计算资源实现数据处理和模型训练的加速。两者的主要区别在于，后者能有效地确保对整个向量进行读写的原子性；而前者只能确保对向量中的基进行有效的读写。在本章中，如无特殊说明，分布式（并行）优化算法一般指基于分布式内存的算法。

随机梯度下降是解决大规模机器学习问题的有力方法，目前的分布式优化算法也主要基于随机梯度下降法及其变体。在分布式优化中，一种框架是集中式结构，如 Agarwa 等人提出的主流的参数服务器（Parameter Server, PS），也称主节点-工作节点（Master-Worker）模型。该模型有两个主要部件：（一个）参数服务器（也称主节点）和（多个）工作节点。其中，主节点用来存储和更新参数，工作节点则负责并行地处理训练数据并与服务器通信。每个工作节点以如下方式处理数据。

❑ 首先，工作节点从参数服务器获得用于处理当前小批量数据所需的最新模型参数。
❑ 然后，工作节点计算与这些参数的随机梯度。
❑ 最后，这些随机梯度被发送给（pull）参数服务器。

服务器接收到工作节点发来的随机梯度后，将其用于更新参数，从而完成一次迭代。

另一种框架是分散式或者去中心化结构，如 Bianchi 等人于 2013 年提出的结构。该类结构中没有中心节点（或者参数服务器），所有的工作节点通过网络连接，从而形成一个连接图。每个工作节点都有一份模型参数备份。每次迭代中，所有的工作节点在本地计算随机梯度，然后将它与其邻节点（有直接连接关系的工作节点）模型参数的平均作为本地模型参数。

根据训练时节点之间的协同方式，常见的分布式优化算法可为同步并行算法（如 Abadi、Hsieh、Dekel 等人分别于 2016 年、2017 年、2012 年发表的论文）和异步并行算法（如 Zhou、Avron、Chaturapruek 等人分别于 2018 年、2015 年和 2015 年发表的论文）。本章接下来将从该分类方式入手，对常见的优化算法做一个简单介绍。

11.2.1　同步并行算法

最简单的同步并行算法是整体同步并行（Bulk Synchronous Parallel，BSP）算法，如 Dekel 于 2012 年发表的经典论文。如图 11-2 所示，该算法将计算阶段和通信阶段完全分开，所以在该并行算法下运行程序与序列化运行程序是等效的。然而，在同步阶段中，已经完成计算的工作节点必须等其他工作节点完成相应的计算，这将导致计算资源的浪费。

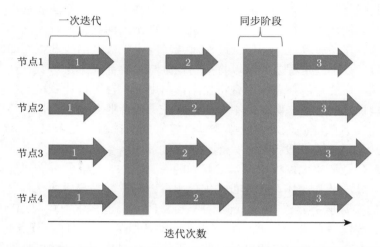

图 11-2　整体同步示意图。在该模型下，所有的工作节点都在迭代的最后等待同步，然后在同步阶段相互交换信息

在整体同步并行算法的基础上，有研究提出了延迟同步并行（Stale Synchronous Parallel，SSP）算法和近似同步并行（Approximate Synchronous Parallel，ASP）算法这两种变体。延迟同步并行算法通过允许较快的工作节点在同步之前进行一定数量的额外迭代而减轻计算资源的浪费。如果额外迭代次数超过了预设的延迟阈值，则对应的较快的工作节点将被迫终止迭代。由于同步之前工作节点可能已经进行多次更新，所以其他工作节点可能用的是延迟的参数。因此，该类算法存在一个缺点：当延迟过高时，收敛率可能会快速恶化。图 11-3 为该类算法的一个示意图。

与延迟同步并行算法限制参数的延迟程度（通过延迟阈值控制）不同，近似同步并行算法限制了参数不准确的程度。该算法的一个优点是：当聚合的更新不够显著时（例如只有一个工作节点完成更新），中心节点可以无限期地延迟同步。然而，由此带来的一个明显的缺点是，定义更新是否"显著"的标注不明确。

针对同步并行算法，我们重点介绍分布式小批量（Distributed Mini-Batch，DMB）随机算法。该算法对应的分布式系统中包含 k 个节点，每个节点都对应着一个独立的处理器（如一台计算机）以及一个网络，用以节点之间的通信。具体来说，可以将该网络看作节点上的一个无向图 $\mathcal{G}$，其中边表示节点之间的双向网络连接。如果节点之间没有边，则表明两者之间的通信只能通过其他节点转发。两个节点之间的潜在因素（如是否可以直接通信）可以通过边的距离进行度量。

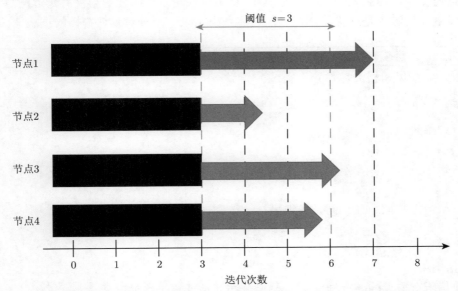

图 11-3 延迟同步示意图。与整体同步不同，在延迟同步模型中，有些工作节点可能会比其他工作节点提前至多 s 个迭代轮次（s 被称为延迟阈值）。运行太快的工作节点将被迫中止运行（图中节点 1 就因为超过了阈值 3 而被迫中止），直到其他工作节点也达到同样的迭代轮次。与异步并行一样，模型参数信息也在节点间异步交换。该模型的优点是，大部分时间算法都跟异步模型一样运行，但它可以根据延迟阈值使得工作节点中止运行，以确保得到正确的输出

算法 11.1 描述了同步小批量随机优化算法的具体步骤。其中，m 表示样本数量，b 表示批量的大小（一个小批量包含样本的数量），r 表示批量的数量，k 表示节点数量。该算法的收敛速度为 $\mathcal{O}(1/\sqrt{bT} + 1/T)$，其中 T 表示迭代轮次。由于在该算法中计算样本的次数为 bT（每次迭代计算 b 个样本），收敛速度却只提升 $\sqrt{b}$，因此随着 b 的提升，收敛速度其实是恶化的。针对这个问题，Li 等人提出在每次迭代中都求解一个正则化子问题，由此得到的收敛速度是 $\mathcal{O}(1/\sqrt{bT})$。当 b 比较大的时候，该收敛速度是优于分布式小批量算法的。对于其他相关方法，读者可参考 Li 等人于 2014 年发表的综述文献。

11.2.2 异步并行算法

异步并行算法允许工作节点在不等待其他节点的情况下并行通信，如图 11-4 所示。该类算法的优点是通常可以获得更高的训练速度（相比同步算法）。相比整体同步并行算法，其缺点是模型收敛速度会随着延迟的增加变慢，甚至变得不收敛。

针对这类算法，我们详细介绍 Agarwal 等人在 2012 提出的经典算法。该算法基于循

环的延迟更新框架，示意图见图 11-5。作者分析了在随机梯度信息为延迟的情况下该算法的收敛性。具体地，在一个包含 n 个节点的结构中，即使计算的随机梯度是延迟的，该算法的收敛速度也能达到 $\mathcal{O}(1/\sqrt{nT})$，其中 T 是迭代轮次。即使是与没有延迟的算法相比，该收敛速度在当时也是最优的。该算法具体考虑了以下两种对延迟鲁棒的框架。

算法 11.1   任意工作节点上的同步小批量随机优化算法

1: **输入**：数据集和相关参数

2: **输出**：$\frac{1}{r}\sum_{i=1}^{r} w_i$

3: **并行训练阶段**：

4: **for** $i = 1, \cdots, r$ **do**

5:      初始化 $\hat{g}_i = 0$

6:      **for** $s = 1, \cdots, b/k$ **do**

7:          从给定数据中独立同分布地采样，得到样本 z_s

8:          计算 $g_s = \nabla_w f(w_i, z_s)$

9:          计算 $\hat{g}_i \leftarrow \hat{g}_i + g_s$

10:     **end for**

11:     计算所有节点的随机梯度 $\hat{g}_i$，然后分布式地计算平均梯度 $\bar{g}_i$

12: **end for**

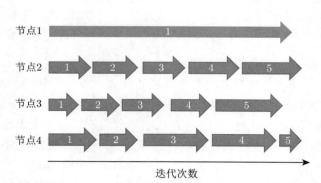

迭代次数

图 11-4   异步并行示意图。运行程序的工作节点不需要相互等待，而是异步地交换模型参数等信息。因为工作节点不需要相互等待，所以有的工作节点可能会比其他工作节点慢非常多的迭代轮次（例如工作节点 1），这将会导致不可恢复的错误

❑ 循环延迟框架：在 t 时刻工作节点 i 的参数为 $x(t)$，计算 $g_i = F(x(t); \xi_i(t))$，其中 $\xi_i(t)$ 是工作节点 i 在 t 时刻从训练数据的分布 P 中采样的随机样本，而主节点维持一个参数向量，整个算法循环迭代更新。在 t 时刻，主节点接收到某一个工作节点的 τ-延迟（延迟了 τ 个轮次）梯度信息并进行参数更新，然后把更新后

的参数 $x(t+1)$ 传送给该工作节点。与此同时，其他节点对这次更新并不知情，仍然用未更新的参数计算梯度。

❑ 局部平均的延迟框架：这个框架结合了循环延迟框架和局部平均框架。假设有一个网络 $\mathcal{G} = (V, e)$，其中 V 是包含 n 个节点的节点集合，e 是节点之间的边集合，选择其中一个节点作为主节点来维持向量 $x(t)$。该框架的工作方式是在一个以主节点为根的生成树上进行一系列的多点广播和聚合。在第一个阶段，算法从根节点广播到叶节点。在时刻 t，主节点把它当前的参数向量 $x(t)$ 发送给它的直接邻居（相邻节点），生成树上的其他节点广播它当前的参数向量 $x(t)$（如果是深度为 d 的节点，则参数向量为 $x(t-d)$）给它的子节点。如图 11-6a 所示，每个节点接

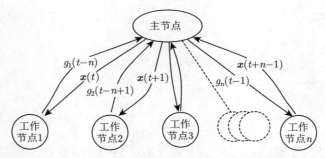

图 11-5　该图展示了在迭代轮次 t 到 $t+n-1$ 中，参数和梯度在各节点之间传输的情况。其中，工作节点循环并行地将过时的信息传给主节点，主节点将当前的参数传给工作节点（也即收到的是 $x(t)$，但传给主节点的梯度信息是 $g_1(t-n)$）

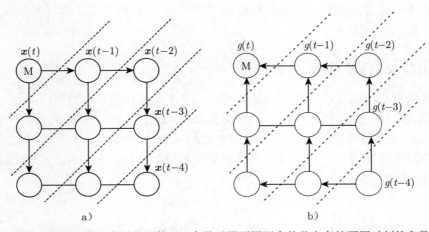

图 11-6　主节点-工作节点平均网络。a 中显示了不同距离的节点存储不同时刻的参数。主节点存储时刻 t 的参数，则离主节点距离为 d 的工作节点存储的参数是 $t-d$。b 中显示了不同节点计算的梯度。离主节点距离为 d 的工作节点计算的梯度是 $g(t-d)$

收最新参数，并在该参数下计算局部梯度。在给定的迭代中，叶节点将它们的梯度传达给它们的父节点。父节点把上一轮次（$t-1$ 轮）从叶节点收到的梯度和自己的梯度取平均，然后将平均梯度通过树反向往回传。同样，每个节点用前几轮子节点的平均梯度向量与当前梯度向量取平均，并将结果向上传递到生成树。整个过程的示意图可参考图 11-7 所示。

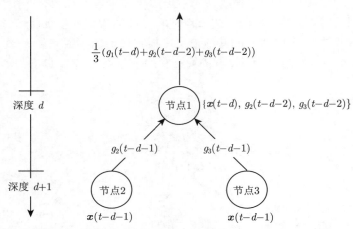

图 11-7　时刻 t 的梯度信息从离主节点距离为 d 的节点 1 朝着主节点聚合，节点附近的 x
表示该节点对应的参数信息

此后，大量基于该算法的工作针对不同的设定进行了更多的探索和研究，如延迟是固定的还是随机的，延迟是否有界，问题的形式（强凸问题、凸问题、非凸问题），随机梯度下降法的种类（如方差缩减的随机梯度法），等等。由于篇幅有限，请感兴趣的读者自行阅读相关文献。

11.3　同步横向联邦学习算法

本节将重点介绍同步横向联邦学习算法（下文简称同步联邦学习算法）。在介绍同步联邦学习算法之前，先介绍其一般形式的数学表达。假设有 K 个分布式设备（如计算机、手机），令 $\mathcal{D}_k$ 表示第 k 个设备上的数据，定义 $n_k = |\mathcal{D}_k|$ 为设备 k 上的样本数，则 K 个设备上的总样本数为 $N = \sum_{k=1}^{K} n_k$。假设对于任意的 $k \neq k'$，$\mathcal{D}_k \bigcap \mathcal{D}_{k'} = \varnothing$，定义设备 k 上的局部经验损失为：

$$f_k(w_k) = \frac{1}{n_k} \sum_{i \in \mathcal{D}_k} \ell_i(x_i, y_i; w_k) \tag{11.2}$$

其中 $\ell_i(x_i, y_i; w_k)$ 是样本 $\{x_i, y_i\}$ 的损失函数，w_k 是局部模型参数。据此，可以得到全局目标函数：

$$F(w) = \sum_{k=1}^{K} \frac{n_k}{N} f_k(w) \tag{11.3}$$

其中 w 是聚合的全局模型，联邦学习的目标是找到模型参数 w_*，使得

$$w_* = \arg\min F(w) \tag{11.4}$$

在上述通用模型下，首先介绍由 Mcmahan 在 2016 年提出的经典的同步联邦学习算法——联邦平均（Federated Averaging，FedAvg）算法。在介绍该算法之前，先简单介绍一下作者提出该算法的初衷。在 11.2 节介绍的分布式学习场景中，计算消耗相对于通信消耗更占主导地位，常见的解决措施是利用图形处理单元（GPU）来加速计算。然而在联邦学习中，不同的用户可能在不同的国家、城市，他们之间的通信依赖的是互联网甚至局域网，所以每次通信的开销往往很高。此外，联邦学习中单个用户上的数据集规模可能相对于 $\{D_k\}_{k=1}^K$ 较小，计算开销往往很低，因此在联邦学习中，通信开销往往占主导地位。在这样的场景下，作者考虑利用额外的计算开销换取更少的通信轮次，以降低总的通信开销。如 Mcmahan 等人在论文中所述，目前有两种基本的应对策略。

- ❏ 增加并行程度。每个全局更新轮次中选取更多的用户，使得他们在每次通信中独立地更新本地模型参数。
- ❏ 增加每个用户执行更新程序时的计算量。不同于在每次执行更新程序时只进行简单的单批量随机梯度下降更新，我们可以考虑采用更复杂的更新策略。譬如，每次更新时进行多次本地模型参数更新（即进行多次随机梯度下降更新），以提高计算量。

联邦平均算法同时使用了这两种策略，具体步骤见算法 11.2。

联邦平均算法根据上述两个策略增加计算量。具体来说，计算量的增加由三个关键参数控制：参数 C，用来控制每个全局更新轮次中执行本地更新程序的用户比例；参数 E，表示每个用户执行本地更新时的轮次；参数 B，表示本地更新时批量的大小。如果选取 $B = \infty$ 和 $E = 1$，则该算法等价于一个采用变批量大小的随机梯度下降法（每次计算随机梯度时样本量大小在变化）。由于每次选取占比为 C 的用户参与更新，所以当 $C = 1$ 时，意味着该轮全局更新中，所有的样本都参与了训练，也即等价于全梯度更新。

如算法 11.2 所示，在每次全局更新中，有比例为 C 的用户参与更新。每个用户都通过随机梯度下降法优化本地目标函数 f_k。如果本地目标函数 f_k 是异质的（即每个用户的本地目标函数可能不一样），那么需要好好调参以使该算法收敛。然而，如果本地更新程序运行的本地轮次过多，将导致每个用户朝着本地目标函数的最优值优化，而不是全局最优值。注意，在算法 11.2 的第 10 行中，服务器对各个用户发来的模型参数采取加权平均得到聚合后的模型参数，因此这种方法被称为模型平均。Mcmahan 等人的论文中还提出了一种等价的联邦平均算法——梯度平均算法。顾名思义，该算法不是对每个用户更新后的模型参数进行加权平均，而是对每个用户计算得到的梯度进行加权平均。具体地，在第 t 轮全局更新中，第 k 个用户计算的本地随机梯度为 $g_k^t = \nabla\ell(w^t; b)$，其中 b 是从本地数据中随机抽取的小批量数据，则服务器通过以下公式对随机梯度进行聚合：

$$\bar{g}_k^t = \sum_{k=1}^{K} \frac{n_k}{N} g_k \tag{11.5}$$

对梯度信息进行聚合之后，服务器可以直接利用平均梯度对模型进行更新，得到 $w^{t+1} \leftarrow w^t - \sum_{k=1}^{K} \frac{n_k}{N} g_k$，然后将更新后的模型参数发送给各个用户；服务器也可以将平均梯度发送给各个用户，让用户在本地通过平均梯度对模型进行更新。

算法 11.2　设备 k 上的联邦平均算法

1: **输入**：设备数量 K 以及当前的设备索引 k，本地批量大小 B，本地迭代次数 E，学习率 η

2: **输出**：w_k^{t+1}

3: **服务器方执行**：

4: **for** 全局更新轮次 $t = 1, \cdots, T$ **do**

5:　　服务器从 K 个设备中随机选择一个包含 $|S_t| = \max(C \cdot K, 1)$ 个设备的子集 S_t

6:　　**for** 任意的用户 $k \in S_t$ 并行 **do**

7:　　　用户 k 本地执行更新程序 ClientUpdate(k, w^t)，得到 w_k^{t+1}

8:　　　用户 k 将更新后的模型参数 w_k^{t+1} 发送给服务器

9:　　**end for**

10:　　服务器对所有用户的本地模型参数求平均：$w^{t+1} \leftarrow \sum_{k=1}^{K} \frac{n_k}{N} w_k^{t+1}$

11: **end for**

12: 其中，用户更新程序 ClientUpdate(k, w)（在用户 k 上执行）为：

13: 从服务器获得最新的参数 w

14: **for** 本地轮次 $t = 1, \cdots, T$ **do**

15:　　将数据集 $\mathcal{D}_k$ 随机划分为大小为 B 的批量

16:　　**for** 遍历 E 次划分好的批量，即 $E \cdot \frac{n_k}{B}$ 个轮次 **do**

17:　　　计算随机梯度 $\nabla \ell(w; b)$

18:　　　本地更新模型参数：$w \leftarrow w - \eta \nabla \ell(w; b)$

19:　　**end for**

20: **end for**

在联邦学习中，优化每个用户的目标函数时可以做多种假设。特别是，在联邦学习中用户的数据分布可能不尽相同，因此两个常见的对立假设是数据服从独立同分布和非独立同分布。具体地，用户数据独立同分布意味着用户本地更新时用的小批量数据在统计上等价于从整个训练集（K 个本地数据集的并集）中有放回的均匀抽样，即 $\mathbb{E}_{\mathcal{D}_k}[f_k(w)] = F(w)$。上面介绍的联邦平均算法正是基于该假设。然而，由于每个用户独立地收集他们自己的训练数据，这些数据在大小和分布上很难一致，并且这些数据不与其他用户或服务器共享

（出于隐私保护的初衷），在实际场景中独立同分布的假设显然很难成立。因此，相关学者研究非独立同分布情况下的同步联邦学习算法，如 Khaled 和 Li 分别在 2019 年和 2018 年提出的算法。

在非独立同分布的设定下，K 个用户中的任意用户 k 都有一个本地数据分布 $\mathcal{P}_k$ 和本地目标函数：

$$f_k(w_k) = \mathop{\mathbb{E}}_{z \sim \mathcal{P}_i} [\ell_i(w_k; z)] \tag{11.6}$$

其中，$\ell_i(w_k; z)$ 表示模型 w_k 在样本 z 上的损失函数，则全局优化的目标函数为：

$$F(w) = \sum_{k=1}^{K} \frac{1}{K} f_k(w_k) \tag{11.7}$$

当所有的 $\mathcal{P}_i$ 都相同时，式 (11.7) 退化为独立同分布的设定。在此定义 F^* 为函数 F 的最小值，且对应的模型参数为 w^*，类似地，函数 f_k 对应有 f_k^*。

与联邦平均算法中的设定一样，假设每次全局更新中都有 CK 个用户参与训练，每次本地更新中都有 B 个样本用来计算随机梯度。所不同的是，用户 k 抽取的批量样本 $z_{k,1}, \cdots, z_{k,B}$ 服从各自的本地分布 $\mathcal{P}_k$。为了研究非独立同分布下算法的收敛性，我们有必要加一个针对数据不相似性的假设。Lian 等人在 2017 年指出约束用户求得的本地梯度和全局梯度的区别，例如 Li 等人在其 2019 年的论文中假设存在一个正整数 κ 使得

$$\frac{1}{n} \sum_{k=1}^{n} \|\nabla f_k(w) - \nabla F(w)\|^2 \leqslant \kappa^2, \quad \forall w \in \mathbb{R}^d \tag{11.8}$$

成立。这个假设可以理解为，当数据为非独立同分布时，本地估计的梯度将不再是全局梯度的无偏估计。Khaled 和 Li 等人的研究假设本地模型的极值和全局极值不同，如后者使用 $\Gamma = F^* - \frac{1}{K} \sum_{k=1}^{K} f_k^*$ 来度量不相似的程度。如果数据是独立同分布的，则随着样本数的增加，Γ 趋于 0。

除此之外，还有学者研究同步联邦学习的其他设定及相关问题，如 Stich 等人研究了在梯度（范数）有界的假设下，同步联邦学习算法在强凸条件下的收敛速度；Yu 等人研究了非凸条件下的收敛速度；Wang 等人则考虑去掉梯度有界这个假设，并获得了更好的收敛速度。出于篇幅和专业性的原因，我们没有给出具体的收敛速度。因为分析收敛速度时，需要列出该收敛速度对应的条件，如假设和问题形式等，而且理解这些条件需要一定的优化知识。读者如果感兴趣，可参考 Kairouz 等人于 2019 年发表的综述论文。

11.4 异步横向联邦学习算法

大多数同步联邦学习算法有着与联邦平均算法一样的更新框架。然而，该类更新框架有一个明显的缺点——当一个或多个用户遭受很高的网络延迟或者有大量的数据需要训

练以至于训练时间比其他用户要长很多时，其他用户必须等待这些掉队的用户。Chai 等人的研究指出由于服务器在所有用户完成计算和通信之后才进行聚合（聚合梯度或者模型），同步更新（或优化）方式将会导致资源空闲并浪费计算能力。为此，不少研究者提出了异步横向联邦学习（以下简称异步联邦学习）算法，如 Sprague、Chen、Xie 等人分别在其 2018 年、2019 年、2019 年的论文中进行了研究。在异步联邦学习算法中，服务器一旦接收到其中一个用户发来的更新，则立马更新全局模型而不用等待所有用户完成计算和通信。服务器维持当前的全局模型，而所有的用户维持自己的本地模型。注意，由于异步性，不同用户的模型在同一全局时刻很可能不同。

Chen 在其 2019 年的论文中提出了异步在线联邦学习（ASynchronous Online FEDerated learning，ASO-Fed）算法，其更新过程如图 11-8 所示。

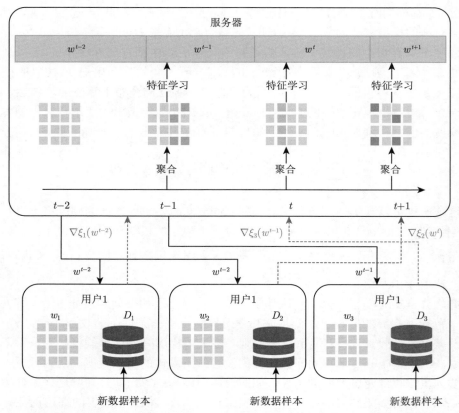

图 11-8   异步在线联邦学习算法的更新过程示意图。服务器在接收到用户发来的更新后马上执行聚合操作。新数据样本表示在训练过程中本地数据获得的新样本

服务器在接收到其中一个用户发来的更新之后就立即开始聚合并利用聚合的模型参数学习特征表示，以提取跨用户的特征表示。然后，服务器开始下一个全局轮次并将最新

的全局模型分发给准备好的用户。由于该算法是在线算法（关于在线算法，读者可以参考 Bent 等人在 2005 年发表的论文），因此在训练过程中可能会有新的数据样本加入训练。如图 11-8 所示，当服务器从一个延迟的用户接收到梯度时（例如，用户 2），服务器已经更新全局模型两次了。注意，在异步更新框架中，用户从服务器获取全局模型时存在不一致性，该不一致产生的原因是：用户从服务器接获取全局模型的过程中，由于通信延迟，服务器可能已经再次更新了全局模型。

异步在线联邦学习算法的伪代码见算法 11.3。对于服务器，每次全局迭代都要聚合模型参数得到 w，且有 $w^{t+1} = w^t - \frac{n_k}{N}(w_k^t - w_k^{t+1})$（括号内的项表示梯度）。由于该算法是在线算法，所以 n_k 和 N 可能会随着时间变化。由于异步性，用户的本地模型 w_k 和从服务器获得的全局模型 w 很可能不一样。为了缓和两个模型之间的偏差，作者引入目标函数 s_k 作为 f_k 的替代函数：

$$s_k(w_k) = f_k(w_k) + \frac{\lambda}{2}\|w_k - w\|^2 \tag{11.9}$$

此外，用户并不是直接采用随机梯度下降法进行更新，而是采用了类冲量加速算法的更新方式（关于冲量加速的随机梯度下降法，请参考 Hu 等人于 2019 年发表的论文）。具体来说，对于用户 k，其参数更新方式为：

$$w_k^{t+1} = w_k^t - \eta_k^t \left(\nabla f_k\left(w_k^t\right) - \nabla s_k^{(\mathrm{pre})} + h_k^{(\mathrm{pre})} + \lambda\left(w_k^t - w^t\right) \right) \tag{11.10}$$

实验证明，该算法对延迟和掉线用户非常鲁棒。

Xie 等人也研究了异步联邦学习算法。在异步在线联邦学习算法中，β 被设定为一个常数。然而，其论文认为不同程度的延迟会产生不同程度的不一致性。因此，作者引入函数 $s(t-\tau)$（该参数与异步在线联邦学习中 β 扮演的角色一样）减缓延迟的负面效果，其中 τ 表示延迟程度。注意，s 应该满足以下客观限制：当 $t=\tau$ 时，$s(t-\tau)$ 应该等于 1 且 s 的函数值应该随着 $t-\tau$ 的增大而减小。Chen 等人在 2019 年的论文中提出两阶段（Two-Stage）分析的方法，并对训练过程中的误差进行分解。具体地，假设 $w_k^* = \arg\min f_k(w)$，则训练误差可以分解为：

$$\underbrace{\|w^t - w^*\|}_{\text{全局误差}} \leqslant \underbrace{\sum_{k=1}^{K} \frac{n_k}{N} \|w_i^t - w_k^*\|}_{\text{初始化和局部误差}} + \underbrace{\sum_{i=1}^{M} \frac{n_k}{N} \|w_i^* - w^*\|}_{\text{局部-全局误差}} \tag{11.11}$$

其中，$\|\cdot\|$ 是 ℓ_2 范数符号。对于用户 k，式 (11.11) 右边的两项解释如下。

- 初始化和局部误差：在全局轮次 t 时刻，局部模型和最优的全局模型之间的误差。
- 局部-全局误差：最优本地模型和全局模型之间的误差。对于确定的联邦学习任务来说，该误差是定值。

因此，要想减少全局误差，可以从第一项入手。基于该分析和发现，研究人员提出了对延迟鲁棒的异步联邦学习算法（Stale-Robust Asynchronous Federated Learning Algorithm）。实验结果表明，该算法的收敛速度是基准算法的两倍，并且能够在不牺牲精度的前提下抵制延迟用户的负面影响。

算法 11.3   异步在线联邦学习算法

1: **输入**：正则化参数 α，乘子 r_k，学习率 η，衰减系数 β

2: **初始化**：$h_k^{\text{pre}} = h_k = 0$，$v_k = 0$

3: **服务器方执行**：

4: **for** 全局更新轮次 $t = 1, \cdots, T$ **do**

5:     计算 $w^t \leftarrow w^t - \eta_k^t \frac{n_k}{N} \nabla f_k(w^t)$

6:     根据特征学习公式更新 w^t（具体请参考 Chen 等人 2019 年的文章中的公式 5 和 6）

7: **end for**

8: **用户 k 在全局迭代轮次 t 时执行程序：**

9: 从服务器获得最新的参数 w^t

10: 计算 ∇s_k，其中 $s_k(w_k) = f_k(w_k) + \frac{\lambda}{2}||w_k - w||^2$

11: 令 $h_k^{\text{pre}} = h_k$

12: 令 $\nabla \xi_k \leftarrow \nabla_{s_k} - \nabla_{s_k}^{\text{pre}} + h_k^{\text{pre}}$

13: 更新参数 $w_k^{t+1} \leftarrow w_k^t - r_k^t \eta \nabla \xi_k$

14: 计算并更新 $h_k = \beta h_k + (1 - \beta)v_k$

15: 更新 $v_k = \nabla s_k(w^t; w_k^t)$

16: 将本地模型参数 w_k^{t+1} 上传给服务器

在异步联邦学习算法中，服务器不用等待掉队的用户再聚合。不同于同步联邦学习算法（如联邦平均算法）——每次全局迭代中，只有一部分用户被选定与服务器通信，在异步联邦学习算法中，服务器异步地与所有用户通信。因此，当有成千上万个用户同时更新模型时服务器很容易成为通信瓶颈。为此，Chai 等人在 2020 年提出了异步多层联邦学习算法（Federated learning method with Asynchronous Tiers，FedAT）。该算法通过分层机制，将同步算法和异步算法的优点结合了起来。在异步多层联邦学习算法中，所有用户根据响应延迟时长被分到不同的逻辑层中。所有的逻辑层同时参与全局训练，但每个逻辑层都有自己的训练节奏。单个层中的所有用户同步更新与该特定层相关的模型，而每一层都异步地更新全局模型。训练最快的层有着更短的响应延迟，使得全局模型的训练收敛得更快；训练较慢的层则异步地将模型的更新发送给服务器，从而参与全局训练，以便进一步提升全局模型的性能。

如果直接均匀地聚合异步更新的每层模型，可能会导致有偏的训练。因为延迟越低则模型更新频率越高，导致全局模型更倾向于靠近延迟较低的层。为了解决这个问题，研究者提出了一种加权策略。该策略对更慢的层赋予了更高的权重。如图 11-9 所示，分层模块将所有用户按照响应延迟分为 M 层：$tier_1, \cdots, tier_M$，其中 $tier_1$ 是最快的层，$tier_M$ 是最慢的层。服务器维持了一个模型列表 $\{w_1^t, \cdots, w_M^t\}$，以便记录每一层在特定全局轮次 t 时的最新模型。相应地，服务器也维持了一个从 M 层异步更新的全局模型 w。

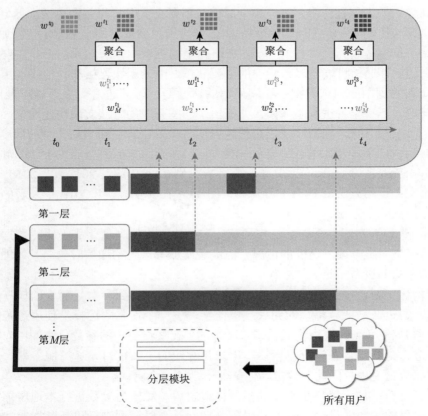

图 11-9　异步分层联邦学习算法的示意图。其中 $tier_1, \cdots, tier_M$ 表示 M 个层，$w_1^t, \cdots, w_M^t$ 则是对应的模型参数

　　对于某个层来说，首先随机选择一部分用户（就像联邦平均算法那样，选择一个包含 $|S|$ 个用户的子集）并根据用户的本地数据计算损失，然后同步地把对应形式（在该算法中，采用压缩形式）的权重发给服务器，并更新服务器上对应层的模型。图 11-9 包含一个简单的例子，即同一层的用户同步训练，而不同层之间执行异步训练。在 t_1 时刻，第一层的用户快速地完成了本地训练，把它们的模型发给了服务器。服务器则执行以下步骤：① 同步地更新接收到的第一层的模型并得到 $w_1^{t_1}$；② 使用加权聚合的形式从所有的层聚合最新的更新，以便生成新的全局模型 w^{t_1}。除了上述文献外，Sprague 等人也致力于将异步联邦学习用到地理定位上。

虽然横向联邦学习近年来发展得很快，但现有的研究往往聚焦于同步横向联邦学习算法的设计。因此，异步横向联邦学习算法是一个值得各位从业者关注的方向。

11.5　快速通信的横向联邦学习算法

在联邦学习的训练过程中，每一轮全局更新都要收发用户的完整模型进行更新。在大型的联邦学习应用场景中：① 单个用户的机器学习模型参数可能会非常大（譬如，大型深度神经网络可能有数百万个参数）；② 在每一轮全局更新中，有大量的用户需要与服务器进行更新。因此，通信可能是联邦学习的主要瓶颈，因为无线连接和其他终端用户互联网通信通常比在数据中心内或数据中心间通信的速度慢，而且通信代价会非常大且不可靠。针对这个问题，不少学者进行了探索，并提出了一些有效的方法实现快速通信。两个常见的方法是：① 梯度压缩，即减小从用户传输到服务器的用来更新全局模型的梯度（或者模型）的大小；② 广播模型压缩，即减小从服务器广播到用户的模型的大小。运用方法 1 的有 Alistarh、Suresh、Konevcny、Horvath 等人分别在 2016 年、2017 年、2018 年和 2019 年发表的论文；运用方法 2 的有 Caldas 和 Khaled 在 2018 年和 2019 年发表的论文。下面将简要介绍这几个方法。

Konevcny 等人将联邦平均算法与稀疏化和量化（将模型量化成小比特数据）进行结合，并证明在略微影响训练精度的情况下能显著降低每一轮的通信时长。具体地，该文献提出了两个有效的更新策略。

- ❏ 结构化更新：在训练过程中，对模型加以限制以得到参数量更少的模型形式。例如，通过低秩或者稀疏的约束（机器学习中一个常见的选择是使用迹范数作为正则项），使学到的模型为低秩或者稀疏的；在变量更少的参数化空间中对模型的参数进行更新等。在进行更新后，用户将对应的更新信息发送给服务器。由于模型的参数量更少，因此在给定其他条件下，通信会更快。
- ❏ 草图更新：每个用户在正常的模型更新之后，对模型参数进行本地压缩，然后将压缩后的参数发送给服务器。服务器据此对全局模型进行更新，如对参数进行下采样、量化编码等。

在这两种策略中，结构化更新在训练过程中采用的就是参数更少的模型更新；而草图更新则是在对原模型更新之后，再对模型进行压缩、下采样等操作。

在典型的横向联邦学习中（不包括个性化的联邦学习），参数是共享的，所以上述文章采用降低参数大小的方法可加速通信。考虑到有些方法中不是传输模型参数，而是传输最新的梯度（联邦平均算法包括模型平均和梯度平均两种），因此，我们可以对梯度进行压缩来达到类似的效果。Lin 等人则针对性地提出了深度梯度压缩（Deep Gradient Compression，DGC）方法。如图 11-10 所示，深度梯度压缩可以有效地减少（单次）通信时间，实现快速通信。该方法可以将 ResNET-50 的参数大小从 97MB 降到 0.35MB，将 DeepSpeech 的参数大小从 488MB 降到 0.74MB。该方法只发送重要的梯度（稀疏化

更新），所以能显著降低通信带宽。在衡量重要性的时候，该方法采用了非常简单的策略
——用梯度的幅度大小来判断重要性，只有当梯度幅度大于预设的阈值时，才被传输并用
来更新对应的参数。为了避免小幅值梯度信息的丢失，该方法还将幅度小于阈值的梯度存
储在本地并一次次累计，直至大于阈值并最终被传输。为了保持模型的效果，研究者还提
出了动量修正（Momentum Correction）、局部梯度修剪（Local Gradient Clipping）、动
量因子掩蔽（Momentum Factor Masking）以及预热训练（Warm-Up Training）等方法来
缓解模型效果的下降。

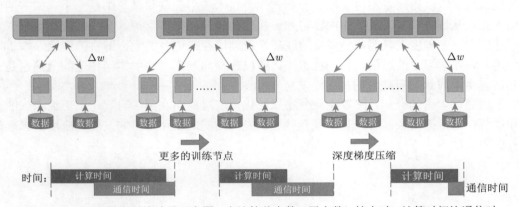

图 11-10　深度梯度压缩效果示意图。当计算节点数（用户数）较少时，计算时间比通信时
间长；当计算节点增多之后，通信时间在两者中占主导位置。使用深度梯度压缩
方法之后，可以明显降低通信时长，实现快速通信。使得通信时长不再是训练的
时间瓶颈

除上述方法外，Alistarh 等人则具体研究了梯度量化和编码等方法以减少通信时长。
除此之外，还有一些针对分布式学习场景的方法，如 Bernstein 于 2018 年的论文中提出
的符号随机梯度下降法（Sign SGD）。还有一些方法则试图减少每次被选择更新的用户，
如在联邦平均算法的每次全局更新中都选择固定数量的用户与服务器进行通信，如果降低
每次被选择用户的数量，的确会加速通信。

然而，至今仍不清楚在联邦学习中能否实现进一步的快速通信，以及这些方法（抑或
是这些方法的结合）能否在快速通信和模型精度之间做出更好的折中。一些分布式学习
相关的研究从理论角度提供了如何刻画通信（通信约束，如带宽）和模型之间的折中，如
Braverman、Acharya 等人的论文。然而，我们很难从这些减少通信带宽的理论著作中推
导出实实在在的见解，因为它们通常忽略了优化算法的影响。当然，利用这些理论方法为
实际的联邦学习方法提供指导仍然是有价值的。

11.6　总结

本章首先从横向联邦学习的定义出发，介绍了横向联邦学习训练的过程，并据此引出

了一些相关研究方向。考虑到横向联邦学习和分布式学习的密切关系，紧接着简要介绍了分布式学习中的相关研究和方法。然后，类比分布式学习中的分类方式将横向联邦学习方法分为同步并行方法和异步并行方法，并分别介绍了相关研究现状。最后对横向联邦学习的实际应用场景做了相应的介绍和探讨。

联邦学习近年来发展迅速，已经有不少落地应用，但相比分布式学习尚显年轻，因此还有诸多方面存在问题和挑战。特别是，横向联邦学习训练模板中的每一个过程都包含着极具研究价值和挑战性的问题。由于横向联邦学习与分布式学习在形式和场景设定上有一定的相似性，所以如何将相对成熟的分布式学习技术应用到联邦学习中是一个非常好的研究切入点。从 11.3 和 11.4 节的内容可知，相比同步横向联邦学习，异步的方法看起来更少，这也在一定程度上表明，异步横向联邦学习领域存在更多的亟待解决的问题。如 11.5 节所述，联邦学习中的通信代价往往很高，所以在横向联邦学习中实现快速的通信也是一个非常有实用前景的研究方向。

希望通过本章的介绍，读者能从分布式优化角度对横向联邦学习有一个更加深入的认识和理解；也希望广大读者能从中受到些许启发，为横向联邦学习的发展和应用做出理论或者应用贡献。

第 12 章

混合联邦学习算法

混合联邦学习算法是将横向联邦学习和纵向联邦学习的特点相结合，以统一而简洁的形式进行模型训练和预测。本章提出了两个新颖的混合联邦学习算法——混合联邦提升树和混合线性回归模型。

混合联邦学习算法不同于传统的横向联邦学习算法或者纵向联邦学习算法；具有数据适用性宽泛、使用步骤简单、训练效果有保障等优势。

12.1 混合联邦学习算法的场景需求

对于现有的联邦学习算法，我们需要根据用户数据情况，确定是采用横向学习方式还是纵向学习方式。对于横向学习方式，数据需要保证是同构的（如图 12-1a）；对于纵向学习方式，数据需要保证是异构的（如图 12-1b）。联邦学习的多方数据很难完全保证异构或同构（如图 12-2），所以在训练时，只能够丢弃部分同构或者异构数据。一旦训练方的数据重合度较低，或者训练方的数量增加，丢弃的数据会很多，这一方面会导致联邦学习的效果不如人意，另一方面会导致参与方对数据的利用率较低、经济效益不高。

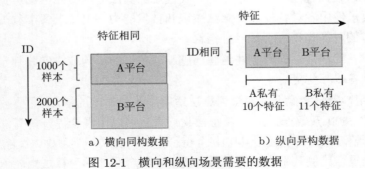

a）横向同构数据　　　　　　b）纵向异构数据

图 12-1　横向和纵向场景需要的数据

例如图 12-2a 中，在横向联邦学习时，只能保留双方的相同特征的数据，私有特征都会被丢弃。图 12-2b 中，在纵向联邦学习时，私有 ID 数据都会被丢弃。

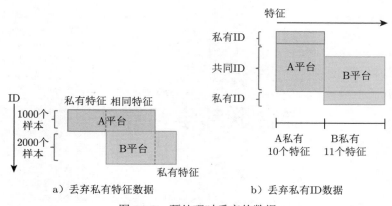

a）丢弃私有特征数据　　　　b）丢弃私有ID数据

图 12-2　预处理时丢弃的数据

这种横/纵向的区分不仅导致数据利用率低，还带来一个实际应用中很重要的问题，即模型的使用门槛被抬高了。在训练模型前，使用者首先需要解决两个问题：第一，根据数据的特点选择横向还是纵向学习方式；第二，进行数据预处理。现实中，这两个步骤往往是同时进行的，也没有看起来那么简单。使用者需要先进行样本对齐和特征对齐，以此确定数据分布更适合哪种方式。而很多情况下，数据的重合度并不偏好某种方式，使用者只能通过经验判断或随机采取某种方式进行训练。有时候只是需要在现有少量数据上训练出一个基本的可用模型，后续再优化，但也很难选出适合的算法。有时候为了更佳的效果，还会把横向、纵向学习方式都试一遍，这就需要两次数据预处理和两次训练。更多情况下随着实际场景中的数据不断变化，当参与方的数据重合比例发生变化时，原本选定的算法可能不再适用。

由于涉及数据丢弃，根据各参与方数据存储方式、安全管控等情况的不同，之前由数据库管理员处理好的数据或接口或许不能直接使用。那么使用者必须熟悉各自的处理程序，再经过烦琐的数据过滤步骤，才能为想要使用的算法处理好相应的数据。很显然，以上这些过程，要求使用者具备较高的算法知识和技术能力，也要求各个参与方高度协作配合，这对参与方的时间和精力都是一种消耗。

混合联邦学习算法能够应对上述这些问题。与单纯的横向或纵向联邦学习相比，混合联邦学习算法具备以下优点。

1）**数据适用性宽泛**：混合联邦学习算法适用于各种程度的横/纵交叠数据。如图 12-3 中三个参与方的 5500 条数据、40 个特征，我们直接可以用混合提升树算法进行训练和推理。在横向联邦学习中，仅能使用其中 8 个特征；在纵向联邦学习中，仅能使用其中 2000 个样本。在数据重合比例几乎为零的极限情况下，混合联邦学习算法也能保证联合建模的流程不中断，输出一个完整的可用模型。同样，在数据分布完全符合横向或纵向条件时，混合联邦学习等同于对应的横/纵向联邦学习。

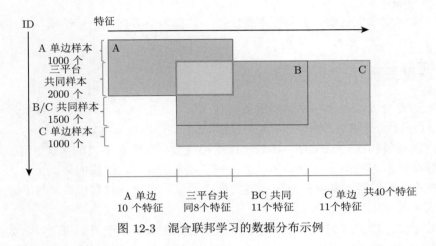

图 12-3　混合联邦学习的数据分布示例

2）**使用步骤简化**：使用者既不需要根据经验判断是采用横向学习还是纵向学习，也不需要对数据进行二次过滤。这样，使用者不必关注具体的数据预处理细节，也没有较高的学习成本，降低了模型的使用门槛。在分布式存储等场景中，这种统一而简洁的方案也减少了数据处理的时间成本。在实际应用中，各个参与方的数据重合比例很可能不断变化，混合联邦学习不需要因此频繁地更换算法。

3）**训练效果有保障**：混合联邦学习充分利用以前被丢弃的数据，以取得更大的数据利用率、获得更好的模型训练效果。在样本重合度为 100%，即数据完全为纵向分布时，混合提升树的推理精度达到纯纵向模型的水平。当样本重合度较低时，混合提升树取得更高的推理精度，相对纯纵向模型具有更好的泛化性能。

12.2　算法详述

本节介绍一种基于 XGBoost $^{\ominus}$ 的联邦算法——混合联邦提升树（MixGBoost）。

4.3 节已经介绍了梯度提升决策树算法的原理。在计算节点分裂的最佳特征时，我们融合了横向和纵向学习两种方法，对划分后的数据计算横向和纵向两种分裂候选，并最终做出分裂决策。

在混合梯度提升树训练中，每棵树的训练过程包括以下几个步骤。

1）　根据初始预测值或前一轮的预测值更新梯度。

2）　混合树生长。其中每个节点的分裂经过：

$\ominus$　XGBoost 是陈天奇等人开发的一个开源机器学习项目，高效地实现了 GBDT 算法并在算法和工程上做了许多改进，实际中被广泛应用并取得了不错的成绩。

① 横向分裂候选计算。

② 纵向分裂候选计算。

③ 分裂决策。

3） 一棵树完成生长后，更新样本预测值，计算当前的训练指标结果，继续进行下一棵树的训练。

12.2.1 梯度更新

在样本对齐阶段，各个客户端向服务器端注册本地的样本 ID 集合，服务器端对这些样本 ID 进行匹配的同时，为每个样本生成新的伪 ID，以便后续训练。

与纵向决策树相比，MixGBoost 算法接受标签数据分布在多方的情况。但必须强调的是，这种分布在多方的情况仅限于客户端之间不重叠的样本，即横向数据上。为了保护标签数据的安全，我们要求共同样本的标签数据必须仅由一个客户端提供，与 FederatedGB 相同，我们将其称为主动方客户端。

出于数据安全考虑，混合提升树算法使用同态加密保护梯度更新值，以防数据标签泄露。各客户端使用 12.6.1 节所述的分布式密钥生成方法，提前商议同态加密密钥 $(p_k, \{s_k\})$，将公钥 p_k 发布给服务器端，而客户端掌握各自的公钥/私钥对。每棵树训练开始前，各个客户端根据当前预测值重新计算梯度，横向对齐数据的梯度值仅保存在本地。与 4.3.3 节所述的梯度加密过程相似的是，拥有共同样本标签数据的客户端需要将这部分样本的加密梯度值共享出去，以便后续的节点分裂增益值计算。基于阈值解密的 Paillier 算法的性质，其他客户端无法单独使用自己的私钥解开密文，也无法通过梯度值进一步推算出原始的标签数据。

梯度更新的具体步骤如下：

1） 各个客户端计算本地有标签的样本 i 的梯度，包括一阶梯度 $g_{i,j}$ 和二阶梯度 $h_{i,j}$。主动方客户端需要用公钥对共同样本的梯度值加密，分别得到 $\mathrm{Enc}[g_{i,j}]$ 和 $\mathrm{Enc}[h_{i,j}]$，$i \in$ CommonSet。

2） 主动方客户端 j 将上述共同样本的梯度数据集合 $G_j = \{\mathrm{Enc}[g_{i,j}]\}$ 和 $H_j = \{\mathrm{Enc}[h_{i,j}]\}$（$i \in$ CommonSet）发送给服务器端。

3） 服务器端接收后，将这部分加密梯度值分发给其他客户端。

4） 客户端接收加密的共同样本梯度值之后将其存在本地，进入树的生长过程。

12.2.2 混合节点分裂

我们首先将混合数据分布的复杂情况归为图 12-4 所示的两个平台数据交叠的场景。从数据来看，混合模型的设计要考虑如下两个问题。

❑ 如何利用各参与方的私有数据（即图 12-4 中的十字形数据块之外的 (1.1) + (5.2)）的特点提升模型效果。

❑ 如何减少数据交叠后的缺角对模型的负面影响（即图 12-4 左下角和右上角的两块数据缺失）。

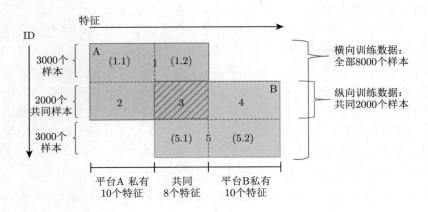

图 12-4　混合联邦学习的数据选取总体方案

（1）两个分裂候选特征

在树模型中，特征的具体取值并不直接对模型的预测结果产生影响，而是作为样本在树节点左右走向的依据。如果将各个客户端的数据看作一个整体，那么客户端 i 上的一个私有特征 $f_{i,1}$ 可以被看作一个全局缺失值较多的共同特征。混合提升树模型采取了 XGBoost 对稀疏矩阵处理的方法，在节点分裂时不考虑填充缺失特征的数值。缺失值数据会被分到左子树和右子树以分别计算损失，选择较优的那一个。抽象上，数据成为一个完整的方块，解决了数据缺角的问题。混合分布数据的训练因此转化成一个横向数据训练问题。在全部样本的参与下，求解一个最优的分裂特征，作为第一个分裂候选。

当各个客户端的私有特征数量较少，即图 12-4 中数据块 2 和 4 较窄时，上述这种方法一方面能够弥补纯纵向联邦学习的缺点，加入各客户端的私有 ID 数据，补充共同特征的训练数据量；另一方面能够弥补纯横向联邦学习的缺点，捕捉这些私有特征中或许存在的重要特征。

然而，当各个客户端的私有特征占多数时，缺失值的加入对几乎所有特征都产生了影响，反而加剧了分裂计算的误差，将模型推往背离真实分布的方向。针对这种情况，我们有必要剔除缺失值，为私有特征重新计算联合节点分裂的候选。由于各个客户端的私有 ID 数据对分裂的收益贡献无法放在同一尺度衡量，因此在这一步仅采取共同 ID，即纵向数据分布进行计算。由此，我们将上述的第二个问题转化为一个私有特征的纵向训练问题，并找出第二个分裂候选特征。

（2）候选特征的分裂增益计算

当混合联邦提升树生长到节点 N 时，节点 N 的样本数据呈现如图 12-4 中的形式，即各方既有共同特征，也有私有特征；既有共同 ID，也有私有 ID。我们可将节点 N 的样本数据划分为两个集合。

- ❏ 第一训练集合，即参与所有特征横向分裂候选计算的数据，是多个客户端的所有数据，如图 12-4 中的 (1)+(2)+(3)+(4)+(5)。
- ❏ 第二训练集合，即参与私有特征纵向分裂候选计算的数据，是多个客户端的共同数据样本的私有特征数据，如图 12-4 中的 (2)+(4)。

与分布式机器学习算法不同，在联邦学习设定下，当一个特征的数据值分布在多个客户端时，特征值无法进行排序。我们借鉴 Geurts 等人提出的极端随机森林方法，首先由服务器端选取一部分特征，为每个特征随机选定一个分裂阈值，然后按照该阈值计算分裂增益，将该分裂增益看作该特征的分裂候选。如论文中所述，这种方法尽管牺牲了为每个特征计算最佳分裂增益的精确性，但仍能获得较好的训练效果。

具体来说，按如下方式计算**第一个候选特征**的分裂增益：

1) 服务器端首先从所有特征集合中随机选取一个子集 $F_N = \{f_1, f_2, \cdots\}$，向各个客户端发送这个特征集合。

2) 客户端 j 遍历特征集合中的每个特征 f_k，如果本地有该特征，从节点 N 上样本数据的 f_k 取值范围中随机取一个值作为 f_k 的分类阈值候选，将阈值候选集合 $V_j = \{v_{1,j}, v_{2,j}, \cdots\}$ 发送给服务器端。

3) 服务器端收集各个客户端发送的阈值候选信息，组成列表，然后分别从阈值候选集合中随机选取阈值，应尽可能使选取的阈值在合理范围内。对于特征 f_k，从列表 $\{v_{k,1}, v_{k,2}, \cdots\}$ 中随机选择一个 v_k 作为 f_k 的全局最优分裂阈值，将 (f_k, v_k) 广播给各个客户端。

4) 客户端 j 根据阈值 v_k 对当前特征 f_k 进行节点分裂。

如果本地有 f_k 特征数据且 f_k 是共同特征，主动方客户端计算左右子树样本集合的梯度之和 GL_j、GR_j 和 HL_j、HR_j，非主动方计算除共同样本之外的左右子树样本梯度之和。

如果 f_k 是本地私有特征，无论客户端 j 是否为主动方，计算左右子树所有样本集合的梯度之和。在这一过程中，非主动方使用同态加法计算涉及共同样本梯度的部分。

如果本地没有 f_k 特征数据，计算除共同样本之外的左右子树样本数据梯度之和 $G_{j,\text{missing}}$ 和 $H_{j,\text{missing}}$。

客户端 j 将 GL_j、GR_j、HL_j、HR_j、$G_{j,\text{missing}}$ 和 $H_{j,\text{missing}}$ 用公钥加密的密文通知服务器端。

5) 服务器端接收到来自各个客户端的特征 f_k 分裂所需梯度之和，计算缺失值一阶梯度总和 $\text{Enc}[G_{\text{missing}}]$ 及二阶梯度总和 $\text{Enc}[H_{\text{missing}}]$，以及当前节点 N 上所有样本一阶梯度总和 $\text{Enc}[G_{\text{all}}]$ 及二阶梯度总和 $\text{Enc}[H_{\text{all}}]$：

$$\text{Enc}[G_{\text{missing}}] = \sum_j \text{Enc}[G_{j,\text{missing}}] \tag{12.1}$$

$$\text{Enc}[H_{\text{missing}}] = \sum_j \text{Enc}[H_{j,\text{missing}}] \tag{12.2}$$

$$\text{Enc}[G_{\text{all}}] = \sum_j \text{Enc}[GL_j] + \sum_j \text{Enc}[GR_j] + \text{Enc}[G_{\text{missing}}] \tag{12.3}$$

$$\text{Enc}[H_{\text{all}}] = \sum_j \text{Enc}[HL_j] + \sum_j \text{Enc}[HR_j] + \text{Enc}[H_{\text{missing}}] \tag{12.4}$$

此时，根据缺失值分别放在两侧子树的情况，计算左子树梯度总和：

$$\text{Enc}[GL_{\text{if missing go right}}] = \sum_j \text{Enc}[GL_j] \tag{12.5}$$

$$\text{Enc}[HL_{\text{if missing go right}}] = \sum_j \text{Enc}[HL_j] \tag{12.6}$$

$$\text{Enc}[GL_{\text{if missing go left}}] = \text{Enc}[G_{\text{if missing go right}}] + \text{Enc}[G_{\text{missing}}] \tag{12.7}$$

$$\text{Enc}[HL_{\text{if missing go left}}] = \text{Enc}[H_{\text{if missing go right}}] + \text{Enc}[H_{\text{missing}}] \tag{12.8}$$

6）根据 12.6.1 节的多方解密方法，服务器端协调各个客户端将上述加密值解开。解密的明文结果由各个客户端掌握。主动方客户端根据公式（12.9）计算缺失值两种走向下 f_k 的分裂增益。记两种情况下较大者为特征 f_k 的分裂增益：

$$\text{Gain} = \frac{1}{2} \cdot \left[\frac{GL^2}{HL + \lambda} + \frac{(G_{\text{all}} - GL)^2}{H_{\text{all}} - HL + \lambda} - \frac{G_{\text{all}}^2}{H_{\text{all}} + \lambda} \right] - \gamma \tag{12.9}$$

其中，γ 是提升树模型的参数——分裂最小阈值（当 Gain > 0 时有效）。

7）对所选集合中的每个特征重复步骤 3 至步骤 6，最后确定分裂增益最大的特征、阈值和收益 $\{f, v, \text{Gain}\}$，将该特征作为当前节点 N 的第一个特征候选。

计算**第二个候选特征**的分裂增益时，使用第二训练集合，即各个客户端的共同样本，且仅限于各个客户端本地的私有特征，因此没有跨平台特征排序的困难。与 XGBoost 的特征选择方案相同，我们设计如下计算方法。

1）主动方客户端 j 根据当前节点 N 的共同样本和梯度更新结果，计算这部分数据的一阶梯度总和 G_{common} 和二阶梯度总和 H_{common}：

$$G_{\text{common}} = \sum_{\text{common id}} g_i \tag{12.10}$$

$$H_{\text{common}} = \sum_{\text{common id}} h_i \tag{12.11}$$

将解密后结果 G_{common} 和 H_{common} 发送回服务器端。

2）客户端 j 根据当前节点的共同样本，随机得到特征集合，并对集合中每个特征 f_k 的所有取值排序，对样本进行桶映射，计算出桶映射后 f_k 在每个桶的左子树空间梯度 $\text{Enc}[Gkv]$ 和 $\text{Enc}[Hkv]$，然后将其发送到服务器端。

3）服务器端转发 $\text{Enc}[Gkv]$ 和 $\text{Enc}[Hkv]$ 给主动方。

4）主动方客户端根据 12.6.1 节的加解密方案，将 $\text{Enc}[Gkv]_k$ 和 $\text{Enc}[Hkv]_k$ 解密，然后计算特征 f_k 在 v 取值下左子树共同样本梯度之和，并根据以下公式计算分裂增益：

$$\text{Gain} = \frac{1}{2} \cdot \left[\frac{GL^2}{HL + \lambda} + \frac{(G_{\text{common}} - GL)^2}{H_{\text{common}} - HL + \lambda} - \frac{G_{\text{common}}^2}{H_{\text{common}} + \lambda} \right] - \gamma \tag{12.12}$$

最后选择所有客户端中分裂增益最大的特征、阈值和收益 $\{f, v, \text{Gain}\}$，并将该特征作为当前节点 N 的第二个特征候选。

在两个分裂候选计算完成后，将分裂增益较大的一个，作为节点 N 最终的分裂方式。按照该分裂候选对应的缺失值走向，决定特征缺失的 ID 左右子树走向，然后进行下一个树节点的生成。

12.2.3 模型保存和混合推理

训练完成后，混合联邦梯度提升树的保存和使用也与纵向模型不同。在纵向联邦梯度提升树模型中，树结构完整保存在其中一个训练客户端上，在推理开始前，由该客户端将树结构发送回服务器端，由服务器端主持推理过程。在混合算法中，我们采用了不同的保存方式，将树模型分开存储在多个客户端上，每个客户端保存提升树的一部分节点信息和子结构。在推理开始前，各个客户端的树模型子结构汇集到服务器端，以重构完整的树结构，并由服务器端主持推理过程。下面介绍两个概念。

❑ 树的子结构：树的一部分节点的编号以及这些节点间的父子关系。

❑ 节点信息：中间节点的分裂信息、叶子节点的权重。

具体模型保存和推理过程如下。

1. 混合联邦梯度提升树的保存

每个节点信息由其分裂特征所在的客户端保存。对于私有特征，其在训练过程中保存在唯一所在的客户端上；对于共同特征，服务器端对训练过程中各个客户端的有效特征（即最终被树模型采用了的特征）进行统计，将共同特征存储在其所在客户端中有效特征最多的一方。除此之外，树模型的其他信息，包括初始预测值、最大深度、正则项等参数，保存在所有客户端中有效特征最多的一方。

混合联邦梯度提升树对于叶子节点权重的存储也较为特殊。由于一个客户端知晓其所有样本最终到达的叶子节点，那么可能存在这样的情况：如果该客户端上只有某一个样本的特征数据而无标签值，那么当它掌握这个样本在每棵树中到达的叶子节点权重时，就可以近似推算出接近真实的标签值。这样在分类任务或一些特殊的回归任务上，其他客户端所掌握的标签值在一定程度上就被泄露了。为了保护叶子节点权重，从而进一步防止客户端标签数据泄露，混合联邦梯度提升树要求任一客户端不能保存一条完整的树路径。如果一条路径上所有的中间节点分裂信息都保存在某个客户端上，那么这条路径最终的叶子节点权重将会随机地保存到另一个有标签的客户端上。

2. 优化的推理过程

每个节点数据中存有深度优先遍历的编号信息，推理开始前，各个客户端将本地的树模型子结构发送到服务器端，服务器端根据节点的编号和父子关系重构树模型，主持推理过程。

在一般的联邦学习树模型上，服务器端主持推理过程按树节点遍历过程进行。由于推理样本的特征值存储在各个客户端上，每经过一个节点时，服务器端需要向该节点分类特征所在的客户端问询，客户端再根据特征值回应样本的左右子树走向。通常，这种方案有两个优化点。

1）对一棵树的遍历过程进行优化，实现每个层级上节点问询的并行。

2）对森林模型的推理进行优化。推理过程与训练过程不同，树之间的计算没有顺序关系，因此可以对树层级进行并行化改造，即多棵树同步进行推理。

这时就能体现出分拆式模型保存方案的优点：能够对树内部的遍历进一步优化。由于每个客户端上存储了一部分树结构，如果几个父子节点的特征全部在同一个客户端上，那么该客户端可以直接将几次问询合并，递归向下计算样本的走向，直至本地没有保存的节点。这样就能在很大程度上减少推理通信次数，提高推理速度。

具体来说，对于服务器端的一次样本走向问询，客户端的处理算法如下。

1） 构造节点处理队列 Queue，将当前节点和对应问询样本集合加入队列。

2） 从队列中取出节点 N 及样本问询集合 $\{id\}$，根据其分裂特征 f 及分裂阈值 v，将 $\{id\}$ 分为左样本集合 $\{id_{left}\}$ 和右样本集合 $\{id_{right}\}$。

对于节点 N 的左右子树根节点 N_{left} 和 N_{right}：

❏ 如果是叶节点，则为对应的子树样本集合已完成当前树的推理。

❏ 如果本地存有其分裂特征，将该节点和对应的样本集合加入队列。

❏ 如果本地没有其分裂特征，则为对应的样本标记走向，为节点 N 的左子树或右子树。

3） 重复步骤 2 直到队列为空。

4） 向服务器端反馈样本到达的节点情况，等待服务器端的下一次问询。

服务器端收到一次问询的结果后，根据样本在树中的走向和树结构，向样本接下来到达的节点所在客户端继续问询。在极端情况下，如果两个客户端进行混合推理，一方只有标签数据，另一方有所有的特征数据，上述方案只有一次问询过程，将网络通信速度的影响降到最低。在实际测试中，这种场景下的推理速度是非常快的。

推理结果是样本在每棵树到达的叶子节点的权重之和。在推理的最后，各个客户端都存有样本到达的一部分叶子节点，将所有客户端上的推理结果加和就是样本的预测值。在参与方数量达到三个及以上时，我们使用无可信第三方的分布式阈值解密的 Paillier 算法来完成这个加法过程。服务器端和客户端无法获知任一其他平台的预测值，但能获得多方的预测值之和，进一步保障了模型安全。

接下来，我们介绍联邦混合线性回归算法。

12.3 总结

本章针对横/纵数据混合场景下的联邦学习任务，在纵向联邦梯度提升树的基础上介绍了它的扩展——混合联邦梯度提升树算法。该算法将横向联邦学习和纵向联邦学习的优势相结合，充分利用各参与方的数据进行训练，且模型准确率不低于单一的横向或纵向模型。混合联邦梯度提升树算法在梯度计算和节点分裂上与纵向联邦梯度提升树有所不同，出于数据安全考虑，模型保存和推理过程也有较大区别，本章通过着重说明这些差异，阐述了混合联邦梯度提升树算法的设计思路。

第 13 章

联邦强化学习

强化学习（Reinforcement Learning，RL）是机器学习中处理序列决策的领域。在本章中，我们将描述 RL 问题如何被形式化为一个必须在环境中做出决策，以优化给定的累积奖励概念的智能体（Agent）。很明显，这种形式化适用于各种各样的任务，并抓住了人工智能的许多基本特征，如因果感以及不确定性感。本章还介绍了学习序列决策任务的不同方法以及深度学习的有用性。RL 的一个关键方面是智能体学习到良好的行为，这意味着它需要逐渐修改，以获得新的行为和技能。RL 的另一个重要方面是它使用试错经验，与假设环境先验知识的动态规划相反。因此，RL 智能体不需要完全了解或控制环境，只需要能够与环境互动并收集信息。在离线设置（Offline Setting）中，经验是由先验获得的，然后将其用作学习的批量数据（因此离线设置也称为 Batch RL）。与之相反的是在线设置（Online Setting），在在线设置中，数据是按顺序可用的，并用于逐步更新智能体的行为。在这两种情况下，核心学习算法本质上是相同的，主要区别是在在线环境中智能体可以影响其收集经验的方式，因此有利于学习。这是一个额外的挑战，主要是因为智能体必须在学习的同时处理探索/开发的难题。但是在在线设置上进行学习也是一个优势，因为智能体可以专门收集环境中最感兴趣部分的信息。因此，即使是众所周知的环境，与某些由于缺乏特异性而效率低下的动态规划方法相比，RL 在实践中仍可能提供计算效率最高的方法。

13.1 强化学习概述

一般的 RL 问题可以被形式化为一个离散时间的随机控制过程，其中一个智能体与它的环境以下列方式相互作用：智能体在其环境中的给定状态 $s_0(s_0 \in S)$ 下通过收集到的初始观测 $\omega_0(\omega_0 \in \Omega)$ 开始，在每个时间步骤 t，智能体必须采取一个动作 $a_t(a_t \in \mathcal{A})$。如图 13-1 所示，它将会有三个结果：① 智能体获得奖励 $r_t(r_t \in \mathcal{R})$；② 状态转移到 $s_{t+1}(s_{t+1} \in \mathcal{S})$；③ 智能体获得新的观测值 $\omega_{t+1}(\omega_{t+1} \in \Omega)$。

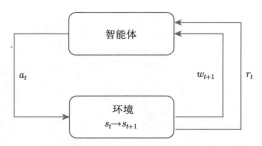

图 13-1　RL 中智能体与环境的交互

13.1.1　马尔可夫性

我们首先给出马尔可夫随机控制过程（Markovian Stochastic Control Processes）的定义。

定义 13.1　如果一个离散时间随机控制过程具有如下性质：

❏ $\mathbb{P}(\omega_{t+1}|\omega_t, a_t) = \mathbb{P}(\omega_{t+1}|\omega_t, a_t, \cdots, \omega_0, a_0)$

❏ $\mathbb{P}(r_t|\omega_t, a_t) = \mathbb{P}(r_t|\omega_t, a_t, \cdots, \omega_0, a_0)$

那么我们说该过程是马尔可夫的（即它具有马尔可夫性）。

马尔可夫性意味着该过程的未来只取决于当前的观测，而智能体对查看完整的记录没有兴趣。马尔可夫决策过程（Markov Decision Process，MDP）是一个离散时间随机控制过程，定义如下。

定义 13.2　一个 MDP 是一个五元组 $(\mathcal{S}, \mathcal{A}, T, R, \gamma)$，其中：

❏ $\mathcal{S}$ 是状态空间。

❏ $\mathcal{A}$ 是动作空间。

❏ $T : \mathcal{S} \times \mathcal{A} \times \mathcal{S} \to [0,1]$ 是转移函数（也是状态间条件转移概率的集合）。

❏ $R : \mathcal{S} \times \mathcal{A} \times \mathcal{S} \to \mathcal{R}$ 是奖励函数，其中 $\mathcal{R}$ 是在范围 $R_{\max} \in \mathbb{R}^+$（即 $[0, R_{\max}]$）中可能奖励的连续集合。

❏ $\gamma \in [0, 1)$ 是折扣因子。

系统在 MDP 中是完全可观测的，这意味着观测与环境的状态相同：$\omega_t = s_t$。在每个时间步骤 t，移动到 s_{t+1} 的概率由状态转移函数 $T(s_t, a_t, s_{t+1})$ 给出，而奖励是由一个有界的奖励函数 $R(s_t, a_t, s_{t+1}) \in \mathcal{R}$ 给出，如图 13-2 所示。

13.1.2　不同类别的策略

策略（Policy）定义智能体如何选择动作。策略可以根据平稳或非平稳的标准进行分类。非平稳策略依赖于时间步长，并且对于有限视野的环境是有用的。在有限视野的环境中，智能体寻求优化的累积报酬被限制在有限数量的未来时间步长内。在对深度学习的介绍中，考虑了无限的视野，策略是平稳的。

策略也可以根据第二个标准进行分类，即确定性或随机性：

- ❑ 在确定性情况下，策略可以被表示为 $\pi(s) : \mathcal{S} \to \mathcal{A}$。
- ❑ 在随机性情况下，策略可以被表示为 $\pi(s, a) : \mathcal{S} \times \mathcal{A} \to [0, 1]$，其中 $\pi(s, a)$ 表示在状态 s 中选择到动作 a 的概率。

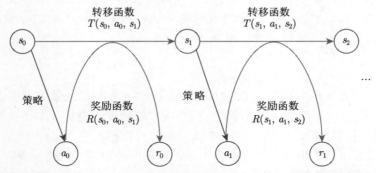

图 13-2　MDP 的示意图。在每一步，智能体采取动作，改变其在环境中的状态并获得奖励

13.1.3　期望收益

在本章中，我们考虑了一个 RL 智能体的情况，其目标是找到一个策略 $\pi(s, a) \in \Pi$，以便优化一个预期收益 $V^\pi(s) : \mathcal{S} \to \mathbb{R}$（也称为 V 值函数（V-value function）），这样有：

$$V^\pi(s) = \mathbb{E}[\sum_{k=0}^{\infty} \gamma^k r_{t+k} | s_t = s, \pi] \tag{13.1}$$

其中：

- ❑ $r_t = \mathbb{E}_{a \sim \pi(s_t, \cdot)} R(s_t, a_t, s_{t+1})$。
- ❑ $\mathbb{P}(s_{t+1} | s_t, a_t) = T(s_t, a_t, s_{t+1})$，其中 $a_t \sim \pi(s_t, \cdot)$。

从预期收益的定义来看，最优预期收益可以定义为：

$$V^*(s) = \max_{\pi \in \Pi} V^\pi(s) \tag{13.2}$$

除了 V 值函数，还可以引入几个其他感兴趣的函数。Q 值函数 $Q^\pi(s, a) : \mathcal{S} \times \mathcal{A} \to \mathbb{R}$ 定义如下：

$$Q^\pi(s, a) = \mathbb{E}[\sum_{k=0}^{\infty} \gamma^k r_{t+k} | s_t = s, a_t = a, \pi] \tag{13.3}$$

在 MDP 的情况下，公式 (13.3) 可以用贝尔曼方程（Bellman's Equation）递归改写为：

$$Q^\pi(s, a) = \sum_{s' \in \mathcal{S}} T(s, a, s')(R(s, a, s') + \gamma Q^\pi(s', a = \pi(s'))) \tag{13.4}$$

类似于 V 值函数，最优 Q 值函数 $Q^*(s, a)$ 也可以定义为：

$$Q^*(s) = \max_{\pi \in \Pi} Q^\pi(s, a) \tag{13.5}$$

Q 值函数与 V 值函数相比的特殊性在于，最优策略可以直接从 $Q^*(s,a)$ 中获得：

$$\pi^*(s) = \arg\max_{a \in \mathcal{A}} Q^*(s,a) \tag{13.6}$$

最优 V 值函数 $V^*(s)$ 是在给定状态 s 下，遵循策略 π^* 时的期望折扣奖励。最优 Q 值函数 $Q^*(s,a)$ 是在给定状态 s 下，对于给定的动作 a，遵循策略 π^* 时的期望折扣奖励。

我们也可以定义一个优势函数（Advantage Function）：

$$A^\pi(s,a) = Q^\pi(s,a) - V^\pi(s) \tag{13.7}$$

这个公式描述了与直接遵循策略 π 时的预期回报相比，动作 a 的效果有多少优势。注意，获得 $V^\pi(s)$、$Q^\pi(s,a)$ 或 $A^\pi(s,a)$ 估计的一种直接方法是使用蒙特卡罗方法（Monte Carlo Method），即在遵循策略 π 的同时，通过从 s 执行几次模拟来定义一个估计。在实践中，我们将看到在数据有限的情况下，这基本上是不可能的。即便有可能，我们也会看到为了提高计算效率，通常应该优先使用其他方法。

13.1.4 学习策略的不同部分和设置

RL 智能体包括以下一个或多个部分。

❑ 一个价值函数（Value Function）的表示，它可以预测每个状态或每个状态/动作对的好坏。

❑ 一个策略 $\pi(s)$ 或 $\pi(s,a)$ 的直接表示。

❑ 环境模型（即估计的转移函数和估计的奖励函数）与规划算法相结合。

前两个组件与所谓的模型无关（Model-free）的 RL 相关。当使用最后一个组件时，该算法被称为基于模型（Model-based）的 RL。将两者结合使用以及为什么使用这两种组合是有用的，将在下文讨论。图 13-3 提供了一个包含所有可能方法的 RL 图解。

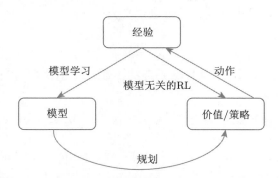

图 13-3 包含不同方法的 RL 图解。直接方法使用价值函数或策略的表示在环境中执行动作，间接方法利用环境模型

对于大多数接近现实世界复杂性的问题，状态空间是高维的（而且可能是连续的）。为了更好地估计模型、价值函数或策略，结合深度学习的 RL 算法有两个主要优势。

❏ 神经网络非常适合处理高维感官输入（如时间序列、帧等），并且在实践中，当向状态或动作空间添加额外维度时，它们不需要数据的指数增长。

❏ 它们可以被渐进地训练，并利用学习时获得的额外样本。

现在介绍 RL 中的关键设置。

（1）离线和在线学习

一个顺序决策任务的学习过程包含两种情况：① 在离线学习情况下，在给定的环境中只有有限的数据可用；② 在在线学习情况下，学习的同时，智能体在环境中逐渐积累经验。在这两种情况下，我们接下来介绍的核心学习算法本质上是相同的。离线学习中的批处理设置的特殊性是，智能体必须从有限的数据中学习，而不可能与环境进一步交互。在这种情况下，我们可以考虑提升泛化能力。在在线设置中，学习问题更加复杂，不需要大量数据的学习方式将更加考验算法本身是否能从有限的经验中学习到很好的泛化性。事实上，智能体有可能通过探索/开发策略（Exploration/Exploitation Strategy）来收集经验。此外，它可以使用一个重放内存（Replay Memory）来存储它的经验，以便以后重新处理。在离线和在线设置中，一个额外考虑因素是计算效率。计算效率取决于给定梯度下降步骤的效率。所有这些元素将在后面的章节中详细介绍。图 13-4 提供了在大多数深度 RL 算法中可以找到的一般模式。

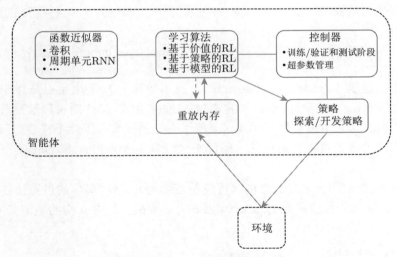

图 13-4　深度 RL 方法的一般模式

（2）同策略和异策略学习

Sutton 和 Barto 在 2017 年提出，同策略（On-policy）的方法试图评估或改进用于决策的策略，而异策略（Off-policy）的方法评估或改进与用于生成数据的策略不同的策略。基于异策略的方法将直接学习从不同的行为策略 $\beta(s, a)$ 获得的轨迹。在这些情况下，经验重放允许重用来自不同行为策略的样本。相反，基于同策略的方法在与重放内存一起使用时通常会引入偏差，因为轨迹通常不是在当前策略 π 下单独获得的。正如将在以下章节中讨论的那样，这使得异策略的方法高效，因为它们能够利用任何经验；相比之下，同策略的方法可能会在使用异策略轨迹时引入偏差。

13.2　强化学习算法简介

在本节中，我们按照图 13-4 中的顺序，即基于价值的 RL（Value-based RL）、基于策略的 RL（Policy-based RL）和基于模型的 RL（Model-based RL），来介绍强化学习。

13.2.1　基于价值的 RL

基于价值的算法类旨在构建一个价值函数，随后让我们定义一个策略。我们下面讨论最简单和最流行的基于价值的算法之一——Q-learning（Q 学习）算法（Watkins 于 1989年提出）及其变体。

Q 学习的基础版本是一个保存了价值 $Q(s,a)$ 的查找表（即式 (13.3)），每个状态–动作对有一个条目。为了学习到最优 Q 值函数，Q 学习算法利用了 Q 值函数的贝尔曼方程，其唯一解是 $Q^*(s,a)$：

$$Q^*(s,a) = (\mathcal{B}Q^*)(s,a) \tag{13.8}$$

其中，$\mathcal{B}$ 是将任何函数 $K : \mathcal{S} \times \mathcal{A} \to \mathbb{R}$ 映射成另外一个函数 $\mathcal{S} \times \mathcal{A} \to \mathbb{R}$ 的贝尔曼算子，定义如下：

$$(\mathcal{B}K^*)(s,a) = \sum_{s' \in \mathcal{S}} T(s,a,s')(R(s,a,s') + \gamma \max_{a' \in \mathcal{A}} K(s',a')) \tag{13.9}$$

根据巴拿赫定理（Banach's Theorem），贝尔曼算子 $\mathcal{B}$ 的固定点是存在的，因为它是收缩映射（Contraction Mapping）。在实践中，如果状态–动作对可以被离散地表示，并且所有动作在所有状态中被重复采样（这确保了充分的探索，因此不需要访问转移模型），则有一个可用的收敛到最优值函数的一般证明（可参考 Watkins 和 Dayan 于 1992 年提出的文章）。

由于状态–动作空间一般是高维的（可能是连续的），这种简单的设置往往不适用。在这种情况下，参数化的价值函数 $Q(s,a;\theta)$ 就是有必要的，其中 θ 指的是定义 Q 值的一些参数。

1. 拟合 Q 学习算法

经验以元组 $<s,a,r,s'>$ 的形式被保存在给定的数据集 D 中，其中下一时间步骤 s' 的状态是从 $T(s,a,\cdot)$ 中得到的，奖励 r 由 $r(s,a,s')$ 给出。在拟合 Q 学习算法中，算法从 $Q(s,a;\theta_0)$ 的一些随机初始化开始，其中 θ_0 指初始参数（通常，初始 Q 值接近于 0，以避免缓慢学习）。然后，在第 k 次迭代的 Q 值的近似值 $Q(s,a;\theta_k)$ 朝向目标值：

$$Y_k^Q = r + \gamma \max_{a' \in \mathcal{A}} Q(s',a';\theta_k) \tag{13.10}$$

更新，其中，θ_k 指的是在第 k 次迭代中定义 Q 值的一些参数。

对于神经拟合 Q 学习算法（Neural Fitted Q-learning，NFQ）（Riedmiller 于 2005 年提出），状态可以作为输入提供给 Q 网络，并且对于每个可能的动作给出不同的输出。这提供了一种有效的结构，其优点是对于给定的 s'，在神经网络的单次前向传递中获得 $\max\limits_{a' \in \mathcal{A}} Q(s', a'; \theta_k)$。Q 值可以用一个神经网络 $Q(s, a; \theta_k)$ 参数化，其中参数 θ_k 通过最小化平方损失的随机梯度下降法（或变体）更新：

$$L_{\text{DQN}} = (Q(s, a; \theta_k) - Y_k^Q)^2 \tag{13.11}$$

因此，Q 学习算法更新参数时的更新量为：

$$\theta_{k+1} = \theta_k + \alpha(Y_k^Q - Q(s, a; \theta_k))\nabla_{\theta_k} Q(s, a; \theta_k) \tag{13.12}$$

其中，α 是神经网络学习率，也被称为步长。注意，使用平方损失并不是随意的，因为它确保了 $Q(s, a; \theta_k)$ 可以无偏地逼近于随机变量 Y_k^Q 的期望值。因此，在假定神经网络非常适合于该任务并且在数据集 D 中收集的经验是充分的情况下，它确保 $Q(s, a; \theta_k)$ 在多次迭代之后逼近于 $Q^*(s, a)$。当更新权重时，目标值也会改变。由于神经网络的泛化和推断能力，这种算法会在状态–动作空间的不同位置产生较大的误差（即发散）。因此，公式 (13.9) 中贝尔曼算子的收缩映射性质不足以保证收敛。实验证明，这些误差可能随着更新规则的传播而传播，因此收敛可能缓慢甚至不稳定。使用函数逼近器的另一个副作用是，由于使用了最大化算子，Q 值往往被高估。由于不稳定和高估的风险，因此必须特别谨慎，以确保适当的学习。

2. 深度 Q 网络

利用 NFQ 的想法，Mnih 等人在 2015 年引入深度 Q 网络（Deep Q-network，DQN）算法。它能够通过直接从像素中学习，在各种雅达利游戏的在线设置中获得强大的性能。它使用两种启发式方法来限制不稳定性。

- ❑ 公式 (13.10) 中的目标 Q 网络为 $Q(s', a'; \theta_k^-)$，其中参数 θ_k^- 仅在每 $C(C \in \mathbb{N})$ 次迭代中更新，并有如下赋值：$\theta_k^- = \theta_k$。这可以防止不稳定性快速传播，并降低发散风险。因为目标值 Y_k^Q 在 C 次迭代中保持不变。目标网络的思想可以被视为拟合 Q 学习的一个实例，其中目标网络更新之间的每个周期对应于单个拟合 Q 迭代。

- ❑ 在在线设置中，重放内存保存最后 N_{replay} 个时间步骤的所有信息，其中经验通过遵循 ϵ-贪婪策略来获取。然后在重放内存中随机选择的一组元组 $< s, a, r, s' >$（称为小批量）上进行更新。这个技术允许覆盖大范围状态空间的更新。此外，与单个元组的更新相比，一个小批量更新的差异更小。因此，它提供了对参数进行较大更新的可能性，实现了算法的高效并行化。

该算法的示意如图 13-5 所示。除了目标 Q 网络和重放内存，DQN 还使用了其他重要的启发式方法。为了将目标值保持在合理的范围内，并确保在实践中正确学习，奖励被限制在 −1 和 +1 之间。削减奖励限制了误差导数的规模，并使得在多个游戏中使用相同的步长变得更容易（然而，它引入了偏差）。在玩家有多条生命的游戏中，一个技巧是将终止状态与生命损失相关联，使得智能体避免这些终止状态（在终止状态中，折扣因子被设置为 0）。DQN 也使用了许多深度学习的特定技术。特别地，输入的预处理步骤被用于降低输入维数、归一化输入（将像素值缩放为 [−1,1]）以及处理任务的一些特性。此外，卷积层用于神经网络函数近似器的第一层，优化器则是使用 RMSprop（随机梯度下降的一种变体）。

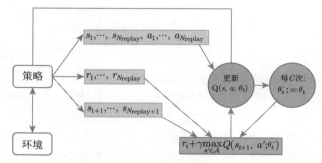

图 13-5　DQN 算法示意。$Q(s, a; \theta_k)$ 其域内各处都被初始化为随机值（接近 0），并且重放内存被初始化为空；目标 Q 网络参数 θ_k^- 仅在每 C 次迭代后用 Q 网络参数 θ_k 更新，并且 θ_k^- 在两次更新之间保持不变；更新使用在重放内存中随机获取的小批量（比如 32 个元素）元组 $< s, a >$ 以及相应小批量的元组的目标值

3. Double DQN

Q 学习中的最大化操作（即式 (13.9) 和式 (13.10)）使用相同的值来选择和评估动作。这使得在不准确或有噪声的情况下，更有可能选择高估的值，从而导致过度乐观地估计值。因此，DQN 算法会导致向上的偏差。双估计方法对每个变量使用两个估计值，这使得估计器的选择与它的值是不耦合的。因此，无论估计的 Q 值中的误差是否是由环境中的随机性、函数近似、非平稳性等造成的，这种方法都允许在估计动作值时去除正向的偏差。在 Double DQN 或者 DDQN（Van Hasselt 等人于 2016 年发表）中，目标值 Y_k^Q 被替换成：

$$Y_k^{\mathrm{DDQN}} = r + \gamma Q(s', \arg\max_{a \in \mathcal{A}} Q(s', a; \theta_k); \theta_k^-) \tag{13.13}$$

这导致对 Q 学习值的较少的高估，改善了性能。与 DQN 相比，权重为 θ_t^- 的目标网络用于评估当前的贪婪动作。注意，策略仍然是根据当前权重 θ 获得的值来选择的。

4. 小结

最初的 DQN 算法可以结合前文中讨论的不同变体，这已经由 Hessel 等人在 2017 年的 Rainbow 相关文章中进行了研究。他们的实验表明，前面提到的所有 DQN 扩展的组合在雅达利 2600 基准上提供了最先进的性能，包括样本效率和最终性能。总的来说，大多数雅达利游戏都可以被深度 RL 智能体攻克，使其游戏表现超过人类水平。基于 DQN 的方法仍然存在一些局限性。其中，这些类型的算法不太适合处理大的或连续的动作空间。此外，它们不能明确地学习随机策略。解决这些限制的改进方案将在接下来的基于策略的 RL 方法中进行讨论。实际上，下一节还将提到基于价值和基于策略的方法可以被视为同一个模型无关方法的两个方面。因此，离散动作空间和确定性策略的局限性只与 DQN 有关。人们还可以注意到，基于价值或基于策略的方法不利用任何环境模型，这限制了它们的样本效率。

13.2.2 基于策略的 RL

本小节重点介绍使用策略梯度方法的强化学习算法。得益于针对策略参数的随机梯度上升的变体，这些方法通过找到一个好的策略（例如神经网络参数化策略）来优化性能目标（通常是预期的累积收益）。注意，策略梯度方法属于更广泛的基于策略的方法，其中包括进化策略。这些方法使用从策略参数的采样实例中得到的学习信号，并且这个策略集合是针对实现更好回报的策略而开发的（例如，Salimans 等人于 2017 年发表的文章）。在本小节中，我们介绍随机和确定性策略梯度定理，这些定理提供了策略参数的梯度，以优化性能目标。然后，我们给出了使用这些定理的不同 RL 算法。

1. 随机策略梯度

从公式 (13.1) 的给定状态 s_0 开始的随机策略 π 的预期回报可以写成：

$$V^\pi(s_0) = \int_{\mathcal{S}} \rho^\pi(s) \int_{\mathcal{A}} \pi(s,a) R'(s,a) \mathrm{d}a \mathrm{d}s \tag{13.14}$$

其中，$R'(s,a) = \int_{s' \in \mathcal{S}} T(s,a,s') R(s,a,s')$ 和 $\rho^\pi(s)$ 是折扣状态分布，定义为：

$$\rho^\pi(s) = \sum_{t=0}^{\infty} \gamma^t \Pr\{s_t = s | s_0, \pi\} \tag{13.15}$$

对于可微策略 π_w，这些算法的根本结果是策略梯度定理：

$$\nabla_w V^{\pi_w}(s_0) = \int_{\mathcal{S}} \rho^{\pi_w}(s) \int_{\mathcal{A}} \nabla_w \pi_w(s,a) Q^{\pi_w}(s,a) \mathrm{d}a \mathrm{d}s \tag{13.16}$$

这一结果使我们能够从经验中调整策略参数 w：$\Delta w \propto \nabla_w V^{\pi_w}(s_0)$。这个结果特别有趣，因为策略梯度不依赖于状态分布的梯度（尽管人们可能已经预料到了这一点）。导出策略梯度估计量的最简单方法（即从经验中估计 $\nabla_w V^{\pi_w}(s_0)$）是使用一个评分函数梯度估计器，通常被称为"增强"算法。利用似然比技巧，可以推导出从期望值估计梯度的一般方法：

$$\nabla_w \pi_w(s,a) = \pi_w(s,a) \frac{\nabla_w \pi_w(s,a)}{\pi_w(s,a)}$$

$$= \pi_w(s,a)\nabla_w \log(\pi_w(s,a)) \tag{13.17}$$

推导得出：

$$\nabla_w V^{\pi_w}(s_0) = \mathbb{E}_{s \sim \rho^{\pi_w}, a \sim \pi_w}[\nabla_w(\log \ \pi_w(s,a))Q^{\pi_w}(s,a)] \tag{13.18}$$

注意，在实践中，大多数策略梯度方法有效地使用了未折扣的状态分布，因此不会损害它们的性能。

到目前为止，我们已经表明策略梯度方法应该包括策略评估和策略改进。一方面，使用策略评估来估计 Q^{π_w}。另一方面，策略改进采取梯度步骤来优化关于价值函数估计的 $\pi_w(s,a)$。直观地说，策略改进步骤增大了与预期收益成比例的动作概率。

剩下的问题是智能体如何执行策略评估步骤，即如何获得 $Q^{\pi_w}(s,a)$ 的估计。估计梯度的最简单方法是用整个轨迹的累积收益来代替 Q 函数估计器。在蒙特卡罗策略梯度中，我们在遵循策略 π_w 的同时，根据环境的展开来估计 $Q^{\pi_w}(s,a)$。当与神经网络策略的反向传播结合使用时，蒙特卡罗估计器是无偏的良好估计，因为它估计收益直到轨迹结束（没有由自举法引起的不稳定性）。然而，其主要的缺点是，这种估计需要执行同策略方法 Rollout，并可能表现出很大的方差。为了获得良好的收益估计，通常需要执行多次 Rollout。一种更有效的方法是使用基于价值的方法给出收益估计，如下文中将要讨论到的演员–评论家（Actor-Critic）方法。

这里还有两点补充。首先，为了防止策略变得确定，通常在梯度上添加一个熵正则化器。有了这个正则化器，学习到的策略可以保持随机性。这保证了策略的不断探索。其次，可以不用公式 (13.18) 中的价值函数 Q^{π_w}，可以使用优势价值函数 A^{π_w}。$Q^{\pi_w}(s,a)$ 总结了在策略 π_w 下给定状态下每种动作的表现；优势函数 $A^{\pi_w}(s,a)$ 提供了每种动作在状态 s 下的预期收益的比较指标，该指标由 $V^{\pi_w}(s)$ 给出。$A^{\pi_w}(s,a) - Q^{\pi_w}(s,a)V^{\pi_w}(s)$ 的值通常比 $Q^{\pi_w}(s,a)$ 小，这有助于减小梯度估计器 $\nabla_w V^{\pi_w}(s_0)$ 在策略改进步骤中的方差，而没有修改期望。换句话说，价值函数 $V^{\pi_w}(s)$ 可以看作梯度估计器的基线或控制变量。当更新符合策略的神经网络时，使用这样的基线可以提高数值效率——通过较少的更新达到给定的性能，因为步长可以更大。

2. 确定性策略梯度

策略梯度法可以推广到确定性策略。连续动作的神经拟合 Q 迭代（Neural Fitted Q Iteration with Continuous Actions，NFQCA）（Hafner 和 Riedmiller 于 2011 年提出）和

深度确定性策略梯度（Deep Deterministic Policy Gradient，DDPG）算法引入了策略的直接表示，可以扩展 NFQ 和 DQN 算法，以克服离散动作的限制。

标记 $\pi(s)$ 是确定性的梯度 $\pi(s): \mathcal{S} \to \mathcal{A}$，在离散的动作空间中，一个直接的方法是通过下式迭代地构建策略：

$$\pi_{k+1}(s) = \arg\max_{a \in \mathcal{A}} Q^{\pi_k}(s, a) \tag{13.19}$$

其中，π_k 是在第 k 次迭代的策略。在连续的动作空间中，贪婪的策略改进会产生问题，需要在每一步都实现全局最大化。我们用 $\pi_w(s)$ 表示可微确定性策略。在这种情况下，一个简单且具有计算吸引力的替代方案是将策略朝 Q 的梯度方向移动，这就产生了深度确定性策略梯度（DDPG）算法：

$$\nabla_w V^{\pi_w}(s_0) = \mathbb{E}_{s \sim \rho^{\pi_w}}[\nabla_w(\pi_w)\nabla_a(Q^{\pi_w}(s, a))|a = \pi_w(s)] \tag{13.20}$$

这个公式依赖于 $\nabla_a(Q^{\pi_w}(s, a))$（除了 $\nabla_w(\pi_w)$），那么我们就需要使用演员–评论家的方法。

3. 演员–评论家方法

正如我们在上文中看到的，对于确定性和随机性的情况，由神经网络表示的策略可以通过梯度上升来更新。在这两种情况下，策略梯度通常要求对当前策略的价值函数进行估计。一种常见的方法是使用由演员和评论家两部分组成的演员–评论家（Actor-Critic）架构（由 Konda 和 Tsitsiklis 于 2000 年提出）。演员指的是策略，评论家指的是价值函数的估计（例如，Q 值函数）。在深度 RL 中，演员和评论家都可以用非线性神经网络函数逼近器来表示（参考 Mnih 等人于 2016 年发表的文章）。演员使用从策略梯度定理导出的梯度，并调整策略参数 w。由 θ 参数化的评论家估计当前策略 $\pi: Q(s, a; \theta) \approx Q^{\pi}(s, a)$ 的近似价值函数。

评论家： 从可能取自重放内存的元组 $<s, a, r, s'>$（集合）中，估计评论家的最简单的异策略方法是纯自举算法 $TD(0)$，其在每次迭代中，当前值 $Q(s, a; \theta)$ 向如下目标值更新：

$$Y_k^Q = r + \gamma Q(s', a = \pi(s'); \theta) \tag{13.21}$$

这种方法的优点是简单，但计算效率不高，因为它使用了一种纯自举技术，这种技术不稳定，并且在时间上向后传播缓慢。理想的情况是拥有如下特点。

❑ 样本高效：因此它应该能够利用同策略和异策略内的轨迹（即它应该能够使用重放内存）。

❑ 计算效率高：它应该能够从同策略方法的稳定性和快速奖励传播中受益。

演员： 从公式 (13.18) 来看，在随机情况下，策略改进阶段的异策略梯度为：

$$\nabla_w V^{\pi_w}(s_0) = \mathbb{E}_{s \sim \rho^{\pi_\beta}, a \sim \pi_\beta}[\nabla_\theta(\log \pi_w(s, a))\nabla_a(Q^{\pi_w}(s, a))] \tag{13.22}$$

其中 θ 通常是不同于 π 的行为策略，这使得梯度是有偏差的。这种方法在实践中通常表现良好，但是使用有偏的策略梯度估计器使得在没有 GLIE 假设的情况下难以分析其收敛性。

在演员–评论家方法的思路下，研究者提出一种在没有经验重放的情况下执行策略梯度的同策略方法，其中多个智能体并行执行，演员–评论家异步训练。智能体的并行化还确保了每个智能体在给定的时间步长体验环境的不同部分。在这种情况下，可以使用 n 步收益（n-step returns），而不会引入偏差。这个简单的想法可以应用于任何需要同策略数据的学习算法，并且不需要维护重放内存。然而，这种异步技巧不是样本高效的。

另一种方法是将同策略和异策略样本结合起来，在异策略方法的样本效率和同策略梯度估计的稳定性之间进行权衡。例如，Q-Prop（Gu 等人于 2017 年提出）使用蒙特卡罗同策略梯度估计器，同时通过使用异策略评论家作为控制变量来减小梯度估计器的方差。Q-Prop 的一个限制是，它需要使用同策略样本来估计策略梯度。

小结：策略梯度是在强化学习环境中改进策略的有效技术。正如我们所看到的，这通常需要对当前策略的价值函数进行估计，一个有效的方法是使用一个可以处理异策略数据的演员–评论家体系结构。

与前面讨论的基于 DQN 的方法不同，这些算法具有以下特性：它们能够在连续的动作空间中工作。这在机器人等应用中尤其有趣，在这些应用中，力和扭矩可以取连续的值。它们可以表示随机策略，这对于构建可以明确探索的策略非常有用。这在最优策略是随机策略的情况下也是有用的（例如，在多智能体情况下，纳什均衡是一种随机策略）。

然而，另一种方法是将策略梯度方法直接与异策略 Q 学习相结合（O'Donoghue 等人于 2016 年提出）。在一些特定的设置中，取决于所使用的损失函数和熵正则化，基于价值的方法和基于策略的方法是等效的（Haarnoja 等人于 2017 年提出）。例如，当添加熵正则化时，式 (13.18) 可以写成：

$$\nabla_w V^{\pi_w}(s_0) = \mathbb{E}_{s,a}[\nabla_w(\log \pi_w(s,a))(Q^{\pi_w}(s,a))] + \alpha \mathbb{E}_s \nabla_w H^{\pi_w}(s) \tag{13.23}$$

其中 $H^\pi(s) = -\sum_a \pi(s,a) \log \pi(s,a)$。由此，人们可以注意到，以下策略满足了最优：$\pi_w(s,a) = \exp(A^{\pi_w}(s,a)/\alpha - H^{\pi_w}(s))$。因此，我们可以使用策略来导出优势函数的估计值：$\tilde{A}^{\pi_w}(s,a) = \alpha(\log \pi_w(s,a) + H^\pi(s))$。由此，我们可以将所有模型无关方法视为同一方法的不同方面。剩下的一个限制是，基于价值和基于策略的方法都是模型无关的，它们不使用任何环境模型。下面将用基于模型的方法描述算法。

13.2.3   基于模型的 RL

前文我们讨论了依赖于基于价值或基于策略的方法的模型无关方法。在本节中，我们首先介绍基于模型的 RL 方法，该方法依赖于环境模型（动力学和奖励函数）以及规划算法。最后，我们还讨论了基于模型的方法和模型无关方法各自的优势以及如何集成这两种方法。

　　环境模型要么是明确给出的（例如，在围棋游戏中所有规则都是先验已知的），要么是从经验中获得的。为了学习该模型，函数逼近器再次在高维（可能部分可观测）环境中带来显著优势（参考 Duchesne 等人于 2017 年提出的方法和 Nagabandi 等人于 2018 年提出的方法）。然后，模型可以充当实际环境的代理。当环境模型可用时，规划算法包括与模型交互以推荐动作。在离散动作情况下，前瞻搜索（Lookahead Search）通常通过生成潜在轨迹来完成。在连续动作情况下，我们可以使用具有多种控制器的轨迹优化。

（1）前瞻搜索

　　MDP 中的前瞻搜索迭代地构建决策树，其中当前状态是根节点。它将获得的收益存储在节点中，并将注意力集中在有希望的潜在轨迹上。采样轨迹的主要困难是平衡探索和开发。探索的目的是在搜索树中很少进行模拟的部分（即期望值具有高方差的部分）收集更多信息。开发的目的是细化最有希望的行动的预期值。蒙特卡罗树搜索（Monte-Carlo Tree Search，MCTS）技术（Browne 等人于 2012 年提出）是流行的前瞻搜索方法。其由于在计算机围棋挑战性任务中取得了丰富的成果，获得了广泛的应用（Silver 等人于 2016 年提出）。它的思想是从当前状态采样多个轨迹，直到达到终止条件（例如，给定的最大深度）（见图 13-6 的说明）。根据这些模拟步骤，MCTS 算法会建议采取的动作。有研究者已经开发了直接学习端到端模型的策略，以及如何最好地利用它，而不依赖于显式的树搜索技术。与单个的方法（简单地学习模型，然后在计划过程中依赖它）相比，这些方法显示出改进的样本效率、性能和对模型错误的鲁棒性。

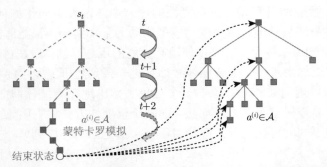

图 13-6　MCTS 算法：如何执行蒙特卡罗模拟，并通过更新不同节点的统计信息来构建树。根据为当前节点 s_t 收集的统计信息，MCTS 算法选择要在实际环境中执行的动作

（2）轨迹优化

　　前瞻搜索技术仅限于离散动作，对于连续动作必须使用其他技术。如果模型是可微的，我们可以通过沿着轨迹反向传播奖励来直接计算分析性策略梯度。例如，PILCO（由 Deisenroth 和 Rasmussen 于 2011 年提出）使用高斯过程来学习动力学的概率模型。然后，它可以显式地使用不确定性进行规划和策略评估，以实现良好的样本效率。然而，高斯过程还不能可靠地扩展到高维问题。

将规划扩展到更高维度的一种方法是利用深度学习的泛化能力。例如，Wahlström 等人于 2015 年提出了使用深度学习的动力学模型（带有自动编码器）以及隐状态空间的模型，然后使用模型预测控制（Model-predictive Control）通过在潜在空间中反复求解有限视野最优控制问题来找到策略；也可以在潜在空间中建立一个概率生成模型，目标是它具有局部线性动力学，以便更有效地执行控制。另一种方法是使用轨迹优化器作为老师而不是演示者，即引导策略搜索（Guided Policy Search，Levine 和 Koltun 于 2013 年提出）采用另一个控制器建议的几个序列的行动，然后学会从这些序列中调整策略。利用轨迹优化的方法已经被扩展到多种场景，例如模拟 3D 两足动物和四足动物（可参考 Mordatch 等人于 2015 年发表的文章）。

（3）两种方法的结合

模型无关和基于模型的方法各自的优势取决于不同的因素。首先，最合适的方法取决于智能体是否能够访问环境模型。如果不是，学习模型通常会有一些不准确的地方，应该加以考虑。注意，通过共享神经网络参数，学习模型可以与基于价值的方法共享隐藏状态表示。

其次，基于模型的方法需要与规划算法（或控制器）协同工作，这通常对计算要求很高，因此必须考虑通过规划计算策略 $\pi(s)$ 的时间限制（例如，对于具有实时决策的应用程序或资源限制）。最后，对于一些任务，策略（或价值函数）的结构是最容易学习的，但是对于其他任务，由于任务的特定结构（不太复杂或更有规律），环境模型可能更容易学习。

因此，最有效的方法依赖于模型的结构、策略和价值函数。让我们列举两个例子以更好地理解。在一个智能体具有完全可观测性的迷宫中，很清楚动作如何影响下一个状态，并且智能体可以容易地从几个元组中概括模型的动力学（例如，智能体在试图穿过迷宫的壁时被阻挡）。一旦知道了模型，就可以使用高性能的规划算法。现在讨论另一个例子，在这个例子中，规划更加困难：一个智能体必须穿过一条到处可能发生随机事件的道路。假设最好的策略是简单地向前移动，除非一个对象突然出现在智能体前面。在这种情况下，最优策略可能很容易被模型无关方法捕获，而基于模型的方法将更困难（主要是由于模型的随机性导致许多不同的可能情况，即使对于一个给定的动作序列）。

我们现在描述通过将学习和规划集成到一个端到端训练过程中，从而在性能（样本效率）和计算时间上获得一个高效的算法。图 13-7 给出了不同组合的维恩图。

当模型可用时，一种直接的方法是使用基于价值和策略的树式搜索技术 (例如，Silver 等人于 2016 年发表的文章)。当模型不可用并且假设智能体只能访问有限数量的轨迹时，关键要有一个很好的泛化算法。一种可能性是建立一个模型，用于为无模型强化学习算法生成额外的样本。另一种可能性是使用基于模型的方法和如 MPC 的控制器来执行基本任务，并使用无模型微调以实现任务。

其他方法通过结合模型无关和基于模型方法中的元素，构建了神经网络架构。例如，可以将一个价值函数与通过模型反向传播的步骤相结合（Heess 等人于 2015 年提出）。VIN 体系结构（Tamar 等人于 2016 年提出）是一个具有规划模块的完全可微神经网络，该模块可以从模型无关的目标（由一个价值函数给出）学习规划。它适用于从一个初始位置到一个目标位置的基于规划的推理（导航任务）的任务，并且在不同的领域显示出很强的泛化能力。

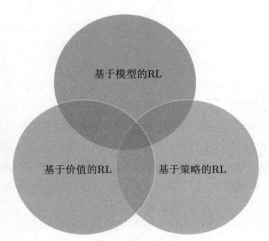

图 13-7　常见 RL 算法空间的维恩图

基于同样的想法，预测器（Silver 于 2016 年发表的方法）的目的是开发一个更普遍适用的算法，在规划的环境下该算法是有效的。它通过隐式学习抽象状态空间中的内部模型来工作，可用于策略评估。预测器经过端到端的训练，从抽象的状态空间中学习直接奖励和多个规划深度的价值函数。预测体系结构仅限于策略评估，但该思想被扩展到一种可以在 VPN 体系结构中学习最优策略的算法（Oh 等人于 2017 年提出）。由于 VPN 依赖于 n 步 Q 学习，因此它需要同策略数据。

改进模型无关和基于模型思想的结合是深度 RL 算法未来发展的一个关键研究领域，我们期望在这个领域看到更巧妙、更丰富的结构。

13.3　分布式和联邦强化学习

随着时代和技术的不断发展，现在智能体需要探索一个巨大的状态–策略空间，那么这个学习训练过程将需要巨大的算力和大量的时间。如果我们可以将智能体和环境模型分开，在不同机器上进行运算，那么我们就可以用分布式方法来解决这两个问题。

13.3.1　分布式强化学习

现在的大多数强化学习算法都是分布式的。OpenAI 提出的 Advantage Actor-Critic（A2C）算法是基于标准的强化算法。在标准的 A2C 实现中，就是不断重复两个过程：先采集样本，采集到一定数量的训练样本之后，采用标准的梯度更新公式进行一次梯度更新，生成一个新的策略。单进程的 A2C 由于受到计算资源的限制，样本收集效率很低。

　　一个简单的想法是，将样本采集和模型训练交给不同的模块。这里我们引入 Actor 和 Learner 概念，其中 Actor 负责与环境交互，产生训练样本，而 Learner 负责模型训练。DeepMind 提出了 Asynchronous Advantage Actor-Critic 架构，简称 A3C。该架构中有多个 Actor 进程，每个 Actor 都拥有一个模型的副本，用来与环境进行交互，产生训练样本。

　　根据这些样本计算梯度，Actor 把梯度发送给 Learner。这里异步主要体现在 Learner 使用梯度的方式上，即 Learner 在收到某个 Actor 发来的梯度之后，不会等待其他 Actor 的梯度，而是直接更新模型，并把最新的模型发送给该 Actor。A3C 只需要 CPU 就可以在雅达利等游戏中实现比较好的效果。然而模型变复杂的时候，所需的 CPU 资源大幅增加，传输梯度和模型参数的网络开销也会变大。更重要的是，因为 A3C 采用了异步更新方式，由此导致使用的梯度可能是有误差或者过时的，这也会限制 A3C 进一步扩展的能力。

　　近年来，分布式强化学习的学习器（Learner）基本上没有大的变化，PPO 和 IMPALA 是其中两个主流技术。IMPALA 最大的创新是提出了 V-trace 算法，对异策略现象做了一定的修正。在 IMPALA 架构中，每个 Actor 都拥有一个模型副本，Actor 发送训练样本给 Learner，Learner 更新模型之后将新模型发送给 Actor。在整个过程中，Actor 和 Learner 一直在异步运行中，即 Learner 只要收到训练数据就会更新模型，不会等待所有的 Actor 发来训练数据；而 Actor 在 Learner 更新模型时依然在采样，不会等待最新的模型。

　　前文提到的策略梯度法获得良好的结果是十分困难的，因为它对步长大小的选择非常敏感。如果迭代步长太小，训练进展会非常慢；但如果迭代步长太大，那么获得的信号将受到噪声的强烈干扰，性能会急剧下降。同时，这种策略梯度法有非常低的样本效率，需要数百万（或数十亿）的时间步骤来学习一个简单的任务。OpenAI 提出近端策略优化（Proximal Policy Optimization，PPO）算法来解决这些问题。PPO 算法很好地权衡了实现简单性、样本复杂度和调参难度，尝试在每一迭代步进行一次更新，以最小化成本函数，在计算梯度时还需要确保与先前策略有相对较小的偏差。

　　为了进一步提升性能，各大公司相继发布了分布式强化学习的框架，比如谷歌的 SEED RL 和 Menger、DeepMind 的 Acme、Facebook 的 Horizon、OpenAI 的 Baselines、加州伯克利大学的 RLlib 等，从而大大增强了分布式强化学习的软硬件协同功能，充分利用了硬件资源。

　　现在的分布式强化学习已经在各个领域取得了不错的成果，比如围棋赛事中 DeepMind 的 AlphaGo 在 2016 年打败了世界冠军李世石；OpenAI 的 OpenAI Five 在 Dota2 比赛中与职业队伍不相上下；在星际争霸比赛中，DeepMind 的 AlphaStar 也打败了人类选手。分布式强化学习越来越显示出足够超过人类的潜力，让我们十分期待之后的进展。

13.3.2　联邦强化学习

　　联邦强化学习有很多应用。例如，在制造业中，生产产品可能涉及不同产品部件的不同生产工厂。工厂的决策策略是隐私的，彼此之间不会共享。另外，由于业务有限和缺乏奖励信号（对于一些工厂来说），靠自己建立高质量的个人决策策略往往是困难的。因此，在不泄露私有数据的情况下，联邦学习决策策略是有帮助的。另一个例子是为医院建立针对患者的医疗策略。患者可能在一些医院接受治疗，但没有提供对治疗的反馈，这意味着这些医院无法根据患者的治疗情况收集奖励信号，也无法为患者制定治疗决策策略。此外，有关患者的数据记录是隐私的，可能不会在医院之间共享。因此，有必要联邦式地学习到医院的治疗策略。

依照传统的联邦学习的数据分布和特征分布的分类方式，我们也可以把联邦强化学习分为横向联邦强化学习（Horizontal Federated Reinforcement Learning，HFRL）和纵向联邦强化学习（Vertical Federated Reinforcement Learning，VFRL）。

传统的分布式强化学习就是并行的强化学习。这里假设我们有多个智能体，并同时执行相同任务（与状态和动作相关的奖励相同）。智能体可能在不同环境中进行学习。需要注意的是，大多数并行强化学习的设置采用的是传输智能体经验内存或梯度。然而，在实践中，这些数据是隐私敏感的，因此直接进行传输、交换肯定是不可行的。于是，研究者们提出采用 HFRL 方法来应对这些挑战，即沿用并行强化学习设定的同时，注意原始数据及其梯度的保护工作。图 13-8 是 HFRL 的一种通用框架。

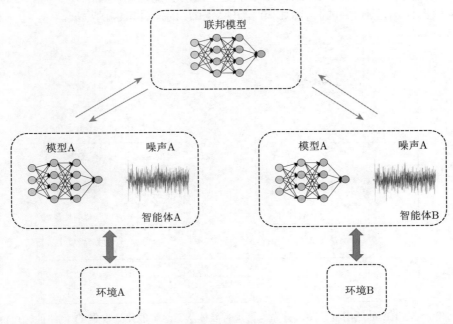

图 13-8　HFRL 的通用框架图。所有强化学习的智能体在本地训练自己的强化学习模型，并在训练过程中不会交换各自的经验数据、模型参数和梯度。训练好之后，智能体将加密过的模型参数发送给服务器端。服务器端的联邦模型利用接收到的模型参数进行自己参数的更新融合。然后服务器端将更新后的联邦模型发送给各个智能体。智能体利用接收到的联邦模型参数更新自己的本地模型。这里的加密可采用高斯差分隐私加密方法

延世大学的研究者提出了一个从技术上保护隐私的分布式强化学习框架，称为联邦强化蒸馏（Federated Reinforcement Distillation，FRD）。其关键思想是交换由一组预先安排好的状态和时间平均策略组成的代理经验内存，从而保护实际经验的隐私。基于一个A2C 的 RL 体系结构，他们对 FRD 的有效性进行了评估，并研究了代理内存结构和不同的内存交换规则对 FRD 性能的影响。他们的设定是这样的：① 将每个本地经验内存上传到服务器；② 在服务器上构建一个全局经验内存；③ 在每个智能体上下载并回放全局经验内存，以训练其本地神经网络模型。FRD 也有些缺点，比如代理状态比较粗糙，以及在神经网络架构下代理经验记忆交换的频率有些频繁。接着，他们又提出了一个改进版本的 FRD，名为 MixFRD，它使用混合数据增强算法插值全局收集的代理重放内存。实验证明了 MixFRD 在任务完成时间和通信有效载荷大小方面的有效性。

纵向的联邦强化学习则倾向于解决这样一个问题：对于同一个环境模型，可能需要多种不同的智能体进行不同的策略学习，即对同一环境的不同观察。这类联邦强化学习，只有一个智能体有动作、状态和奖励，其他智能体只有动作和状态。这种类型的强化学习是特征分布的，所以称为纵向联邦强化学习。这种技术的主要目的是通过利用不同的智能体学到的同一环境中的不同知识，来训练一个更全面的智能体。同样的，在训练过程中，任何直接的数据传递是不允许的。图 13-9 给出 VFRL 的一种可能的框架。

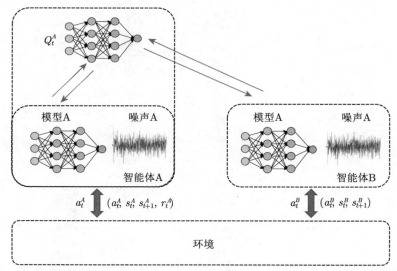

图 13-9   VFRL 的通用框架图。首先，每个智能体从其他智能体处收集 Q 网络的输出值，这些输出值用高斯差分加密。此外，它构建一个共享价值网络，如 MLP（多层感知器），以自己的 Q 网络输出和加密值作为输入来计算全局 Q 网络输出。最后，基于全局 Q 网络输出更新共享价值网络和自身的 Q 网络。需要注意的是，MLP在智能体之间是共享的，而拥有 Q 网络的智能体对其他智能体是未知的，所以不能基于训练过程中共享的加密 Q 网络输出进行推断

这种方法通过在智能体之间共享有限的信息（即 Q 网络的输出），为每个智能体学习一个私有的 Q 网络策略。信息在发送给他人时进行编码，在被他人接收时进行解码。所有智能体都能从协同学习中获益，从而构建决策的策略。

13.4　总结

深度强化学习作为人工智能领域中一项重要技术，一直是解决各种策略游戏的重要方法。在如今的数据隐私保护时代，各个智能体的经验、策略、数据也是重要的隐私保护对象。伴随着技术的不断进步，联邦强化学习必将是未来技术的重要一环。现在的联邦强化学习还面临着一些挑战，比如上述一些方法是采用交换模型参数或者高斯差分隐私进行加密的，然而当遇到恶意攻击者或者不可信环境时，这些方法还是不可靠的。所以，我们可以采用如安全多方、同态加密等更加可靠的加密技术。除此之外，我们也可以探索联邦强化学习新的组织形式，比如去中心化等方式来加速训练。

第三部分

联邦学习系统

第 **14** 章

FedLearn联邦学习系统

14.1 已开源联邦学习系统及其痛点

就联邦学习系统来说，在全球范围内，有很多优秀的开源平台针对不同的联邦学习问题打造了各自的联邦学习系统。目前比较知名的开源联邦学习系统有 FATE、TensorFlow Federated、FedLearner、FedML 以及 pySyft 等。这些平台有些着重于工业界联邦学习任务的落地，有些聚焦前沿联邦学习算法的研发，可以说各有特点。

14.1.1 编程语言与环境

目前来看，几乎所有的开源联邦学习平台都是基于 Python 开发的。Python 凭借其易用性和可拓展性，在联邦学习平台的建设中体现了其不可或缺的地位。然而，需要指出的是，目前在国内的线上服务中，Java 与从中衍生出的各种服务框架（如 Spring Boot、Apache Tomcat、Redis 等）仍是主要使用的语言与框架（见图 14-1和图 14-2）。该现状导致各个公司的工程环境大多是基于 Java 系统进行的适配，在这样的适配环境中强行上线以 Python 为主的框架不仅要慎重考虑对于线上已有服务和框架的影响，同时也要付出大量的工程资源投入。因此，我们认为一个基于原生 Java 的联邦学习框架可以有效地帮助存在这样疑虑的公司部署和使用联邦学习服务。

在这样的考量下，京东科技针对目前已有联邦学习在编程语言和系统上的不足，以及自身的场景需求，从 0 到 1 设计了一整套联邦学习系统——FedLearn 联邦学习平台。就整体系统层面而言，FedLearn 平台支持纯 Java 平台部署，且实现了一键部署的功能。同时，FedLearn 系统还提供了 Java+Python（Docker）容器化部署的解决方案，以满足联邦（深度）学习建模对计算性能的需求。在这个基础框架下，FedLearn 平台集成了多种联邦学习算法。就纵向联邦学习而言，平台支持包含传统机器学习算法的联邦版本（如线性模型、SecureBoost、随机森林、联邦核算法等）与联邦深度学习；就横向联邦学习而言，平台支持常见的横向联邦学习算法（如 FedAvg），同时对多种常见的深度学习框架进行了适配（如 TensorFlow、PyTorch、OneFlow 等）。

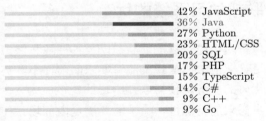

图 14-1　2020 年职业开发者的语言使用情况

（来源：https://blog.jetbrains.com/idea/2020/09/a-picture-of-java-in-2020/）

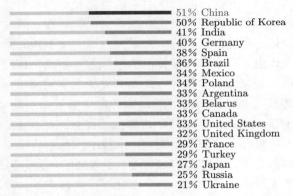

图 14-2　2020 年各个国家的职业开发者使用 Java 语言的比率

（来源：https://blog. jetbrains.com/idea/2020/09/a-picture-of-java-in-2020/）

14.1.2　大数据与计算效率

在如今的机器学习任务中，大数据已经成为"标配"。无论是传统的机器学习模型，还是深度学习模型，在训练时使用的样本数量规模通常为百万级、千万级甚至亿级。因此，如何高效地利用好大规模数据，是机器学习从业人员不得不考虑的问题。作为机器学习的一个分支，联邦学习也不例外。在实际的落地场景中，我们需要面对的通常都是百万以上规模的数据集。同时，由于联邦学习独特的场景需求，我们会进行大量的密文计算而非明文计算。通常来说，密文计算的复杂度是远高于明文计算的。因此，联邦学习任务对算力的需求比传统的机器学习要大很多。

为了应对上面提到的问题，FedLearn 联邦学习平台研发出了一套基于 MapReduce 的分布式计算解决方案，该方案不仅可以适配到目前纯 Java 的部署环境中作为主体计算引擎，还具备一定的可扩展性，可接入其他新一代分布式计算引擎（如 Spark）中，从而满足联邦学习对大数据和大算力的需求。在实际场景中，FedLearn 平台已经稳定通过百万级和千万级的数据训练推理测试。

14.2 FedLearn 联邦学习系统的优势

面对国内外对隐私保护越来越重视的现状，以及各种隐私保护相关合规条例与法律的制定与实施，如何在满足管辖地法律法规及监管要求的前提下，实现保护用户隐私不受侵犯的同时为用户提供更优质的服务，使得联邦学习的建设成为一个必然的技术方向。

考虑到京东科技自身需求的特殊性，除了需要满足内部场景使用以外，还需要兼顾对外的商业项目，包含风控、政企、金融等多个领域。就具体的商业案例而言，首先，京东科技的联邦学习系统需要支持以京东云为主体的建模平台，使得该平台可以囊括多个加盟企业，形成联合建模的态势。其次，联邦学习系统也需要支持私有化部署，解决以政府为主体的政企联动，提升政府监管单位对于企业经营情况的掌握。同时需要保证数据交互的安全性上可解释、可验证、可评测。因此，为了有力地支持不同的商业场景，满足不同维度的需求，我们需要设计出更有京东科技特色的联邦学习系统，在部署的轻量性、系统的兼容性、算法的泛化性、数据的安全性等方面都有更加强烈的需求。

京东科技秉承自建核心基础能力的理念，基于自身场景需求从 0 到 1 设计了一整套联邦学习系统，并开创了一系列自研联邦学习算法。在系统层面上，我们采用了 Java 语言，在此基础上完成了一整套成熟的体系架构，承载了一系列联邦学习模型，并且实现了一键部署。架构的主体分为数据提供方（Client）和数据汇总方（Master）两个部分。所有的算法都被相应分成 Client 和 Master 两个部分进行数据本地计算和云端融合。一般来说，Client 部分承载较重，需要从本地数据库取数，并需要完成联邦学习算法的本地部分，目前 Client 分别由数据层、计算层、加密层和网络层构成。网络层实现了异步交互，大大提升了计算效率和网络通信的效率，使得计算和网络传输可以彻底并行。为了进一步加强数据交互中的不可篡改性，该系统融合了区块链技术，所有的数据交互都在链上进行。在加密层中，本系统引用并且优化了一系列同态和半同态加密的算法，在保证数据安全的前提下，采用并行计算和 CPU 加速等方法，提升加密计算的效率。在算法层中，Client 部分提供了成熟的 MapReduce 机制，提供算法稳定的分布式运行环境，突破了训练数据的内存瓶颈。Master 部分的主要挑战是高效完成在同态加密条件下的四则运算，以及提供平等训练的选项。在某些场景下，每一个参与训练方都希望能够在训练中占据平等的地位，不能被强加一个数据汇总方，以防该汇总方窃取隐私数据。在这种情况下，我们设计了区块链的投票协议，使得每一次汇总方都由所有的参与训练方随机投票产生，这样在多轮训练中或者海量推理过程中，虽然每一轮训练或者每一次推理依然有一个数据汇总方，但在多轮训练和多次推理发生时，能基本保证每一个参与方都能以相同的几率作为数据汇总方参与进来，行使相同的权利。

在算法部分，除了提供传统的 SecureBoost 算法和联邦线性算法以外，我们还提供自创的联邦随机森林算法、混合 XGB 算法和混合线性联邦学习算法。分布式联邦随机森林算法训练数据无障碍地突破内存限制，而当海量数据训练得以高效进行时，无限提升训练精度最终成为可能。在使用混合算法时，用户给算法尽可能多地提供用户数据，而算法本身会进行通盘考量，以最优的形式来统筹回归。由于用户无须进行数据预处理，也无须理会数据适用于纵向还是横向联邦学习，大大降低了用户的使用门槛。

整个联邦学习系统非常紧凑，没有过多的第三方依赖，Client 部分和 Master 部分均可一键部署，非常适应私有化部署和多方联合建模的需求。简易的部署流程配合 JVM 的多操作系统适应性，使得在私有化部署中对于软硬件平台的要求变得灵活，在部署落地中的成本变得可控。各种算法天然适应多方联合建模的特点，使得以京东科技为主体的联合建模有了坚实的技术依托，建立多方参与的数据建模生态成为可能。

14.3 FedLearn 系统架构设计

14.3.1 常见的联邦学习系统架构

作为一种多方参与的、分布式的机器学习系统，常见的联邦学习系统架构分为点对点架构、星型架构、层次架构等。

❑ 点对点架构主要是各个客户端直接连接，当客户端较少时，效率较高，尤其是在两方联合建模的场景下，点对点资源消耗非常少。但是，联合建模的客户端数量增多时，系统交互会呈指数级增长，导致整个系统无法使用。双方和多方点对点交互示意见图 14-3。

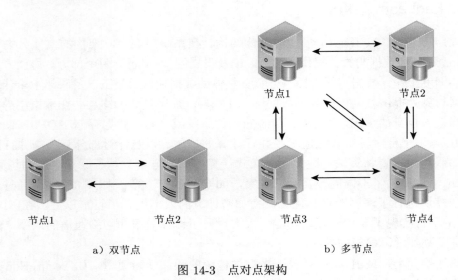

a）双节点   b）多节点

图 14-3　点对点架构

❑ 星型架构中有一个中心节点，负责中间数据聚合、消息广播等。在两方建模的场景下还是需要一个中心节点作为操作的中介，较为烦琐。但是在多方联合建模的场景下，星型架构的每个客户端都只与中心节点交互，整体较为简单，见图 14-4。

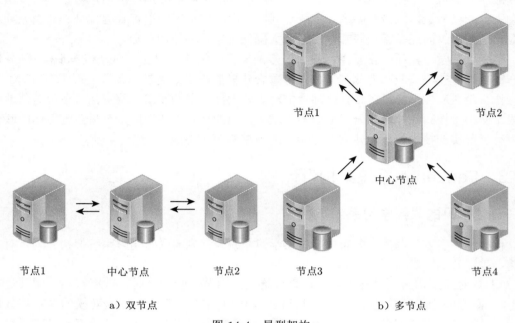

a）双节点   b）多节点

图 14-4   星型架构

14.3.2   FedLearn 架构总览

图 14-5 展示了 FedLearn 平台的整体架构。在系统层面上，架构的主体分为协调方（Coordinator）和数据与算力提供方（Client 及下属的 Worker）两个部分。协调方负责整个算法的调度工作，数据与算力提供方负责具体的数据抽取、加工以及联邦学习计算等工作。数据与算力提供方又可细分出数据层、计算层、加密层和网络层。在数据层中，用户可以选择接入自身的 SQL 数据库、传统的文件系统或分布式数据存储 HDFS。在计算层中，FedLearn 平台对各个算法适配了并行计算的扩展，以及针对部分具备高并行潜力的算法（如联邦随机森林算法）适配了分布式计算的解决方案。基于联邦学习的场景需求，FedLearn 平台提供了不同的数据加密方案，如安全多方计算、同态加密等。同时，平台还对加密模块进行了深度改良与优化，使加密计算的效率提升了百倍以上。在网络层中，FedLearn 平台实现了异步交互的功能，大大提升了计算效率和网络通信的效率，从而进一步提高了联邦学习建模的效率。

在算法层面上，FedLearn 平台不光提供传统的联邦学习模型（如 SecureBoost 算法和联邦线性算法），同时还提供了自研的（分布式）联邦随机森林算法、联邦核方法、联邦深度学习算法以及多种横向联邦/混合联邦算法。这些算法在不同的场景和数据量下各有优势，使得用户可以在不同的场景下选择最适合的联邦学习算法进行建模。同时，为了降低联邦学习建模的难度，FedLearn 平台在各种联邦学习算法的基础上还提供了许多辅助建模的工具，如联邦数据分析模块可以在从技术层面防止隐私泄露的前提下，为建模人员提供一定程度的数据分析，如特征重要性、特征相关性等，并通过一定可视化的方法展示给用户；又如联邦自动调参模块可以根据用户过去使用该数据集进行建模的历史结果，自动给出当前训练任务的预期最优参数的建议。

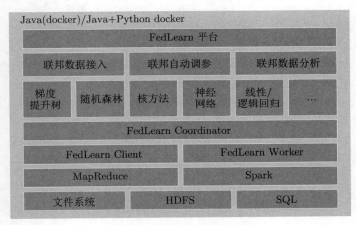

图 14-5　FedLearn 架构图

14.3.3　FedLearn 标准架构功能

为了兼容两方和多方联合建模场景，以及支持隐私推理、安全多方计算等功能，我们设计了一种复合架构。系统分为协调端（Coordinator）和客户端（Client）两部分：

- ❑ 协调端部署在任意一个参与方或者中立节点上，作为中心节点，主要负责整体调度、消息广播、元数据存储与展示等，以及为界面和 API 接口提供统一的操作逻辑。协调端不会接触到用户的任何原始数据。
- ❑ 客户端部署在每个参与方各自的内网机器上，主要负责数据解析和加载、本地模型训练、与外部交互中间数据等，以及提供一些参与方本地的便利性操作功能，比如数据集配置等。
- ❑ 针对两方建模的场景，我们进行了特殊处理。主动方客户端具有协调的功能，负责发起任务和维护系统状态和运行。被动方客户端使用普通客户端。

整个联邦学习系统的框架结构如图 14-6 所示，它包含一个界面系统、一个协调端和多个客户端。用户可以在界面系统上创建和加入任务，达成联合训练的共识；设定参数开始训练，查看训练指标；在界面上进行简单推理或者调用推理 API 为生产系统服务。

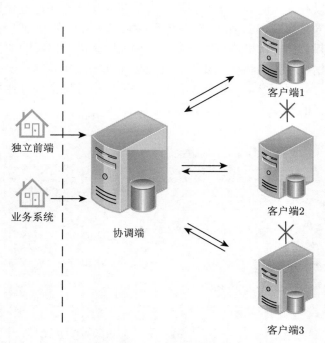

独立前端

业务系统

协调端

客户端1

客户端2

客户端3

图 14-6   FedLearn 标准框架结构图

我们的联邦学习系统进行了模块化、层次化设计，自下而上分为数据层、网络层、调度层、核心层、算法层、用户接口层六部分，如图 14-7 所示，其中：

❑ 数据层主要负责多样化的数据加载和存储，支持包括本地文件、MySQL、HDFS以及 HTTP 接口等来源的数据读取，同时也支持模型的持久化存储和写入等。

❑ 调度层负责系统调度、协调端与各个客户端的消息交互等。

❑ 核心层提供算法设计需要的各种组件，同时可以被系统调度。

❑ 算法层包括集合求交操作和各种联邦学习算法的实现。

❑ 用户接口层提供了外部调用接口，使用者可以传入需要的参数进行模型训练和推理。

从运行流程的角度看，系统分为达成训练共识、设定参数、训练、推理等步骤，具体可见图 14-8。

1）达成训练共识：各个参与方就训练目标、各自提供的样本和特征等情况达成共识，无须输出实际的特征和字段名，可以手动指定特征含义来达成共识。

2）ID 对齐：隐私保护的集合求交操作，对纵向联邦学习用户进行对齐，不需要对齐的可以跳过该步骤。

3）设定参数：用户在前端选择算法，设置训练参数，也可以使用自动调参功能。

4）训练和指标输出：训练过程中有各项指标更新，包括 precision、recall、auc、f1、

rmse 等。

5）模型保存和推理：模型保存和读取，以及输入用户和特征进行推理等操作。

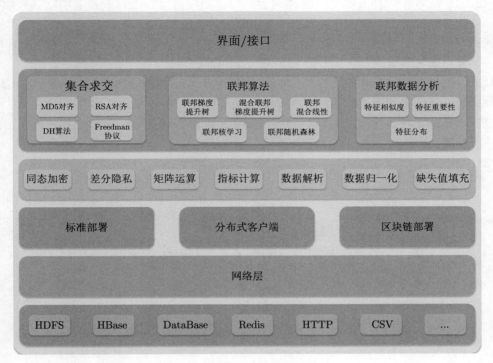

图 14-7　FedLearn 组件架构图

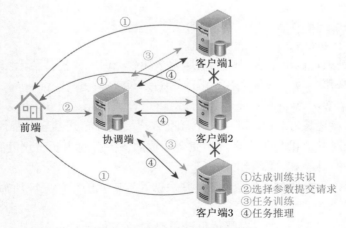

图 14-8　FedLearn 训练流程图

从资源管理和调度的角度看，协调端和客户端均有完善的调度和资源分配系统，各个任务拥有不同的 ID 和资源，互相之间完全独立，单个任务的失败不会影响到整个系统，详情见图 14-9。

- ❏ 训练或者推理任务提交到协调端后，协调端根据用户指定或者采用默认参数给该任务分配 CPU 和内存资源。
- ❏ 当任务在协调端完成初始化后，系统会根据算法设计自动调度，请求各个客户端，客户端收到请求后，同样会给任务分配相应的资源。
- ❏ 如果任务暂停，系统会将对应的数据序列化，同时释放资源，只保留任务 ID。
- ❏ 如果任务强制停止，系统会完全清除整个任务的相关信息。
- ❏ 当任务正常执行完成后，会向客户端和协调端申请注销。客户端和协调端会回收资源。

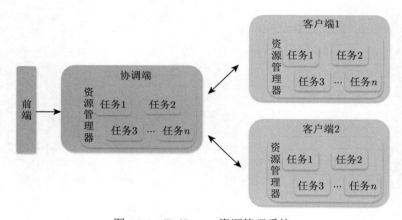

图 14-9　FedLearn 资源管理系统

14.3.4　分布式联邦学习

针对数据量过大，在单个客户端上数据无法加载，训练过慢甚至无法训练的情况，我们设计了分布式联邦学习，将每个客户端改造为分布式系统。

分布式客户端参考 MapReduce 设计，由一个管理单元（Manager）和多个计算单元（Worker）组成。参考图 14-10，其中一个标准客户端被分布式客户端替代。

- ❏ 管理单元对外提供与单个客户端完全一致的服务，对内负责调度整个分布式系统，主导任务的拆解和分派等工作。
- ❏ 计算单元负责分块加载所需数据，并根据管理单元的指派完成所需的计算任务，返回结果。

在系统设计上，分布式客户端整体设计思路参考 MapReduce 框架，分为初始化、计算、聚合、结束，以及其他操作五大类。

- ❏ 初始化（Init 模块）：用于任务分析，构建 DAG 图，方便后续任务计算。

- ❑ 计算（Map 模块）：用于对分布式任务进行计算。
- ❑ 聚合（Reduce 模块）：用于对计算结果进行整合。
- ❑ 结束（Finish 模块）：包含获取最终需要结果、清理缓存、返回任务状态以及任务运行结果。
- ❑ 其他（Single 模块）：用来兼容非 MapReduce 任务，支持对无 MapReduce 功能的模块进行计算。

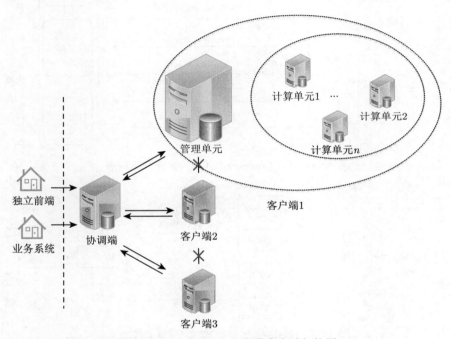

图 14-10　FedLearn 分布式客户端架构图

通过这五个操作，可以支持基本的分布式系统运行，并且对于部分未做分布式改造的操作，在 Single 模块中也能支持，详情见图 14-11，计算图的细节见图 14-12。

除此之外，分布式客户端还支持嵌入 Spark 中运行，由中间层将请求翻译为 Spark 语句并提交到 Spark 系统执行，完成后再翻译为联邦学习系统的格式并返回给协调端，参见图 14-13。

14.3.5　区块链联邦学习架构

在标准架构的基础上，我们结合区块链技术，设计了区块链版本的联邦学习，通过底层使用区块链。一方面，通过区块链的准入机制，避免未授权节点加入；另一方面，协调端可以随机位于任一节点上，避免中间交互数据存储在任何单独的一方；除此以外，区块链记账系统可以完整地记录数据交互的历史，以用于溯源。

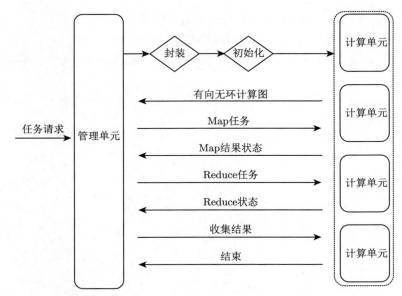

图 14-11   FedLearn 分布式客户端计算流程图

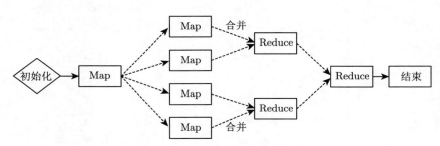

图 14-12   FedLearn 分布式客户端计算图示意

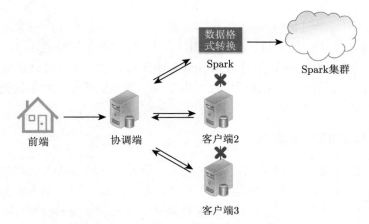

图 14-13   FedLearn Spark 客户端示意图

以区块链为底层的联邦学习在系统架构上较为复杂，每个联邦学习的节点都依赖区块链节点，系统架构如图 14-14 所示，包含一个界面系统、一个协调端和多个客户端。用户可以在界面系统上创建和加入任务，达成联合训练的共识。其系统流程如图 14-15 所示，每次迭代均会随机选举协调端。

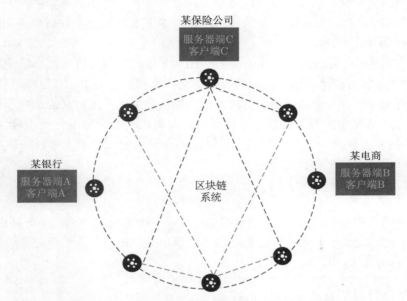

图 14-14　FedLearn 区块链联邦学习系统架构图

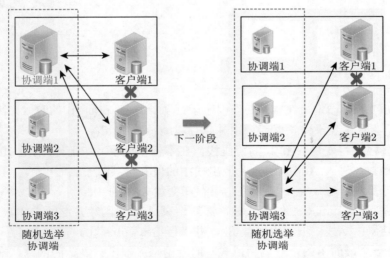

图 14-15　FedLearn 区块链联邦学习系统流程图

14.4　FedLearn 跨语言算法支持

FedLearn 平台的一大特点是提供了基于 Docker 的 Java 与 Python 联合部署方案，在对接 Java 环境的同时也可以利用 Python 中强大的第三方计算库，从而实现对联邦学习模型建模效率的提升，以及对联邦深度学习的支持。在联合部署方案中，一个重要的问题是如何解决 Java 与 Python 之间的通信问题。接下来我们会详细讲解 FedLearn 通过 RPC 技术对这个问题的解决。

远程过程调用（Remote Procedure Call，RPC）是在大型项目中被广泛使用的一套技术方案。RPC 可以方便地将函数运行的过程定义在不同的环境中，通过标准化信息传输、函数接口、请求序列、安全访问等多方协作的功能，像调用本地定义的函数那样调用远程环境中的函数，从而将大型项目规范化地拆分、解耦成一个个标准化的小模块进行开发。同时，RPC 技术方便统一的接口形式，让开发的小模块能像搭积木那样快速实现互通与连接，并最终组合出整个项目完整的功能。

1. 调用本地函数

在深入介绍 RPC 前，先举一个简单的例子看看一个定义在本地的函数被调用的流程。以下 Python 代码定义了一个计算两数之和的简单函数 Add()，我们现在要调用该函数来计算两个变量 a、b 的和。

```
def Add(x, y) {
    answer = x + y
    return answer
}


a = 10
b = 20
a_plus_b = Add(a, b)
```

由于 Add() 函数被定义在本地，当程序运行至计算 a_plus_b 的时候，计算机按照顺序只需要进行以下 5 步操作，就能调用并执行本地函数 Add()：

1）**变量压栈**：将变量 a 和 b 的值压栈，在本例中 a 和 b 的值分别是 10 和 20。

2）**获取参数**：进入 Add() 函数，取出栈中的值并将其赋予临时变量 x 和 y。

3）**执行计算**：计算 x + y，并将结果存在变量 answer 中。

4）**压栈返回**：将 answer 的值压栈，然后结束 Add() 函数并返回。

5）**赋值结果**：从栈中取出返回值 30，并赋值给 a_plus_b。

本例只是一个最简单的函数调用范式，但无论是流程多么复杂的函数，本地调用的原理基本都在这 5 个步骤设定的框架之内。当然，在实际程序执行的过程中，调用函数的流程会涉及各种不同形式的优化，比如使用 C++ 或者 Java 实现时，在参数和返回值少的情况下直接将值存放在寄存器，不需要压栈和弹栈的过程，甚至直接做 inline 操作以提升函数的运行效率，在此就不深入介绍了。

2. 调用远程函数

本地函数可以看作由自己（本地节点）来执行函数的内容，而与本地函数调用相对应的是远程函数调用——相当于请求别人（另一个节点）为自己（本地节点）提供指定的服务。所谓的"远程"就是指对应函数的执行过程将在服务器端的远程环境中运行，其最本质的特点就是"函数体执行本地不可见"。

那么远程过程调用和本地调用的流程又会有哪些不同呢？我们可以定义一个与 Add() 函数效果相同的远程过程 RemoteAdd()，在 RPC 远程过程调用环境中完成加和计算。在 RPC 远程调用 RemoteAdd() 函数时将会涉及两个不同的环境，其中拥有参数并提出计算需求的称为客户端（Client），客户端具体包含以下几个步骤：

1）函数同步：首先客户端告诉服务器需要调用哪个函数。这里函数和进程 ID 存在一个映射，客户端远程调用时需要查一下，将这个调用映射到服务器端定义好的 Call ID。

2）**参数准备**：确认好对应的执行函数之后，客户端需要把本地参数传给远程环境。在本地调用的过程中只需要直接压栈即可，但是在远程调用过程中，本地环境和远程环境不再共享同一个内存，无法直接传递函数的参数。因此需要客户端把参数转换成字节流传给服务器端，然后服务器端将字节流转换成自身能读取的格式，这中间涉及一个序列化和反序列化的过程，需要将 Call ID 以及包含输入在内的参数序列化，以二进制形式打包。

3）**数据传输**：数据准备好了之后，如何进行传输？这步需要使用网络传输层将调用的 ID 和序列化后的参数传给服务器端，常采用的方式是 HTTP2 协议，将第 2 步中得到的数据包发送给对应的服务器地址 ServerAddress。

4）**等待计算**：等待服务器完成计算返回结果。

5）**赋值结果**：如果服务器调用成功，那么就将结果反序列化，完成结果 a_plus_b 的赋值和更新。

另一端，拥有函数本体并执行计算的是远程服务器端 Server。在服务器端，则需要按照顺序执行以下流程：

1）**等待请求**：等待服务器端请求。

2）**请求解析**：得到一个请求后，将其数据包反序列化，得到 Call ID 和函数参数。

3）**函数查找**：通过在本地维护的一个字符串形式的 Call ID 到函数指针的映射 call_id_map 中查找，得到相应的函数指针。

4）**参数获取**：通过反序列化函数的参数得到输入参数 a 和 b。

5）**执行计算**：在服务器端本地调用 Call ID 指向的函数，然后执行函数的代码。本例中执行函数的功能应该与 Add() 相同，得到结果。

6）传输结果：把计算好的结果序列化后通过网络返回给客户端 Client，TCP 层即可完成上述过程。

3. RPC 带来的新问题

在远程调用时，我们需要执行的函数体是在远程机器上的，也就是说，RemoteAdd() 是在另一个环境中执行的。对比本地调用的流程不难发现，远程函数调用时引入了几个新问题。

（1）Call ID 映射

我们怎么告诉远程机器是调用 RemoteAdd()，而不是其他函数呢？在本地调用中，函数体是直接通过函数指针来指定的，调用 Add() 时编译器就自动帮我们调用它相应的函数指针。但是在远程调用中，因为两个进程的地址空间完全不一样，因此不能直接套用函数指针。在 RPC 中，所有函数都必须有自己的一个 ID。这个 ID 在所有进程中都是唯一确定的。客户端在做远程过程调用时，必须附上这个 ID。

然后我们还需要在客户端和服务器端分别维护一个函数到 Call ID 的对应表 call_id_map。Call ID 映射可以直接使用函数字符串，也可以使用整数 ID。映射表一般就是一个哈希表。两者的表不一定需要完全相同，但相同的函数对应的 Call ID 必须相同。当客户端需要进行远程调用时，它就查一下这个表，找出相应的 Call ID，然后把它传给服务器端，服务器端也通过查表来确定客户端需要调用的函数，然后执行相应函数的代码。

（2）序列化和反序列化

客户端怎么把参数值传给远程函数呢？在本地调用中，我们只需要把参数压到栈里，然后让函数自己去栈里读取即可。但是在远程过程调用时，客户端和服务器端是不同的进程，不能通过内存传递参数。甚至有时候客户端和服务器端使用的都不是同一种语言（比如服务器端用 C++，客户端用 Java 或 Python），这时候就需要客户端把参数先转成一个字节流，传给服务器端后，服务器再把字节流转成自己能读取的格式。这个过程叫序列化和反序列化。同理，从服务器端返回的值也需要序列化和反序列化的过程。

序列化和反序列化可以完全自己写，也可以使用 Protocol buffers 序列化协议或者 FlatBuffers 之类。

（3）网络传输

远程调用往往用在网络上，客户端和服务器端是通过网络连接的。所有的数据都需要通过网络传输，因此就需要有一个网络传输层。网络传输层需要把 Call ID 和序列化后的参数字节流传给服务器端，然后再把序列化后的调用结果传回客户端。

只要能完成上述两个操作的，都可以作为传输层使用。大部分 RPC 框架都使用 TCP 协议，但其实使用的协议并没有具体的限制，能完成传输就行，比如 UDP，甚至 HTTP2 或者 Java 的 Netty 等。网络传输库可以是自己写的 Socket，或者使用 asio、ZeroMQ 等，实现方法众多。

4. RPC 有优势吗

现在问题来了，通过对比本地调用函数的实现方案，我们基本可以得出结论——使用远程调用函数有挺多额外的代价，这其中包括远程通信的传输开销、序列化与反序列化的计算开销、服务器端和客户端的维护开销等。那究竟为什么我们不采用更加简练、清晰的本地函数调用方案，而是要"化简为繁"，使用远程函数调用呢？接下来就给大家详述远程函数调用给大型项目带来的优势。

（1）多方管理和维护

远程调用函数的形式非常有利于多方同时管理和维护。沿用上述例子：

1）对于客户端来说，函数执行计算过程是一个黑盒子，全部的执行过程都在服务器端，对客户端不可见，因此客户端的开发流程不需要关心具体的函数执行功能，只需要关注系统运行时需要根据什么样的输入获得什么样的输出，以此来定义和设计对应的功能模块。

2）对于服务器端来说，函数什么时候被调用和被执行同样是不可见的，系统整体的复杂功能以及环境中的各种逻辑分支也与服务器端无关，需要开发维护的就是函数执行时本身的效率、性能和结果。

由此可见，除了需要约定输入输出的格式之外，其他从设计研发、上线部署到服务落地的所有流程中，多参与方互相之间的依赖性几乎都不存在。可以说，在这种形式之下，负责执行函数的 Server 服务器端和负责调用函数的 Client 客户端是完全各自独立的，非常适合大型项目中多个团队各自分工研发的情况；甚至可以通过一些级联的手段，充分利用已经部署好的各种 Server 服务实现新的需求，避免重复开发，从而节省大量的人力成本。

（2）计算资源优化

远程调用函数的形式可以按照函数本身的特性和需求，有针对性地进行计算资源的配置和优化，从而达到更高的资源使用效率。

例如，当所有函数都选择本地执行时，就好比管家同时兼任园丁、司机、保姆和老师的工作。一方面，机器资源有限，这些任务只能依次执行，无法保证效率；另一方面，单靠管家的兼职能力很难媲美拥有更强专业技能的保姆或者老师，同理，本地的计算资源基本上无法同时满足多种不同性能的优化需求。

远程调用函数则相当于"让更专业的人来做更专业的事"：出行的任务交给随时待岗的专业司机，需要出行的时候一呼就到；不需要出行的时候也不会占用司机的时间资源，则该资源可以被释放出来服务其他人。

根据函数内执行的具体计算步骤，维护该函数的服务器端可以采用特定的计算形式进行优化以大幅提升性能，就像现今计算机配置中的 CPU 和 GPU 各有各的优势。比如，在函数需要执行大量的矩阵乘法、计算内积的情况下，在使用 GPU 资源的环境中部署对应的服务器端就能显著提升性能；函数需要经常查询数据库并且进行增、删、改操作的时候，服务器端可以选择直接接入 Spark 或者 HBase 这样的分布式数据库的环境来扩大读写效率上的优势；函数如果是并发量很大但操作相对简单的类型，利用网络性能优异的云端环境部署服务器端就能事半功倍。这些都是完全本地化的计算环境所不能提供的优势。

（3）分布式架构和云端服务

现今的大规模项目几乎已经完全放弃了单体式架构，即使是一些中小型项目，从单体式架构向面向服务的分布式架构转变也是流行的趋势。RPC 是分布式架构的核心，或者说这才是 RPC 设计时最原生的优势。

按照 RPC 响应的方式，远程函数调用可以大致分成如下两种，它们各自都有非常广泛的应用。

1）同步调用：客户端调用服务方方法，等待直到服务方返回结果或者超时，再继续自己的操作。同步调用的实现方式有 Web Service 和 RMI。Web Service 提供的服务是基于 Web 容器的，底层使用 HTTP 协议，因而适合语言异构系统间的调用。RMI 实际是 Java 语言的 RPC 实现，允许方法返回 Java 对象以及基本数据类型，适合用于 Java 语言构建的不同系统间的调用。

2）异步调用：客户端把消息发送给中间件，不再等待服务器端返回，而继续执行自己的操作。异步调用的 Java 实现版就是 JMS（Java Message Service），目前开源的 JMS 中间件有 Apache 社区的 ActiveMQ 和 Kafka，以及阿里的 RocketMQ 等。

14.5　高性能 RPC 开源框架 gRPC

前面简单介绍了 RPC 的概念，但是真正具体到实际的项目搭建时，项目的所有者不需要也不可能从头开始一行一行地实现诸如网络传输层协议、输入输出定义与共享、序列化与反序列化技术等底层必备的功能，因此选择一个高效实现 RPC 技术的框架就是重中之重。本节将主要给大家介绍 Google 开发的通用高性能的开源 RPC 框架 gRPC。

14.5.1　gRPC 独有的优势

gRPC 是 Google 面向移动应用开发并基于 HTTP/2 协议标准而设计的远程函数调用技术框架。作为 Google 内部大范围使用的技术方案，gRPC 经历了大大小小无数实际项目的考验，集稳定性、拓展性与规范化于一身，是一套性能优秀、功能完善的实用开源 RPC 框架。gRPC 技术框架主要拥有以下几点优势，可以让开发和使用 RPC 更加便捷、高效。

1. 跨语言调用

gRPC 通过 Protocol Buffers 协议缓冲区实现了统一规范化定义格式，来自不同语言环境的功能函数可以轻松共享同一种输入输出的形式而不必过度担心跨语言兼容性的问题。作为连接 Google 内部各类服务调用的枢纽，gRPC 框架支持的语言数量在业界也是独树一帜的，除了较为普及的 C++、Java、C#、Node.js、Objective-C、PHP、Python、

Ruby 之外，gRPC 还支持诸如 Android Java、Dart、Go、JVM、Web 等较为小众的编程语言，从而形成了其特有的跨语言调用优势，如图 14-16 所示。

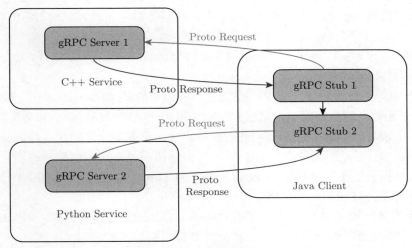

图 14-16　gRPC 跨语言调用示例

考虑到函数体以及函数的执行过程在大型项目中基本都需要由不同的开发团队完成，这种统一的规范化格式带来的是巨大的便捷性和高效的资源分配：进，可以根据函数本身计算资源的需求或者社区支持的规模选择更加便于优化的编程语言；退，可以规避编程语言开发特定功能时的瓶颈，利用已经实现的相似功能的模块，降低开发难度，减少重复开发的成本。

2. 开源以及规范化

因为支持众多开发语言，gRPC 的开源社区活跃度一直很高，同时 Protocol Buffers 的序列化协议也能保证开发流程规范可靠，可以有效支持各类拓展和改良以满足不同业务场景的个性化需求。一方面，活跃的开源社区保证了开发过程中遇到的各种问题有大量前人总结的经验，开发者在使用体验上拥有非常大的优势。另一方面，gRPC 时至今日依然不断有大量的新功能在持续实验并加入。即便近些年设备性能翻天覆地，各类新的部署形式层出不穷，社区的开发者们依然能够继续支持各种各样的场景需求，提升性能并满足使用者的期待。

3. 通信安全性

远程函数调用中一个亟需重视的场景就是如何保证通信和计算资源的安全性。若没有合理的权限设置，基于 RPC 的应用会有很大的稳定性危机，无论是黑客攻击还是系统请求中的 Bug 都可以轻易耗尽计算资源，使服务器端瘫痪。

gRPC 衍生自 Google 内部项目使用的框架，开源伊始就考虑到较高的安全性需求，可配合多种身份验证机制一起使用，从而保证在各种应用场景下都可以轻松安全地使用 gRPC 与其他系统进行通信。gRPC 内置了以下身份验证机制：

1）**SSL/TLS**。gRPC 使用 SSL/TLS 来认证服务器并加密客户端与服务器之间交换的所有数据。客户端可以使用可选机制来提供用于相互认证的证书。

2）**ALTS**。如果应用程序在 Google Cloud Platform（GCP）上运行，则 gRPC 支持将 ALTS 作为传输安全机制。

3）**基于令牌的身份验证**。gRPC 提供了一种通用的基于 Google API 实现的验证机制，可将基于元数据的凭据附加到请求和响应中以用于某些身份验证。该凭据可在各种部署方案中通过 SSL / TLS 与 Google 进行身份验证，但需要注意的是，Google 不允许没有 SSL/TLS 的连接，并且大多数 gRPC 语言实现都不允许在未加密的通道上发送凭据。Google 相关凭据只能用于连接到 Google 服务，将 Google 发行的 OAuth2 令牌发送到非 Google 服务可能会导致该令牌被盗。

4）**简单的身份验证 API**。通过扩展代码插入自己的身份验证系统，可在创建频道或进行调用时将所有必要的身份验证信息作为凭据提供给服务器端。

14.5.2　gRPC 的重要概念

使用 gRPC 客户端可以在其他远程计算机或者环境上的 gRPC 服务器端口调用预先定义好的函数方法，其便捷程度堪比调用本地的函数对象。gRPC 在实现层面与其他 RPC 系统相同，主要围绕"定义服务"的思想，指定各种服务可以被远程调用的方法、参数以及返回类型。在服务器端，只需要填充并实现服务对应的接口，然后运行一个 gRPC 服务器即可处理来自客户端的请求；在客户端，将保留一个存根 Stub，提供与服务器的函数相同的输入输出格式（但并不负责具体执行，类似于 Java 或者 C++ 中的函数格式声明）。

gRPC 中拥有很多 Google 定义的规范化标准以及接口格式。它们不仅已经被广泛应用于各类业务场景，同时也响应社区中各式各样的请求而不断拓展出新的实用功能。熟悉以下 gRPC 的重要概念将能够更加快速地提升理解，挖掘 gRPC 框架在具体项目实现中的潜在能力。

1. 协议缓冲区

Protocol Buffers 又称协议缓冲区，是 Google 使用的一套成熟的开源机制，它可以单独使用来序列化结构化数据，也可以配合例如 JSON 这样的数据格式，一起定义传输消息的数据结构。Protocol Buffers 是 gRPC 默认的接口定义语言，同时也是最基础的消息交换的格式规范。在 RPC 的定义声明中，需要明确的就是输入输出的类型与格式，以及限制谁在什么时候允许调用的一些安全性验证。

使用 Protocol Buffers 的第一步是要在扩展名为.proto 的文本文件中定义序列化的数

据结构。Protocol Buffers 要求所有数据被构造为消息，其中每个消息都是一个小的逻辑记录格式，包含一系列称为字段的 key-value 对。以之前举例的远程调用函数 RemoteAdd() 为例，以下消息的定义示例就是执行该函数需要的输入输出格式：

```
message RemoteAddInput{
  int32 x = 1;
  int32 y = 2;
}


message RemoteAddOutput{
  int32 answer = 1;
}
```

其中 RemoteAddInput 是函数的输入格式，定义了两个 int32 类型的输入 x 和 y；输出格式 RemoteAddOutput 则仅由一个 int32 类型的输出 answer 来表征，其作用相当于在 C++ 声明函数时定义函数用到了两个 int 类型的入参和一个 int 类型的出参。

指定了输入输出的数据结构之后，Protocol Buffers 编译器根据协议定义以首选语言生成的数据访问类，为每个字段提供简单的、统一格式的访问器。举例来说，如果选择的语言是 C++，则在上面的示例中运行编译器将生成两个类，一个名为 RemoteAddInput，另一个为 RemoteAddOutput，在对应的类中获取 x 字段的值可以使用功能函数 x()，设置 x 字段的值可以使用 set_x()，当然还包括将整个数据结构序列化为 Byte 类型的功能函数 ToByteArray() 或从 Byte 原始字节解析出对应格式的 parseFrom() 等。

2. gRPC 服务

gRPC 服务指的是一系列 RPC 函数调用功能的集合，类似于菜单；而在服务器端启动了 gRPC 服务就好比是开店营业，服务器端将正式开始支持客户端调用菜单上对应的 RPC 函数。菜单的格式同样需要在.proto 文件中定义，并使用 Protocol Buffers 消息作为 RPC 方法参数和返回类型。这里我们采用最简单的一元 RPC 调用的服务方法：

```
service Calculator{
  rpc AddRemote (AddRemoteInput) returns (AddRemoteOutput);
}
```

gRPC 共支持定义四种类型的服务方法，差别在于获取输入输出的形式。

1）**一元 RPC**：客户端向服务器发送单个请求并获得单个响应，与一般 C++ 函数声明和调用的形式一样。

```
rpc RemoteAdd (RemoteAddInput) returns (RemoteAddOutput);
```

2）**服务器流式 RPC**：客户端在其中向服务器发送请求，并获取流以读取回一系列消息。客户端将从返回的流中读取内容直到没有更多消息为止。gRPC 将保留单个 RPC 调用中的消息顺序。

```
rpc RemoteAddManyOutputs (RemoteAddInput) returns (stream RemoteAddOutput);
```

3）**客户端流式 RPC**：客户端在其中编写一系列消息，然后再次使用提供的流将它们发送到服务器。客户端写完消息后，将等待服务器读取消息并返回响应。gRPC 同样保留在单个 RPC 调用中的消息顺序。

```
rpc RemoteAddManyInputs (stream RemoteAddInput) returns (RemoteAddOutput);
```

4）**双向流式 RPC**：双方都使用读写流发送一系列消息。这两个流是独立运行的，因此客户端和服务器可以按照自己喜欢的顺序进行读写。例如，服务器可以在写响应之前等待接收所有客户端消息，或者可以先读取消息再写入消息，或其他一些读写组合。每个流中的消息顺序都会保留。

```
rpc RemoteAddBidi (stream RemoteAddInput) returns (stream RemoteAddOutput);
```

3. gRPC 编译和 API 内容填充

当 gRPC 服务函数的输入输出确定后，我们可以使用 gRPC 提供的 Protocol Buffers 的编译器插件，从.proto 文件全自动生成对应的代码，包括 gRPC 客户端和服务器端的代码 API。gRPC 通常在客户端调用这些 API，并在服务器端实现相应的 API。

在服务器端，服务器实现服务声明的方法，并运行 gRPC 服务器来处理客户端调用。gRPC 基础结构解码传入的请求，执行服务方法，并对服务响应进行编码。

在客户端具有一个称为 stub 的本地对象，该对象为镜像声明与服务器端相同的方法。然后，客户端可以只在本地对象上调用这些方法，将调用的参数包装在适当的 Protocal Buffers 消息中。gRPC 将请求发送到服务器并返回服务器的 Protocal Buffers 响应之后进行查找。

当然，这些 API 代码只包含.proto 文件中指定输入输出格式的代码框架，也就是客户端调用服务器端（类似菜单上点菜）的基本格式，具体服务器端实现的内容即函数的本体，需要开发人员进行填充，从而实现完整的服务函数功能。这一部分可以类比于厨师做菜的过程。

4. RPC 正常生命周期

大多数语言中的 gRPC 编程 API 大致可以分成同步调用和异步调用两种形式，以满足不同应用场景的需求。

RPC 模式所追求的理想实现方式其实是类似本地函数同步调用的形式，也就是说，直到从服务器收到响应为止，RPC 调用应该都处于 block 状态，不会再有进一步的改变，这样可以确保资源的高效调配和使用，避免很多潜在的冲突和风险。

然而，真正大规模使用 RPC 的网络环境其本质上更偏向异步而非同步，按照理想的同步调用形式实现的 RPC 反而会因为启动的 RPC 阻塞了当前线程而产生低效和低容错率的问题，因此在许多情况下开发者非常青睐能够异步调用 RPC 的能力，这对处理真实项目的部署以及优化会很有用。

根据 RPC 服务方法的不同，gRPC 客户端调用 gRPC 服务器方法时的完整生命周期略微存在区别。

1）**一元 RPC**：客户端发送单个请求并返回单个响应。客户端调用 Stub 存根方法后，会通知服务器已使用该客户端的元数据、方法名称和指定的截止日期调用了 RPC。服务器可以特定于应用程序立即发送自己的初始元数据，也可以等待客户端的请求消息。服务器收到客户的请求消息后，将完成创建和填充响应所必需的一切工作，然后将响应连同状态详细信息（包括状态代码、可选状态消息以及可选后续元数据等）一起返回。如果成功则响应状态为 "OK"，客户端将获得响应，从而在客户端结束整个 RPC call。

2）**服务器流式 RPC**：与一元 RPC 相似，不同之处在于服务器会响应客户端的请求返回消息流。发送所有消息后，服务器的状态详细信息（包括状态代码、可选状态消息和可选后续元数据等）将发送到客户端，这样就完成了服务器端的处理。客户端收到所有服务器的消息后即完成。

3）**客户端流式 RPC**：与一元 RPC 相似，不同之处在于客户端将消息流而不是单个消息发送到服务器。服务器通常在收到所有客户端消息之后开始响应消息（连同其状态详细信息和可选的后续元数据），但并不绝对。

4）**双向流式 RPC**：调用由客户端调用方法启动，服务器接收客户端元数据、方法名称和截止日期等。服务器可以选择发回其初始元数据，也可以等待客户端开始流式传输消息。客户端和服务器端的两个流是独立的，因此客户端和服务器可以按任何顺序读取和写入消息。服务器可以等到收到客户端的所有消息后再写消息，也可以与客户端像打 "乒乓" 那样，即 "收到请求—发回响应—等待发送基于响应的另一个请求"，以此类推。

5. RPC 特殊生命周期

gRPC 还有以下特殊的生命周期，用来处理未停止或非正常中止的 RPC 指令。

1）**指定期限/超时**：gRPC 允许客户端指定在 RPC 因 DEADLINE_EXCEEDED 错误终止之前，他们愿意等待 RPC 完成的时间。在服务器端，服务器可以查询以查看特定的 RPC 是否超时，或者还剩下多少时间来完成 RPC。指定期限或超时是特定于语言的，某些语言 API 按照超时（持续时间）工作，而某些语言 API 按照期限（固定的时间点）

工作，并且没有默认期限。

2）**RPC 终止**：在 gRPC 中，客户端和服务器都将对 RPC 执行成功进行独立的确认，但其结论可能不匹配。举例来说，可能拥有一个在服务器端成功完成的 RPC（"我已经发送了所有响应！"），而在客户端却失败了（"响应在我的截止日期之后到达！"）。大多数情况下，服务器端需要在客户端发送所有请求之后执行，但在真实的项目中，为了确保系统的鲁棒性，服务器端也有可能在客户端的请求完全发送之前做出决定（比如发送的内容过长，直接截断并且返回错误信息）。

3）**RPC 取消**：客户端或服务器都可以随时取消 RPC。取消操作会立即终止 RPC，因此不再执行任何之后需要执行的工作，但是在取消指令之前所做的更改并不会回滚。

4）**元数据验证**：元数据是以键值对列表的形式提供的有关特定 RPC 调用的信息（例如身份验证详细信息），其中键是字符串，值通常是字符串或者是二进制数据。元数据对于 gRPC 本身是不透明的，但是它允许客户端向服务器提供与调用相关的信息，反之亦然，在一定程度上可以观察 RPC 指令的运行情况。对元数据的访问权限取决于语言。

5）**频道验证**：频道是指 gRPC 通道，提供到指定主机和端口上的 gRPC 服务器的连接。创建客户端 Stub 存根时会使用频道信息，可以通过指定通道参数来修改 gRPC 的默认行为，例如打开或关闭消息压缩等。通道的状态包括"已连接"和"空闲"，监视或者查询通道的状态有助于了解 RPC 指令的执行情况。gRPC 查询通道状态或者处理关闭通道取决于语言。

6. Protocol Buffers 的版本

gRPC 默认使用 proto2，但 Protocol Buffers 提供开放源代码给社区用户使用时，大多数都是采用 proto3 版本。该版本的 Protocol Buffers 语法略有简化，提供了一些有用的新功能，并且支持使用 gRPC 支持的所有语言。proto3 目前提供了 Java、C++、Dart、Python、Objective-C、C#、lite-runtime（Android Java）、Ruby 和 JavaScript 语言的支持，使用 proto2 客户端通信时会产生一定的兼容性问题，因此建议在 gRPC 中使用 proto3 的版本规范。

14.6　FedLearn 系统服务和算法解耦

前几节展示了 FedLearn 的系统架构和通过 RPC 实现算法调用的设计，考虑到现实场景中系统底层与算法步骤往往面临完全不同的优化目标，两者通过 API 接口交互的形式进行了充分的解耦。算法设计人员在算法包中可以实现完整的算法，并进行不带网络的集成测试，对各项算法指标和训练速度进行测试。同时，统一的系统框架可以保证在网络交互、失败处理等方面进行统一优化，降低算法和工程开发成本。

14.6.1　自动调度系统

联邦学习算法需要多个参与方进行多次交互才能完成一次迭代，所以我们将经典算法中的一次迭代拆分为多个步骤，每个步骤作为一个阶段（Phase）。在将经典算法改造为联邦学习版本时，会显著降低开发成本。所以我们将一次完整迭代拆分为多个 Phase，同时使用自动机进行状态更新。所有的算法对外表现为统一的接口，方便外部调用。对于系统调度层来说，整体只需要四个元素——终止条件、接收请求、参数聚合和发送请求。详情如图 14-17 所示。

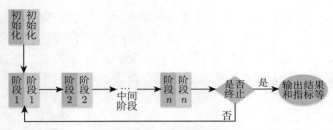

图 14-17　FedLearn 算法自动调度系统结构图

14.6.2　组件化

多种算法在实现过程中有很大的相似之处。因此，我们设计了多个通用组件来支持各个算法开发。

- ❑ 同态加密模块，系统提供了基于 Paillier 和 IterativeAffine 等的加法同态加密和 RSA 的乘法同态加密模块。
- ❑ 差分隐私模块，提供基于指数机制和拉普拉斯机制的差分隐私模块。
- ❑ 数学运算模块，提供底层数学计算功能，支持标量和向量的各种数学运算。
- ❑ 多方的梯度下降和求导模块。
- ❑ 数据分析模块，对用户原始数据进行分析，包括特征相关性、有效性等的分析，分析结果可以以图表形式输出。
- ❑ 指标计算模块，提供了根据预测值和实际值进行诸如 AUC/F1 等模型精度指标计算的模块。
- ❑ 数据预处理模块，支持多种类型，包括二维数组和稀疏数据解析，以及多种内置的数据预处理函数，同时提供公共接口，用户可根据需要自定义加载和解析函数。
- ❑ 集合求交模块，目前支持基于 MD5、RSA、Diffie-Hellman、Freedman 等多种协议的集合求交操作。
- ❑ 参数处理模块，支持参数读取和生成。

算法开发者可以通过统一的接口引用公共模块，实现各种功能，同时也支持自定义实现各个公共模块。

14.6.3 其他系统层面优化

❑ 安全性认证。目前整个系统采用了多种安全性认证来保证系统层级的安全性。首先是协调端对外提供的 API 接口均需要获取识别码后才能调用，且各个识别码之间完全独立。而在协调端与客户端之间，每次请求之前都会先对版本号、生成的唯一标识、来源 IP 地址等进行认证，认证通过后才能进行交互。

❑ 训练稳定性。采用任务隔离机制保证任务之间互相不影响，单个任务的失败不会影响到整个系统，同时资源分配器能够保证每个任务使用的资源不会超过分配额度。

❑ 高性能推理。针对推理过程中需要的两大场景——公网快速推理和线下超大量推理，均进行了优化。针对前者，主要采用连接复用以及算法层优化，尽量减少请求次数等，做到公网在线推理时间小于 200ms；对于后者，主要采用分批次推理避免内存溢出，以及算法并行化改造使得批量推理速度更快等。

14.7 FedLearn 部署与使用

14.7.1 系统组件与功能

联邦学习系统包括协调端、客户端和前端等组件，通过各组件的相互融合既保证了系统完整性，又保证了系统安全性。

1. 协调端

协调端是联邦学习系统的控制端后台，用以接收客户端请求并通过网络传输完成与各客户端之间的信息交互，使得各客户端达到数据可用不可见的效果，进而完成联邦学习算法联邦建模的完整过程。协调端在整个系统中扮演着调度者的身份，其自身不涉及任何数据，另外在传输客户端信息时为加密传输保证了数据安全性，所以协调端可以部署在任意一个参与方，当然也可以部署在一个中立节点。

协调端安装包包括启动脚本、配置文件和依赖包三部分，部署时可先修改配置文件，并通过启动脚本完成一键部署。其中协调端的数据源支持 SQLite 和 MySQL 两种方式，可根据实际情况进行配置。此外，由于协调端要完成与客户端的信息交互，因此要保证协调端与客户端之间的网络连通性。

2. 客户端

客户端是联邦学习系统的各个参与方的计算主体，负责加载本地数据、模型计算并将中间结果传输到协调端等，以完成联邦学习的建模。客户端部署在每个参与方的内部环境中，由于客户端与协调端之间存在信息交互，为了保证数据安全性，我们对协调端做了安全校验，只有加入白名单的协调端才可以访问到当前客户端。

客户端安装包包括启动脚本、配置文件和依赖包三部分，部署时同协调端，可先修改配置文件，然后通过启动脚本完成一键部署。为了提高系统在数据使用方面的灵活性，目前支持 CSV、MySQL、HDFS 等格式的多数据源配置，并可通过调用接口灵活切换训练和推理数据源。

3. 前端

前端是联邦学习系统的界面操作平台，实现了协调端及客户端的可视化操作。参与方以用户的方式进入联邦学习系统，完成任务的创建、加入、训练和推理等过程。前端目前需要与协调端安装在同一台服务器。

前端安装包包括 jar 包和配置文件两部分，部署时需要修改 yml 配置文件中数据库信息，并将配置文件与 jar 包置于同级目录，以完成一键部署。

14.7.2　标准版部署

Java 版协调端、客户端及前端对部署目录均无特殊要求，用户可根据实际情况完成以下部署工作，现均以/home/fedlearn/app/目录为例，具体如下。

1. 协调端部署

协调端使用 HTTP 模式与客户端进行交互，以/home/fedlearn/app/目录为例，具体部署步骤如下：

❑ 数据初始化。协调端依赖数据库保存持久化数据，所以需要创建数据库和初始化表结构。我们现有 Python 项目支持数据库和表的初始化工作；依照元数据存储方式的不同，目前支持 MySQL 和 SQLite 两种方式，其中 SQLite 为系统安装包自带。

❑ 安装包下载。获取对应版本安装包至/home/fedlearn/app/目录。

❑ 安装包解压并赋予相应文件夹读写权限：

```
chmod 754 /home/fedlearn/app/*
unzip fedlearn-coordinator-assembly.zip -d /home/fedlearn/app
```

❑ 修改协调端配置文件。配置文件存放于 fedlearn-coordinator 的 conf 目录，修改 master.properties 文件的数据源配置，现在支持 MySQL 和 SQLite，详情如下：

```
#应用名，与logback.xml内的app保持一致
app.name=fedlearn-coordinator
#配置服务端口号
app.port=8092
#logback配置文件实际存放路径
log.settings=conf/logback.xml
#元数据保存方法，目前支持MySQL和SQLite，并设置数据库文件实际存放路径
```

```
db.type=sqlite
db.driver=org.sqlite.JDBC
db.url=jdbc:sqlite:conf/fl.db
#数据传输过程中是否采用HTTP分包传输
http.split=true
#数据传输过程中是否采用压缩
http.zip=true
```

❑ 配置服务日志路径，并赋予该路径相应读写权限：

```
mkdir -d /home/fedlearn/log/fedlearn-coordinator
chmod 754 /home/fedlearn/log/fedlearn-coordinator/*
```

❑ 启动服务。启动脚本存放于 fedlearn-coordinator 的 bin 目录，根据机器配置修改
start.sh 中的 JAVA_MEM_OPTS（因机器不同，JVM 会生效两个中的一个）：

```
cd /home/fedlearn/app/fedlearn-coordinator/bin
sh start.sh -c master.properties
```

其中-c 为协调端配置文件实际存放目录。

❑ 查看服务状态。查看当前服务是否成功启动：

```
ps -ef|grep fedlearn-coordinator
```

❑ 停止服务。存放目录同启动脚本：

```
cd /app/fedlearn-coordinator/bin
sh stop.sh
```

2. 客户端部署

每个客户端一台机器，使用 HTTP 模式与服务器端进行交互。以/home/fedlearn/app/
目录为例，具体部署步骤如下。

❑ 安装包下载。获取对应版本安装包至/home/fedlearn/app/目录。

❑ 安装包解压缩，并赋予相应目录读写权限：

```
chmod 754 /home/fedlearn/app/*
unzip fedlearn-client-assembly.zip -d /home/fedlearn/app
```

❑ 修改客户端配置文件。配置文件存放于 fedlearn-client 的 conf 目录，可根据实际
情况修改 client.properties 文件的数据源配置：

```
#应用名，启动脚本会用到，与logback.xml 内的app保持一致
app.name=fedlearn-client
```

```
#设置服务启动端口
app.port=8094
#设置日志文件实际存放路径
log.settings=conf/logback.xml
#master端地址ip检查，仅允许指定的ip可访问到本客户端的服务，多个ip用逗号分隔
master.address=127.0.0.1
#训练数据数据源配置，支持CSV、MySQL两种方式，支持多数据源配置
train1.source=csv
train1.base=/home/fedlearn/Data/fedlearn-client/
train1.dataset=train1.csv
#推理数据数据源配置，支持CSV、MySQL、HDFS等多种方式
inference.data.source=csv
inference.base=/home/fedlearn/Data/fedlearn-client/
inference.dataset1=mo17ktest.csv
#设置模型保存路径
model.dir=/home/fedlearn/Data/fedlearn-client/model/
#设置预测结果文件存放路径
predict.dir=/home/fedlearn/Data/fedlearn-client/predict/
```

❑ 配置服务日志路径，并赋予该路径相应读写权限：

```
mkdir -d /home/fedlearn/log/fedlearn-client
chmod 754 /home/fedlearn/log/fedlearn-client/*
```

❑ 启动客户端服务。启动脚本存放于 fedlearn-client 的 bin 目录，根据机器配置修改 start.sh 中的 JAVA_MEM_OPTS（因机器不同，JVM 会生效两个中的一个）：

```
cd /home/fedlearn/app/fedlearn-client/bin
sh start.sh -c client.properties
```

其中-c 为客户端配置文件实际存放目录。

❑ 查看服务状态。查看当前服务是否启动：

```
ps -ef|grep fedlearn-client
```

❑ 停止服务。存放目录同启动脚本：

```
cd /app/fedlearn-client/bin
sh stop.sh
```

3. 前端部署

前端为联邦学习平台的可视化界面，便于操作，以更好地实现联邦学习模型的训练和推理服务。推荐前端与协调端部署在同一台机器。以/home/fedlearn/app/目录为例，具体部署步骤如下。

❑ 获取安装包，下载对应版本的前端压缩包 federated-learning-front.jar。
❑ 配置服务日志路径，并赋予该路径相应读写权限：

```
mkdir -d /home/fedlearn/log/federated-learning-front
chmod 754 /home/fedlearn/log/federated-learning-front/*
```

❑ 启动前端服务：

```
java -jar /home/fedlearn/app/federated-learning-front.jar
```

❑ 查看服务状态。查看当前服务是否启动：

```
ps -ef|grep federated-learning-front
```

14.7.3 分布式版部署

分布式版协调端和前端的部署与标准版一致，不再赘述。分布式版客户端包括管理单元和计算单元两部分，可通过角色进行区分，具体部署步骤如下：

❑ 获取安装包，下载对应版本的区块链版压缩包 fedlearn-distribution.zip。
❑ 解压安装包，通过修改配置文件的 role 分别部署管理单元和计算单元，以 manager 为例，具体配置如下：

```
role = manager
#应用名
app.name=fedlearn-distribution
#启动端口
app.port=9094
#日志文件路径
log.settings=/home/fedlearn/fedlearn-distribution/conf/logback.xml
#slaves端地址，多个用分号分隔
slaves.address=10.222.85.151:8094;10.222.85.152:8094
#默认的slave
default.salve=http://10.222.85.151:8094
manager.address=10.222.85.151:9094
master.address=127.0.0.1
#train数据源配置，支持多个数据源
train1.source=csv
train1.base=/home/fedlearn/data/house/
train1.dataset=reg2_train.csv
#inference数据源配置
inference.data.source=csv
inference.base=/home/fedlearn/data/house/
inference.dataset1=reg2_test.csv
```

```
#inference.table=user_click
#是否允许预测训练集中的uid
inference.allowTrainUid=True
#模型保存路径
model.dir=/home/fedlearn/data/model/
#预测结果文件
predict.dir=/home/fedlearn/data/predict/
```

❑ 配置服务日志路径，并赋予该路径相应读写权限：

```
mkdir -d /home/fedlearn/log/fedlearn-distribution
chmod 754 /home/fedlearn/log/fedlearn-distribution/*
```

❑ fedlearn-distribution 启动服务、停止服务的命令可参照标准版客户端部署，此处不再赘述。

❑ 计算单元的部署仅须将配置文件的 role 设置为 worker，其余操作同 manager 即可完成部署。

14.7.4　容器版部署

Docker 是一款开源的应用容器引擎。通过 Docker 可以打包源码以及依赖包到一个可移植的镜像中。联邦学习平台的随机森林算法、核算法、横向联邦算法通过打包后的 Docker 镜像部署到服务器中，具体部署步骤如下。

❑ 安装 Docker。可参考 Docker 官方网站 www.docker.com 中的文档安装并启动 Docker：

```
systemctl start docker
```

❑ 获取联邦学习算法的 Docker 镜像。下载镜像压缩包 federated-learning-grpc-0.1.0. tar;通过如下命令加载并查看已有镜像并记录联邦学习算法镜像对应的 image_id：

```
docker load -i federated-learning-grpc-0.1.0.tar
docker image ls
```

❑ 在 Docker 容器中运行联邦学习镜像。执行如下命令运行镜像并启动 grpc 服务：

```
docker run -ti -d=true --name federated-learninggrpc-p 8891:8891 (image_id)
bash -c "python3 /app/src/main/python/algorithm/server.py -P 8891
```

❑ 关闭镜像。执行如下命令查看已有容器，记录对应的 container_id 并停止对应容器即可：

```
docker container ls -a
docker stop (ontainer_id)
```

14.7.5 界面操作和 API

联邦学习平台支持一站式界面操作和全流程接口调用,包含用户管理、达成训练协议、联邦建模、实时推理和离线推理等功能。

1. 系统权限模块

系统权限模块指系统对用户权限进行区分,以保证系统安全,包括超级管理员、企业管理员和普通用户三种,每种用户类型具体介绍如下。

- ❑ 超级管理员:每个系统只有一个超级管理员,可创建新企业,包括设置企业名称、企业管理员等,从企业维度保证系统的安全性。
- ❑ 企业管理员:可创建用户并为其分配权限,以保证自身企业在联邦学习系统内的数据安全性。企业管理员也可以参与项目、训练、推理等模块。
- ❑ 普通用户:可创建、加入任务。

2. 项目模块

项目模块包括发起任务、加入任务、任务详情等部分。

(1) 发起任务

- ❑ 任务–我发起的:在"我发起的"界面点击"任务创建"按钮,出现任务创建页面,展示平台线上所有运行的任务,包含任务 ID、任务名称、具体参与方(包含多方),支持输入任务名称/关键词进行模糊查询。
- ❑ 任务详情:在任务名称上点击"具体任务名称",查看任务详情信息,页面展示参与方、客户端地址、特征信息(包括特征描述、特征值、特征类型),以及添加用户。
- ❑ 创建任务:点击"创建任务"按钮,跳转至任务详情页面。
- ❑ 任务信息配置:可设置该任务的密码、可见性、推理权限、IP、Port、Protocol、训练数据等信息。

(2) 加入任务

- ❑ 任务–我加入的:作为客户端,或者不需要创建训练任务,可直接点击左侧"加入任务"页面,目前平台无权限控制(后续产品化封装会进行独立设计开发),可直接查看平台内所有的任务情况。
- ❑ 快速加入:可通过模糊搜索或通过已加入、未加入任务列表进行筛选,快速加入目标任务。
- ❑ 加入任务:跳转任务信息填写页面,下拉表单可快速选择任务名称、输入当前 IP 等信息,点击"查询"并从下拉列表选择"当前用户参与训练的数据集",点击"确认"按钮完成加入。

（3）任务详情

可以查看发起方、多个参与方，以及每个参与方上传的特征列表预览，详情见图 14-18。

图 14-18　任务详情

3. 训练管理模块

训练管理模块主要是对创建好的任务进行开始训练、训练暂停、训练重启、训练停止、重新训练等操作。

❑ 训练任务列表。
　　– 前端可视化所有任务的训练进度，以及用百分比进度条展示完成情况。支持在线停止和暂停操作。下方做详细文字说明。
　　– 停止：即整体停止该训练任务，任务状态做初始化，恢复 0%。
　　– 暂停：点击"暂停"按钮，记录当前任务状态，支持重启、继续训练。
❑ 训练重启：点击"重启"按钮，启动处于暂停状态的任务，继续训练。
❑ 发起训练：选择要训练的任务名称，如 1203。
　　– 选择算法：目前平台支持 FederatedGB、RandomForest 等算法，算法参数介绍见系统界面或通过 API 调用。此处训练以 FederatedGB 为例。
　　– 训练前准备工作：选择 ID 对齐方式，执行"ID 对齐"。ID 对齐完成后，配置已选择算法的参数组合，完整参数配置见平台页面。
　　– 训练完成：任务状态达到 100%，即训练完成。
　　– 任务详情：包括模型参数、训练参数、训练开始时间、整体进度，以及训练过程中的每层或者每棵树的耗时与数据日志，详情见图 14-19。
❑ 重新训练：考虑到每个训练任务的复用性，提供了重新训练功能，实现同任务名称、同算法、同参数设置的再次训练。
　　注：针对训练 100% 完成的任务，可以点击"推理"按钮，快捷进入推理环节。

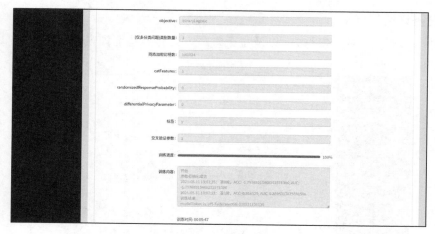

图 14-19   训练详情

4. 推理模块

推理模块目前支持手工推理、远端推理和批量上传三种方式。

☐ 手工推理。可输入单条或者少量的文本，调用实时 API 做在线推理，实时返回结果。点击右侧"问号"图标，显示手工推理样例，详情见图 14-20。

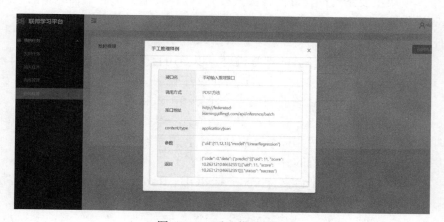

图 14-20   手工推理样例

☐ 远端推理。考虑到客户远端部署，为减少传输成本，以及数据交互安全，用户可输入特征 ID 的文件路径，平台直接通过客户端读取数据，并将运行结果保存在客户端本地文件中。

☐ 批量上传。为提高用户体验，系统支持直接上传本地待推理文件，推理完成后可将推理结果下载至本地。

5. 模型应用模块

模型应用模块主要是将训练好的模型迁移至任意推理服务环境，使得训练集群和推理集群可以完全隔离开，便于模型的训练和升级。

14.8　总结

本章介绍了京东科技联邦学习系统的整体架构和实现思路，并简单介绍了系统的安装、部署与界面操作，以金融风控为例实现了联邦学习项目的落地。

第 15 章

gRPC在FedLearn中的联邦学习应用实例

15.1　应用实例一：纵向联邦随机森林学习算法

我们将以纵向联邦随机森林学习算法为例，完整展示在 gRPC 框架中需要定义和填充的内容。如对随机森林算法的原理和具体步骤有疑问，请参考前文。

FedLearn 联邦学习平台的整体架构如图 15-1所示。其中：

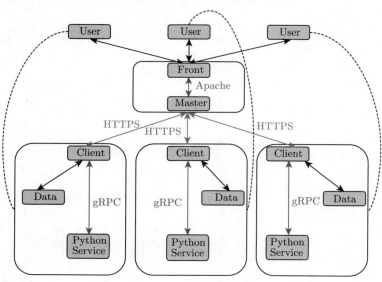

图 15-1　FedLearn 整体架构

1）Front 是操作前端，负责可视化的用户界面，是面向用户的唯一入口，引导用户进行操作与交互。

2）Master 是由 Java 实现的控制部分，负责整体框架的权限管理、对外通信以及调度工作，包括用户的注册登录、发起任务与设定、连接管理数据库权限、调度训练的执行以及 Client 间通信等。

3）Client 是各参与方独自管理的客户端，同样由 Java 实现，主要负责本地数据的管理设定，以及算法具体步骤执行的流程化。

4）Python Service 部分就是 gRPC 框架实现的本机内部跨语言调用服务，具体来说，每个部署的 Client 都拥有一个独有的本机 Python Service，其中包含大部分函数的实现以及 Python 科学计算工具、深度学习等的调用，以加速开发流程，因此绝大多数具体的计算步骤并不会在 Client 的 Java 代码中执行，而是由每个 Client 端在流程中通过 gRPC 调用各自独有的 Python Service 完成。同时在 Python Service 模块中也提供了运行效率优化、CPU 并行优化等底层的效率提升功能，以便应对不同的算法和环境需求。

随机森林算法是一种常见的机器学习算法，基于树形结构对特征空间进行划分，通过随机选择特征的多棵独立的决策树完成训练和预测。随机森林算法可以处理很高维度的数据，并且不需要降维，即使在特征遗失的情况下仍然可以维持模型准确度，对于不平衡的数据集也可以平衡误差，是一种适用范围广泛的机器学习方法。

本章介绍的纵向联邦随机森林学习算法实现方案会保留单机随机森林的所有优点。为了实现多个参与方之间的数据交换，整体算法将被拆分成 4 个子算法步骤在不同的参与方执行，如图 15-2所示。

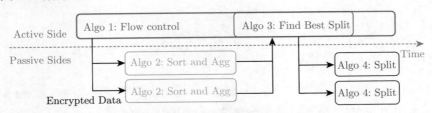

图 15-2 FedLearn 随机森林算法流程总览

1. 设计 gRPC 函数接口

我们首先需要定义一个 Calculate 服务，以实现随机森林 4 个子算法的需求。为了简单通用，整个 gRPC 调用的输入输出将使用同一套序列化数据结构，这样会极大地方便 RPC 函数本身的定义：所有的 RPC 函数都使用 InputMessage 作为输入，用 OutputMessage 作为输出，不同阶段只需要选择对应的名字即可。

```
// RPC函数均定义在Calculate的Service中
// 根据图15-2，我们需要实现4个不同的算法，对应4个算法步骤的输入输出
service Calculate {
  // 随机森林算法不同阶段的调用函数
  // Phase1
  rpc RandomForestPhase1 (InputMessage) returns (OutputMessage) {}
```

```
// Phase2
rpc RandomForestPhase2 (InputMessage) returns (OutputMessage) {}
// Phase3
rpc RandomForestPhase3 (InputMessage) returns (OutputMessage) {}
// Phase4
rpc RandomForestPhase4 (InputMessage) returns (OutputMessage) {}
}
```

2. 接口的可拓展性

一般来说，OutputMessage 将比 InputMessage 多几个不同的字段，用于记录一些 Debug 信息或错误消息，但理论上也可以选择更加简单的方案，去除对应的 Debug 信息的话，通用输入格式 InputMessage 可以做成与通用输出格式 OutputMessage 完全相同，方便级联调用。

```
// 通用输入格式
message InputMessage {
  repeated Matrix matrices = 1;
  repeated Vector vectors = 2;
  repeated double values = 3;
  repeated PaillierMatrix pailliermatrices = 4;
  repeated PaillierVector pailliervectors = 5;
  repeated PaillierValue pailliervalues = 6;
  PaillierKeyPublic paillierkeypublic = 7;
}
```

对于 InputMessage 中的大部分字段（除了用 oneof 关键字声明的或者 map 类型的），我们都可以采用 repeated 声明同格式的变量。在 gRPC 中通过 repeated 声明，同格式变量将变成一个类似 list 的形式，list 中可以保存任意多个变量，方便不同算法实现时的拓展性，同时也可以通过自动生成的 _size() 后缀的函数来查询同格式变量的数量。

3. 明文传输和密文传输

多参与方之间交互的数据内容大致分为两类：一类是包含用户 ID、样本维度、样本数量等不需要给其他参与方保密的，可以简单使用明文传输；另一类是样本在各参与方中使用的特征以及最关键的主动方样本标签，这些是最受关注的隐私内容，需要确保交互时使用加密形态，避免某一个参与方拥有不该拥有的明文数据，产生隐私泄露的问题。本例中将使用 Paillier 同态加密作为数据传输过程中的加密选项，接口定义中以 Paillier 作为前缀的格式都将是包含公钥的密文形式。

```
// Paillier同态加密公钥格式
// 这里使用string类型以便进行大整数转换
```

```
message PaillierKeyPublic {
  string g = 1;
  string n = 2;
  string nsquare = 3;
}


// 使用Paillier加密后的密文格式
message PaillierValue {
  string ciphertext = 2;
  string exponent = 3;
}
```

4. 数据的规模和维度

机器学习算法中常用的数据维度一般有零维（如样本数量等标量）、一维（如样本标签）、二维（如特征矩阵），本例中使用 repeated 关键字拓展已经定义好的变量格式（如 paillierValue），从而增加序列化格式的维度支持，相关代码如下：

```
// 明文向量的格式
message Vector {
  repeated double values = 1;
}


// 明文矩阵的格式
message Matrix {
  repeated Vector rows = 1;
}


// 密文向量的格式
message PaillierVector {
  repeated PaillierValue values = 1;
}


// 密文矩阵的格式
message PaillierMatrix {
  repeated PaillierVector rows = 1;
}
```

5. 自动生成框架及逻辑填充

将上述接口格式定义在.proto 文件中之后，使用 gRPC 提供的 IO 工具⊖就可以自动生成 RPC 代码框架。在本例中，执行自动生成的代码之后应该得到两个文件：一个以

⊖ https://pypi.org/project/grpcio-tools/。

pb2.py 为后缀，包含所有之前定义的 message 类型，以及相关的内置函数的实现；另一个以 pb2_grpc.py 为后缀，包含完整的 RPC 函数定义以及调用方法。

当然，通过 IO 工具自动生成的仅仅是 4 个函数调用的模板（RandomForestPhase1～RandomForestPhase4），其中的逻辑内容需要进一步填充，否则它们仅仅是接受 InputMessage 作为输入、OutputMessage 作为输出的空函数。具体每一个函数的实现逻辑可以参考 4.2.1 节。

15.2   应用实例二：横向联邦学习场景

15.2.1   横向联邦学习场景简述

2017 年联邦学习的概念被首次提出并于 Gboard 上率先进行测试。Gboard 是一个典型的智能推荐应用，其中的一个重要卖点是自动推荐输入内容从而达到更好的输入体验，因此一个很直接的思路就是联合使用大量 Android 手机上的用户交互信息来训练一个共享的全局模型。为此而生的初代联邦学习技术就是一种从技术上保证隐私的多方联合建模解决方案，可以保证 Android 手机用户的数据（如用户通过 Gboard 敲击键盘的数据）保留在本地，同时根据新的用户输入数据不断学习和更新模型（如一个更加符合用户习惯的 Gboard）。在这种建模形式中，参与方数据集共享相同的特征空间但切分不同的样本，因此被称作横向联邦学习，它包含两类常见应用场景：C 端数据不出设备（如智能手机数据）和 B 端数据不出机构（如医疗数据）。

横向联邦学习的建模方法通常包括两个阶段：①每个参与方根据各自的数据训练一个本地模型；②协调方（如数据中心或参数服务器）根据收到的参与方的本地模型集成一个共享的全局模型，并更新参与方的本地模型。横向联邦学习如何高效集成得到高性能全局模型在学术上有广泛的研究。Mcmahan 等人在 2017 年提出了 FedAvg 算法，协调方以各个参与方数据集大小作为权重，对所有本地模型取加权平均得到全局模型。关于 FedAvg 算法收敛性的理论证明可以详细参考 Li 等人 2019 年的论文。Sahu 在 2018 年提出的 FedProx 算法在本地模型的损失函数上增加了一个近端项（proximal term），用来约束本地模型更新对全局模型的影响，在一定程度上解决了多个参与方数据集的异构性问题，使其更加适合多方数据是非独立同分布（Non-IID）的场景。Mohri 等人提出的 Agnostic Federated Learning（AFL）算法通过对参与方数据分布的合成分析得出一个最优的多方数据分布。而 Wang 等人提出的 FedMA 算法则进一步探究了具体模型的网络架构（如卷积神经网络和循环神经网络），一次更新全局神经网络模型的一层，减少了横向联邦训练过程的通信次数来提高多方训练效率。

15.2.2   FedLearn 中横向联邦学习框架的设计和实现

1. FedLearn 横向联邦学习框架

FedLearn 设计了一个统一的横向联邦学习框架，目标是在加密手段支持的情况下，规范化地接入基于梯度计算的线性模型和深度模型。图 15-3 展示了该横向联邦学习框架，该框架由两类 Python 服务来完成整个横向联邦学习的多方联合建模：①参与方本地模型的训练通过参与方控制端（Client）连接的 Python 服务完成；②协调方集成的全局模型由协调控制方（Master）连接的 Python 服务完成。在此框架下，整个 FedLearn 横向联邦学习多方联合建模的过程大致为：前端配置横向联邦算法的参数，选择深度模型框架，设置参与方模型参数和网络架构，触发 Master 发起多方联合建模；Master 透传相关参数和配置给 Client，控制各个参与方；Client 加载本地数据，通过 gRPC 控制本地 Python 服务训练本地模型；各个参与方的本地模型由各自 Client 侧连接的 Python 服务训练完成之后，本地模型或者梯度通过 Client 透传给 Master，再由 Master 侧连接 Python 计算服务完成全局模型的集成；本地模型和全局模型的训练经过多轮迭代达到性能的收敛后，最终完成多方联合建模。

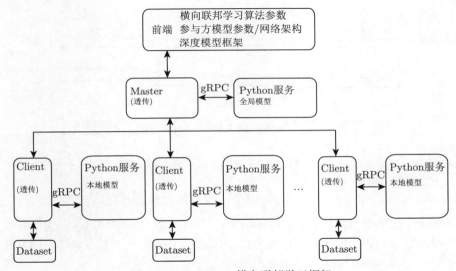

图 15-3　FedLearn 横向联邦学习框架

Java 实现的协调方 Master 和参与方 Client 主要提供控制调度、通信传输、运行监控和数据加载等功能。

所有与模型训练推理相关的算法都在 Python 服务中实现。Python 服务中的全局模型和本地模型通过协调方 Master 和参与方 Client 来透传。因为主流的深度学习框架和机器学习算法库都提供对 Python 的支持，如 TensorFlow、PyTorch、Sklearn 等，这样的架构设计既可以利用 Java 语言在分布式系统开发上的优势，同时可以结合 Python 语言在机器学习和高性能计算性能上的优势，很好地支持多种模型、多种框架。

2. FedLearn 横向联邦学习控制流程

FedLearn 横向联邦学习多方建模训练的控制流程图如图 15-4 所示，其中 Java 侧实现的 Master 和 Client 之间通过 HTTPS 协议进行通信，保证了各个参与方之间远端数据传输的可靠性和安全性；Java 侧对 Python 计算服务的控制通过远程过程调用 gRPC 完成，利用 RPC 服务能够跨多种开发工具及平台的优势，提升系统的可扩展性、可维护性和持续交付能力，实现系统的高可用。

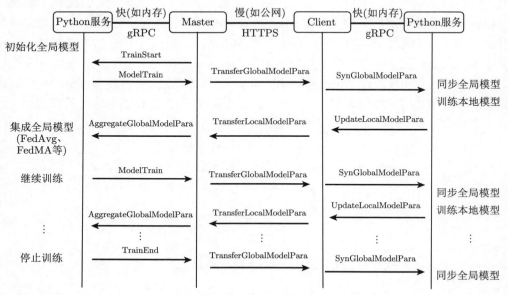

图 15-4　FedLearn 横向联邦学习训练控制流

FedLearn 横向联邦学习多方联合建模的控制流的具体步骤如下：

1）前端触发 Master 发起多方联合建模，Master 发送 TrainStart 命令给自己控制的 Python 服务，Master 侧 Python 服务初始化全局模型并启动多方训练，回复控制命令 ModelTrain 并将全局模型发给 Master。

2）Master 收到训练命令 ModelTrain 之后，发送 TransferGlobalModelPara 命令给 Client，并透传相关参数配置和全局模型给 Client。

3）Client 收到全局模型后加载本地数据，发送 SynGlobalModelPara 命令给自己控制的 Python 服务，Client 侧的 Python 服务同步全局模型到本地，利用全局模型参数权重来初始化设置本地模型，利用本地数据训练新的本地模型。

4）各个参与方的本地模型训练完成之后，Python 服务发送 UpdateLocalModelPara 给 Client，并将本地模型传给 Client。

5）参与方的本地模型再通过 Client 透传给 Master，控制命令为 TransferLocalModelPara。

6）Master 收到参与方的本地模型后传给其 Python 服务，并通过控制命令 AggregateGlobalModelPara 来告诉 Python 服务开始集成全局模型，集成任务利用 FedAvg 等算法来完成，这样一轮多方联合训练就完成了。

7) Master 侧的 Python 服务再根据判断条件来决定是继续多方训练还是停止训练，如果继续训练，就是重复步骤 2 到步骤 6；如果满足停止训练的条件，如经过多轮迭代全局模型性能收敛或者迭代次数达到上限，Master 侧的 Python 服务通过 TrainEnd 命令来控制结束多方训练，同时将全局模型同步给各个建模参与方。

以下列出 FedLearn 横向联邦多方建模过程中的主要控制命令。Python 服务中的本地模型和全局模型通过 Client 和 Master 透传，不做任何处理，所以 Master 和 Client 之间只有两条传递模型的控制命令 TransferGlobalModelPara 和 TransferLocalModelPara。Master/Client 与 Python 服务之间会有一些交互命令来完成两个阶段的多方建模任务，其中 Client 侧的主要任务是同步全局模型和更新本地模型，因此 Client 与 Python 服务的交互命令有 SynGlobalModelPara 和 UpdateLocalModelPara；Master 侧的主要任务是收集各个本地模型并集成全局模型，以及控制整个训练的开始和结束，因此 Master 与 Python 服务的交互命令有 SynLocalModelPara、AggregateGlobalModelPara、TrainStart、ModelTrain 和 TrainEnd。

```
public enum HorizontalZooMsgType {
    /*Master <=> Client*/
    TransferGlobalModelPara("TransferGlobalModelPara"),
    TransferLocalModelPara("TransferLocalModelPara"),

    /*Master/Client => gRPC服务*/
    TrainStart("TrainStart"),
    SynGlobalModelPara("SynGlobalModelPara"),
    SynLocalModelPara("SynLocalModelPara"),
    AggregateGlobalModelPara("AggregateGlobalModelPara"),

    /*gRPC服务 => Master/Client*/
    UpdateLocalModelPara("UpdateLocalModelPara"),
    ModelTrain("ModelTrain"),
    TrainEnd("TrainEnd")
}
```

3. gRPC 上传递的报文消息

介绍完 FedLearn 横向联邦学习控制平面之后，下面介绍 FedLearn 上传递的数据。横向联邦学习的各个参与方的数据集全部在本地，这样各个参与方以及协调方之间不会有训练数据的交互，技术上保证了数据的隐私性。Python 服务部署在 Master 和 Client 各自的本地，Master 和 Client 对 Python 计算服务的控制是通过本地 gRPC 完成的，gRPC 上传递数据没有隐私方面的要求。下面列出了横向联邦学习 gRPC 上传递的报文，包括控制命令、模型名称、参与方信息、横向联邦学习算法参数、模型超参数、模型参数权重、数据集特征、数据集标签。其中模型参数权重使用字节类型（bytes），目的是利用 gRPC 字节流传输来统一支持不同网络架构和参数量的模型。

```
//horizontal FL message
message HFLModelMessage {
    string CommandMsg = 1;          //控制命令
    string ModelName = 2;           //模型名称
    string ClientInfo = 3;          //参与方信息
    string HFLParameter = 4;        //横向联邦学习算法参数
    string ModelHyperParameter = 5; //模型超参数
    bytes ModelBytes = 6;           //模型参数权重
    Matrix matrices = 7;            //数据集特征
    Vector vectors = 8;             //数据集标签
}
```

15.2.3　应用 gRPC 支持不同类型的模型

为了保证横向联邦学习框架的通用性，FedLearn 的设计目标是横向联邦学习框架可以在加密手段支持的情况下，规范化地接入基于横向联邦学习算法（如 FedAvg 算法、FedMA 算法等）集成的各种线性模型（例如线性分类器和回归器）和深度神经网络模型（如卷积神经网络和循环神经网络等）。那么 FedLearn 是如何支持不同类型的机器学习模型的呢？具体来讲，以下 3 个方面的设计考虑保证了 FedLearn 横向联邦学习框架的通用性，使之兼容多种深度学习框架和机器学习算法库（如 TensorFlow、PyTorch、Sklearn、OneFlow 等），支持不同类型的模型。

1. Python 侧统一的命令分发

为了实现横向联邦学习框架的通用性和对不同模型的支持，基于图 15-4的控制流，Python 侧实现了统一的控制命令分发和处理，详见图 15-5。虽然模型不同，但是横向联邦学习多方训练的流程是一样的。具体来讲，每个模型的训练控制都需要处理相同的命令和提供相同的命令处理函数，如初始化全局模型、同步全局模型到 Client、同步本地模型到 Master、训练本地模型、集成全局模型等。统一的命令分发和处理保证了 FedLearn 的通用性和可扩展性，可以规范化地接入基于横向联邦学习算法集成的各种模型。

2. Python 侧模型的继承关系

FedLearn 作为一个通用且安全的分布式机器学习平台，支持的横向联邦学习多方训练模型包括多种机器学习模型（如线性分类模型、线性回归模型等）和深度学习模型（如多层神经网络、卷积神经网络、循环神经网络、BERT 等）。图 15-6展示了 FedLearn 横向联邦学习 Python 服务模型继承关系图，这些模型控制类都继承于横向联邦学习控制基础类，并分别重载相应的消息处理函数，根据模型自身的网络架构和使用接口来实现具体的命令处理函数:初始化全局模型、同步全局模型、同步本地模型、训练本地模型、集成全局模型等。

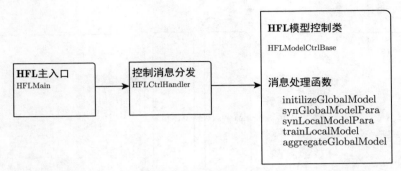

图 15-5 FedLearn 横向联邦学习 Python 服务统一的命令分发

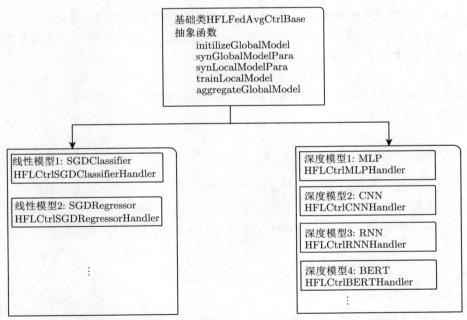

图 15-6 FedLearn 横向联邦学习 Python 服务模型继承关系图

3. gRPC 字节流数据支持不同网络框架的模型参数传输

由于各种模型网络结构和参数量都不一样,简单的模型(如线性模型)只有一个线性层,复杂的模型(如 BERT)有几百兆参数量。在 FedLearn 中,不同模型网络结构和参数量的差异性体现在 Python 服务中,对于协调方 Master 和参与方 Client 来说,不同模型就是不同大小的字节流,展示图详见图 15-7。这样,通过将 Python 服务中不同模型实例参数序列化成字节流，利用 gRPC 的跨语言字节流传输，可实现 Python 实例在 Java 控制端（Master 和 Client）的透传，完成本地模型和全局模型在协调方和参与方 Python 服务之间的传递。

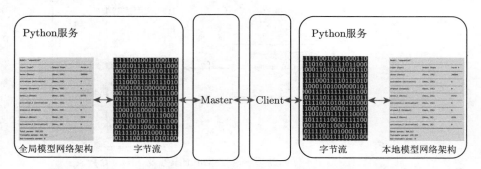

图 15-7　FedLearn 横向联邦学习通过 gRPC 字节流来传输各种模型参数

　　FedLearn 提供了一个通用且安全的分布式机器学习平台。FedLearn 横向联邦学习框架的所有计算服务以及模型训练都是由 Python 侧实现的，这样使其可以兼容各类主流国内外深度学习框架（如 TensorFlow、PyTorch、OneFlow 等）和使用各种机器学习算法库（如 Sklearn 等）。通过使用统一的控制命令分发、设计各种模型类的继承、利用 gRPC 字节流来传输不同网络框架的模型参数，FedLearn 横向联邦学习框架可以从容地支持各类模型。

15.3　总结

　　如上一章所述，远程过程调用（RPC）是大型项目中广泛使用的一套技术方案，而 gRPC 是谷歌开源的高性能框架。本章以案例的形式深入讲解了 gRPC 在 FedLearn 系统中的应用，以及相应联邦学习算法的设计思路、工程实现与安全性论证。

第 **16** 章

落地场景中的性能优化实践

16.1 FedLearn 业务场景简介

16.1.1 金融产品精准营销监控

"长尾理论"起源于对互联网零售商销售数据的分析。过去企业只关注重要的客户或重要的事,因此经营重心大多放在中高端客户上,希望借此降低经营成本,提升经营收益。银行对于中小微企业、个人贷款以及普通客户的业务往往不够重视,认为投入过多的人手和精力去处理"长尾"客户的业务只会增加银行的成本。随着人工智能、大数据等高科技技术的成熟与应用,充分利用人类生活中产生的巨大数据量以及复杂多样的数据类型,可以帮助银行更加高效地挖掘潜力客户,提高营销质量。银行通过与大型数据公司合作,实现在业务拓新、存量客户维护领域的数据化和智能化的转变,进而推动"长尾"客户群质量提升。

使用联邦学习技术可以从技术层面保证数据隐私安全,让跨域学习算法模块在原始数据不出库的情况下,实现对多样化类型数据的有效利用。例如银行可以与风控公司合作,利用前面提到的客户标识码加密对齐的方法,在加密状态下找到双方共有的客户,并进一步提取相关特征。在此基础上可以利用前面提到的联邦随机森林进行跨域学习联合建模,在原始数据不直接交互的情况下,从全局角度对多源数据进行学习,并最终构建模型。通过此类方法,银行可以与其他各类数据机构有效合作,针对"长尾"客户质量提升成本高、潜力用户挖掘难、信息不全导致用户画像获取难等核心痛点,产出一套智能化的"长尾"客户质量提升解决方案。

16.1.2 智能信用评分

互联网消费金融是互联网金融公司为满足个人消费者对商品和服务的消费需求所提供的小额贷款并分期偿还的信贷活动。面对数以万计甚至是数以十万计的申请贷款用户,为了降低放款风险,互联网金融平台需要对借款人的信用进行全面检测和评估,才能决定是否给借款人放款。

此外，基于企业工商数据，同时结合外部数据与企业自有数据，挖掘企业与企业、企业与自然人之间的关联关系，探查隐藏的风险，可应用于贷前审核、贷后监控以及失联修复等信贷场景。通过时空异常检测算法，识别出城市中出现信用异常的时间和地区，深入分析异常出现的原因，并聚合不同时间、不同位置的个人、企业相关信用数据来预测未来趋势，充分发挥城市信用体系的价值，进而指导政府、企业和个人的决策制定过程。

16.2　从 0 到 1 实践联邦学习算法优化

同态加密计算开销很高，因此使用同态加密作为技术上隐私保护手段的联邦学习模型往往需要很长的训练时间。根据我们落地场景的数据规模，一次完整的训练往往需要几十个小时甚至更长，其中还不包括应对可能的异常状况导致的训练中断。模型需要的训练时间过长很大程度上影响了联邦学习技术落地应用的潜力，一方面模型调优选择最佳参数的代价直线升高，落地版本效果往往达不到最佳；另一方面安排人员的时间投入也非常有挑战性，无法对需要频繁迭代模型的场景提供很好的支持。鉴于此，纵向联邦学习算法的训练时间是非常重要的一项需要迭代优化的性能指标。

下面以 FedLearn 平台中的联邦随机森林算法在智能风控领域的真实场景为例，简要介绍落地过程中的痛点以及对应的联邦学习算法性能优化实践。

我们建模的训练数据取自一个真实信贷风控业务的数据集（以下简称业务数据集），数据集中包含约 50 万用户样本和超过 100 维（包括信贷行为、消费频次、商户分布、多头借贷等多方面）描述用户的特征，特征分布于多个参与方手中且彼此不互相披露。数据集的标注为二分类 0-1 标注，表示该用户是否逾期。为了评估模型的泛化性能，数据集被分成训练集（Train）、随机测试集（Test）、跨时间测试集（OOT）三个子集。其中 Train 与 Test 是来自同一时间段的样本，用于模型训练和超参数选择；OOT 是时序预测场景特有的一种划分，它是在模拟"未来"，用于评估模型的泛化性能。效果上我们关注的主要是两个方面：其一是评估模型预测结果的好坏，衡量模型区分正负样本的能力，对应的常见指标有 AUC（Area Under ROC Curve）和 KS（Kolmogorov-Smirnov Statistics）；其二是关注模型本身的建模效率，即完成一次完整训练所需要的时间，它决定了模型调优或者试验新变量时的效率，对于时序相关的建模是至关重要的。表 16-1 展示了联邦随机森林算法测试初期在业务数据集上训练效率的实验效果，表 16-2 展示了联邦随机森林算法在推理指标上的实验效果。

表 16-1　联邦随机森林算法落地初期在业务数据集上的训练效率实验效果

参数	训练时间（内网）	训练集 AUC	训练集 KS
树的个数 =50 树的深度 =10 每棵树采样样本数 =20 000 每棵树采样特征数 =20	35 小时	0.635	0.196

注：该结果作为后续算法迭代的 benchmark 使用。

表 16-2 联邦随机森林算法落地初期在业务数据集上的推理指标实验效果

数据集	训练集		测试集		跨时间测试集	
算法	AUC	KS	AUC	KS	AUC	KS
联邦随机森林	0.635	0.196	0.615	0.167	0.612	0.161
SecureBoost	0.643	0.203	0.641	0.205	0.622	0.173

注：该结果作为后续算法迭代的 benchmark 使用。

16.3 性能优化

我们检测了联邦随机森林算法中的性能瓶颈，可优化的时间开销集中在两个方面：第一常见于同态加密计算操作，密文的同态加法运算速度比明文的加法计算慢数个量级，是联邦学习算法相比传统机器学习算法算力需求提升最多的部分，过大的计算开销与算法总耗时有极强的正相关性；第二是工程服务中的计算资源利用率，对可并行执行操作的性能有很大的优化空间。考虑到机器学习算法有分布式训练的特性，如随机森林算法中每棵树各自可以独立建模，与其他树之间没有相关性，因此在建模过程中进行分布式改造可以有效地利用机器资源，提升模型训练的效率。

以目前最常用的同态加密方案 Paillier 来计算两个整数相加为例，表 16-3 给出了在 1024 位密钥长度下使用 Paillier 加密协议进行计算的时间消耗。可以看到，明文加法一次仅需 7~10ns，而在 Python 侧进行加法计算大约需要消耗 39.8μs，同态加密密文的加法和数乘所花费的时间是明文的几千甚至上万倍；在 Java 侧进行加法计算的时间消耗有所减少，需要 12.8μs，但仍然没有带来量级上的区别，密文计算消耗的时间仍是明文的几百到上千倍。

接下来我们对同态加密运算细节进行简单分析，展示计算过程中的瓶颈以提出优化方案。根据 Paillier 加密协议的原理，密文加法运算中最主要的一步是将两个大整数做一次乘法，再将结果对另一个大整数进行取模操作，在 1024 位密钥长度下，做乘法的两个大整数长度一般为几百位，取模操作的大整数一般在 1000~2000 位之间：

$$\mathrm{Enc}(a+b) = (\mathrm{Enc}(a) * \mathrm{Enc}(b)) \mod n^2$$

因此对同态加法进行加速的关键就在于如何提升这个操作的计算速度。同样的，我们对 Paillier 加密协议的数乘运算进行分析可知，其计算瓶颈主要来源于下面的幂运算再取模的操作：

$$\mathrm{Enc}(a) * b = (\mathrm{Enc}(a)^b) \mod n^2$$

这项运算在编程语言的数学算子中基本都有实现，Python 中即常见的 powmod 函数，但是从表 16-3 中可以看到，Python 中 powmod 的实现是一个比较低效的实现版本。下面将介绍能够提升这两个计算效率的高性能计算库。

表 16-3   加法和数乘运算在明文状态及 **Paillier** 加密密文状态下运算的耗时对比

计算	Python 计算 1 次平均耗时	Java 计算 1 次平均耗时
明文加法	7.15×10^{-9} s	10.10×10^{-9} s
同态加密密文加法	3.98×10^{-5} s	1.28×10^{-5} s
耗时比值（密文/明文）	5.56×10^{3} s	2.38×10^{2} s
明文数乘	7.22×10^{-9} s	1.05×10^{-8} s
同态加密密文与明文数乘	1.51×10^{-4} s	6.87×10^{-4} s
比值（密文/明文）	20 914	3 085

注：表中数值由进行 1000 次运算后取平均数求得，其中加法计算为 1+2，数乘为 10*1（明文）和 10*[[1]]（密文）。由于密文运算的特殊性，运算中的明文数字大小以及密钥的长度对运算复杂度和耗时有显著影响，因此这里仅使用最简单的运算进行对比加以概念性说明。

16.3.1   GMP 计算库

由前述分析可知，包括同态加密的加解密及同态加法运算在内的加密计算均涉及大量的高精度乘除法及取模运算，可以推知基于同态加密的联邦学习算法中，大部分的训练时间被高精度运算消耗，若是能优化高精度运算的效率，就可以显著降低联邦学习算法的训练时间。

GMP（GNU Multiple Precision Arithmetic Library，GNU 多重精度运算库）是一个开源的任意精度运算库，支持正负数的整数、有理数、浮点数。它没有任何精度限制，只受限于可用内存。GMP 主要应用于密码学的应用和研究、互联网安全应用、代数系统和计算代数研究等。下面简单讨论如何使用 GMP 计算库来加速 Paillier 加密协议下的同态加密运算。

1. Python 下使用 GMP 计算库加速同态加密计算

目前在 Python 的生态中，GMP 已经有开源的支持（gmpy2），因此我们可以使用 gmpy2 中对应的函数来进行相应的乘法和幂指数取模运算。值得一提的是，gmpy2 中并没有直接提供乘法取模的函数，需要我们自己调用乘法和取模并进行组合来完成乘法取模的计算，如代码清单 16.1 所示。

代码清单 16.1   GMP 乘法取模运算

```
1  import gmpy2
2  _USE_MOD_FROM_GMP_SIZE = (1 << (8*2))
3  // 定义 multmod 函数
4  def multmod(a, b, c):
5      if max(a, b, c) < _USE_MOD_FROM_GMP_SIZE:
6          return a * b % c  ·
7      else:
8          return int(gmpy2.c_mod(gmpy2.mul(a, b), c))
```

对于幂指数取模运算，gmpy2 提供了直接运算的接口，即 powmod 函数，在此不做详细探讨。

表 16-4 和表 16-5 列出了在使用 GMP 库提速后基于 Paillier 加密方案的同态加密密文加法和数乘的计算所用时间，可以看到 GMP 计算库给密文计算带来了巨大的提升。

表 16-4　Python 环境下基于 Paillier 同态加密方案的同态加密密文加法 [[1]]+[[2]] 的耗时对比

计算	Python 计算 1 次平均耗时	耗时比值（密文/明文）
明文加法	7.15×10^{-9}s	1
同态加密密文加法	3.98×10^{-5}s	5 566
基于 GMP 库的密文加法	4.10×10^{-6}s	811

注：通过对乘法取模的加速，我们对密文加法的运算提速 6 倍左右，即计算时间为原来的 14% 左右。

表 16-5　Python 环境下基于 Paillier 同态加密方案的同态加密密文数乘 10*[[1]] 的耗时对比

计算	Python 计算 1 次平均耗时	耗时比值（密文/明文）
明文数乘	7.22×10^{-9}s	1
同态加密密文数乘	1.51×10^{-4}s	20 914
基于 GMP 库的密文数乘	2.80×10^{-5}s	3 919

注：通过对幂指数取模的加速，我们对密文数乘的运算提速 4 倍左右，即计算时间为原来的 20% 左右。

2. Java 下使用 GMP 计算库加速同态加密计算

由于 GMP 是基于 C 语言开发的，并不能简单地在 Java 环境中引用。在这里我们需要借助一些 Java 语言的特性来调用 GMP 计算库。一种方法是使用 JNI（Java Native Interface）来调用 GMP 计算库的接口，不过这种方法仍然需要 Java 开发者写一些 C 语言的代码，实现起来略显烦琐。另一种方法是使用 JNA（Java Native Access）。JNA 是一个由社区开发的库，它使 Java 程序无须使用 JNI 即可轻松访问本地共享库。JNA 的设计旨在用最少的努力以本地的方式提供本地访问，且不需要样板代码或胶水代码。使用 JNA 可以让 Java 开发者直接开发 Java 代码来访问 GMP 的接口，而无须进行额外的 C 语言开发。这里以一个开源项目 jna-gmp（https://github.com/square/jna-gmp）为例，简单展示如何在 Java 中调用 GMP 接口来进行幂指数取模运算（见代码清单 16.2 和 16.3）。

代码清单 16.2　Java 调用 GMP 工具类 LibGMP

```
1   import com.sun.jna.Native;
2   import com.sun.jna.NativeLibrary;
3   import com.sun.jna.NativeLong;
4   import com.sun.jna.Pointer;
5   public class LibGMP {
6       static class SizeT8 {
7           static native void__ __gmpz__import(mpz_t rop, int count, int order,
8               int size, int endian, int nails, Pointer buffer);
9           static native Pointer__ __gmpz__export(Pointer rop, Pointer countp,
10              int order, int size, int endian, int nails, mpz_t op);
11      }
12
```

```
13    public static void_ _gmpz_import(mpz_t rop, int count, int order,
14       int size, int endian, int nails, Pointer buffer) {
15          SizeT8._ _gmpz_import(rop, count, order, size, endian, nails,
16             buffer);
17    }
18
19    // 读取 GMP 库,根据不同的系统和环境读取不同版本的 GMP 库,对 MAC 版本来说是"gmp"
20    static {
21       loadlib("gmp");//MAC 版本的 GMP 库调用方法
22       //loadlib("libgmp");//Linux 版本安装 libgmp 库的调用方法
23       //loadlib("libgmp-10");//Windows 版本用户通过 mingw32 编译的 GMP 库调用方法
24    }
25    private static void loadlib(String name) {
26       try {
27          NativeLibrary lib = NativeLibrary.getInstance(name,
28             LibGMP.class.getClassLoader());
29          Native.register(LibGMP.class, lib);
30          Native.register(SIZE_T_CLASS, lib);
31       } catch (Exception e) {
32          e.printStackTrace();
33       }
34    }
35
36    // GMP 中的 powmod 函数
37    public static native void_ _gmpz_powm(mpz_t rop, mpz_t base, mpz_t exp,
38       mpz_t mod);
39    public static native void_ _gmpz_powm_sec(mpz_t rop, mpz_t base, mpz_t exp,
40       mpz_t mod);
41    }
```

代码清单 16.3   Java 调用 GMP 计算类 GMP

```
1    import com.sun.jna.Native;
2    import com.sun.jna.NativeLibrary;
3    import com.sun.jna.NativeLong;
4    import com.sun.jna.Pointer;
5    public class GMP {
6       public static final ThreadLocal<GMP> INSTANCE = new ThreadLocal<GMP>() {
7          @Override protected GMP initialValue() {
8             return new GMP();
9          }
10      };
11
12      // 计算函数 modPow
13      public static BigInteger modPow(BigInteger base, BigInteger exp,
14         BigInteger mod) {
15         return INSTANCE.get().modPowSecureImpl(base, exp, mod);
16      }
17      private BigInteger modPowSecureImpl(BigInteger base, BigInteger exp,
```

```
18          BigInteger mod) {
19      mpz_t basePeer = getPeer(base, sharedOperands[0]);
20      mpz_t expPeer = getPeer(exp, sharedOperands[1]);
21      mpz_t modPeer = getPeer(mod, sharedOperands[2]);
22      LibGMP.__ _gmpz_powm_sec(sharedOperands[3], basePeer, expPeer,
23          modPeer);
24      int requiredSize = (mod.bitLength() + 7) / 8;
25      return new BigInteger(mpzSgn(sharedOperands[3]),
26          mpzExport(sharedOperands[3], requiredSize));
27  }
```

值得一提的是，一些开源的 Paillier 加密协议的实现项目（如 javallier）已经集成了 JNA 调用 GMP 的实现。

表 16-6 和表 16-7 列出了在 Java 环境中使用 GMP 库提速后基于 Paillier 加密方案的同态加密密文加法和数乘的计算所用时间。与 Python 环境的结果类似，在 Java 环境中 GMP 计算库也带来了巨大的提升。

表 16-6　Java 环境下基于 Paillier 同态加密方案的同态加密密文加法 [[1]]+[[2]] 的耗时对比

计算	Java 计算 1 次平均耗时	耗时比值（密文/明文）
明文加法	1.01×10^{-8}s	1
同态加密密文加法	1.28×10^{-5}s	1 267
基于 GMP 库的密文加法	2.41×10^{-6}s	238

注：通过对乘法取模的加速，我们对密文加法的运算提速 4 倍左右，即计算时间为原来的 20% 左右。

表 16-7　Java 环境下基于 Paillier 同态加密方案的同态加密密文数乘 10*[[1]] 的耗时对比

计算	Java 计算 1 次平均耗时	耗时比值（密文/明文）
明文数乘	1.05×10^{-8}s	1
同态加密密文数乘	6.87×10^{-5}s	6 542
基于 GMP 库的密文数乘	3.24×10^{-5}s	3 085

注：通过对幂指数取模的加速，我们对密文数乘的运算提速 1 倍左右，即计算时间为原来的 50% 左右。

在经过以上的 GMP 计算库优化后，我们在业务数据集上使用联邦随机森林算法进行建模，建模时间从几十小时降低至 7 小时 12 分左右。

16.3.2　同态加密计算协议优化

从上一节的结果来看，虽然 GMP 对同态加密的计算提供了巨大的速度提升，但是其整体算法训练效率距离日常使用依旧有一定的差距。这里面的一个主要原因是基于 Paillier 协议的同态加密算法的计算速度比较慢：一方面作为同态加密协议，其同态加法需要进行大量的大整数间的乘法、幂运算以及取模运算，另一个方面，由于其密钥的固定性，在每次加密的时候需要进行一个计算量很大的混淆操作（Obfuscate），以保证即便是加密相同的明文，得到的密文也是不同的，这在一定程度上限制了 Paillier 同态加密协议的计算效率上限。

因此，选择一个高效的同态加密方案就成了继续优化基于同态加密的联邦学习算法的关键。例如在 Fang 等人 2020 年的论文中，作者提出使用 Okamoto-Uchiyama 协议（以下简称 OU 协议）可以显著降低计算时间。本节简要介绍在 FedLearn 平台上实现的 RandomizedIterativeAffine 协议（随机迭代仿射协议，以下简称 RIAC）的原理、实现以及计算效率对比。

RIAC 基于普通的仿射密码，即对明文做线性变换再取模进行加密，对密文使用逆元进行线性变换再取模即可得到明文（见表 16-8）。由于其线性变换的原理，仿射密码本身具有支持同态加法和数乘运算的特性。由于仿射密码很容易通过频率分析找到仿射对应关系，因此 RIAC 在仿射密码的基础上进行了两方面的优化：一方面是使用多轮的仿射加密，每次采用不同长度的密钥，从而增加破解的难度；另一方面是在每次加密的时候加入一个随机数，使得相同数字每次加密得到的结果并不相同。

表 16-9 与表 16-10 对比了 FedLearn 中 Paillier 协议与 RIAC 进行 1000 个随机数的同态加密计算的时间消耗。可以看到，在 Python 环境下 RIAC 不论是在加解密还是在同态加法数乘运算上都相对 Paillier 协议有比较大的速度优势，其中大部分运算均有超过一个数量级的提升。在 Java 环境下，RIAC 在加解密操作的速度上与 Paillier 相比并没有很大区别，但是在核心运算的同态加法上依旧有 10 倍以上的提升。

我们在业务数据集上使用联邦随机森林算法进行建模，选取算法参数为 50 棵树、深度 10、每棵决策树随机抽取 20 000 个样本，整体建模时间从之前的 7 小时 12 分降至 3 小时 30 分钟左右，RIAC 加密协议给 FedLearn 平台上基于同态加密的联邦随机森林算法带来了约一倍的速度提升。至此，联邦随机森林算法的建模所需时间终于可以匹配一个工程师的日常工作时间范围，初步具备了落地服务的能力。

表 16-8　RIAC 的加密解密方案

操作名称	计算方法
加密	$E(x) = (ax + b) \mod n$
解密	$D(x) = a^{-1}(x - b) \mod n$

注：a 与 n 为互质的大整数，a^{-1} 为 a 关于 n 的逆元，即 $1 = aa^{-1} \mod n$。

表 16-9　Python 环境下基于 Paillier 加密协议和 RIAC 加密协议的计算效率对比

操作名称	Paillier 协议	RIAC 协议	耗时比（Paillier/RIAC）
加密	1.33×10^0s	8.03×10^{-2}s	16.6
解密	3.73×10^{-1}s	2.09×10^{-2}s	17.8
同态加法	1.44×10^{-2}s	1.51×10^{-3}s	13.2
同态数乘	3.15×10^{-2}s	1.88×10^{-3}s	5.90

注：计算时间为计算 1000 个从 $N(0, 1e8)$ 中随机抽取的随机数的时间的总和，其中同态加法运算为将 1000 个密文求和。

表 16-10　Java 环境下基于 Paillier 加密协议和 RIAC 加密协议的计算效率对比

操作名称	Paillier 协议	RIAC 协议	耗时比（Paillier/RIAC）
加密	1.30×10^{-2}s	2.88×10^{-2}s	0.45
解密	6.54×10^{-1}s	3.12×10^{-1}s	2.10
同态加法	2.00×10^{-2}s	1.62×10^{-3}s	12.35
同态数乘	1.11×10^{-2}s	2.16×10^{-3}s	5.14

注：计算时间为计算 1000 个从 $N(0, 1e8)$ 中随机抽取的随机数的时间的总和，其中同态加法运算为将 1000 个密文求和。

16.4　工程服务性能优化

工程服务性能优化同样是机器学习模型落地时绕不开的环节。一方面，机器学习模型涉及海量数据处理与复杂计算，低效的工程实现会显著降低整个机器学习算法流程的效率，从而影响模型的调优、迭代、定期重训练等众多环节。另一方面，几乎所有机器学习模型都有着天然的并行计算潜力，包括如随机森林建树这样可以并行执行的步骤，以及深度学习矩阵运算这样可以并行计算的算子等。对机器学习模型进行合理的工程优化，尤其是并行优化，可以显著提高算法研究者及业务人员的工作生产效率。联邦学习作为分布式学习任务中的一个分支，除了以上两点以外，我们还需要额外注意数据通信对于整个联邦学习算法流程的影响。本节同样以联邦随机森林算法为例，围绕并行和通信这两个核心来讨论在实际算法落地中如何对联邦学习算法进行工程上的优化，以达到更好的线上服务要求。

FedLearn 平台提供两种部署方式：Java+Python 性能优化版本和纯 Java 版本。因此我们首先从并行开始，详细讨论在 Java 环境和 Python 的 gRPC 服务中分别进行的并行化尝试，之后介绍在通信方面进行的一些优化。

16.4.1　并行优化

联邦随机森林算法中各个决策树之间的建模流程互不依赖，因此我们可以同时独立地进行每棵决策树的建模。举例来说，在获取当前待分裂的子节点时我们可以在每棵树中选择一个待分裂节点，之后同时对这些节点进行特征的计算以及子节点的分裂操作。除此之外，在算法流程中的很多计算（比如对全部样本标注进行同态加密等）也是可以并行执行的。这对应了一个已经在很多大数据项目中得到验证的观点，即并行化改造往往还能显著提升算法对大数据的处理能力。

1. Java 中的并行优化

Java 中的并行优化是一项很需要技巧的任务。幸运的是 Java 8 中新增的 Stream API 可以帮助我们非常简单地进行一些并行化的操作，而这些操作基本上可以满足联邦学习模型建模的需要。下面给出一个在 FedLearn 平台中联邦学习森林算法在进行同态加密时的 Stream API 使用案例（见代码清单 16.4），而关于 Stream 的具体使用方法在本书不做过多赘述，有兴趣的读者可以自行搜集 Java 学习材料进行学习。

代码清单 16.4   Java 中的并行 RIAC 同态加密

```
1   // 串行加密
2   public static IterativeAffineCiphertext[] IterativeAffineEncryptSingleProcess(
3       Vector vec, IterativeAffineKey key) {
4           int n = vec.getValuesCount();
5           IterativeAffineCiphertext[] result = new IterativeAffineCiphertext[n];
6           for (int i = 0; i < n; i++) {
7               result[i] = key.encrypt(vec.getValues(i));
8           }
9           return result;
10  }
11
12  // 并行加密
13  public static IterativeAffineCiphertext[] IterativeAffineEncrypt(Vector vec,
14      IterativeAffineKey key) {
15          int n = vec.getValuesCount();
16          IterativeAffineCiphertext[] result = new IterativeAffineCiphertext[n];
17          IntStream.range(0, n).parallel()
18                  .forEach(index -> {
19                      result[index] = key.encrypt(vec.getValues(index));
20                  });
21          return result;
22  }
```

Stream API 在单机建模过程中可以带来很大的效率提升，但是在 Java 环境的建模中，依旧会有一些不方便使用 Stream API 进行并行加速的部分；另外，对于海量数据下的并行化计算也是一个很需要考虑的问题。FedLearn 平台也在进行接入分布式计算平台的尝试（如 Spark 计算集群），结果值得期待。

2. Python 中的并行优化

由于 Python 服务是以 gRPC 的形式提供服务的，因此在进行 Python 服务并行优化时有一些选择：如果有多个节点可以提供 gRPC 计算服务，则可以以负载均衡方案进行并行化处理，即提供多个 gRPC 服务以及负载均衡来进行并行化服务（见图 16-1）；在单个节点情况下，由于 Python 的 gRPC 服务并不支持并行处理请求的功能（即 gRPC 同时创建多个进程处理请求），因此在单个节点进行计算时只能选择在提供服务的模块中使用 Python 的 multiprocessing 库进行并行计算（见图 16-2）。

16.4.2　多机信息传输优化

1. 精简传输信息

作为分布式学习的一个分支，联邦学习在训练模型的时候也会传递大量的数据，然而有所不同的是，联邦学习传递的密文数据的大小往往远超明文数据。以同态加密后的密文举例，传输一个明文标注（1 或 0）至多需要 1 个字符，但传输一个 1024 位密钥同态加密后的标注则需要至少 500 个字符，详细数据见表 16-11。以随机森林为例，按照业务数据集的参数建 50 棵树、每棵树采样 20 000 个样本来看，深度每增加一层则至少要多传输约 1GB 数据，因此在基于同态加密的联邦学习算法中每一步训练需要传输的数据量是非常惊人的。

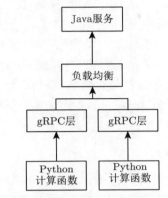

图 16-1　多节点 gRPC 计算服务部署方案

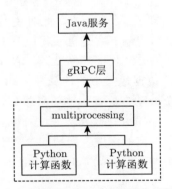

图 16-2　单节点 gRPC 计算服务部署方案

表 16-11　随机产生的浮点数经加密后生成的 gRPC 消息序列化后的长度及对应数据包估算大小

浮点数个数	密文 gRPC 消息序列化长度	估算数据包大小
1	2136	2KB
1000	638 776	1.2MB
100 000	64 508 048	130MB

接下来我们简单介绍 FedLearn 平台中的联邦学习算法在数据精简上的一部分尝试及效果。对于基于同态加密的联邦学习算法来说，数据传输的瓶颈毫无疑问就在于密文的传输上，因此在建模过程中我们应该尽量减少大量密文的传输。在联邦随机森林算法中，密文传输主要来自主动方将自身的标注进行加密之后发送给被动方进行分位点计算求和的

过程中。考虑到被动方在训练过程中一定会接触到被加密的数据，我们对这一过程进行了如下优化：在训练初始化的阶段，主动方得到所有被采样到的样本后，将被采样到的样本的标注进行加密，同时将其传输到各个被动方，被动方在接到加密过的标注后在该次训练的过程中一直持有这批加密后的标注，在训练完毕后将其销毁；同时在被动方进行分位点计算求和的过程时，主动方不再向被动方发送加密后的标注数据，而只向被动方发送子样本空间信息（即该次训练中用于定位样本的顺序信息），被动方接收到子样本空间信息后从持有的加密标注中直接选取对应子样本空间的加密标注即可。

以上传输方法可以极大地减少每次计算需要传输的数据。在实际使用中，使用这种传输方法的联邦随机森林模型在业务数据集上的建模时间从 3 小时 30 分钟降到了 2 小时20 分钟，使用同样的算法参数——50 棵树、深度 10、每棵树随机抽取 20000 个样本，效率有了进一步的提升。

2. 通信消息压缩及异步通信

上一节通过算法中数据传输内容的改造，将传输的加密样本标注改为子样本空间信息，使得算法的效率有了很大的提升。本节继续对子样本空间进行优化，进一步压缩传输的信息。

假设我们现在在数据集中采样了 N 个样本，此时主动方需要将这些样本的位置索引传递给各个被动方。一个最简单的传输方案是直接将位置索引用间隔符隔开后直接序列化传输。显然这种传递子样本空间的方式仍旧非常低效。表 16-12 给出了在传输不同数量的子样本空间的时候所需要传输的数据包大小的估算，主动方将索引为 0~99999 的十万个样本所组成的子空间传递给一个被动方，则传输信息序列化后的长度约为 69 万，其对应的数据包大小约为 1.3MB。以联邦随机森林算法来说，其总共需要传输的数据量约为单棵树样本数据包乘以树的个数再乘以树的深度，当树的个数很多或树的深度很深的时候，训练中会有大量的数据需要进行传输。下面简单介绍 FedLearn 平台的联邦随机森林算法对子样本空间信息传递的改进。

表 16-12 主动方将前 N 个样本组成的样本子空间信息传递给被动方所需要传输数据量的估算

样本 ID 索引个数	消息序列化长度	估算数据包大小
100 000	688 903	1.30MB
500 000	3 888 903	7.80MB
1 000 000	7 888 903	15.70MB

首先我们可以将子样本空间信息变成"0"和"1"组成的序列，在第 k 位上"1"表示第 k 个样本被选中，"0"则表示没有被选中，这样就得到了一串二进制字符串，我们可以用简单的比特转化的方法将其转化成任意进制的数，以达到数据压缩的目的。例如，我们可以将其进行八进制的转化，得到一个八进制的数字作为主动方样本空间信息发送给被动方（以下称为八进制压缩）。另外，针对被选中的样本非常少（在接近叶节点的时候会经

常出现）或者非常多的情况，我们可以将连续"0"和"1"进行压缩，从而增加子样本空间的压缩率（以下称为线上版本）。表 16-13 给出了几个不同的信息压缩版本在基于 100 万个样本采样形成的子空间信息进行传输时的效率对比。

表 16-13　100 万个样本随机采样得到的子空间信息在不同的信息压缩方式下消耗时间的对比

采样比率	度量指标	初始版本	八进制压缩版本	线上版本
10%	序列化长度	788 902	333 344	112 524
	300KB/s 传输时间	5.136s	2.170s	0.732s
	序列化 + 传输总时间	5.329s	2.340s	0.874s
	时间效率比	1.000	2.325	6.100
50%	序列化长度	3 944 458	333 344	112 524
	300KB/s 传输时间	25.680s	2.170s	3.662s
	序列化 + 传输总时间	26.034s	2.296s	3.934s
	时间效率比	1.000	11.329	6.612
90%	序列化长度	7 888 903	333 344	2 125 022
	300KB/s 传输时间	51.360s	2.170s	13.834s
	序列化 + 传输总时间	52.208s	2.272s	14.151s
	时间效率比	1.000	22.981	3.689

在联邦学习建模的过程中，如果有多个被动方同时参与建模（即联邦学习全部参与方大于或等于 3），此时训练过程中使用异步通信会对训练效率有一定提升，即主动方将信息传输给第一个被动方后并不等待被动方返回结果，而是继续将信息发送给下一个被动方，待收到全部被动方返回的信息后继续进行下一步主动方的建模。在 FedLearn 平台中，我们采用了这样的异步通信机制，同时为了保障传输的稳定进行了数据包的切割，以防止传输失败造成的训练失败。

经过信息压缩和异步传输改造后，联邦随机森林算法在使用 50 棵树、深度 10、每棵树随机抽取 20000 个样本的算法参数下，业务数据集上的建模时间从 2 小时 20 分钟降到 1 小时。至此，联邦随机森林算法已经能够满足绝大部分日常建模需求。

16.5　实时推理优化

在联邦学习任务的场景中，很多情况下需要针对输入的请求进行实时推理，而推理的样本数量往往远超训练样本的数量，比如对用户进行风险预测的场景。以联邦随机森林算法为例，我们不仅需要高效的训练，很多情况下同时也必须具备优秀的线上实时推理性能，比如将推理响应时间控制在 200ms 以下。通常来说，树模型的推理方法为到达当前节点后选择对应的特征，将对应的特征值与节点的阈值进行对比，从而决定激活左子树还是右子树。如果在联邦学习的环境中使用这种方法推理，则在当前节点获取所在的参与方信息，然后向该参与方发送请求该节点的判定结果，参与方接收请求后将对应特征值与接收到的阈值进行对比，然后返回激活左子树还是右子树的信息。在线上的实际测试过程中，我们发现一次参与方间的通信一般需要 50ms 完成，那么假设在联邦随机森林模型各棵树推理完全并行的情况下，在最极端的情况下推理的响应时间约为 50ms 乘以树的深度。若想在这种网络环境中满足 200ms 的推理响应时间，联邦随机森林算法建模的最大树深度就不能超过 4，这会对联邦随机森林模型的性能有非常大的影响。针对这种情况，我们设计了一种更高效的推理方案，如算法 16.1 所示，该方案中被动方接收到推理请求后会将激活左/右子树的信息一次性全部计算好，然后打包发回给主动方，主动方会根据接收到的信息将决策树重新组合，进行本地推理。经实际测试，使用新的推理方案可以将随机森林的线上推理延时压缩在 100ms 以内。

算法 16.1   联邦随机森林推理优化版本

步骤 1：主动方向被动方发出推理请求；

步骤 2：被动方接到请求后将本地数据与推理模型进行对比，将模型中的所有节点全部计算出来，将结果以左/右节点的形式打包发回给主动方；

步骤 3：主动方使用回传的信息将每棵决策树重新组合，进行推理。

16.6   总结

表 16-14 给出了 FedLearn 平台上的联邦随机森林模型从最初的版本到目前稳定提供服务的版本的优化路径。在联邦随机森林建模时间满足正常业务需求后，该模型也具备了参数调优的可能性。我们继续根据业务方需求，对联邦随机森林模型使用网格搜索法进行超参数搜索和调优。表 16-15 展示了联邦随机森林算法在推理指标上的最终实验结果。

表 16-14   联邦随机森林算法优化路径及优化前后对比

优化项目	优化前指标	优化后指标	优化比率
GMP 计算库	35.00h	7.20h	3.86 倍
同态加密方案	7.20h	3.50h	1.05 倍
精简传输信息	3.50h	2.33h	0.50 倍
消息压缩及异步通信	2.33h	1.00h	1.33 倍
推理方案优化	0.50s	0.10s	4.00 倍

注：以业务数据集上的 50 棵树、深度 10、每棵树采样 20000 的随机森林模型为例。

表 16-15   联邦随机森林算法推理性能最终实验结果

数据集	训练集		测试集		跨时间测试集	
算法	AUC	KS	AUC	KS	AUC	KS
联邦随机森林（未调参）	0.635	0.196	0.615	0.167	0.612	0.161
SecureBoost	0.643	0.203	0.641	0.205	0.622	0.173
联邦随机森林（调参后）	0.658	0.238	0.656	0.237	0.638	0.195

　　通过本章的调优实践，我们可以看出联邦学习算法相比传统机器学习算法集合了更多维度的技术，其优化路径也综合了多个不同的方面，从加密原理、计算单元、系统架构到网络通信皆有所涉及。所幸优化的结果也是令人欣喜的。后续 FedLearn 平台将继续在目前的性能瓶颈与功能拓展上持续探索，一方面希望通过提升模块的效率以支撑 FedLearn 平台整体的运转，另一方面也希望通过与新技术（如 Flink、Spark、各种先进的深度学习框架）的结合和优化来满足平台对更多数据、更多参与方以及更安全联合建模的需要。

第 **17** 章

基于区块链的联邦学习

17.1 区块链简介

17.1.1 概述

1. 什么是区块链

"区块链"这一概念起源于 2009 年年初诞生的比特币，伴随着比特币的成功，金融机构、科技公司把目光投向比特币的运行机制并加以提炼和改进，从而有了区块链技术。区块链本质上是一个去中心化的分布式账本数据库，因账本数据结构由数据块和"链"组成，并按交易产生的时间顺序链接在一起，从而形成链式数据结构，故而得名"区块链"。从技术层面来看，区块链技术本身不是一项新技术，而是一系列技术的组合。其是将 P2P 动态组网、基于密码学的共享账本、共识机制、智能合约等关键技术巧妙地组合在一起而产生的一种技术模式创新。区块链最突出的价值在于能够搭建可信网络，在没有第三方中心化背书的情况下，实现点对点的价值转移。因此，区块链的应用领域被扩展到各种行业，与各业务结合催生出大量以区块链为创新点的颠覆性应用，以此来开拓行业的新业态。

2. 区块链的发展阶段

区块链的发展初步经历了三个阶段，分别为：以"货币"为代表的区块链 1.0，比特币是区块链技术目前最成功的应用；以"智能合约"为代表的区块链 2.0，以太坊在支持数字货币基础上增加对智能合约的支持；具有新应用潜力的区块链 3.0，超越了数字货币或金融应用范畴，面向行业应用。

3. 区块链的分类

区块链按访问权限的开放程度不同分为公有链、私有链和联盟链。公有链完全对外开放，任何人都可参与，没有权限及身份认证，全网数据公开透明，完全去中心化，如比特币就是一个公有链网络系统;私有链不对外开放,系统仅在组织内部使用,且需身份认证并具备一套完善的权限管理体系,私有链本质上是中心化(也称"弱中心化");联盟链一般应用于多个成员角色的环境中,具有身份认证和权限设置,联盟链属于部分去中心化或多中心化,如超级账本(Hyperledger Fabric)项目就是著名的联盟链基础平台。

区块链按对接类型分为单链、侧链和互联链。单链是指能够单独运行的区块链系统,如比特币的主链、超级账本项目中 Fabric 搭建的联盟链等;侧链属于一种区块链系统的跨链技术,旨在将不同的区块链结合起来,技术上打通信息孤岛,彼此互补,如比特币系统不支持智能合约,而以太坊原生支持智能合约,那么以太坊区块链可作为比特币区块链的侧链,为其做功能扩展;互联链指在不同的区块链间互联互通所形成的更大生态区块链,如国内的区块链通过互联协议与国外区块链互联,能够为社会带来更深层次的智能化。

17.1.2 区块链技术的特性

区块链基于 P2P 去中心化网络,利用"哈希函数"保证交易数据完整性及不可被篡改;利用"数字签名技术"实现信息的自证明;利用"共识算法"保证在不可信的网络环境中建立共识机制,以形成去中心化的信用机制。

1. 密码学

密码技术是保障区块链系统安全性的基础,在区块和区块链的定义和构造中,使用了包含密码哈希函数和公钥密码技术在内的大量现代密码学技术。

(1)哈希算法

哈希算法(也称散列算法)是一种针对给定长度的输入数据生成固定长度输出的方法。它的输出为哈希或消息摘要。哈希算法具有如下主要特征:

1)将输入的数据生成"固定长度"的哈希值,哈希值由数字和字母组成,对原始输入的信息具有隐藏特性。

2)若输入数据相同,则输出的哈希值必定相同,见图 17-1。

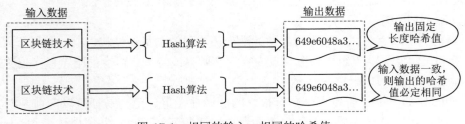

图 17-1 相同的输入,相同的哈希值

3)略微修改输入数据都会导致输出的结果不一致,见图 17-2。

4)输入两个完全不同的数据,在同一个哈希函数作用下,有可能输出相同的哈希值,即发生哈希碰撞,见图 17-3。因输入长度任意,而输出长度固定,因此碰撞是不可避免的。

而哈希函数的安全性是指在现有的计算资源（包括时间、空间等）下，找到一个碰撞是不可行的。因此哈希算法具有抗碰撞特性。

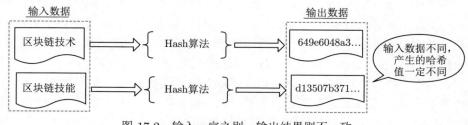

图 17-2　输入一字之别，输出结果则不一致

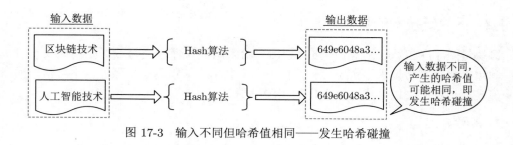

图 17-3　输入不同但哈希值相同——发生哈希碰撞

5）哈希函数在计算上不可逆，依据哈希函数的输出值很难反推出输入值，见图 17-4。

图 17-4　哈希函数：单向性

哈希函数基于上述特征被广泛应用于保护任何类型数据的完整性。

（2）Merkle 树

Merkle 树（默克尔树，也称哈希树）是一种典型的二叉树结构，由一个根节点、一组中间节点和一组叶子节点组成。根节点内容为它所有孩子节点内容的哈希值（也称数字摘要）。Merkle 树结构如图 17-5 所示。

Merkle 树的一个显著特点是具有很好的溯源性，每一笔交易都可以向前溯源并找到其历史记录。底层交易数据的任何修改都会被传递到其父节点，并层层传递到 Merkle 树根，导致节点间共识验证不通过，篡改行为被发现，具体如图 17-6 所示。

说明：区块数据 02 被篡改，会直接影响到节点 D、节点 A 的结果，最终影响 Merkle 树根结果。这样，导致区块 3 及之后所有区块均与其他节点上的不一致，验证不通过。即使篡改者有能力篡改链条上所有受影响的区块，但因初始区块数据内容不可变，导致数据最终对比依然不一致，因此区块链的链式结构能有效地防止数据被篡改。此外，通过对比各节点存储的 Merkle 树根，也很容易验证及追溯到具体哪个交易被恶意篡改。

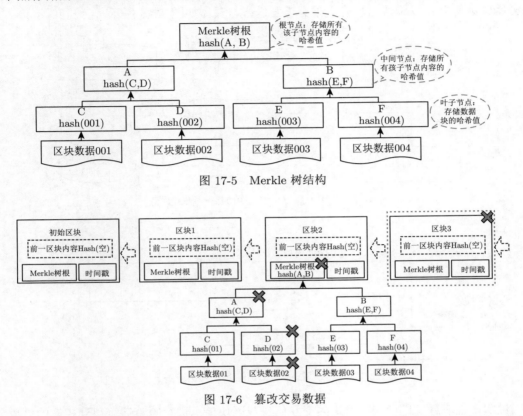

图 17-5　Merkle 树结构

图 17-6　篡改交易数据

Merkle 树是区块链的重要数据结构，保证了区块链上存储交易数据的完整性、可溯源及防篡改。此外，数据区块记录了该区块创建期间所记载的所有交易信息，便于审计和监管。

（3）公钥密码算法

公钥密码学（也称为非对称密码学）使用一对密钥，即公钥和私钥。公钥可以公之于众，私钥必须私密保存。私钥能够推导出公钥，但公钥推导出私钥是困难的。利用公钥密码算法，可证明交易数据确实来自于消息发出者，而不是被篡改或伪装的，同时也确保只有消息接收者才能够解码这笔携带价值的数据。具体如图 17-7 所示。

说明：消息发送者张三利用消息接收者李四提供的"公钥"对消息进行加密，形成数字信封，该数字信封通过 P2P 网络传输给李四。李四再使用自己的私钥对该数字信封进行解密，从而得到张三发送的消息。在解密过程中，只有李四的私钥能够解开该数字信封，任何其他人的钥匙均不可以，所以数字信封可以保证整个消息传递的安全性。因此，区块链利用公钥密码算法保护了网络通信中密钥分发及价值交换问题，确保区块链数据安全。

（4）数字签名

数字签名是指信息的发送方利用自己的"私钥签名"，信息的接收方利用发送方提供的公钥验证签名，以确认信息确实来自于发送方。具体如图 17-8 所示。

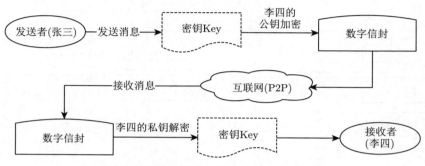

图 17-7　公钥密码算法（公钥加密—私钥解密）

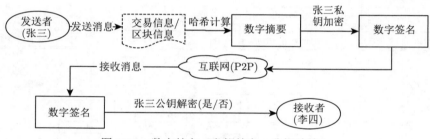

图 17-8　数字签名（私钥签名—公钥验签）

说明：将消息发送者张三发送的交易信息或区块信息进行哈希计算得到相应的"数字摘要"，再使用张三自己的私钥对数字摘要进行签名，得到相应的"数字签名"。原始数据及其数字签名通过 P2P 网络传递给消息接收方李四。李四使用张三提供的公钥验证数字签名，若能够通过验证则证明该数字签名确实是张三所签署，信息确实来源于张三。

区块链技术利用数字签名保证了信息的不可否认性（即不可抵赖性）。

（5）隐私保护算法

随着数据共享的出现与发展，如何在满足管辖地法律法规及监管要求的前提下合理地保护数据的隐私，同时又保证数据的可用性，是当今信息安全领域面临的重大挑战。区块链的隐私保护既须掩盖交易细节，又须验证交易的正确性。目前区块链隐私保护方案包括零知识证明、同态加密、环签名等，如零知识证明支持在无须泄露真实数据信息前提下证明信息的正确性。下面以 Merkle 树在零知识证明中的应用为例进行说明，如图 17-9 所示。

说明：Merkle 树提供了一种方法，可以证明某方（如张三）拥有某数据，而不需要将原始数据发送给对方。例如，张三只需将区块数据 001、D、B、Merkle 树根对外公开，任何拥有区块数据 001 的用户，经过计算都可获得同样的 Merkle 树根值，说明张三拥有区块数据 002、区块数据 003 及区块数据 004。

区块链技术利用零知识证明保护了用户的身份匿名性及链上交易数据的机密性。

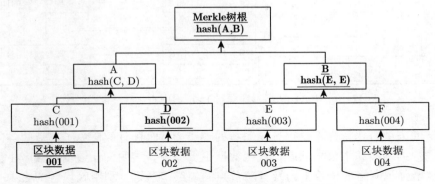

图 17-9 Merkle 树在零知识证明中的应用

2. 共识算法

区块链是一种分布式架构，为保证在不可靠的异步网络中达成安全可靠的状态共识，分布式共识算法作为一项重要技术被应用于区块链。共识机制解决了分布式系统中的一致性问题，即在网络计时假设上，共识机制保证了分布式网络的各个正常节点收到一致顺序的操作序列。

共识算法一般分为宕机容错算法（如 Paxos、Raft）、拜占庭容错共识算法（如 PBFT 及其变体、DumboBFT）、概率性共识算法（如比特币的 PoW）。共识算法因应用场景而异，例如：比特币公有链项目共识算法采用非强一致性的 PoW（工作量证明）共识机制；JD Chain 项目采用的是 BFT-SMaRt 共识机制；超级账本 Fabric 项目支持 Raft 共识机制等。

区块链利用共识算法技术解决了去中心化多方互信问题。

3. 去中心化网络

去中心化网络旨在把这个"中心"去掉，使原来属于中心化角色的权力分散化，用户间能够自由地进行点对点交易。传统中心化服务器模式与 P2P 去中心化网络模式比较如图 17-10 所示。

说明：中心化服务器模式简单理解为仅有一个服务器端，多个客户端只能通过访问中心服务器才能够获得资源、服务和内容。而 P2P 去中心化网络模式为网络中的每个参与者（也称节点）既是服务端又是客户端，旨在把中心分散在每个节点上，信息的传输和服务的实现在各个节点间进行，无须中间实体的介入。

区块链技术网络层通信协议采用点对点结构，在对等网络 P2P 系统中，各个节点相互对等、独立运行，不依赖于其他特定节点，以达到去中心化控制的目的。

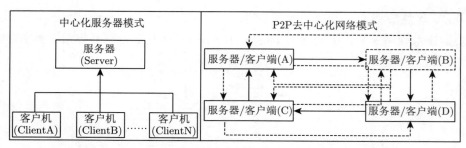

图 17-10   中心化服务器模式与 P2P 去中心化网络模式比较

区块链的去中心化特性不仅提升了系统的容错力，而且有效避免了单点故障问题及中心化带来的数据垄断和不公平问题，使得数据更加公开、透明，让数据直接产生价值。与此同时，也增强了网络的抗攻击力及预防节点间勾结串通等。利用区块链的去中心化特性可以构建可信互联网基础设施，为互联网提供各种可信任的服务。

4. 智能合约

智能合约是运行在区块链网络环境中可复制、共享的账本上的计算机程序。从技术开发者角度可理解为一段代码；从用户角度可理解为一个自动担保协议，当满足特定条件时即自动触发执行相应条款（如经济激励、利益分配等）。合约部署前，所有条款的逻辑流程均已被制定好，并利用各参与方私钥签名，以确保合约的有效性。将签名后的智能合约通过 P2P 网络扩散部署到区块链上，一旦合约部署成功，即能够实现自我执行和自我验证，而无须人为干预。

17.1.3   区块链技术与现代技术的融合

随着近年来云计算、人工智能、大数据、IoT、区块链等成为技术战略热门，在业务发展落地的过程中，各技术体系发挥越来越重要的作用，而且各技术并非孤立存在，而是相互有机结合，以技术结合体方式更好地支撑业务发展。

在云计算领域，区块链是云计算的一种特殊表现形式，如 PaaS 云服务可支撑区块链技术开发、IaaS 可用于部署区块链节点等。此外，基于区块链技术信息公开、透明及不可篡改等特性，它也是一种良好的实时数据采集等应用的边缘计算解决方案。

在大数据领域，区块链技术能从技术层面为大数据提供唯一、可信、完整的数据来源，助力于大数据采集、存储与分析，从技术上破除大数据的孤岛效应。

在物联网领域，区块链技术实现物联网去中心化模式。物联网数据采集通常采用无线传感器网络（Wireless Sensor Network，WSN），区块链技术可作为 WSN 数据传输、多跳转发、汇聚上传的基础，同时实现数据不可篡改的完整性保障。

在人工智能领域，区块链与人工智能相结合，可在数据、算法、计算能力层面上相互赋能。在数据层面，区块链技术能够保证数据可信，并在一定情况下实现数据共享，为人工智能建模和应用提供可信数据以提高模型的精度；在算法层面，区块链技术能够保证人工智能引擎的模型和结果不被篡改，从而降低模型遭到人为攻击的风险；在计算能力层面，基于区块链的人工智能可以实现去中心化的智能联合建模，为用户提供弹性的计算能力，满足其计算需求。区块链是分布式网络，能够实现算力的去中心化。因此，区块链有助于构建去中心化的人工智能算力设施基础平台。

此外，我们目前也正在尝试将区块链技术应用于联邦学习上，为其提供一套行之有效的去中心化数据结构、交互机制和计算模式，进一步加强联邦学习系统的实用性，提高其在应用中的实际价值。

17.2　联邦学习与区块链的集成创新

人工智能的存在由来已久，且近几年迎来了爆发式发展，成为社会经济技术增长的新的源动力。人工智能的成功离不开大量数据的支持，不可避免地在其野蛮生长期从不同渠道搜集了大量数据，数据隐私被无情践踏，数据泄露事件层出不穷。但随着社会发展，人们逐渐意识到数据隐私的重要性。另外，在多方数据共享协同训练时，往往会出现数据确权纠纷，使利益分配不能得到有效的保证。基于对上述同类事件的担忧，联邦学习的概念被提出来，它能够在数据不离开数据生产地的前提下进行多方协同训练预测，且能够记录各参与方的贡献度，减少纠纷，利益分配更加公平。

基于上节对区块链的介绍可以发现，区块链在数据共享、数据追溯以及技术层面的隐私保护等方面有得天独厚的优势，而这也正是联邦学习区别于一般机器学习的特性所在。如果将联邦学习与区块链集成，区块链的种种特性能够使联邦学习在隐私保护、监管审计、去中心化治理等方面有所提升。

智能合约是一组事先确定的代码逻辑，依赖外部输入自动执行，执行过程无须人工干预或依赖第三方机构。区块链之所以能够替换一般化联邦学习中心协调服务，依赖的就是智能合约。而在联邦学习平台中，智能合约一般可提供以下能力。

1）**模型更新及扩散能力**：智能合约替换中心协调服务之后，首先要考虑的问题是如何将初始模型参数以及各参与方模型更新参数扩散给全部参与方，同时从技术层面防止数据隐私泄露。重中之重是协商通用数据结构，该数据结构应使用加密算法进行掩码，比如同态加密、差分隐私等。扩散方式有两种：定时 pull 和事件驱动。前者需要各参与方定时从区块链智能合约中获取模型更新数据；而后者只需各参与方设定监听事件，当有新数据产生时，区块链自动将数据推送至参与方。相较而言，事件驱动是相对比较好的方式。

2）**模型更新聚合能力**：当智能合约搜集到足够多的模型更新数据后，自动触发智能合约规则中的全局模型更新聚合，聚合过程不被任何参与方干扰，保持其独立公正性。之后借助模型更新及扩散能力将聚合后的模型作为下一轮训练的初始模型扩散，周而复始。

3）**激励能力**：联邦学习既是为满足数据隐私的需求，又是各参与方对数据利益最大化的一种诉求。因此，如何利用区块链联邦学习过程中有限的交互数据确定各参与方对平台的价值贡献？一般可根据训练时间、数据集数量及质量等指标去计算参与方的贡献度，之后根据定义在智能合约里的激励规则动态分配参与方应得的利益。

4）**监管审计能力**：区块链可追溯的特性使之天然支持审计，而其去中心化特点也很容易接入多个第三方监管机构。但如想根据特性支撑监管审计，还需要智能合约提供其能力，笼统地说，智能合约需要提供相应查询数据的入口。

17.2.1　架构创新

一般的联邦学习平台存在中心协调服务，其主要作用是用于模型数据分发及聚合。在模型训练伊始，协调端负责将初始模型分发给联邦学习的各参与方。每轮训练结束，它负责将各参与方分散的模型更新数据聚合，随后再将更新后的模型扩散给各参与方，这个过程持续直到训练完成。中心化的协调服务从本质上来说并没有什么功能上的劣势。但是在多方参与的联邦学习平台中，存在中心化的组件，存在单点故障的可能性，且其所有权无法得到明确的确立，无法做到绝对的公正。

而将区块链引入联邦学习平台，将中心化协调转变成区块链去中心化协调，模型数据的分发及聚合不再需要中心协调服务，而只需通过部署在区块链上的智能合约，即可自动将模型数据聚合，并自动分发至所有参与方。同时，区块链的引入降低了联邦学习各参与方协作的耦合。在基础架构不变的情况下，参与方的准入与退出将相对简单，进一步提升了各参与方的积极性和公正性。

17.2.2　流程创新

联邦学习是参与方基于相同模型进行独立自主的机器学习的过程，彼此间仅限模型数据的交换。

存在中心协调服务的联邦学习平台学习流程一般如下：

1）任务发起方将初始模型数据发送至中心协调服务。

2）中心协调服务将初始模型分发至各参与方。

3）各参与方独立自主完成一次模型迭代训练，后将模型更新数据上传至中心协调服务。

4）中心协调服务收到各参与方上传的模型更新数据，分析聚合后更新模型参数。

5）重复以上流程 2~4，直到训练任务结束。

从流程中可看出，中心协调服务既是联邦学习的关键，又是其绝对薄弱点。一旦中心协调服务出现纰漏，整个流程将无法继续进行。而基于区块链的联邦学习平台使用去中心化架构，杜绝单点故障的产生，同时创新性地使用智能合约驱动模型更新，基于合约事件机制革新联邦学习流程。优化后的流程一般可如下表示：

1）任务发起方通过智能合约将初始模型数据上链。

2）智能合约通过事件机制将模型数据广播至各参与方。

3）参与方独立监听智能合约广播事件，接收模型数据。

4）各参与方独立自主完成模型迭代训练，后将模型更新数据通过智能合约上链。

5）智能合约根据既定逻辑将各参与方模型更新数据聚合汇总，更新模型参数。

6）重复以上流程 2~5，直到训练任务结束。

在区块链智能合约的加持下，联邦学习各参与方可摆脱中心化协调服务的束缚，参与方只与本地区块链节点交互，其余数据共享细节封装在区块链网络内。优化后的流程更有利于联邦学习参与成员专注机器学习本身，不用过多关注彼此间数据的交互，降低了参与方协助成本。

17.2.3 数据支持

联邦学习平台因为数据隐私保护的限制，在各参与方间交换的仅限模型数据。联邦学习在开始前有初始模型数据须分发至各参与方，可记作前数据；而在各轮迭代训练的过程中，模型数据不断更新、聚合分发，此类数据记作过程数据；而在训练完成后，训练好的模型在使用之前，也需要通过平台分发至各参与方，可记作后数据。

在没有区块链支持的联邦学习平台，一般采用中心协调服务负责数据的分发与聚合。有区块链支持的联邦学习平台采用智能合约协同事件机制辅助前数据、过程数据、后数据在联邦学习成员之间流转。其数据交换方式减少了参与方之间的联系，有利于健壮联邦学习平台的灵活性，任一参与方的不正常退出不影响其他参与方继续进行迭代学习。

而在数据安全性方面，常规联邦学习平台已经可以做到使用双向 TLS 通信信道保障数据传输的安全性，而为了防止模型数据的反向推理，也已采用同态加密及差分隐私来保证技术层面的数据隐私安全。在此基础上，区块链还从另一个维度保证了数据稳态安全，数据一旦进入区块链网络，任何后续的流转都会被系统记录且不可篡改，虽不能再次直接提升数据安全性，但能为后续回溯数据流转提供系统级支撑。同时，智能合约是运行在区块链执行引擎上的程序，是区块链与上层业务交互的桥梁，其执行过程中的输入以及执行过程支持使用安全多方计算进行数据隐私保护。

17.2.4 激励支持

联邦学习的出现，一方面是因为数据隐私法规限制的创新性突破，另一方面也是各参与方希望通过联邦学习将自身平台的数据利用起来，与其他参与方一起发挥出更大的价值，产生丰富的收益。而想要达成该目标，就需要制定行之有效的激励算法。

激励算法如想准确地计算和分配各参与方收益，前提是算法能获得精确的数据支撑。而利用区块链的价值标定能力，可对联邦学习各参与方所创造的价值进行登记、确权及利益分配。在多个参与方进行联邦学习的同时，区块链可记录上层业务服务接口调用记录、各参与方的贡献度、服务产生的收益，且可通过智能合约自动将利益按照提前拟定的分账规则及比例分配给各参与方区块链账户中，并在适当的时候与真实收益挂钩。如果产生纠纷，也可利用区块链数据追溯能力反向追踪。

在区块链的支持下，联邦学习激励机制能够健壮平台，使之可持续发展，同时自主数据采集也使得平台公正性得以保证，平台参与方积极性得以调动。另外，对联邦学习参与方可能面临的恶意攻击进行追溯惩罚，确保联邦学习联盟持续健康运作，也是一种反向激励支持。

17.2.5　监管审计支持

因数据隐私法律法规的影响，联邦学习平台从诞生之初就是强监管的目标对象。常规联邦学习平台需要定制相关功能才能满足监管要求，而在区块链的支持下，可直接利用区块链多（去）中心化、可追溯等特性，有利于多方参与的联邦学习平台积极拥抱监管审计。

对于监管，平台可将相关监管机构作为独立公正的第三方只读节点加入区块链联邦学习联盟网络。接入之后，监管机构可实时监控联邦学习联盟的数据及操作动向，违规操作可第一时间叫停，有利于维护人民群众的数据隐私及市场经济的有序健康运行。

而对于审计，区块链可追溯特性使之天然支持审计，在区块链上操作的任何一个动作、更新的任意一段数据，都会在区块链中留下印记。如需审计，只需从后往前读取区块回溯即可，而无需额外系统的支持。

17.3　基于区块链的联邦学习激励算法

在联邦学习过程中，如果恶意参与方提供错误的梯度参数更新来破坏模型训练的正确性，或者懒惰的节点不积极贡献模型数据都会造成模型训练的偏差。如何让多方持续积极参与模型数据训练过程，进行公平、公正的生产协作，成为行业发展的重要挑战之一。

区块链共识算法及智能合约等技术具有天然的激励作用，通过此类区块链技术特性能够激励多方积极参与协作。区块链和联邦学习相互融合，建立基于区块链的联邦学习算法，有望解决这一行业难题。

本节根据联邦学习激励方式的不同，分别从模型质量评估、权重值以及激励分配等几个角度介绍目前几种基于区块链的联邦学习算法。

17.3.1　模型质量评估激励算法

联邦学习在技术上要把每一个数据孤岛组织起来，以此纳入联邦学习协作的体系中来。这首先要对本地数据进行预处理，其次对训练数据特征化，然后再对模型数据进行质量评估。在联邦学习过程中，评估数据模型质量的精准度是影响训练效果的关键指标。模型评估的数据量级、数据有效性、数据信息密度、数据真实性等指标，同时起到了数据监测与量化评估的作用。

在中心化的联邦学习过程中，中央聚合器需要汇集所有上传的本地模型数据，以生成新的全局模型。这个过程中存在模型投毒等安全攻击，可能导致整个模型训练的故障。

如何让参与者一直持续地贡献模型数据呢？在区块链智能合约里发布一个任务奖励，可依据模型质量评估算法的结果，对完成任务的训练者给予相应的奖励。智能合约为联邦学习构建了一个模型数据交易的市场，诚实的参与者可以通过完成任务来盈利。一个良好的收益分配机制是各方高效协作的关键，这里介绍一种根据参与方所产生效益进行分配的激励方法。联邦参与方的效益是指它加入联邦训练团队时所产生的效用。

一般而言，一个参与方 i 在给定收益分享轮次 t 中，从总预算 $B(t)$ 得到的分期收益可以表示为 $\hat{u}_i(t)$，其计算公式为

$$\hat{u}_i(t) = \frac{u_i(t)}{\prod_{i=1}^{N} u_i(t)} B(t) \tag{17.1}$$

式中，$u_i(t)$ 表示参与方 i 对收益 $B(t)$ 产生的效用，假定每一个参与方 i 对集合体做出的边际收益（假设集合体只包含参与方 i）用于计算它能得到的收益的分成，其数值计算方式为

$$u_i(t) = v(\{i\}) \tag{17.2}$$

其中 $v(X)$ 表示评估集合体 X 效用的函数，X 表示参与方的集合。

本小节以均方误差（Mean Squared Error，MSE）作为评估集合体 X 效用的函数，并介绍一种模型质量评估激励算法。MSE 是线性回归中常用的损失函数，线性回归过程中尽量让该损失函数最小。模型评估之间的对比也可以用它来比较。通过计算观测值与真实值偏差的平方和与观测次数的比值，得到每次模型数据评估精准度 MSE。

$$\text{MSE} = \frac{1}{m}\prod_{i=1}^{m}(f_i - y_i)^2 \tag{17.3}$$

式中，m 为样本的个数，MSE 值范围为 $[0, +\infty)$。MSE 值越小，说明模型数据的精准值越高。当预测值与真实值完全相同时，MSE 值为 0。

图 17-11用于在区块链上部署一个智能合约，将联邦学习训练过程中的参与者、训练任务、训练状态及任务奖励等存放在智能合约中，通过智能合约发布模型训练任务。在联邦学习过程中，根据模型质量评估算法对模型数据进行评估后，将正确的 MSE 值更新到智能合约中。当完成本轮训练后，通过智能合约的预置事件触发支付合约进行有序的交易执行。

整个联邦学习过程主要通过数据初始化、交换本地训练的模型数据和模型数据质量评估及激励分配三个阶段，在智能合约中实现训练任务安全协作和有效激励（见图 17-12）。

1. 初始化阶段

中央聚合器调用 init() 函数进行初始化联邦学习的配置参数、测试数据集以及全局模型等设置。联邦学习任务发布者在智能合约里创建任务奖励、指定训练用的模型和聚合器等。聚合器将初始的全局模型数据任务发送给所有参与者，对一些敏感的中间传输数据进行安全传输处理。见图 17-13。

```
/**
      Precondition: the ids of the data owners are their addresses.
 */
contract SmartContract {
      // model Data where to assign validators, trainers, mse, status, fedratedAggregator ...
      struct ModelData {
            string modelId;
            address[] trainers;
            address[] validators;
            uint[] msesByIter;
            mapping(address => uint[]) partialMsesByIter;
            uint currIter;
            uint improvement; // Percentage
            uint frozenPayment;
            mapping(address => uint) contributions; // Percentages
            Status status;
            address owner; // Model Buyer's are the owners
            address federatedAggregator; // federatedAggregator orchestrator
      }

      enum Status {INITATED, STOPPED, FINISHED}

      constructor() public {
            prices["LINEAR_REGRESSION"] = 1000000000000000;
      }

      /** EVENTS */
      event ModelCreationPayment(address owner, uint256 amount);
      event ContributionPayment(address receiver, uint256 amount);
      event ValidationPayment(address receiver, uint256 amount);
}
```

图 17-11   智能合约中的模型数据结构

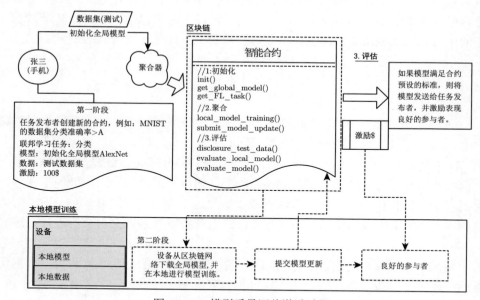

图 17-12   模型质量评估激励过程

2. 本地训练阶段

每个设备收到新的模型训练任务后，执行 localModelTraining() 函数对本地数据进行训练。为防止联邦学习过程的模型精度损失，通常使用梯度压缩等算法来传输本地的模型数据参数。

```
/** ContractService() init phase: 1 deploy a smart contract 2 init model in SC**/
init():
    var SmartContract = artifacts.require("SmartContract");
    module.exports = function(deployer) {
        deployer.deploy(SmartContract);
    };

function initModel(string memory modelId, address[] memory validators, address[] memory trainers,
    address modelBuyer, address federatedAggregator) private pure returns(ModelData memory) {
    ModelData memory model = ModelData({
        trainers: trainers,
        validators: validators,
        modelId: modelId,
        msesByIter: new uint[](200),
        improvement: 0,
        currIter: 0,
        frozenPayment: 0,
        status: Status.INITATED,
        owner: modelBuyer,
        federatedAggregator: federatedAggregator,
    });

    return model;
}

# whole federated aggregator flow with python
app = create_app()
api.init_app(app)
encryption_service = EncryptionService(is_active=app.config["ACTIVE_ENCRYPTION"])
data_owner_service = DataOwnerService()
contract_service = ContractService()
contract_service.init(app.config)
federated_aggregator = FederatedAggregator()
data_owner_service.init(encryption_service, app.config)
federated_aggregator.init(encryption_service=encryption_service, data_owner_service=data_owner_service,
    contract_service=contract_service, config = app.config)
logging.info("federated_aggregator running")
```

图 17-13　初始化过程

当设备完成本地训练后，执行 submitModelUpdate() 函数，将本地模型数据更新提交给聚合器，以赚取该设备本轮次的收益机会。

3. 评估阶段

中央聚合器调用 evaluateModel() 函数评估来自设备端的数据。如果该设备的模型数据通过评估，则将本次评估的结果 MSE 值保存在智能合约中作为贡献依据。在计算本轮训练贡献值函数 calculateContributions() 中，按照对模型质量的精度值提升的效用，作为边际效益奖励的标准。这样只有高质量模型设备才会获得本轮次的收益；不安全的模型数据提供者将会被排除在外，从而失去本轮收益的机会。

在模型更新次数达到上限时，触发 ContributionPayment 事件。智能合约调用 finalizeContract() 函数执行对设备的奖励。模型购买者依据智能合约中初始的协定，将本轮奖励 $B(t)$ 分配给模型训练者，然后中央聚合器调用 postEvaluation() 发布此任务的结果，最终任务发布者得到一个更高质量的全局模型。见图 17-14。

17.3.2　权重值激励算法

中心化聚合器要在许多客户端协作下才能完成聚合操作，并不断地给这些客户端广播新的全局模型。这就需要较高的网络带宽，因此会受到单一服务器稳定性的影响。中心化聚合过程可能偏向某些客户，有的会提供恶意的有毒模型，甚至从更新的模型数据中收集客户的隐私数据。

```
/**
 * finalize Contract to payment training contributors
 */
function finalizeContract(string memory modelId) public onlyModelBuyer isFinished(modelId) {
    ModelData storage model = models[modelId];

    _calculateContributions(modelId);

    // Pay trainers
    for (uint i = 0; i < model.trainers.length; i++) {
        address payable trainer = address(uint160(model.trainers[i]));
        _calculatePaymentForContribution(modelId, trainer);
    }
    // Return payments to model Buyer
    returnModelBuyerPayment(modelId, address(uint160(model.owner)));
}

/**
 * Accoding to U(i) / N methods, pay for the Data Owner with his address
 * for his work done training the model.
 */
function _calculatePaymentForContribution(string memory modelId, address dataOwner)
    private isFinished(modelId) view returns (uint) {
    uint paymentForImprov = (payments[modelId] * getImprovement(modelId)) / 100;
    uint paymentForImprovForTraining = (paymentForImprov * 70) / 100; // training contribution percent
    return paymentForImprovForTraining;
}

// core calculate contribution function
function _calculateContributions(string memory modelId) public isFinished(modelId) {
    ModelData storage model = models[modelId];
    uint iter = model.currIter; // current iteritor of this training process
    model. improvement = calculateImprovement(model.msesByIter[0], model.msesByIter[iter]);

    // calculate the total contributions of the training
    uint contributionsSum = 0;
    for (uint i = 0; i < model.trainers.length; i++) {
        address trainer = model.trainers[i];
        model.contributions[trainer] = mseDiffcrence(model.msesByIter[0], model.partialMsesByIter[trainer][iter]);
        contributionsSum = contributionsSum + model.contributions[trainer];
    }

    // update the contributation percecent of every training
    for (uint i = 0; i < model.trainers.length; i++) {
        address trainer = model.trainers[i];
        model.contributions[trainer] = contributionPercentage(model.contributions[trainer], contributionsSum);
    }
}
```

图 17-14　MSE 边际效益分配方法

如何建立更加安全、公平、可靠的激励机制？可以用区块链网络来替代中心化聚合器。通过选举一个区块链共识委员会来验证和交换客户端设备的本地模型更新，通过后上链保存，并且依据该上链的模型数据作为后续的激励权重参考，以减少一致性计算量，防御恶意模型攻击，从而进行更加安全高效的协作。

1. 基于区块链的权重分值激励设计

将联邦学习的模型数据放在链上，保证了多协作方数据互访的一致性，形成了一个公开透明的模型数据账本。每一个区块负责记录联邦学习训练过程中的一份合格的数据证据，并将全局和本地模型数据分别保存在不同类型的区块上。

如图 17-15 所示，开始时初始化模型被放在 #0 块，然后进行第一轮的训练。设备获取当前要训练的全局模型任务并执行本地训练，当有足够的更新块时，触发智能合约开始聚合。设备通过选举一个共识委员会来验证和交换各自提交的模型数据，验证节点将验证的模型数据结果上传到新的区块上，完成本轮训练后将会生成一个新的全局模型块并放置在链上。联邦学习只依赖最新的模型块数据和历史块数据，历史块数据仅作为故障回退或块验证用途。

k：是每轮训练验证需要的更新块数（Total Number of Updates，例如 100）。

t：是本轮训练的轮次（$t = 0, 1, \cdots$）。

模型块 (Model)：是存放本轮所产生的全局模型数据的区块。

公式：# $k \times (t+1)$ 是本轮训练第 t 轮次的所产生的模型块。

更新块（Update）：是存放设备提交的本地模型数据的区块。

公式：# $[t \times (k+1) + 1, ((t+1) \times (k+1)) - 1]$ 是第 t 轮次更新的区块集合。
如表 17-1 所示为区块链前 100 区块 (# $[0, 100]$) 的信息说明。

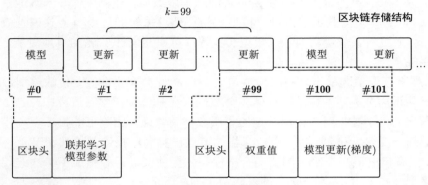

图 17-15　区块生产过程

表 17-1　前 100 区块信息说明

区块数	类型	计算公式	描述
# 0	模型块	# $t \times (k+1) = $ # 0 当 $k=99$，$t=0$ 时	# 0 是区块链上的第 0 块，存放联邦学习模型初始化数据，在联邦训练的初始化过程生成
# $[1, 99]$	更新块	# $[t \times (k+1) + 1, (t+1)$ $\times (k+1)) - 1] = $ # $[1, 99]$ 当 $k=99$，$t=0$ 时	# $[1, 99]$ 是区块链上第 1~99 区块集合（k 为轮次，t 为 100），联邦学习过程评估通过的更新块，由设备提交生成
# 100	模型块	# $t \times (k+1) = $ # 100 当 $k=99$，$t=1$ 时	# 100 表示区块链上第 100 块，是第一轮联邦训练生成的模型块

从实现的角度来看，一个模型块应包括区块头、t 轮次和全局模型数据。

一个更新块应包括 t 轮次、本地更新的模型梯度数据、权重值（weight score）等基本的联邦训练数据。

区块链的链式结构保证了数据的确定性。基于竞争机制将正确的块追加到链上是共识的关键。考虑计算、通信成本和协商一致，建立一个高效和安全的委员会共识机制，在设备的模型数据上链之前对其进行验证。委员会由几个诚实的共识节点构成，负责验证设备提交的数据和协商出块。其余节点执行本地训练，将本地更新发送给委员会。开始一轮新的训练时，上一轮委员会不会再次当选，根据得分情况重新选举一个新的委员会。委员会成员通过质量模型评估算法，对设备提交的模型数据进行评估打分，只有通过评估的设备模型数据才会被委员会接收并给予激励。

2. 权重值计算

基于上述区块链委员会的联邦学习场景，考虑到完整性和稳定性等，可以根据每个设备的本地学习准确性或者参与频率评估其权重值，对联邦学习进行对比打分来更新全局模型数据。

这里介绍以学习准确性作为评估权重值的实现方式。

Peer 是参与联邦训练的设备，主要负责训练本地数据，并将训练好的本地模型数据上传（步骤 1 和 2），发给共识节点进行模型质量评估。每轮通过委员会共识生成新的区块（步骤 4），Peer 更新下载最新的全局模型（步骤 5），并进行下一轮的本地更新，直到整个模型训练完成。

Node 是所有设备选举出来的共识委员会节点，负责验证设备上传的模型数据。与其他节点达成共识后生成新的区块，存储模型数据。在具体联邦学习过程中，当 Node 收到设备节点发来的模型数据时，使用给定的测试数据集验证，删除可能损坏全局模型的有毒本地模型更新。交易验证通过后，Node 将加上自己签名广播给其他共识节点，进行验证（步骤 3）。只有精度值高于给定阈值的合格模型才会被接受，并生成下一次迭代新的、可靠的全局模型（步骤 6）。整个交互过程如图 17-16 所示。

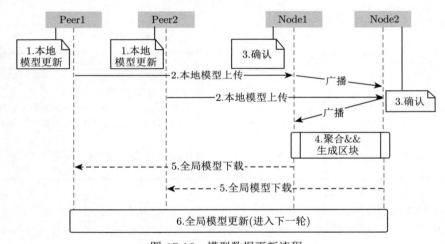

图 17-16   模型数据更新流程

以 MSE 评估模型数据作为权重值评价依据，权重值计算公式如下[^①]：

$$w^{(l)} = w^{(l-1)} + \prod_{i=1}^{N_D} \frac{N_i}{N_S}(w_i{}^{(l)} - w^{(l-1)}) \tag{17.4}$$

该式表示为在 l 代次最后一轮迭代中，本地权重和全局权重之间的计算。

其中 w 为权重，S 为数据样本，D 表示设备，N 为设备数，$S_k \in S$，令 $f(w)$ 是基于 MSE 函数的权重值算式，在 l 代次迭代中，设备节点上传的本地模型数据更新为：

$$(w_i{}^{(l)}, \{\nabla f_k(w^{(l)})\}_{S_k \in S_i}) \tag{17.5}$$

[^①]: 详情可参见 https://arxiv.org/abs/1808.03949。

完成本轮所有本地结果验证后,本轮次的全局模型更新为:

$$(w^{(l)}, \nabla f(w^{(l)})) \tag{17.6}$$

以每个设备提交的本地模型数据长度值作为权重值标准,当通过委员会验证后,记录在链上的更新块中。本轮训练结束后,设备总权重值即为已验证通过的更新块模型数据大小总和。生成新的模型块,记录所有全局模型数据相关更新,并依据权重值对各个设备的贡献进行量化激励。

在每轮训练结束时,需要重新选举一个新的委员会来生成下一个全局数据模型块。在分布式模型训练场景下,这个委员会的决策效率会显著地提升整个全局模型训练的性能。

17.3.3 激励分配算法

在一些联邦学习的场景中,有些公司可能已经在当前市场上拥有众多的客户设备,积累了大量的高质量数据资源。在构造联邦学习模型过程中,这些公司的资源是非常宝贵的。但是通过协作训练共同的全局模型,这些市场领导者可能会无意地帮助到它的竞争者们。因为联邦学习模型在所有参与方之间共享,从而导致了市场领导者竞争优势的损失,所以为联邦学习设计的收益分配方法应该考虑参与方加入联邦会付出的代价。这需要更有效的激励机制,鼓励设备更新本地模型数据,有偿支付费用给这些全局模型数据的贡献者,建立更加公平的按贡献分配利润的经济激励机制。

考虑到上述的需求,结合前文中提到的基于模型质量评估 MSE 算法和边际效用分配方法,可以在该激励分配方法基础上增加设备访问许可费和对其他参与方的奖励,使其更加符合现实场景的需求。

- ❑ 许可费。每个设备支付一些全局模型的访问许可费,这些费用支付给模型保管者后,设备节点可以无限制地访问最新的模型。在联邦学习网络中,设备加入时需要先支付模型许可费,只有购买后设备训练者才被允许访问模型任务并且参与全局模型的训练过程,如图 17-17 所示。
- ❑ 利润分配。每轮聚合器完成聚合后,基于设备提交的模型数据精度贡献值,购买者将奖励分配给相应的设备。经常提供更新的设备有机会赚取更多奖励,并能不断下载更新全局模型数据,这样会吸引更多设备参与。这种激励机制具有很高的可扩展性,可以适应不同的实际应用。

如果参与方付出的代价非常高,联邦带来的收益可能不够补偿这一代价,联邦学习可能要求分期支付给参与方。这将会进一步导致"利息"的问题,因为从本质上来说,参与方是在将各自的资源(如数据)借给联邦以产生收益。

为了维持数据联邦的长期稳定,并且逐渐吸引更多高质量的参与方加入,需要一种强调公平性并且适合联邦学习环境的激励机制。在这里,我们基于前文的激励算法,综合实现了一种更加优化的分配激励方法。它允许在联邦学习环境中灵活地解决上述涉及收益分享的问题。通过最大化可持续的经营目标，动态地将给定的预算奖励分发给联邦中的各个参与方，同时最小化参与方间的不平等问题。如图 17-18 所示。

```
function newModel(string memory modelId, address[] memory validators, address[] memory trainers,
    address modelBuyer) public onlyFederatedAggr {
    models[modelId] = initModel(modelId, validators, trainers, modelBuyer, msg.sender);
}

/**
 * Adds a new Data Owner to the DataOwners set.
 * @param doAddress the data owner address used as value in the mapping
 */
function setDataOwner(address doAddress) public {
    dataOwners[doAddress] = true;
}

/**
 * Adds a new setModelBuyer to the modelBuyer set.
 * @param doAddress the modelBuyerAddress address used as value in the mapping
 */
function setModelBuyer(address modelBuyerAddress) public {
    modelBuyers[modelBuyerAddress] = true;
}

/**
 * Called form ModelBuyer when ordering training of model.
 */
function payForModel(string memory modelId, uint256 pay) public payable onlyModelBuyer {
    // check parameter ....
    if (payments[modelId] == 0) {
        payments[modelId] = 0;
    }

    payments[modelId] += pay;
    emit ModelCreationPayment(address(this), pay);
}
```

图 17-17　购买模型许可费

```
/**
 * payment functions, according to contribution of trainers, validators, orchestrator by ModelBuyer
 */
function generateTrainingPayments(string memory modelId) public onlyModelBuyer isFinished(modelId) {
    ModelData storage model = models[modelId];
    _calculateContributions(modelId);

    // Pay trainers
    for (uint i = 0; i < model.trainers.length; i++) {
        address payable trainer = address(uint160(model.trainers[1]));
        executePayForContribution(modelId, trainer);
    }

    // Pay validators
    for (uint i = 0; i < model.validators.length; i++) {
        address payable validator = address(uint160(model.validators[i]));
        executePayForValidation(modelId, validator);
    }

    // Pay archestrator
    executePayForOrchestration(modelId, address(uint160(model.federateAggregator)));
    // Return payments to model buyer
    returnModelBuyerPayment(modelId, address(uint160(model.owner)));
}
```

图 17-18　激励分配设计

为了鼓励参与方加入联邦学习，区块链可以通过超时检查和经济惩罚机制为参与者提供公平性。对于不能准时到达和执行错误提交的参与者，会采用经济惩罚机制，撤销或冻结不诚实参与者的预存款，将其重新分配给诚实参与者，以此来进一步避免不诚实参与者和激励参与者盈利的积极性。

通过这样的市场化经济激励模型，可以在智能合约中比较灵活地实现各方利益之间的平衡。通过任务激励、抵押和超时惩罚机制，从经济利益方面防止参与者进行模型攻击等恶意行为，促使联邦学习过程在模型数据质量、活跃度、有效协作方面形成良性发展的生态。

17.4　基于区块链的联邦学习系统实现

近年来新兴技术不断兴起，人工智能、大数据、物联网、区块链、云计算等基础技术被普遍应用到各业务场景。每种新技术不是孤立存在的，而是可以有机组合在一起促进业务的落地与创新。"联邦学习 + 区块链"的方案就是一种创新组合尝试。利用区块链可信网络、多中心、不可篡改、可追踪、可审计的特点，可促进传统联邦学习架构升级。

17.4.1　系统模型

联邦学习为参与方提供了通过协作构建强大的机器学习模型的能力，并在技术层面上利用隐私保护机制来保护数据的隐私。然而在联邦学习训练过程中，各方协同分享处理大数据的益处并不明显，数据拥有者失去对自己数据的掌控，一旦数据不在自己手中，其利用价值便会大幅度减小。虽然将数据整合起来训练得到的模型性能会更好，但是整合带来的性能增益如何在参与方中分配也不能完全确定。因此联邦学习需要一种去中心化分布式系统从技术上来保证用户的隐私安全，并在保障数据安全和交换、训练效率的前提下进行有效的机器学习。

1. 可信的协同网络

在传统（目前）的分布式联邦学习系统中，模型训练阶段需要存在一个中心化服务器来聚合和分析数据，协调各参与成员完成训练任务。中心化服务器可能会偏向某些客户机，从而偏离全局模型。且中心化服务器职能过于集中，如果中心化服务器被攻击，整个系统的隐私和安全则难以保证。中心化服务节点存在潜在的隐私泄露风险，一些恶意的中央服务器可以毒害模型，甚至收集客户的隐私数据。另外在业务的实施过程中也很难说服各参与成员及审计机构其中心化服务器是可信的，这为推广联邦学习技术带来了一定的挑战。

区块链能够助力联邦学习来构建可信的、去中心化的互联网基础设施平台。例如，首先将各联邦学习的参与者利用区块链网络互联，并将参与者本地训练产生的即时模型更新同步到区块链，一旦"模型更新"在区块链上被验证通过，会将该"模型更新"全网广播并追加到区块链。此时"模型更新"被分布式记录到区块链网络各节点，且已加入区块链的数据不可被篡改。基于此，不仅有效避免了中心化服务器带来的问题，而且能够保证在联邦学习训练过程中，各参与方产生的"模型更新"数据的真实性、可追溯性和可审计性。再利用区块链智能合约来执行模型的聚合，当达到预先制定的触发条件时，合约会自动执行，而不需人为干预，提高了联邦学习模型聚合所产生的"全局模型"可信度。最后再将聚合后的模型更新存储到区块链，全网参与者共享。即便加入新的参与方，也能够享用到最新的联邦学习全局模型。

2. 投毒

联邦学习机制中存在"投毒攻击"的安全威胁。由于联邦学习过程由各参与成员共同协作完成训练，若在训练或再训练过程中有恶意参与方对训练集中的样本进行污染，以"数据投毒"攻击方式提交质量差、不可靠的模型，将导致整个学习过程模型更新失败或错误。此外，在模型聚合期间，攻击者也会通过发送错误的参数或损坏模型方式进行"模型投毒"攻击，以此破坏全局聚合期间的学习过程，降低学习任务的准确性，增加了全局模型的收敛时间，使得联邦模型的可用性降低，甚至破坏最终模型的性能效果。虽然针对投毒攻击已开发了许多安全协议，但为了能够主动防御联邦学习受到恶意攻击，而不是被动防御，依然需要一种可以有效检测恶意攻击并确定恶意参与方的机制。

区块链作为能够防止恶意攻击的有效工具被应用到联邦学习系统中。首先，区块链作为一种有效的分散存储，替代了中央模型聚合服务器，能够提高存储模型和模型更新数据的安全性。其次，当且仅当区块链有效的共识节点对参与方提交的模型更新数据达成一致时，模型更新方可被追加到区块链。区块链记录了所有模型更新的历史，它的链式数据结构又保证了数据难以被篡改。此外，每一次模型更新都可以向前追溯，并关联到具体某一参与者。这有助于对模型更新做审计，检测其篡改行为和恶意模型替换。最后，区块链可以利用智能合约引入预设的激励机制，当发现有节点的模型数据质量明显低于预期时，则自动对恶意节点进行惩罚甚至将其从网络中移除。

3. 推理攻击

联邦学习允许参与方在本地进行数据训练，其他参与方无法获取其本地数据，在一定的技术程度上保证了用户的隐私安全。但这种安全并非绝对安全，依然存在隐私泄露的风险。比如恶意的参与方通过模型逆向攻击，试图从训练完成的模型中获取训练数据集的统计信息，并从共享的参数中推理出其他参与方的敏感信息。这对联邦学习中各参与方的隐私造成了严重威胁。

目前联邦学习利用差分隐私、同态加密、秘密共享等技术来防御模型逆向攻击。然而现有的防御只能在一定的条件下、在一定的范围内提高模型的鲁棒性。如在模型聚合过程中加入高斯噪声，以扰乱数据方式实现差分隐私保护，抵抗推理攻击。为了增强隐私保护的效果，模型训练过程须添加更多的噪声，从而导致模型的可用性变差。而且差分隐私仅能实现单点的隐私保护，若不同记录之间存在关联，攻击者依然可以对满足差分隐私保护的算法实施推理攻击。

区块链能够助力联邦学习对计算过程进行审计，监控模型训练中的恶意行为，从而从技术上加强隐私保护。例如联邦学习的模型参数可以存储到区块链中，保证了模型参数的安全性和可靠性。

4. 模型及工作负载评估

模型评估是对已建立的一个或多个模型，依据其模型类别，使用不同的指标来评价其性能优劣的过程，即评估所建立的模型是否"有用"。在联邦学习模型评估过程中，会将本地模型更新（即本地梯度）大于预设阈值的高质量（即高精度）模型更新发送到聚合服务器，由聚合服务器将接收到的模型更新聚合起来（如使用联邦平均算法），再将聚合后的模型更新发送回各参与方。因此，如何有针对性地选择合适的评估方法，快速发现模型选择或训练过程中出现的问题，迭代地对模型进行优化，是模型评估阶段的关键问题。例如，如果使用联邦平均算法来聚合模型更新，那么将会产生对某些设备不公平使用等问题。

区块链在一定程度上能够保证联邦学习模型评估的质量。区块链存储了联邦学习各参与方在训练阶段产生的所有模型更新，数据不可以被篡改且能够被追溯到具体某一参与方。这保证了模型更新元数据的可信性。与此同时，可以利用区块链的智能合约对各参与方贡献模型的次数及质量进行评估，对于参与方提交到区块链网络的模型更新，所有区块链节点都可以使用智能合约中预先设定的评估函数来评估所有上传的模型更新，并为每个上传的模型更新生成模型质量的平均值。由于智能合约具有自我执行和自我验证、不需要人为干预等特点，能够在一定程度上保证对模型评估的公平性和可靠性，有助于联邦学习从众多模型中提取高质量的模型。此外，智能合约也可以通过预先设定的奖惩措施，对网络中提交质量差的参与方给予相应惩罚，并对贡献模型次数及质量较高的参与方给予一定的激励，以此来激发更多用户贡献高质量的模型。

5. 身份管理

联邦学习中的参与方在地理位置上通常是分散的，因此很难被认证身份。而区块链本身也是分散的，没有集中的认证机制，完全采用基于密码学的公/私钥方式通过签名来认证身份。例如公有链项目使用"公钥"的哈希值来作为账户的地址，其与账户真实身份信息之间没有直接的对应关系，实现了一定程度的匿名性。参与者可以将自己的"公钥"公之于众，其他参与者便可以通过公钥来识别彼此，而"私钥"则由自己秘密保管，只要"私钥"不泄露，就只有你自己能够掌控资产的所有权，适用于网络所有节点。此外，公有链中所有的节点都可以自由地加入或退出。

而联盟链项目需要通过成员管理服务来对加入的节点进行身份审核，只有被授权的节点才可加入。因此，区块链能够为联邦学习的各参与方提供一种可信的身份认证机制。通过区块链，尤其是联盟链的授权机制、身份管理等，可以将互不信任的各参与方整合到一起，建立一个安全可信的合作机制。

6. 引入审计监管

在跨站点数据传输中如何保证交互部分可以被管理和被审计，是联邦学习所面临的挑战。此外，就联邦学习的中心化模型聚合服务器来说，更难以说服审计机构其是可信的。

区块链能够为联邦学习模型训练全过程提供审计功能，例如：区块链账本可记录从各参与方参与模型训练开始到模型训练结束期间产生的所有"模型更新"历史数据。模型更新数据按照时间顺序链接在一起，形成链式数据结构，并以分布式形式存储到区块链网络各节点，不可被篡改。同时区块链的链式数据结构也很容易追溯到某一模型更新具体属于哪个参与方并与之相关联。基于此，区块链能够友好地解决联邦学习信息安全审计难的问题。此外，区块链属于对等网络，节点间独立运行，而不依赖于其他特定节点。节点可以选择在任意时刻加入或离开，而不影响整个区块链网络运行，不影响联邦学习各参与方提交模型数据，这样便于第三方审计机构以网络节点身份加入区块链网络，并对联邦学习迭代训练阶段产生的模型更新数据做审计监管。

因此，区块链作为一种去中心化、可追溯、防篡改的分布式共享账本数据库，与联邦学习系统融合，能够作为其保障数据安全、保障模型训练的数据一致性、防止恶意攻击等的有效工具。同时，区块链的价值驱动激励也能够增加各参与方之间提供数据、更新网络模型参数的积极性。

17.4.2　系统架构

1. 组件架构

基于区块链的联邦学习系统，其本质核心还是落脚在联邦学习，只是使用区块链作为串联各参与方的中间介质。同时，由于有区块链的介入，也衍生出一般联邦学习系统不具备的功能特性，如天生支持追溯、监管审计等。

区块链联邦学习系统组件架构主要分成资源层、数据层、合约层、服务层和接入层，如图 17-19 所示。

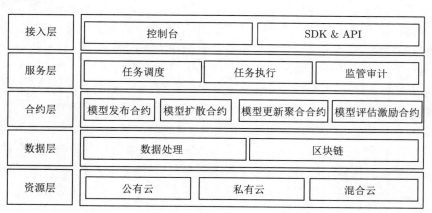

图 17-19　组件架构

1）**资源层**：系统支持多种形式部署，如物理机、虚拟机、容器等都可以，但主要推荐容器形式的部署，因为容器可以无视主机环境，便于快速落地测试。如果是在生产环境下大规模部署，推荐使用 Kubernetes 模式管理。

2）**数据层：**主要利用大数据组件对本地数据进行统一管理及存储。

3）**合约层：**主要提供模型扩散、模型更新聚合、模型评估激励、模型发布的实现等功能。

4）**服务层：**是联邦学习系统任务生命周期管理组件，可为用户构建联邦学习初始模型设计服务，实现了任务的状态管理及跨联邦学习参与方的协调调度功能。

2. 流程架构

联邦学习系统学习流程也因区块链的加入而变得不同，一般联邦学习系统存在中心化的协调组件，这很容易因单点故障或间歇性叛变造成系统的不可用或模型预测结果失真。加上中心化服务无法明确其所有权，可能会造成系统各参与方互相猜忌，不足以充分调动参与方积极性。而对于基于区块链的联邦学习平台，中心化协调服务由去中心化架构和智能合约替换，各参与方成为去中心化架构中平等独立的多方，数据交互通过智能合约进行，摒弃了中心单点，且作恶可追溯。

基于区块链的联邦学习系统流程可用图 17-20 表示。

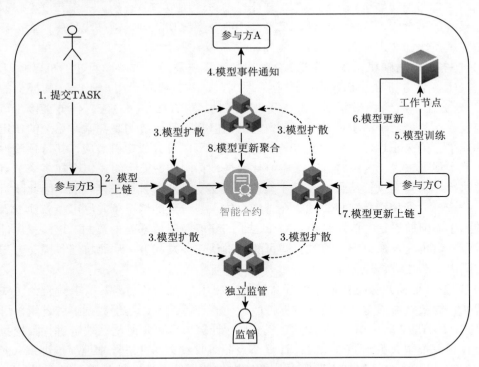

图 17-20　区块链联邦学习系统流程

1）外部用户提交 TASK 至任意参与方，参与方准备初始模型数据。

2）参与方将初始模型数据上链，提交至智能合约。

3）区块链层将模型数据自动扩散至所有参与方节点。

4）基于智能合约去中心化控制，自动触发模型事件通知，参与方持续监听合约事件。

5）参与方收到合约事件后，也即收到模型数据后，即可进行本地模型训练。

6）本地模型训练完成后，得到本地模型更新数据。

7）参与方将本地模型更新数据上链。

8）智能合约将各参与方独立上链的本地模型更新数据根据一定规则聚合。

9）依照步骤 2~8 的顺序持续进行模型训练迭代，直至训练完成。

以上是基于上帝视角审视系统流程，整体了解训练任务在系统中的流转方向及步骤。接下来再通过智能合约视角剖析区块链在系统中的协调作用。智能合约作为运行在区块链层上的业务逻辑描述，起到了承上启下的作用：对上接收模型更新数据，对下将接收到的模型更新数据经过逻辑处理转换成区块链扩散及存储形式。一般而言，智能合约应有以下功能：

1）**计算节点治理（可选）**。联邦学习系统与区块链底层是两个相对独立的系统，它们间沟通的纽带即为智能合约，将联邦学习计算节点注册至智能合约，一定程度上将两个相对独立系统逻辑关联，提高亲近性，另外，注册及解绑功能可以进一步扩展，实现计算节点生命管理，比如实现准入、驱逐、隔离、投票等治理功能。

2）**任务发起方随机选择（可选）**。联邦学习系统是由多方共同组建的机器学习联盟，在系统之上，各方可独立构建自己的业务控制台，各方控制台用户不一，其提交的训练（预测）任务在下放到联邦学习系统及区块链之时，可直接一一对应，任务直接由该方计算节点发起。此设计于情于理并无不可取之处。但基于区块链的联邦学习系统的作用之一就是体现平台的公正性，任务提交方与任务发起方可以设计成随机对应，其可预测性大大降低。就实现上来说，区块链因其去中心化特性，相同的智能合约逻辑会在多个节点独立隔离地执行，只有当执行结果一致时才能认为该交易是有效且可被接收的，因此随机任务发起方的选择只能使用伪随机算法，在智能合约入参一致的情况下，尽可能多地混入不可预知的因子，但前提是各区块链节点对于因子的获取及其值都是一致的，这样就保证了入参的一致性，再配合随机混淆算法，即可随机确认任务发起方，从而将任务提交方与任务发起方隔离，公正性得以体现。

3）**模型（更新）数据扩散**。当任务发起方将用户训练（预测）请求提交至区块链以后，智能合约负责将模型（更新）数据扩散给所有计算节点。基于数据扩散逻辑，可实现两种模式：PULL 与 PUSH。在 PULL 模式中，计算节点可定时与区块链进行数据拉取操作，当有相关模型（更新）数据时，计算节点即可收到数据并进行本地模型训练（预测）。而在 PUSH 模式中，计算节点监听区块链数据扩散事件，当有相关模型（更新）数据时，数据自动推送至计算节点。相较而言，PUSH 模式是相对更好的方式。

4）**模型更新数据聚合**。区块链替代传统联邦学习的中心化聚合服务组件，将相关功能下沉到智能合约层，当各计算节点完成本地模型训练，将模型数据上传至智能合约后，合约根据既定规则，在收集到足够多（策略定义）的本地模型更新数据后，根据联邦学习聚合算法将多组数据聚合，产出本轮迭代后的模型数据，再扩散分发给计算节点进行下一轮迭代。聚合，扩散，周而复始。

5）**训练任务生命周期管理**。机器学习模型训练不是一步到位的过程，训练过程需要进行 N 轮迭代，这样就需要智能合约自动判断何时结束训练，或是达到预设的迭代次数，或是模型收敛。

3. 部署架构

基于区块链的联邦学习系统从部署方式看，最重要的一点变化就是使用区块链网络替换原有的中心协调服务，除此之外，基本保持不变。图 17-21 是简要的部署架构图。

如图 17-21 所示，有 4 个参与方（3 家企业以及 1 家监管机构）共同组成了联邦学习平台，每家企业都通过业务网关与自家区块链 Peer 节点连接，而平台中所有的数据共享及传输都通过区块链网络进行。在企业中，由 Server 接收业务网关下发的任务，然后由Server 将任务下发到 Worker 进行机器学习，而结果则由相反的路径汇总至区块链网络。周而复始，从而完成学习任务迭代。

而对监管参与方来说，可直接通过监管网关实时监控系统中的各类行动迹象，如有违规操作，可快速接入。

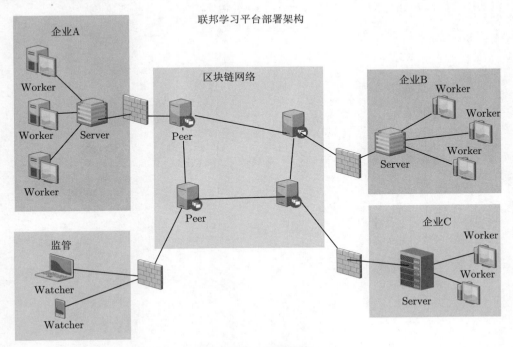

图 17-21　部署架构

17.5 总结

随着云计算、人工智能、大数据、物联网、区块链等成为技术战略热门，在业务发展落地的过程中各技术体系发挥越来越重要的作用，与各业务结合催生出大量颠覆性应用，开拓了行业的新业态。

本章引入了区块链，尝试将区块链技术应用于联邦学习，介绍了基于区块链的联邦学习算法和联邦学习系统的实现，以进一步加强联邦学习系统的实用性，并提高其在应用中的实际价值。

参 考 文 献

[1] GENTRY C. A fully homomorphic encryption scheme : Vol 20[M]. Stanford University Stanford, 2009.

[2] HALLMAN R A, LAINE K, DAI W, et al. Building applications with homomorphic encryption[C] // Proceedings of the 2018 ACM SIGSAC Conference on Computer and Communications Security, 2018 : 2160−2162.

[3] LAINE K. Simple encrypted arithmetic library 2.3. 1[J]. Microsoft Research https://www.microsoft.com/en-us/research/uploads/prod/2017/11/sealmanual-2-3-1. pdf, 2017.

[4] PAILLIER P. Public-key cryptosystems based on composite degree residuosity classes[C]// International conference on the theory and applications of cryptographic techniques, 1999 : 223−238.

[5] BRAKERSKI Z, GENTRY C, VAIKUNTANATHAN V. (Leveled) fully homomorphic encryption without bootstrapping[J]. ACM Transactions on Computation Theory (TOCT), 2014, 6(3) : 1−36.

[6] BRAKERSKI Z, VAIKUNTANATHAN V. Efficient fully homomorphic encryption from (standard) LWE[J]. SIAM Journal on Computing, 2014, 43(2) : 831−871.

[7] BRAKERSKI Z, VAIKUNTANATHAN V. Fully homomorphic encryption from ring-LWE and security for key dependent messages[C] // Annual cryptology conference, 2011 : 505−524.

[8] VAN DIJK M, GENTRY C, HALEVI S, et al. Fully homomorphic encryption over the integers[C] // Annual International Conference on the Theory and Applications of Cryptographic Techniques, 2010 : 24−43.

[9] CHALLA R. Homomorphic Encryption: Review and Applications[G] // Advances in Data Science and Management. [S.l.] : Springer, 2020 : 273−281.

[10] CHEON J H, KIM A, KIM M, et al. Homomorphic encryption for arithmetic of approximate numbers[C] // International Conference on the Theory and Application of Cryptology and Information Security, 2017 : 409−437.

[11] CHEON J H, HAN K, KIM A, et al. Bootstrapping for approximate homomorphic encryption[C] // Annual International Conference on the Theory and Applications of Cryptographic Techniques, 2018 : 360−384.

[12] CHENG K, FAN T, JIN Y, et al. Secureboost: A lossless federated learning framework[J]. arXiv preprint arXiv:1901.08755, 2019.

[13] HARDY S, HENECKA W, IVEY-LAW H, et al. Private federated learning on vertically partitioned data via entity resolution and additively homomorphic encryption[J]. arXiv preprint arXiv:1711.10677, 2017.

[14] CARPOV S, GAMA N, GEORGIEVA M, et al. Privacy-preserving semi-parallel logistic regression training with Fully Homomorphic Encryption.[J]. IACR Cryptology ePrint Archive, 2019: 101.

[15] CRAWFORD J L, GENTRY C, HALEVI S, et al. Doing real work with FHE: the case of logistic regression[C] // Proceedings of the 6th Workshop on Encrypted Computing & Applied Homomorphic Cryptography, 2018: 1−12.

[16] BONTE C, VERCAUTEREN F. Privacy-preserving logistic regression training[J]. BMC medical genomics, 2018, 11(4): 86.

[17] AONO Y, HAYASHI T, TRIEU PHONG L, et al. Scalable and secure logistic regression via homomorphic encryption[C] // Proceedings of the Sixth ACM Conference on Data and Application Security and Privacy, 2016: 142−144.

[18] CHEON J H, KIM D, KIM Y, et al. Ensemble method for privacy-preserving logistic regression based on homomorphic encryption[J]. IEEE Access, 2018 (6): 46938−46948.

[19] CHEON J H, KIM D, PARK J H. Towards a practical cluster analysis over encrypted data[C]// International Conference on Selected Areas in Cryptography, 2019: 227−249.

[20] JÄSCHKE A, ARMKNECHT F. Unsupervised machine learning on encrypted data[C]// International Conference on Selected Areas in Cryptography, 2018: 453−478.

[21] GILAD-BACHRACH R, DOWLIN N, LAINE K, et al. Cryptonets: Applying neural networks to encrypted data with high throughput and accuracy[C] // International Conference on Machine Learning, 2016: 201−210.

[22] BRUTZKUS A, ELISHA O, GILAD-BACHRACH R. Low latency privacy preserving inference[J]. arXiv preprint arXiv:1812.10659, 2018.

[23] JIANG X, KIM M, LAUTER K, et al. Secure outsourced matrix computation and application to neural networks[C] // Proceedings of the 2018 ACM SIGSAC Conference on Computer and Communications Security, 2018: 1209−1222.

[24] MISHRA P K, RATHEE D, DUONG D H, et al. Fast Secure Matrix Multiplications over Ring-Based Homomorphic Encryption.[J]. IACR Cryptology ePrint Archive, 2018: 663.

[25] HAN K, HONG S, CHEON J H, et al. Efficient Logistic Regression on Large Encrypted Data.[J]. IACR Cryptology ePrint Archive, 2018: 662.

[26] GRAHAM R L, WOODALL T S, SQUYRES J M. Open MPI: A flexible high performance MPI[C] // International Conference on Parallel Processing and Applied Mathematics, 2005: 228−239.

[27] FRIEDMAN J, HASTIE T, TIBSHIRANI R. The elements of statistical learning: Vol 1[M]. [S.l.]: Springer series in statistics New York, 2001.

[28] CALDAS S, WU P, LI T, et al. Leaf: A benchmark for federated settings[J]. arXiv preprint arXiv:1812.01097, 2018.

[29] DWORK C. Differential privacy: A survey of results[C] // International conference on theory and applications of models of computation, 2008: 1−19.

[30] DWORK C, ROTH A, OTHERS. The algorithmic foundations of differential privacy[J]. Foundations and Trends ® in Theoretical Computer Science, 2014, 9(3–4): 211−407.

[31]　MCKEEN F, ALEXANDROVICH I, BERENZON A, et al. Innovative instructions and software model for isolated execution.[J]. Hasp@ isca, 2013, 10(1).

[32]　CHAMPAGNE D, LEE R B. Scalable architectural support for trusted software[C] // HPCA-16 2010 The Sixteenth International Symposium on High-Performance Computer Architecture, 2010: 1−12.

[33]　YAO A C-C. How to generate and exchange secrets[C] // 27th Annual Symposium on Foundations of Computer Science (sfcs 1986), 1986: 162−167.

[34]　KONEČNÝ J, MCMAHAN H B, RAMAGE D, et al. Federated optimization: Distributed machine learning for on-device intelligence[J]. arXiv preprint arXiv:1610.02527, 2016.

[35]　KONEČNÝ J, MCMAHAN H B, YU F X, et al. Federated learning: Strategies for improving communication efficiency[J]. arXiv preprint arXiv:1610.05492, 2016.

[36]　TOURKY D, ELKAWKAGY M, KESHK A. Homomorphic encryption the "holy grail" of cryptography[C] // 2016 2nd IEEE International Conference on Computer and Communications (ICCC), 2016: 196−201.

[37]　YANG Q, LIU Y, CHEN T, et al. Federated machine learning: Concept and applications[J]. ACM Transactions on Intelligent Systems and Technology (TIST), 2019, 10(2): 1−19.

[38]　REGULATION P. Regulation (EU) of the European Parliament and of the Council[J]. REGULATION (EU), 2016, 679: 2016.

[39]　JUVEKAR C, VAIKUNTANATHAN V, CHANDRAKASAN A. {GAZELLE}: A low latency framework for secure neural network inference[C] // 27th {USENIX} Security Symposium ({USENIX} Security 18), 2018: 1651−1669.

[40]　ZHU C, HAN S, MAO H, et al. Trained ternary quantization[J]. arXiv preprint arXiv:1612.01064, 2016.

[41]　GU B, HUO Z, HUANG H. Asynchronous stochastic block coordinate descent with variance reduction[J]. arXiv preprint arXiv:1610.09447, 2016.

[42]　ZINKEVICH M, SMOLA A J, LANGFORD J. Slow learners are fast[C] // NIPS, 2009.

[43]　NIU F, RECHT B, RÉ C, et al. Hogwild!: A lock-free approach to parallelizing stochastic gradient descent[J]. arXiv preprint arXiv:1106.5730, 2011.

[44]　ZHAO S-Y, LI W-J. Fast asynchronous parallel stochastic gradient descent: A lock-free approach with convergence guarantee[C] // Proceedings of the AAAI Conference on Artificial Intelligence: Vol 30, 2016.

[45]　AGARWAL A, DUCHI J C. Distributed delayed stochastic optimization[C] // 2012 IEEE 51st IEEE Conference on Decision and Control (CDC), 2012: 5451−5452.

[46]　DEAN J, CORRADO G S, MONGA R, et al. Large scale distributed deep networks[J], 2012.

[47]　HUO Z, GU B, HUANG H. Decoupled asynchronous proximal stochastic gradient descent with variance reduction[J]. arXiv preprint arXiv:1609.06804, 2016.

[48]　HUO Z, HUANG H. Distributed asynchronous dual free stochastic dual coordinate ascent[J]. arXiv preprint arXiv:1605.09066, 2016.

[49]　LIAN X, HUANG Y, LI Y, et al. Asynchronous parallel stochastic gradient for nonconvex optimization[J]. arXiv preprint arXiv:1506.08272, 2015.

[50] ZHANG R, KWOK J. Asynchronous distributed ADMM for consensus optimization[C]// International conference on machine learning, 2014: 1701–1709.

[51] ZHANG R, ZHENG S, KWOK J T. Fast distributed asynchronous sgd with variance reduction[J]. arXiv preprint arXiv:1508.01633, 2015.

[52] DUCHI J, HAZAN E, SINGER Y. Adaptive subgradient methods for online learning and stochastic optimization.[J]. Journal of machine learning research, 2011, 12(7).

[53] HINTON G, SRIVASTAVA N, SWERSKY K. Neural networks for machine learning lecture 6a overview of mini-batch gradient descent[J]. Cited on, 2012, 14(8).

[54] KINGMA D P, BA J. Adam: A method for stochastic optimization[J]. arXiv preprint arXiv:1412.6980, 2014.

[55] BACH F, MOULINES E. Non-asymptotic analysis of stochastic approximation algorithms for machine learning[C] // Neural Information Processing Systems (NIPS), 2011.

[56] GHADIMI S, LAN G. Stochastic first-and zeroth-order methods for nonconvex stochastic programming[J]. SIAM Journal on Optimization, 2013, 23(4): 2341–2368.

[57] NEMIROVSKI A, JUDITSKY A, LAN G, et al. Robust stochastic approximation approach to stochastic programming[J]. SIAM Journal on optimization, 2009, 19(4): 1574–1609.

[58] KAIROUZ P, MCMAHAN H B, AVENT B, et al. Advances and open problems in federated learning[J]. arXiv preprint arXiv:1912.04977, 2019.

[59] MCMAHAN H B, MOORE E, RAMAGE D, et al. Federated learning of deep networks using model averaging[J]. arXiv preprint arXiv:1602.05629v3, 2016.

[60] KONEČNÝ J, MCMAHAN H B, YU F X, et al. Federated learning: Strategies for improving communication efficiency[J]. arXiv preprint arXiv:1610.05492, 2016.

[61] GRAMA M, MUSAT M, MUÑOZ-GONZÁLEZ L, et al. Robust aggregation for adaptive privacy preserving federated learning in healthcare[J]. arXiv preprint arXiv:2009.08294, 2020.

[62] BONAWITZ K, IVANOV V, KREUTER B, et al. Practical secure aggregation for privacy-preserving machine learning[C] // proceedings of the 2017 ACM SIGSAC Conference on Computer and Communications Security, 2017: 1175–1191.

[63] TRUEX S, BARACALDO N, ANWAR A, et al. A hybrid approach to privacy-preserving federated learning[C] // Proceedings of the 12th ACM Workshop on Artificial Intelligence and Security, 2019: 1–11.

[64] SHOKRI R, SHMATIKOV V. Privacy-preserving deep learning[C] // Proceedings of the 22nd ACM SIGSAC conference on computer and communications security, 2015: 1310–1321.

[65] AONO Y, HAYASHI T, WANG L, et al. Privacy-preserving deep learning via additively homomorphic encryption[J]. IEEE Transactions on Information Forensics and Security, 2017, 13(5): 1333–1345.

[66] SMITH V, CHIANG C-K, SANJABI M, et al. Federated multi-task learning[J]. arXiv preprint arXiv:1705.10467, 2017.

[67] WANG J, WANG S, CHEN R-R, et al. Local Averaging Helps: Hierarchical Federated Learning and Convergence Analysis[J]. arXiv preprint arXiv:2010.12998, 2020.

[68] YE T, XIAO P, SUN R. DEED: A General Quantization Scheme for Communication Efficiency in Bits[J]. arXiv preprint arXiv:2006.11401, 2020.

[69] OZFATURA E, OZFATURA K, GUNDUZ D. Time-Correlated Sparsification for Communication-Efficient Federated Learning[J]. arXiv preprint arXiv:2101.08837, 2021.

[70] CHAI Z, CHEN Y, ZHAO L, et al. Fedat: A communication-efficient federated learning method with asynchronous tiers under non-iid data[J]. arXiv preprint arXiv:2010.05958, 2020.

[71] RIZK E, VLASKI S, SAYED A H. Federated Learning under Importance Sampling[J]. arXiv preprint arXiv:2012.07383, 2020.

[72] CHO Y J, WANG J, JOSHI G. Client Selection in Federated Learning: Convergence Analysis and Power-of-Choice Selection Strategies[J]. arXiv preprint arXiv:2010.01243, 2020.

[73] SAHU A K, LI T, SANJABI M, et al. Federated optimization for heterogeneous networks[J]. arXiv preprint arXiv:1812.06127, 2018, 1(2): 3.

[74] YU H, YANG S, ZHU S. Parallel restarted SGD with faster convergence and less communication: Demystifying why model averaging works for deep learning[C] // Proceedings of the AAAI Conference on Artificial Intelligence: Vol 33, 2019: 5693 – 5700.

[75] PHUONG T T, OTHERS. Privacy-preserving deep learning via weight transmission[J]. IEEE Transactions on Information Forensics and Security, 2019, 14(11): 3003 – 3015.

[76] VERBRAEKEN J, WOLTING M, KATZY J, et al. A survey on distributed machine learning[J]. ACM Computing Surveys (CSUR), 2020, 53(2): 1 – 33.

[77] CHEN J, PAN X, MONGA R, et al. Revisiting distributed synchronous SGD[J]. arXiv preprint arXiv:1604.00981, 2016.

[78] LIAN X, ZHANG W, ZHANG C, et al. Asynchronous decentralized parallel stochastic gradient descent[C] // International Conference on Machine Learning, 2018: 3043 – 3052.

[79] NEDIC A, OZDAGLAR A. Distributed subgradient methods for multi-agent optimization[J]. IEEE Transactions on Automatic Control, 2009, 54(1): 48 – 61.

[80] XING E P, HO Q, XIE P, et al. Strategies and principles of distributed machine learning on big data[J]. Engineering, 2016, 2(2): 179 – 195.

[81] ABADI M, BARHAM P, CHEN J, et al. Tensorflow: A system for large-scale machine learning[C] // 12th {USENIX} symposium on operating systems design and implementation ({OSDI} 16), 2016: 265 – 283.

[82] HSIEH K, HARLAP A, VIJAYKUMAR N, et al. Gaia: Geo-distributed machine learning approaching {LAN} speeds[C] // 14th {USENIX} Symposium on Networked Systems Design and Implementation ({NSDI} 17), 2017: 629 – 647.

[83] LIAN X, ZHANG C, ZHANG H, et al. Can decentralized algorithms outperform centralized algorithms? a case study for decentralized parallel stochastic gradient descent[J]. arXiv preprint arXiv:1705.09056, 2017.

[84] LAN G, LEE S, ZHOU Y. Communication-efficient algorithms for decentralized and stochastic optimization[J]. Mathematical Programming, 2020, 180(1): 237 – 284.

[85] SIRB B, YE X. Consensus optimization with delayed and stochastic gradients on decentralized networks[C] // 2016 IEEE International Conference on Big Data (Big Data), 2016: 76 – 85.

[86] BIANCHI P, FORT G, HACHEM W. Performance of a distributed stochastic approximation algorithm[J]. IEEE Transactions on Information Theory, 2013, 59(11): 7405−7418.

[87] FEYZMAHDAVIAN H R, AYTEKIN A, JOHANSSON M. An asynchronous mini-batch algorithm for regularized stochastic optimization[J]. IEEE Transactions on Automatic Control, 2016, 61(12): 3740−3754.

[88] PAINE T, JIN H, YANG J, et al. Gpu asynchronous stochastic gradient descent to speed up neural network training[J]. arXiv preprint arXiv:1312.6186, 2013.

[89] DEKEL O, GILAD-BACHRACH R, SHAMIR O, et al. Optimal Distributed Online Prediction Using Mini-Batches.[J]. Journal of Machine Learning Research, 2012, 13(1).

[90] HO Q, CIPAR J, CUI H, et al. More effective distributed ml via a stale synchronous parallel parameter server[J]. Advances in neural information processing systems, 2013: 1223.

[91] ZHOU Z, MERTIKOPOULOS P, BAMBOS N, et al. Distributed asynchronous optimization with unbounded delays: How slow can you go?[C] // International Conference on Machine Learning, 2018: 5970−5979.

[92] AVRON H, DRUINSKY A, GUPTA A. Revisiting asynchronous linear solvers: Provable convergence rate through randomization[J]. Journal of the ACM (JACM), 2015, 62(6): 1−27.

[93] CHATURAPRUEK S, DUCHI J C, RÉ C. Asynchronous stochastic convex optimization: the noise is in the noise and SGD don't care[J]. Advances in Neural Information Processing Systems, 2015, 28: 1531−1539.

[94] HONG M. A distributed, asynchronous, and incremental algorithm for nonconvex optimization: An ADMM approach[J]. IEEE Transactions on Control of Network Systems, 2017, 5(3): 935−945.

[95] LI M, ZHANG T, CHEN Y, et al. Efficient mini-batch training for stochastic optimization[C] // Proceedings of the 20th ACM SIGKDD international conference on Knowledge discovery and data mining, 2014: 661−670.

[96] SATTLER F, WIEDEMANN S, MÜLLER K-R, et al. Robust and communication-efficient federated learning from non-iid data[J]. IEEE transactions on neural networks and learning systems, 2019, 31(9): 3400−3413.

[97] MCMAHAN H B, MOORE E, RAMAGE D, et al. Communication efficient learning of deep networks from decentralized data[J]. arXiv preprint arXiv:1602.05629, 2016.

[98] KHALED A, MISHCHENKO K, RICHTÁRIK P. First analysis of local gd on heterogeneous data[J]. arXiv preprint arXiv:1909.04715, 2019.

[99] LI T, SAHU A K, ZAHEER M, et al. Federated optimization in heterogeneous networks[J]. arXiv preprint arXiv:1812.06127, 2018.

[100] LI X, HUANG K, YANG W, et al. On the convergence of fedavg on non-iid data[J]. arXiv preprint arXiv:1907.02189, 2019.

[101] LI X, YANG W, WANG S, et al. Communication efficient decentralized training with multiple local updates[J]. arXiv preprint arXiv:1910.09126, 2019, 5.

[102] WANG J, SAHU A K, YANG Z, et al. MATCHA: Speeding up decentralized SGD via matching decomposition sampling[C] // 2019 Sixth Indian Control Conference (ICC), 2019: 299−300.

[103] STICH S U. Local SGD converges fast and communicates little[J]. arXiv preprint arXiv: 1805.09767, 2018.

[104] YU H, YANG S, ZHU S. Parallel restarted SGD for non-convex optimization with faster convergence and less communication[J]. arXiv preprint arXiv:1807.06629, 2018, 2(4): 7.

[105] WANG J, JOSHI G. Cooperative SGD: A unified framework for the design and analysis of communication-efficient SGD algorithms[J]. arXiv preprint arXiv:1808.07576, 2018.

[106] CHAI Z, FAYYAZ H, FAYYAZ Z, et al. Towards taming the resource and data heterogeneity in federated learning[C] // 2019 {USENIX} Conference on Operational Machine Learning (OpML 19), 2019: 19−21.

[107] CHAI Z, ALI A, ZAWAD S, et al. Tifl: A tier-based federated learning system[C] // Proceedings of the 29th International Symposium on High-Performance Parallel and Distributed Computing, 2020: 125−136.

[108] XIE C, KOYEJO S, GUPTA I. Asynchronous federated optimization[J]. arXiv preprint arXiv:1903.03934, 2019.

[109] CHEN Y, NING Y, SLAWSKI M, et al. Asynchronous online federated learning for edge devices with non-iid data[J]. arXiv preprint arXiv:1911.02134, 2019.

[110] SPRAGUE M R, JALALIRAD A, SCAVUZZO M, et al. Asynchronous federated learning for geospatial applications[C] // Joint European Conference on Machine Learning and Knowledge Discovery in Databases, 2018: 21−28.

[111] CHEN M, MAO B, MA T. Efficient and robust asynchronous federated learning with stragglers[C] // Submitted to International Conference on Learning Representations, 2019.

[112] LIN Y, HAN S, MAO H, et al. Deep gradient compression: Reducing the communication bandwidth for distributed training[J]. arXiv preprint arXiv:1712.01887, 2017.

[113] ALISTARH D, GRUBIC D, LI J, et al. QSGD: Communication-efficient SGD via gradient quantization and encoding[J]. arXiv preprint arXiv:1610.02132, 2016.

[114] BERNSTEIN J, ZHAO J, AZIZZADENESHELI K, et al. signSGD with majority vote is communication efficient and fault tolerant[J]. arXiv preprint arXiv:1810.05291, 2018.

[115] ZHANG Y, DUCHI J C, JORDAN M I, et al. Information-theoretic lower bounds for distributed statistical estimation with communication constraints.[C] // NIPS, 2013: 2328−2336.

[116] TANG H, LIAN X, QIU S, et al. Deepsqueeze: Parallel stochastic gradient descent with double-pass error-compensated compression[J]. arXiv preprint arXiv:1907.07346, 2019.

[117] HAN Y, ÖZGÜR A, WEISSMAN T. Geometric lower bounds for distributed parameter estimation under communication constraints[C] // Conference On Learning Theory, 2018: 3163−3188.

[118] BRAVERMAN M, GARG A, MA T, et al. Communication lower bounds for statistical estimation problems via a distributed data processing inequality[C] // Proceedings of the forty-eighth annual ACM symposium on Theory of Computing, 2016: 1011−1020.

[119] ACHARYA J, CANONNE C L, TYAGI H. Inference under information constraints I: Lower bounds from chi-square contraction[J]. IEEE Transactions on Information Theory, 2020, 66(12): 7835−7855.

[120] HORVATH S, HO C-Y, HORVATH L, et al. Natural compression for distributed deep learning[J]. arXiv preprint arXiv:1905.10988, 2019.

[121] KONEČNÝ J, RICHTÁRIK P. Randomized distributed mean estimation: Accuracy vs. communication[J]. Frontiers in Applied Mathematics and Statistics, 2018, 4 : 62.

[122] SURESH A T, FELIX X Y, KUMAR S, et al. Distributed mean estimation with limited communication[C] // International Conference on Machine Learning, 2017 : 3329 – 3337.

[123] CALDAS S, KONEČNY J, MCMAHAN H B, et al. Expanding the reach of federated learning by reducing client resource requirements[J]. arXiv preprint arXiv:1812.07210, 2018.

[124] KHALED A, RICHTÁRIK P. Gradient descent with compressed iterates[J]. arXiv preprint arXiv:1909.04716, 2019.

[125] LI T, SAHU A K, TALWALKAR A, et al. Federated learning: Challenges, methods, and future directions[J]. IEEE Signal Processing Magazine, 2020, 37(3) : 50 – 60.

[126] BENT R, VAN HENTENRYCK P. Online Stochastic Optimization Without Distributions.[C] // ICAPS : Vol 5, 2005 : 171 – 180.

[127] ZHOU Y, WANG Z, JI K, et al. Momentum schemes with stochastic variance reduction for nonconvex composite optimization[J]. arXiv preprint arXiv:1902.02715, 2019.

[128] BEN-OR M, GOLDWASSER S, WIGDERSON A. Completeness Theorems for Non-Cryptographic Fault-Tolerant Distributed Computation[C/OL] // STOC'88 : Proceedings of the Twentieth Annual ACM Symposium on Theory of Computing. New York, NY, USA : Association for Computing Machinery, 1988 : 1-10. https://doi.org/10.1145/62212.62213.

[129] SHAMIR A. How to Share a Secret[J/OL]. Commun. ACM, 1979, 22(11) : 612 - 613. https://doi.org/10.1145/359168.359176.

[130] BONEH D, FRANKLIN M. Efficient Generation of Shared RSA Keys[J/OL]. J. ACM, 2001, 48(4) : 702-722. https://doi.org/10.1145/502090.502094.

[131] MALKIN M, WU T, BONEH D. Experimenting with Shared Generation of RSA keys[C] // In Proceedings of the Internet Society's 1999 Symposium on Network and Distributed System Security (SNDSS), 1999 : 43 – 56.

[132] PAILLIER P. Public-Key Cryptosystems Based on Composite Degree Residuosity Classes[C] // EUROCRYPT'99 : Proceedings of the 17th International Conference on Theory and Application of Cryptographic Techniques. Berlin, Heidelberg : Springer-Verlag, 1999 : 223-238.

[133] YANG Q, LIU Y, CHEN T, et al. Federated Machine Learning: Concept and Applications[J/OL]. ACM Trans. Intell. Syst. Technol., 2019, 10(2). https://doi.org/10.1145/3298981.

[134] ZHENG W, POPA R A, GONZALEZ J E, et al. Helen: Maliciously Secure Coopetitive Learning for Linear Models[J/OL]. CoRR, 2019, abs/1907.07212. http://arxiv.org/abs/1907.07212.

[135] FRANÇOIS-LAVET V, HENDERSON P, ISLAM R, et al. An introduction to deep reinforcement learning[J]. arXiv preprint arXiv:1811.12560, 2018.

[136] BELLMAN R. Dynamic programming[J]. Science, 1966, 153(3731) : 34 – 37.

[137] BARTO A G, SUTTON R S, ANDERSON C W. Neuronlike adaptive elements that can solve difficult learning control problems[J]. IEEE transactions on systems, man, and cybernetics, 1983(5) : 834 – 846.

[138] NORRIS J R, NORRIS J R. Markov chains[M]. [S.l.]: Cambridge University Press, 1998.

[139] BERTSEKAS D P, OTHERS. Dynamic programming and optimal control: Vol. 1[M]. [S.l.]: Athena Scientific Belmont, 2000.

[140] SUTTON R S, BARTO A G. Reinforcement learning: An introduction[M]. [S.l.]: MIT Press, 2018.

[141] WATKINS C J C H. Learning from delayed rewards[J], 1989.

[142] GORDON G J. Stable fitted reinforcement learning[C] // Advances in neural information processing systems, 1996: 1052−1058.

[143] MNIH V, KAVUKCUOGLU K, SILVER D, et al. Human-level control through deep reinforcement learning[J]. nature, 2015, 518(7540): 529−533.

[144] WATKINS C J, DAYAN P. Q-learning[J]. Machine learning, 1992, 8(3-4): 279−292.

[145] RIEDMILLER M. Neural fitted Q iteration−first experiences with a data efficient neural reinforcement learning method[C] // European Conference on Machine Learning, 2005: 317−328.

[146] VAN HASSELT H, GUEZ A, SILVER D. Deep reinforcement learning with double q-learning[C]// Proceedings of the AAAI Conference on Artificial Intelligence: Vol 30, 2016.

[147] HESSEL M, MODAYIL J, VAN HASSELT H, et al. Rainbow: Combining improvements in deep reinforcement learning[C] // Proceedings of the AAAI Conference on Artificial Intelligence: Vol 32, 2018.

[148] SALIMANS T, HO J, CHEN X, et al. Evolution strategies as a scalable alternative to reinforcement learning[J]. arXiv preprint arXiv:1703.03864, 2017.

[149] SUTTON R S, MCALLESTER D A, SINGH S P, et al. Policy gradient methods for reinforcement learning with function approximation.[C] // NIPs: Vol 99, 1999: 1057−1063.

[150] HAFNER R, RIEDMILLER M. Reinforcement learning in feedback control[J]. Machine learning, 2011, 84(1-2): 137−169.

[151] LILLICRAP T P, HUNT J J, PRITZEL A, et al. Continuous control with deep reinforcement learning[J]. arXiv preprint arXiv:1509.02971, 2015.

[152] KONDA V R, TSITSIKLIS J N. Actor-critic algorithms[C] // Advances in neural information processing systems, 2000: 1008−1014.

[153] MNIH V, BADIA A P, MIRZA M, et al. Asynchronous methods for deep reinforcement learning[C] // International conference on machine learning, 2016: 1928−1937.

[154] GU S, LILLICRAP T, GHAHRAMANI Z, et al. Q-prop: Sample-efficient policy gradient with an off-policy critic[J]. arXiv preprint arXiv:1611.02247, 2016.

[155] O'DONOGHUE B, MUNOS R, KAVUKCUOGLU K, et al. Combining policy gradient and q-learning[J]. arXiv preprint arXiv:1611.01626, 2016.

[156] HAARNOJA T, TANG H, ABBEEL P, et al. Reinforcement learning with deep energy-based policies[C] // International Conference on Machine Learning, 2017: 1352−1361.

[157] DUCHESNE L, KARANGELOS E, WEHENKEL L. Machine learning of real-time power systems reliability management response[C] // 2017 IEEE Manchester PowerTech, 2017: 1−6.

[158] NAGABANDI A, KAHN G, FEARING R S, et al. Neural network dynamics for model-based deep reinforcement learning with model-free fine-tuning[C] // 2018 IEEE International Conference on Robotics and Automation (ICRA), 2018: 7559−7566.

[159] BROWNE C B, POWLEY E, WHITEHOUSE D, et al. A survey of monte carlo tree search methods[J]. IEEE Transactions on Computational Intelligence and AI in games, 2012, 4(1): 1−43.

[160] SILVER D, HUANG A, MADDISON C J, et al. Mastering the game of Go with deep neural networks and tree search[J]. Nature, 2016, 529(7587): 484−489.

[161] DEISENROTH M, RASMUSSEN C E. PILCO: A model-based and data-efficient approach to policy search[C] // Proceedings of the 28th International Conference on machine learning (ICML-11), 2011: 465−472.

[162] WAHLSTRÖM N, SCHÖN T B, DEISENROTH M P. From pixels to torques: Policy learning with deep dynamical models[J]. arXiv preprint arXiv:1502.02251, 2015.

[163] LEVINE S, KOLTUN V. Guided policy search[C] // International conference on machine learning, 2013: 1−9.

[164] MORDATCH I, LOWREY K, ANDREW G, et al. Interactive control of diverse complex characters with neural networks[J]. Advances in Neural Information Processing Systems, 2015, 28: 3132−3140.

[165] HEESS N, WAYNE G, SILVER D, et al. Learning continuous control policies by stochastic value gradients[J]. arXiv preprint arXiv:1510.09142, 2015.

[166] TAMAR A, WU Y, THOMAS G, et al. Value iteration networks[J]. arXiv preprint arXiv: 1602.02867, 2016.

[167] SILVER D, HASSELT H, HESSEL M, et al. The predictron: End-to-end learning and planning[C] // International Conference on Machine Learning, 2017: 3191−3199.

[168] OH J, SINGH S, LEE H. Value prediction network[J]. arXiv preprint arXiv:1707.03497, 2017.

[169] CHA H, PARK J, KIM H, et al. Proxy experience replay: Federated distillation for distributed reinforcement learning[J]. IEEE Intelligent Systems, 2020, 35(4): 94−101.

[170] SCHULMAN J, WOLSKI F, DHARIWAL P, et al. Proximal policy optimization algorithms[J]. arXiv preprint arXiv:1707.06347, 2017.

[171] ESPEHOLT L, SOYER H, MUNOS R, et al. Impala: Scalable distributed deep-rl with importance weighted actor-learner architectures[C] // International Conference on Machine Learning, 2018: 1407−1416.

[172] ZHUO H H, FENG W, XU Q, et al. Federated reinforcement learning[J]. arXiv preprint arXiv:1901.08277, 2019, 1.

[173] CHA H, PARK J, KIM H, et al. Federated reinforcement distillation with proxy experience memory[J]. arXiv preprint arXiv:1907.06536, 2019.

[174] MCMAHAN B, MOORE E, RAMAGE D, et al. Communication-efficient learning of deep networks from decentralized data[C] // Artificial Intelligence and Statistics, 2017: 1273−1282.

[175] SAHU A K, LI T, SANJABI M, et al. On the convergence of federated optimization in heterogeneous networks[J]. arXiv preprint arXiv:1812.06127, 2018, 3.

[176] MOHRI M, SIVEK G, SURESH A T. Agnostic federated learning[C] // International Conference on Machine Learning, 2019: 4615−4625.

[177] WANG H, YUROCHKIN M, SUN Y, et al. Federated learning with matched averaging[J]. arXiv preprint arXiv:2002.06440, 2020.

[178] RIVEST R L, ADLEMAN L, DERTOUZOS M L, et al. On data banks and privacy homomorphisms[J]. Foundations of secure computation, 1978, 4(11): 169−180.

[179] AGRAWAL R, SRIKANT R. Privacy-preserving data mining[C] // Proceedings of the 2000 ACM SIGMOD international conference on Management of data, 2000: 439−450.

[180] VAIDYA J, YU H, JIANG X. Privacy-preserving SVM classification[J]. Knowledge and Information Systems, 2008, 14(2): 161−178.

[181] ERLINGSSON Ú, PIHUR V, KOROLOVA A. Rappor: Randomized aggregatable privacy-preserving ordinal response[C] // Proceedings of the 2014 ACM SIGSAC conference on computer and communications security, 2014: 1054−1067.

[182] RYFFEL T, TRASK A, DAHL M, et al. A generic framework for privacy preserving deep learning[J]. arXiv preprint arXiv:1811.04017, 2018.

[183] LI J, KHODAK M, CALDAS S, et al. Differentially private meta-learning[J]. arXiv preprint arXiv:1909.05830, 2019.

[184] CARLINI N, LIU C, KOS J, et al. The Secret Sharer: Measuring Unintended Neural Network Memorization & Extracting Secrets. CoRR abs/1802.08232 (2018)[J]. arXiv preprint arXiv:1802.08232, 2018.

[185] MCMAHAN H B, RAMAGE D, TALWAR K, et al. Learning differentially private recurrent language models[J]. arXiv preprint arXiv:1710.06963, 2017.

[186] KHANDANI A E, KIM A J, LO A W. Consumer credit-risk models via machine-learning algorithms[J]. Journal of Banking & Finance, 2010, 34(11): 2767−2787.

[187] LAWSON C L, HANSON R J, KINCAID D R, et al. Basic linear algebra subprograms for Fortran usage[J]. ACM Transactions on Mathematical Software (TOMS), 1979, 5(3): 308−323.

[188] GROPP W, GROPP W D, LUSK E, et al. Using MPI: portable parallel programming with the message-passing interface: Vol 1[M]. [S.l.]: MIT Press, 1999.

[189] YOU Y, BULUÇ A, DEMMEL J. Scaling deep learning on gpu and knights landing clusters[C]// Proceedings of the International Conference for High Performance Computing, Networking, Storage and Analysis, 2017: 1−12.

[190] YAN F, RUWASE O, HE Y, et al. SERF: efficient scheduling for fast deep neural network serving via judicious parallelism[C] // SC'16: Proceedings of the International Conference for High Performance Computing, Networking, Storage and Analysis, 2016: 300−311.

[191] KURTH T, ZHANG J, SATISH N, et al. Deep learning at 15pf: supervised and semi-supervised classification for scientific data[C] // Proceedings of the International Conference for High Performance Computing, Networking, Storage and Analysis, 2017: 1−11.

[192] LI G, HARI S K S, SULLIVAN M, et al. Understanding error propagation in deep learning neural network (DNN) accelerators and applications[C] // Proceedings of the International Conference for High Performance Computing, Networking, Storage and Analysis, 2017: 1−12.

[193]   PETEIRO-BARRAL D, GUIJARRO-BERDIÑAS B. A survey of methods for distributed machine learning[J]. Progress in Artificial Intelligence, 2013, 2(1): 1−11.

[194]   BARAN P. On distributed communications networks[J]. IEEE transactions on Communications Systems, 1964, 12(1): 1−9.

[195]   LIU J, HUANG J, ZHOU Y, et al. From Distributed Machine Learning to Federated Learning: A Survey[J]. arXiv preprint arXiv:2104.14362, 2021.

[196]   张艳艳. "联邦学习"及其在金融领域的应用分析 [J]. 农村金融研究, 2020, 12: 52-58.

[197]   RIEKE N, HANCOX J, LI W, et al. The future of digital health with federated learning[J]. NPJ digital medicine, 2020, 3(1): 1−7.

[198]   LIU Y, HUANG A, LUO Y, et al. Fedvision: An online visual object detection platform powered by federated learning[C] // Proceedings of the AAAI Conference on Artificial Intelligence: Vol 34, 2020: 13172−13179.

[199]   ZHUANG W, WEN Y, ZHANG X, et al. Performance Optimization of Federated Person Re-identification via Benchmark Analysis[C] // Proceedings of the 28th ACM International Conference on Multimedia, 2020: 955−963.

[200]   HARD A, RAO K, MATHEWS R, et al. Federated learning for mobile keyboard prediction[J]. arXiv preprint arXiv:1811.03604, 2018.

[201]   CHEN M, MATHEWS R, OUYANG T, et al. Federated learning of out-of-vocabulary words[J]. arXiv preprint arXiv:1903.10635, 2019.

[202]   RAMASWAMY S, MATHEWS R, RAO K, et al. Federated learning for emoji prediction in a mobile keyboard[J]. arXiv preprint arXiv:1906.04329, 2019.

[203]   LEROY D, COUCKE A, LAVRIL T, et al. Federated learning for keyword spotting[C]// ICASSP 2019-2019 IEEE International Conference on Acoustics, Speech and Signal Processing (ICASSP), 2019: 6341−6345.

[204]   BUI D, MALIK K, GOETZ J, et al. Federated user representation learning[J]. arXiv preprint arXiv:1909.12535, 2019.

[205]   HARTMANN F, SUH S, KOMARZEWSKI A, et al. Federated learning for ranking browser history suggestions[J]. arXiv preprint arXiv:1911.11807, 2019.

[206]   LIU D, MILLER T. Federated pretraining and fine tuning of BERT using clinical notes from multiple silos[J]. arXiv preprint arXiv:2002.08562, 2020.

[207]   LIU D, DLIGACH D, MILLER T. Two-stage federated phenotyping and patient representation learning[J]. arXiv preprint arXiv:1908.05596, 2019.

[208]   YANG T, ANDREW G, EICHNER H, et al. Applied federated learning: Improving google keyboard query suggestions[J]. arXiv preprint arXiv:1812.02903, 2018.

[209]   LIU D, CHEN X, ZHOU Z, et al. HierTrain: Fast hierarchical edge AI learning with hybrid parallelism in mobile-edge-cloud computing[J]. IEEE Open Journal of the Communications Society, 2020, 1: 634−645.

[210]   LIU L, ZHANG J, SONG S, et al. Client-edge-cloud hierarchical federated learning[C] // ICC 2020-2020 IEEE International Conference on Communications (ICC), 2020: 1−6.

[211] WU Q, HE K, CHEN X. Personalized federated learning for intelligent IoT applications: A cloud-edge based framework[J]. IEEE Open Journal of the Computer Society, 2020, 1: 35-44.

[212] HAO T, HUANG Y, WEN X, et al. Edge AIBench: towards comprehensive end-to-end edge computing benchmarking[C] // International Symposium on Benchmarking, Measuring and Optimization, 2018: 23-30.

[213] CHEN Y, LAN H, DU Z, et al. An instruction set architecture for machine learning[J]. ACM Transactions on Computer Systems (TOCS), 2019, 36(3): 1-35.

[214] KAISSIS G A, MAKOWSKI M R, RÜCKERT D, et al. Secure, privacy-preserving and federated machine learning in medical imaging[J]. Nature Machine Intelligence, 2020, 2(6): 305-311.

[215] LI L, FAN Y, TSE M, et al. A review of applications in federated learning[J]. Computers & Industrial Engineering, 2020: 106854.

[216] RIVEST R L, SHAMIR A, ADLEMAN L. A method for obtaining digital signatures and public-key cryptosystems[J]. Communications of the ACM, 1978, 21(2): 120-126.

[217] SHAFI G, SILVIO M. Probabilistic encryption & how to play mental poker keeping secret all partial information[C]// 14th ACM STOC: Vol 365, 1982.

[218] SMART N P, VERCAUTEREN F. Fully homomorphic encryption with relatively small key and ciphertext sizes[C]// International Workshop on Public Key Cryptography, 2010: 420-443.

[219] HOFFSTEIN J, PIPHER J, SILVERMAN J H. NTRU: A ring-based public key cryptosystem[C] // International Algorithmic Number Theory Symposium, 1998: 267-288.

[220] ELGAMAL T. A public key cryptosystem and a signature scheme based on discrete logarithms[J]. IEEE transactions on information theory, 1985, 31(4): 469-472.

[221] ISHAI Y, PASKIN A. Evaluating branching programs on encrypted data[C] // Theory of Cryptography Conference, 2007: 575-594.

[222] BENALOH J. Dense probabilistic encryption[C] // Proceedings of the workshop on selected areas of cryptography, 1994: 120-128.

[223] NACCACHE D, STERN J. A new public key cryptosystem based on higher residues[C]// Proceedings of the 5th ACM conference on Computer and communications security, 1998: 59-66.

[224] OKAMOTO T, UCHIYAMA S. A new public-key cryptosystem as secure as factoring[C]// International conference on the theory and applications of cryptographic techniques, 1998: 308-318.

[225] STEINWANDT R. A ciphertext-only attack on Polly Two[J]. Applicable Algebra in Engineering, Communication and Computing, 2010, 21(2): 85-92.

[226] DAMGARD I, JURIK M. A generalisation, a simpli. cation and some applications of paillier's probabilistic public-key system[C] // International workshop on public key cryptography, 2001: 119-136.

[227] KAWACHI A, TANAKA K, XAGAWA K. Multi-bit cryptosystems based on lattice problems[C]// International Workshop on Public Key Cryptography, 2007: 315-329.

[228] ALBRECHT M R, FARSHIM P, FAUGERE J-C, et al. Polly cracker, revisited[C]// International Conference on the Theory and Application of Cryptology and Information Security, 2011: 179-196.

[229] Levy-dit VEHEL F, MARINARI M G, PERRET L, et al. A survey on polly cracker systems[G]//Gröbner Bases, Coding, and Cryptography. [S.l.]: Springer, 2009: 285–305.

[230] BONEH D, GOH E-J, NISSIM K. Evaluating 2-DNF formulas on ciphertexts[C] // Theory of cryptography conference, 2005: 325–341.

[231] FELLOWS M, KOBLITZ N. Combinatorial cryptosystems galore![J]. Contemporary Mathematics, 1994, 168: 51–51.

[232] Levy-dit VEHEL F, PERRET L. A Polly Cracker system based on satisfiability[G] // Coding, Cryptography and Combinatorics. [S.l.]: Springer, 2004: 177–192.

[233] VAN LY L. Polly Two: a new algebraic polynomial-based public-key scheme[J]. Applicable Algebra in Engineering, Communication and Computing, 2006, 17: 267–283.

[234] LÓPEZ-ALT A, TROMER E, VAIKUNTANATHAN V. On-the-fly multiparty computation on the cloud via multikey fully homomorphic encryption[C] // Proceedings of the forty-fourth annual ACM symposium on Theory of computing, 2012: 1219–1234.

[235] GOLDREICH O, GOLDWASSER S, HALEVI S. Public-key cryptosystems from lattice reduction problems[C] // Annual International Cryptology Conference, 1997: 112–131.

[236] GENTRY C. Toward basing fully homomorphic encryption on worst-case hardness[C] // Annual Cryptology Conference, 2010: 116–137.

[237] GENTRY C, HALEVI S. Implementing gentry's fully-homomorphic encryption scheme[C] // Annual international conference on the theory and applications of cryptographic techniques, 2011: 129–148.

[238] SCHOLL P, SMART N P. Improved key generation for Gentry's fully homomorphic encryption scheme[C] // IMA International Conference on Cryptography and Coding, 2011: 10–22.

[239] OGURA N, YAMAMOTO G, KOBAYASHI T, et al. An improvement of key generation algorithm for Gentry's homomorphic encryption scheme[C] // International Workshop on Security. 2010: 70–83.

[240] CORON J-S, MANDAL A, NACCACHE D, et al. Fully homomorphic encryption over the integers with shorter public keys[C] // Annual Cryptology Conference, 2011: 487–504.

[241] CORON J-S, NACCACHE D, TIBOUCHI M. Public key compression and modulus switching for fully homomorphic encryption over the integers[C] // Annual International Conference on the Theory and Applications of Cryptographic Techniques, 2012: 446–464.

[242] YANG H-M, XIA Q, WANG X-F, et al. A new somewhat homomorphic encryption scheme over integers[C] // 2012 International Conference on Computer Distributed Control and Intelligent Environmental Monitoring, 2012: 61–64.

[243] CHEN L, BEN H, HUANG J. An encryption depth optimization scheme for fully homomorphic encryption[C] // 2014 International Conference on Identification, Information and Knowledge in the Internet of Things, 2014: 137–141.

[244] CORON J-S, LEPOINT T, TIBOUCHI M. Scale-invariant fully homomorphic encryption over the integers[C] // International Workshop on Public Key Cryptography, 2014: 311–328.

[245] REGEV O. On lattices, learning with errors, random linear codes, and cryptography[J]. Journal of the ACM (JACM), 2009, 56(6): 1–40.

[246] CHEN Z, WANG J, ZHANG Z, et al. A fully homomorphic encryption scheme with better key size[J]. China Communications, 2014, 11(9): 82－92.

[247] WANG F, WANG K, LI B. LWE-based FHE with better parameters[C] //International Workshop on Security, 2015: 175－192.

[248] ALPERIN-SHERIFF J, PEIKERT C. Practical bootstrapping in quasilinear time[C] //Annual Cryptology Conference, 2013: 1－20.

[249] ALPERIN-SHERIFF J, PEIKERT C. Faster bootstrapping with polynomial error[C] //Annual Cryptology Conference, 2014: 297－314.

[250] GENTRY C, HALEVI S, PEIKERT C, et al. Ring switching in BGV-style homomorphic encryption[C] //International Conference on Security and Cryptography for Networks, 2012: 19－37.

[251] ZHANG X, XU C, JIN C, et al. Efficient fully homomorphic encryption from RLWE with an extension to a threshold encryption scheme[J]. Future Generation Computer Systems, 2014, 36: 180－186.

[252] GENTRY C, SAHAI A, WATERS B. Homomorphic encryption from learning with errors: Conceptually-simpler, asymptotically-faster, attribute-based[C] //Annual Cryptology Conference, 2013: 75－92.

[253] AGGARWAL N, GUPTA C, SHARMA I. Fully homomorphic symmetric scheme without bootstrapping[C] //Proceedings of 2014 International Conference on Cloud Computing and Internet of Things, 2014: 14－17.

[254] ZHANG Z. Revisiting fully homomorphic encryption schemes and their cryptographic primitives[J], 2014.

[255] MICCIANCIO D, REGEV O. Lattice-based cryptography[G] //Post-quantum cryptography. [S.l.]: Springer, 2009: 147－191.

[256] ACAR A, AKSU H, ULUAGAC A S, et al. A survey on homomorphic encryption schemes: Theory and implementation[J]. ACM Computing Surveys (CSUR), 2018, 51(4): 1－35.

[257] MONTGOMERY P L. A survey of modern integer factorization algorithms[J]. CWI quarterly, 1994, 7(4): 337－366.

[258] AONO Y, HAYASHI T, PHONG L T, et al. Fast and Secure Linear Regression and Biometric Authentication with Security Update.[J]. IACR Cryptol. ePrint Arch., 2015, 2015: 692.

[259] VAIDYA J, CLIFTON C. Privacy-preserving k-means clustering over vertically partitioned data[C] //Proceedings of the ninth ACM SIGKDD international conference on Knowledge discovery and data mining, 2003: 206－215.

[260] LIU Y, CHEN C, ZHENG L, et al. Privacy preserving pca for multiparty modeling[J]. arXiv preprint arXiv:2002.02091, 2020.

[261] SMART N P, VERCAUTEREN F. Fully homomorphic SIMD operations[J]. Designs, codes and cryptography, 2014, 71(1): 57－81.

[262] HALEVI S, SHOUP V. Algorithms in helib[C] //Annual Cryptology Conference, 2014: 554－571.

[263] ASLETT L, OTHERS. HomomorphicEncryption: Fully Homomorphic Encryption[J]. R package version 0.2. URL: http://www. louisaslett. com/HomomorphicEncryption, 2014.

[264] MINAR J. libfhe[J]. URL: https://github.com/rdancer/fhe/tree/master/libfhe, 2010.

[265] HALEVI S, SHOUP V. HElib[J]. URL: https://github.com/shaih/HElib, 2014.

[266] BERGAMASCHI F. HElib[J]. URL: https://github.com/homenc/HElib, 2019.

[267] IBM. IBM-FHE-ToolKit[J]. URL: https://github.com/IBM/fhe-toolkit-android/ios/macos/linux, 2019.

[268] MOHASSEL P, ZHANG Y. Secureml: A system for scalable privacy-preserving machine learning[C] // 2017 IEEE Symposium on Security and Privacy (SP), 2017: 19－38.

[269] BEIMEL A. Secret-sharing schemes: a survey[C] // International conference on coding and cryptology, 2011: 11－46.

[270] ARCHER D W, BOGDANOV D, LINDELL Y, et al. From keys to databases—real-world applications of secure multi-party computation[J]. The Computer Journal, 2018, 61(12): 1749－1771.

[271] BATER J, ELLIOTT G, EGGEN C, et al. smcql: Secure Querying for Federated Databases[J]. Proceedings of the VLDB Endowment, 2017, 10(6).

[272] DOLEV S, GUPTA P, LI Y, et al. Privacy-preserving secret shared computations using mapreduce[J]. IEEE Transactions on Dependable and Secure Computing, 2019.

[273] EMEKCI F, AGRAWAL D, ABBADI A E, et al. Privacy preserving query processing using third parties[C] // 22nd International Conference on Data Engineering (ICDE'06). 2006.

[274] MENDES R, VILELA J P. Privacy-preserving data mining: methods, metrics, and applications[J]. IEEE Access, 2017, 5: 10562－10582.

[275] JAGANNATHAN G, WRIGHT R N. Privacy-preserving distributed k-means clustering over arbitrarily partitioned data[C] // Proceedings of the eleventh ACM SIGKDD international conference on Knowledge discovery in data mining, 2005: 593－599.

[276] YU H, VAIDYA J, JIANG X. Privacy-preserving svm classification on vertically partitioned data[C] // Pacific-asia conference on knowledge discovery and data mining, 2006: 647－656.

[277] DU W, ATALLAH M J, OTHERS. Privacy-Preserving Cooperative Scientific Computations.[C]// csfw: Vol 1, 2001: 273.

[278] DU W, HAN Y S, CHEN S. Privacy-preserving multivariate statistical analysis: Linear regression and classification[C] // Proceedings of the 2004 SIAM international conference on data mining, 2004: 222－233.

[279] CHANDRAN N, GUPTA D, RASTOGI A, et al. EzPC: programmable, efficient, and scalable secure two-party computation for machine learning[J]. ePrint Report, 2017, 1109.

[280] LIU J, JUUTI M, LU Y, et al. Oblivious neural network predictions via minionn transformations[C] // Proceedings of the 2017 ACM SIGSAC Conference on Computer and Communications Security, 2017: 619－631.

[281] BEAVER D. Efficient multiparty protocols using circuit randomization[C] // Annual International Cryptology Conference, 1991: 420－432.

[282] RYFFEL T, THOLONIAT P, POINTCHEVAL D, et al. Ariann: Low-interaction privacy-preserving deep learning via function secret sharing[J]. arXiv preprint arXiv:2006.04593, 2020.

[283] BOEMER F, LAO Y, CAMMAROTA R, et al. ngraph-he: A graph compiler for deep learning on homomorphically encrypted data[C] // Proceedings of the 16th ACM International Conference on Computing Frontiers, 2019: 3−13.

[284] GHAFOOR A, MUFTIC S, SCHMÖLZER G. CryptoNET: Design and implementation of the secure email system[C] // 2009 Proceedings of the 1st International Workshop on Security and Communication Networks, 2009: 1−6.

[285] ROUHANI B D, RIAZI M S, KOUSHANFAR F. Deepsecure: Scalable provably-secure deep learning[C] // Proceedings of the 55th Annual Design Automation Conference, 2018: 1−6.

[286] DEMMLER D, SCHNEIDER T, ZOHNER M. ABY-A framework for efficient mixed-protocol secure two-party computation.[C] // NDSS, 2015.

[287] BOGDANOV D, LAUR S, WILLEMSON J. Sharemind: A framework for fast privacy-preserving computations[C] // European Symposium on Research in Computer Security, 2008: 192−206.

[288] WAGH S, GUPTA D, CHANDRAN N. SecureNN: Efficient and Private Neural Network Training.[J]. IACR Cryptol. ePrint Arch., 2018: 442.

[289] WAGH S, TOPLE S, BENHAMOUDA F, et al. Falcon: Honest-majority maliciously secure framework for private deep learning[J]. arXiv preprint arXiv:2004.02229, 2020.

[290] RIAZI M S, WEINERT C, TKACHENKO O, et al. Chameleon: A hybrid secure computation framework for machine learning applications[C] // Proceedings of the 2018 on Asia Conference on Computer and Communications Security, 2018: 707−721.

[291] MOHASSEL P, RINDAL P. ABY3: A mixed protocol framework for machine learning[C] // Proceedings of the 2018 ACM SIGSAC Conference on Computer and Communications Security, 2018: 35−52.

[292] EVANS D, KOLESNIKOV V, ROSULEK M. A pragmatic introduction to secure multi-party computation[J]. Foundations and Trends ® in Privacy and Security, 2017, 2(2-3).

[293] CHENG X, FANG L, YANG L, et al. Mobile big data: The fuel for data-driven wireless[J]. IEEE Internet of things Journal, 2017, 4(5): 1489−1516.

[294] GUO B, WANG Z, YU Z, et al. Mobile crowd sensing and computing: The review of an emerging human-powered sensing paradigm[J]. ACM computing surveys (CSUR), 2015, 48(1): 1−31.

[295] SHU J, JIA X, YANG K, et al. Privacy-preserving task recommendation services for crowd-sourcing[J]. IEEE Transactions on Services Computing, 2018.

[296] LU R, JIN X, ZHANG S, et al. A study on big knowledge and its engineering issues[J]. IEEE Transactions on Knowledge and Data Engineering, 2018, 31(9): 1630−1644.

[297] FUNG B C, WANG K, CHEN R, et al. Privacy-preserving data publishing: A survey of recent developments[J]. ACM Computing Surveys (Csur), 2010, 42(4): 1−53.

[298] ZHU T, LI G, ZHOU W, et al. Differentially private data publishing and analysis: A survey[J]. IEEE Transactions on Knowledge and Data Engineering, 2017, 29(8): 1619−1638.

[299] YANG Y, WU L, YIN G, et al. A survey on security and privacy issues in Internet-of-Things[J]. IEEE Internet of Things Journal, 2017, 4(5): 1250−1258.

[300] SORIA-COMAS J, DOMINGO-FERRER J. Big data privacy: challenges to privacy principles and models[J]. Data Science and Engineering, 2016, 1(1): 21−28.

[301] YU S. Big privacy: Challenges and opportunities of privacy study in the age of big data[J]. IEEE access, 2016, 4: 2751−2763.

[302] SUN Z, STRANG K D, PAMBEL F. Privacy and security in the big data paradigm[J]. Journal of computer information systems, 2018.

[303] HINO H, SHEN H, MURATA N, et al. A versatile clustering method for electricity consumption pattern analysis in households[J]. IEEE Transactions on Smart Grid, 2013, 4(2): 1048−1057.

[304] ZHAO J, JUNG T, WANG Y, et al. Achieving differential privacy of data disclosure in the smart grid[C] // IEEE INFOCOM 2014-IEEE Conference on Computer Communications, 2014: 504−512.

[305] BARBOSA P, BRITO A, ALMEIDA H. A technique to provide differential privacy for appliance usage in smart metering[J]. Information Sciences, 2016, 370: 355−367.

[306] WANG T, ZHAO J, YU H, et al. Privacy-preserving crowd-guided AI decision-making in ethical dilemmas[C]// Proceedings of the 28th ACM International Conference on Information and Knowledge Management, 2019: 1311−1320.

[307] DWORK C. An ad omnia approach to defining and achieving private data analysis[C]// International Workshop on Privacy, Security, and Trust in KDD. 2007: 1−13.

[308] DWORK C, MCSHERRY F, NISSIM K, et al. Differential privacy—a primer for the perplexed[J]. Joint UNECE/Eurostat work session on statistical data confidentiality, 2011, 11.

[309] DWORK C, NAOR M. On the difficulties of disclosure prevention in statistical databases or the case for differential privacy[J]. Journal of Privacy and Confidentiality, 2010, 2(1).

[310] DINUR I, NISSIM K. Revealing information while preserving privacy[C] // Proceedings of the twenty-second ACM SIGMOD-SIGACT-SIGART symposium on Principles of database systems, 2003: 202−210.

[311] DWORK C. A firm foundation for private data analysis[J]. Communications of the ACM, 2011, 54(1): 86−95.

[312] DWORK C, MCSHERRY F, NISSIM K, et al. Calibrating noise to sensitivity in private data analysis[C] // Theory of cryptography conference, 2006: 265−284.

[313] DE A. Lower bounds in differential privacy[C] // Theory of cryptography conference, 2012: 321−338.

[314] HARDT M, TALWAR K. On the geometry of differential privacy[C] // Proceedings of the forty-second ACM symposium on Theory of computing, 2010: 705−714.

[315] LEE J, CLIFTON C. How much is enough? choosing ε for differential privacy[C] //International Conference on Information Security, 2011: 325−340.

[316] BOENISCH F. Differential Privacy: General Survey and Analysis of Practicability in the Context of Machine Learning[J]. 2019.

[317]　SARATHY R, MURALIDHAR K. Evaluating Laplace noise addition to satisfy differential privacy for numeric data.[J]. Trans. Data Priv., 2011, 4(1): 1−17.

[318]　BAMBAUER J, MURALIDHAR K, SARATHY R. Fool's gold: an illustrated critique of differential privacy[J]. Vand. J. Ent. & Tech. L., 2013, 16: 701.

[319]　TAYLOR L, FLORIDI L, Van der SLOOT B. Group privacy: New challenges of data technologies: Vol 126[M]. [S.l.]: Springer, 2016.

[320]　MCSHERRY F D. Privacy integrated queries: an extensible platform for privacy-preserving data analysis[C] // Proceedings of the 2009 ACM SIGMOD International Conference on Management of data, 2009: 19−30.

[321]　WEI K, LI J, DING M, et al. Federated learning with differential privacy: Algorithms and performance analysis[J]. IEEE Transactions on Information Forensics and Security, 2020, 15: 3454−3469.

[322]　TRUEX S, LIU L, CHOW K-H, et al. LDP-Fed: Federated learning with local differential privacy[C] // Proceedings of the Third ACM International Workshop on Edge Systems, Analytics and Networking, 2020: 61−66.

[323]　GEYER R C, KLEIN T, NABI M. Differentially private federated learning: A client level perspective[J]. arXiv preprint arXiv:1712.07557, 2017.

[324]　KOSKELA A, HONKELA A. Learning Rate Adaptation for Federated and Differentially Private Learning[J]. arXiv preprint arXiv:1809.03832, 2018.

[325]　FENG J, JAIN A K. Fingerprint reconstruction: from minutiae to phase[J]. IEEE transactions on pattern analysis and machine intelligence, 2010, 33(2): 209−223.

[326]　AL-RUBAIE M, CHANG J M. Reconstruction attacks against mobile-based continuous authentication systems in the cloud[J]. IEEE Transactions on Information Forensics and Security, 2016, 11(12): 2648−2663.

[327]　FREDRIKSON M, JHA S, RISTENPART T. Model inversion attacks that exploit confidence information and basic countermeasures[C] // Proceedings of the 22nd ACM SIGSAC Conference on Computer and Communications Security, 2015: 1322−1333.

[328]　SHOKRI R, STRONATI M, SONG C, et al. Membership inference attacks against machine learning models[C] // 2017 IEEE Symposium on Security and Privacy (SP), 2017: 3−18.

[329]　NARAYANAN A, SHMATIKOV V. Robust de-anonymization of large sparse datasets[C] // 2008 IEEE Symposium on Security and Privacy (sp 2008), 2008: 111−125.

[330]　BOGDANOV D, KAMM L, LAUR S, et al. Privacy-preserving statistical data analysis on federated databases[C] // Annual Privacy Forum, 2014: 30−55.

[331]　ERKIN Z, VEUGEN T, TOFT T, et al. Generating private recommendations efficiently using homomorphic encryption and data packing[J]. IEEE transactions on information forensics and security, 2012, 7(3): 1053−1066.

[332]　NIKOLAENKO V, WEINSBERG U, IOANNIDIS S, et al. Privacy-preserving ridge regression on hundreds of millions of records[C] // 2013 IEEE Symposium on Security and Privacy, 2013: 334−348.

[333] BOST R, POPA R A, TU S, et al. Machine learning classification over encrypted data.[C]// NDSS: Vol 4324, 2015: 4325.

[334] OHRIMENKO O, SCHUSTER F, FOURNET C, et al. Oblivious multi-party machine learning on trusted processors[C] //25th {USENIX} Security Symposium ({USENIX} Security 16), 2016: 619−636.

[335] CHEN T, GUESTRIN C. XGBoost: A Scalable Tree Boosting System[C/OL] //KDD '16: Proceedings of the 22nd ACM SIGKDD International Conference on Knowledge Discovery and Data Mining. New York, NY, USA: Association for Computing Machinery, 2016: 785‐794. https://doi.org/10.1145/2939672.2939785.

[336] MOORE II D H. Classification and regression trees, by Leo Breiman, Jerome H. Friedman, Richard A. Olshen, and Charles J. Stone. Brooks/Cole Publishing, Monterey, 1984,358 pages, $27.95[J/OL]. Cytometry, 1987, 8(5): 534−535. https://onlinelibrary.wiley.com/doi/abs/10.1002/cyto.990080516.

[337] GEURTS P, ERNST D, WEHENKEL L. Extremely randomized trees[J]. Machine learning, 2006, 63(1): 3−42.

[338] NOCEDAL J, WRIGHT S J. Numerical Optimization[M]. second. New York, NY, USA: Springer, 2006.

[339] XU C, TAO D, XU C. A Survey on Multi-view Learning[J/OL]. CoRR, 2013, abs/1304.5634. http://arxiv.org/abs/1304.5634.

[340] LI Y, YANG M, ZHANG Z. A Survey of Multi-View Representation Learning[J/OL]. IEEE Transactions on Knowledge and Data Engineering, 2019, 31(10): 1863−1883. http://dx.doi.org/10.1109/TKDE.2018.2872063.

[341] ACAR A, AKSU H, ULUAGAC A S, et al. A Survey on Homomorphic Encryption Schemes: Theory and Implementation[J/OL]. ACM Comput. Surv., 2018, 51(4). https://doi.org/10.1145/3214303.

[342] NISHIDE T, SAKURAI K. Distributed paillier cryptosystem without trusted dealer[C] // International Workshop on Information Security Applications, 2010: 44−60.

[343] BEAVER D. Efficient Multiparty Protocols Using Circuit Randomization[C/OL] //Lecture Notes in Computer Science, Vol 576: Advances in Cryptology - CRYPTO '91, 11th Annual International Cryptology Conference, Santa Barbara, California, USA, August 11-15, 1991, Proceedings. [S.l.]: Springer, 1991: 420−432. http://dx.doi.org/10.1007/3-540-46766-1_34.

[344] CRAMER R, DAMGRD I B, NIELSEN J B. Secure Multiparty Computation and Secret Sharing[M]. 1st. USA: Cambridge University Press, 2015.

[345] FOUQUE P-A, POUPARD G, STERN J. Sharing decryption in the context of voting or lotteries[C] //International Conference on Financial Cryptography, 2000: 90−104.

[346] ANG F, CHEN L, ZHAO N, et al. Robust Federated Learning With Noisy Communication[J/OL]. IEEE Transactions on Communications, 2020, 68(6): 3452−3464. http://dx.doi.org/10.1109/TCOMM.2020.2979149.

[347] MANDAL K, GONG G. PrivFL: Practical Privacy-Preserving Federated Regressions on High-Dimensional Data over Mobile Networks[C/OL] //CCSW'19: Proceedings of the 2019 ACM

SIGSAC Conference on Cloud Computing Security Workshop. New York, NY, USA: Association for Computing Machinery, 2019: 57-68. https://doi.org/10.1145/3338466.3358926.

[348]　GU B, HUO Z, HUANG H. Asynchronous Doubly Stochastic Group Regularized Learning[C] // International Conference on Artificial Intelligence and Statistics, 2018: 1791–1800.

[349]　GENG X, GU B, LI X, et al. Scalable semi-supervised SVM via triply stochastic gradients[C] // Proceedings of the 28th International Joint Conference on Artificial Intelligence, 2019: 2364–2370.

[350]　SHI W, GU B, LI X, et al. Quadruply stochastic gradients for large scale nonlinear semi-supervised AUC optimization[C] // Proceedings of the 28th International Joint Conference on Artificial Intelligence, 2019: 3418–3424.

[351]　RAHIMI A, RECHT B. Weighted sums of random kitchen sinks: Replacing minimization with randomization in learning[C] // Advances in neural information processing systems, 2009: 1313–1320.

[352]　CHANDRA R. Parallel programming in OpenMP[M]. [S.l.]: Morgan kaufmann, 2001.

[353]　DALCIN L D, PAZ R R, KLER P A, et al. Parallel distributed computing using Python[J]. Advances in Water Resources, 2011, 34(9): 1124–1139.

[354]　BADSHAH N. Facebook to contact 87 million users affected by data breach[J]. The Guardian, 2018.

[355]　VAIDYA J, CLIFTON C. Privacy preserving association rule mining in vertically partitioned data[C] // Proceedings of the eighth ACM SIGKDD international conference on Knowledge discovery and data mining, 2002: 639–644.

[356]　GASCÓN A, SCHOPPMANN P, BALLE B, et al. Secure Linear Regression on Vertically Partitioned Datasets.[J]. IACR Cryptology ePrint Archive, 2016: 892.

[357]　KARR A F, LIN X, SANIL A P, et al. Privacy-preserving analysis of vertically partitioned data using secure matrix products[J]. Journal of Official Statistics, 2009, 25(1): 125.

[358]　SANIL A P, KARR A F, LIN X, et al. Privacy preserving regression modelling via distributed computation[C] // Proceedings of the tenth ACM SIGKDD international conference on Knowledge discovery and data mining, 2004: 677–682.

[359]　WAN L, NG W K, HAN S, et al. Privacy-preservation for gradient descent methods[C] // Proceedings of the 13th ACM SIGKDD international conference on Knowledge discovery and data mining, 2007: 775–783.

[360]　GU B, DANG Z, LI X, et al. Federated Doubly Stochastic Kernel Learning for Vertically Partitioned Data[C] // Proceedings of the 26th ACM SIGKDD International Conference on Knowledge Discovery & Data Mining on Applied Data Science Track, 2020.

[361]　NOCK R, HARDY S, HENECKA W, et al. Entity Resolution and Federated Learning get a Federated Resolution[J]. arXiv preprint arXiv:1803.04035, 2018.

[362]　GASCÓN A, SCHOPPMANN P, BALLE B, et al. Privacy-preserving distributed linear regression on high-dimensional data[J]. Proceedings on Privacy Enhancing Technologies, 2017, 2017(4): 345–364.

[363] WENDLAND H. Scattered data approximation: Vol 17[M]. [S.l.]: Cambridge University Press, 2004.

[364] XIE B, LIANG Y, SONG L. Scale up nonlinear component analysis with doubly stochastic gradients[C] // Advances in Neural Information Processing Systems, 2015: 2341-2349.

[365] RAHIMI A, RECHT B. Random features for large-scale kernel machines[C] // Advances in neural information processing systems, 2008: 1177-1184.

[366] SKILLICORN D B, MCCONNELL S M. Distributed prediction from vertically partitioned data[J]. Journal of Parallel & Distributed Computing, 2008, 68(1): 16-36.

[367] BERLINET A, THOMAS-AGNAN C. Reproducing kernel Hilbert spaces in probability and statistics[M]. [S.l.]: Springer Science & Business Media, 2011.

[368] DAI B, XIE B, HE N, et al. Scalable kernel methods via doubly stochastic gradients[C] // Advances in Neural Information Processing Systems, 2014: 3041-3049.

[369] KAR P, KARNICK H. Random feature maps for dot product kernels[C] // Artificial Intelligence and Statistics, 2012: 583-591.

[370] YANG J, SINDHWANI V, FAN Q, et al. Random laplace feature maps for semigroup kernels on histograms[C] // Proceedings of the IEEE Conference on Computer Vision and Pattern Recognition, 2014: 971-978.

[371] ZHANG G-D, ZHAO S-Y, GAO H, et al. Feature-Distributed SVRG for High-Dimensional Linear Classification[J]. arXiv preprint arXiv:1802.03604, 2018.

[372] ZHANG H, XU Y, ZHANG J. Reproducing kernel Banach spaces for machine learning[J]. Journal of Machine Learning Research, 2009, 10(Dec): 2741-2775.

[373] RUDIN W. Fourier analysis on groups: Vol 121967[M]. [S.l.]: Wiley Online Library, 1962.

[374] LIU Y, LIU Y, LIU Z, et al. Federated Forest[J]. arXiv preprint arXiv:1905.10053, 2019.

[375] SMOLA A J, SCHÖLKOPF B. Learning with kernels: Vol 4[M]. [S.l.]: Citeseer, 1998.

[376] GU B, XIN M, HUO Z, et al. Asynchronous doubly stochastic sparse kernel learning[C] // Thirty-Second AAAI Conference on Artificial Intelligence, 2018.

[377] CHANG C-C, LIN C-J. LIBSVM: A library for support vector machines[J]. ACM Transactions on Intelligent Systems and Technology, 2011, 2: 1-27.

[378] GABRIEL E, FAGG G E, BOSILCA G, et al. Open MPI: Goals, concept, and design of a next generation MPI implementation[C] // European Parallel Virtual Machine/Message Passing Interface Users' Group Meeting, 2004: 97-104.

[379] RECHT B, RE C, WRIGHT S, et al. Hogwild: A lock-free approach to parallelizing stochastic gradient descent[C] // Advances in neural information processing systems, 2011: 693-701.

[380] DUDIK M, HARCHAOUI Z, MALICK J. Lifted coordinate descent for learning with trace-norm regularization[C] // Artificial Intelligence and Statistics, 2012: 327-336.

[381] HUO Z, GU B, LIU J, et al. Accelerated method for stochastic composition optimization with nonsmooth regularization[C]// Thirty-Second AAAI Conference on Artificial Intelligence, 2018.

[382] LEI L, JU C, CHEN J, et al. Non-convex finite-sum optimization via scsg methods[C]// Advances in Neural Information Processing Systems, 2017: 2348-2358.

[383] GU B, HUO Z, DENG C, et al. Faster Derivative-Free Stochastic Algorithm for Shared Memory Machines[C] // International Conference on Machine Learning. 2018: 1807–1816.

[384] CHEN H, WANG Y. Kernel-based sparse regression with the correntropy-induced loss[J]. Applied and Computational Harmonic Analysis, 2018, 44(1): 144–164.

[385] FENG Y, HUANG X, SHI L, et al. Learning with the maximum correntropy criterion induced losses for regression[J]. Journal of Machine Learning Research, 2015, 16: 993–1034.

[386] ALLEN-ZHU Z, LI Y. Neon2: Finding local minima via first-order oracles[C] // Advances in Neural Information Processing Systems, 2018: 3720–3730.

[387] HSIEH C-J, NATARAJAN N, DHILLON I S. PU Learning for Matrix Completion.[C] // ICML, 2015: 2445–2453.

[388] BECK A, TEBOULLE M. A fast iterative shrinkage-thresholding algorithm for linear inverse problems[J]. SIAM journal on imaging sciences, 2009, 2(1): 183–202.

[389] FRANK M, WOLFE P. An algorithm for quadratic programming[J]. Naval Research Logistics (NRL), 1956, 3(1-2): 95–110.

[390] JAGGI M. Revisiting Frank-Wolfe: Projection-Free Sparse Convex Optimization.[C] // ICML (1), 2013: 427–435.

[391] GARBER D, HAZAN E. Faster Rates for the Frank-Wolfe Method over Strongly-Convex Sets.[C] // ICML: Vol 15, 2015: 541–549.

[392] LACOSTE-JULIEN S, JAGGI M, SCHMIDT M, et al. Block-Coordinate Frank-Wolfe Optimization for Structural SVMs[C] // ICML 2013 International Conference on Machine Learning, 2013: 53–61.

[393] LACOSTE-JULIEN S, JAGGI M. On the global linear convergence of Frank-Wolfe optimization variants[C] // Advances in Neural Information Processing Systems, 2015: 496–504.

[394] GU B, LIU G, HUANG H. Groups-Keeping Solution Path Algorithm for Sparse Regression with Automatic Feature Grouping[C] // KDD, 2017: 185–193.

[395] GU B, WANG D, HUO Z, et al. Inexact Proximal Gradient Methods for Non-convex and Non-smooth Optimization[C] // AAAI, 2018: 3093–3100.

[396] XIAO L, ZHANG T. A proximal stochastic gradient method with progressive variance reduction[J]. SIAM Journal on Optimization, 2014, 24(4): 2057–2075.

[397] LAN G. The complexity of large-scale convex programming under a linear optimization oracle[J]. arXiv preprint arXiv:1309.5550, 2013.

[398] HAZAN E, LUO H. Variance-reduced and projection-free stochastic optimization[C]// International Conference on Machine Learning, 2016: 1263–1271.

[399] GOLDFARB D, IYENGAR G, ZHOU C. Linear Convergence of Stochastic Frank Wolfe Variants[J]. arXiv preprint arXiv:1703.07269, 2017.

[400] WANG Y-X, SADHANALA V, DAI W, et al. Parallel and distributed block-coordinate Frank-Wolfe algorithms[C] // International Conference on Machine Learning, 2016: 1548–1557.

[401] MOHARRER A, IOANNIDIS S. Distributing Frank-Wolfe via Map-Reduce[C] // 2017 IEEE International Conference on Data Mining, ICDM 2017, New Orleans, LA, USA, 2017: 317–326.

[402] ZHANG W, ZHAO P, ZHU W, et al. Projection-free Distributed Online Learning in Networks[C] // International Conference on Machine Learning. 2017: 4054−4062.

[403] LACOSTE-JULIEN S. Convergence rate of Frank-Wolfe for non-convex objectives[J]. arXiv preprint arXiv:1607.00345, 2016.

[404] REDDI S J, SRA S, PÓCZOS B, et al. Stochastic frank-wolfe methods for nonconvex optimization[C] // Communication, Control, and Computing (Allerton), 2016 54th Annual Allerton Conference on, 2016: 1244−1251.

[405] MANIA H, PAN X, PAPAILIOPOULOS D, et al. Perturbed iterate analysis for asynchronous stochastic optimization[J]. SIAM Journal on Optimization, 2017, 27(4): 2202−2229.

[406] LEBLOND R, PEDREGOSA F, LACOSTE-JULIEN S. Asaga: Asynchronous Parallel Saga[C]// 20th International Conference on Artificial Intelligence and Statistics (AISTATS), 2017.

[407] YANG Y, FENG Y, SUYKENS J A. Correntropy Based Matrix Completion[J]. Entropy, 2018, 20(3): 171.

[408] OLIVEIRA F P, TAVARES J M R. Medical image registration: a review[J]. Computer methods in biomechanics and biomedical engineering, 2014, 17(2): 73−93.

[409] OUYANG H, HE N, TRAN L, et al. Stochastic alternating direction method of multipliers[C] // International Conference on Machine Learning, 2013: 80−88.

[410] RUDIN W, OTHERS. Principles of mathematical analysis: Vol 3[M]. [S.l.]: McGraw-hill New York, 1964.

[411] TIBSHIRANI R. Regression shrinkage and selection via the lasso[J]. Journal of the Royal Statistical Society: Series B (Methodological), 1996, 58(1): 267−288.

[412] NESTEROV Y, SPOKOINY V. Random gradient-free minimization of convex functions[J]. Foundations of Computational Mathematics, 2017, 17(2): 527−566.

[413] BOYD S, VANDENBERGHE L. Convex optimization[M]. [S.l.]: Cambridge university press, 2004.

[414] KLEINBAUM D G, DIETZ K, GAIL M, et al. Logistic regression[M]. Springer, 2002.

[415] ZHANG C-H, OTHERS. Nearly unbiased variable selection under minimax concave penalty[J]. The Annals of statistics, 2010, 38(2): 894−942.

[416] MEI S, BAI Y, MONTANARI A, et al. The landscape of empirical risk for nonconvex losses[J]. The Annals of Statistics, 2018, 46(6A): 2747−2774.

[417] MOKHTARI A, OZDAGLAR A, JADBABAIE A. Efficient Nonconvex Empirical Risk Minimization via Adaptive Sample Size Methods[C] // The 22nd International Conference on Artificial Intelligence and Statistics, 2019: 2485−2494.

[418] FAN J, LI R. Variable selection via nonconcave penalized likelihood and its oracle properties[J]. Journal of the American statistical Association, 2001, 96(456): 1348−1360.

[419] CANDÈS E J, LI X, MA Y, et al. Robust principal component analysis?[J]. Journal of the ACM (JACM), 2011, 58(3): 11.

[420] MAIRAL J, PONCE J, SAPIRO G, et al. Supervised dictionary learning[C] // Advances in neural information processing systems, 2009: 1033−1040.

[421] MARQUARDT D W, SNEE R D. Ridge regression in practice[J]. The American Statistician, 1975, 29(1): 3–20.

[422] FANG C, LI C J, LIN Z, et al. Spider: Near-optimal non-convex optimization via stochastic path-integrated differential estimator[C] // Advances in Neural Information Processing Systems, 2018: 689–699.

[423] HAZAN E, KALE S. Beyond the regret minimization barrier: optimal algorithms for stochastic strongly-convex optimization[J]. The Journal of Machine Learning Research, 2014, 15(1): 2489–2512.

[424] ALLEN-ZHU Z, YUAN Y. Improved svrg for non-strongly-convex or sum-of-non-convex objectives[C] // International conference on machine learning, 2016: 1080–1089.

[425] KRIZHEVSKY A, SUTSKEVER I, HINTON G E. Imagenet classification with deep convolutional neural networks[C] // Advances in neural information processing systems, 2012: 1097–1105.

[426] BROCHU E, CORA V M, DE FREITAS N. A tutorial on Bayesian optimization of expensive cost functions, with application to active user modeling and hierarchical reinforcement learning[J]. arXiv preprint arXiv:1012.2599, 2010.

[427] SNOEK J, LAROCHELLE H, ADAMS R P. Practical bayesian optimization of machine learning algorithms[C] // Advances in neural information processing systems, 2012: 2951–2959.

[428] PEDREGOSA F. Hyperparameter optimization with approximate gradient[C] // Proceedings of the 33rd International Conference on International Conference on Machine Learning-Volume 48, 2016: 737–746.

[429] MACLAURIN D, DUVENAUD D, ADAMS R. Gradient-based hyperparameter optimization through reversible learning[C] // International Conference on Machine Learning, 2015: 2113–2122.

[430] FRANCESCHI L, FRASCONI P, SALZO S, et al. Bilevel Programming for Hyperparameter Optimization and Meta-Learning[C] // International Conference on Machine Learning, 2018: 1563–1572.

[431] FALKNER S, KLEIN A, HUTTER F. BOHB: Robust and Efficient Hyperparameter Optimization at Scale[C] // International Conference on Machine Learning, 2018: 1436–1445.

[432] FRANCESCHI L, DONINI M, FRASCONI P, et al. Forward and reverse gradient-based hyperparameter optimization[C] // Proceedings of the 34th International Conference on Machine Learning-Volume 70, 2017: 1165–1173.

[433] GU B, LING C. A new generalized error path algorithm for model selection[C] // International Conference on Machine Learning, 2015: 2549–2558.

[434] VAPNIK V. The nature of statistical learning theory[M]. [S.l.]: Springer science & business media, 2013.

[435] MANIA H, PAN X, PAPAILIOPOULOS D, et al. Perturbed iterate analysis for asynchronous stochastic optimization[J]. arXiv preprint arXiv:1507.06970, 2015.

[436] LEE S-I, LEE H, ABBEEL P, et al. Efficient l˜ 1 regularized logistic regression[C] // Proceedings of the National Conference on Artificial Intelligence: Vol 21, 2006: 401.

[437] MENG Q, CHEN W, YU J, et al. Asynchronous Stochastic Proximal Optimization Algorithms with Variance Reduction[J]. arXiv preprint arXiv:1609.08435, 2016.

[438] LIU J, WRIGHT S J. Asynchronous stochastic coordinate descent: Parallelism and convergence properties[J]. SIAM Journal on Optimization, 2015, 25(1): 351−376.

[439] LIAN X, ZHANG H, HSIEH C-J, et al. A Comprehensive Linear Speedup Analysis for Asynchronous Stochastic Parallel Optimization from Zeroth-Order to First-Order[J]. arXiv preprint arXiv:1606.00498, 2016.

[440] HUO Z, HUANG H. Asynchronous Stochastic Gradient Descent with Variance Reduction for Non-Convex Optimization[J]. arXiv preprint arXiv:1604.03584, 2016.

[441] YUN H, YU H-F, HSIEH C-J, et al. NOMAD: Non-locking, stOchastic Multi-machine algorithm for Asynchronous and Decentralized matrix completion[J]. Proceedings of the VLDB Endowment, 2014, 7(11): 975−986.

[442] REDDI S J, HEFNY A, SRA S, et al. On variance reduction in stochastic gradient descent and its asynchronous variants[C] // Advances in Neural Information Processing Systems, 2015: 2647−2655.

[443] HSIEH C-J, YU H-F, DHILLON I S. Passcode: Parallel asynchronous stochastic dual coordinate descent[J]. arXiv preprint, 2015.

[444] VAPNIK V N, VAPNIK V. Statistical learning theory: Vol 1[M]. [S.l.]: Wiley New York, 1998.

[445] HSIEH C-J, CHANG K-W, LIN C-J, et al. A dual coordinate descent method for large-scale linear SVM[C] // Proceedings of the 25th international conference on Machine learning, 2008: 408−415.

[446] RICHTÁRIK P, TAKÁČ M. Parallel coordinate descent methods for big data optimization[J]. Mathematical Programming, 2016, 156(1-2): 433−484.

[447] NECOARA I, CLIPICI D. Efficient parallel coordinate descent algorithm for convex optimization problems with separable constraints: application to distributed MPC[J]. Journal of Process Control, 2013, 23(3): 243−253.

[448] BRADLEY J K, KYROLA A, BICKSON D, et al. Parallel coordinate descent for l1-regularized loss minimization[J]. arXiv preprint arXiv:1105.5379, 2011.

[449] NESTEROV Y. Efficiency of coordinate descent methods on huge-scale optimization problems[J]. SIAM Journal on Optimization, 2012, 22(2): 341−362.

[450] ZHANG T. Solving large scale linear prediction problems using stochastic gradient descent algorithms[C] // Proceedings of the twenty-first international conference on Machine learning, 2004: 116.

[451] TSENG P, YUN S. A coordinate gradient descent method for nonsmooth separable minimization[J]. Mathematical Programming, 2009, 117(1-2): 387−423.

[452] FEYZMAHDAVIAN H R, AYTEKIN A, JOHANSSON M. An asynchronous mini-batch algorithm for regularized stochastic optimization[C] // 2015 54th IEEE Conference on Decision and Control (CDC), 2015: 1384−1389.

[453] LIU J, WRIGHT S J, RÉ C, et al. An asynchronous parallel stochastic coordinate descent algorithm[J]. Journal of Machine Learning Research, 2015, 16(285-322): 1−5.

[454] RAHIMI A, RECHT B. Random features for large-scale kernel machines[C] // Advances in neural information processing systems, 2007: 1177−1184.

[455] YOU Y, LIAN X, LIU J, et al. Asynchronous Parallel Greedy Coordinate Descent[C] // Advances in Neural Information Processing Systems, 2016: 4682−4690.

[456] RAZAVIYAYN M, HONG M, LUO Z-Q, et al. Parallel successive convex approximation for nonsmooth nonconvex optimization[C] // Advances in Neural Information Processing Systems, 2014: 1440−1448.

[457] YEN I E-H, LIN T-W, LIN S-D, et al. Sparse random feature algorithm as coordinate descent in hilbert space[C] // Advances in Neural Information Processing Systems, 2014: 2456−2464.

[458] HE R, ZHENG W-S, HU B-G. Maximum correntropy criterion for robust face recognition[J]. IEEE Transactions on Pattern Analysis and Machine Intelligence, 2011, 33(8): 1561−1576.

[459] DEFAZIO A, BACH F, LACOSTE-JULIEN S. Saga: A fast incremental gradient method with support for non-strongly convex composite objectives[C] // Advances in Neural Information Processing Systems, 2014: 1646−1654.

[460] ALLEN-ZHU Z, HAZAN E. Variance reduction for faster non-convex optimization[C] // International Conference on Machine Learning, 2016: 699−707.

[461] GOODFELLOW I, BENGIO Y, COURVILLE A, et al. Deep learning: Vol 1[M]. [S.l.]: MIT press Cambridge, 2016.

[462] DROR G, KOENIGSTEIN N, KOREN Y, et al. The Yahoo! Music Dataset and KDD-Cup'11.[C] // KDD Cup, 2012: 8−18.

[463] CHEN P-L, TSAI C-T, CHEN Y-N, et al. A linear ensemble of individual and blended models for music rating prediction[C] // Proceedings of the 2011 International Conference on KDD Cup 2011-Volume 18, 2011: 21−60.

[464] WAINWRIGHT M J, JORDAN M I. Graphical models, exponential families, and variational inference[J]. Foundations and Trends ® in Machine Learning, 2008, 1(1-2): 1−305.

[465] RAZAVIYAYN M, HONG M, LUO Z-Q, et al. Parallel Successive Convex Approximation for Nonsmooth Nonconvex Optimization[C] // NIPS, 2014.

[466] BUBECK S, CESA-BIANCHI N, OTHERS. Regret analysis of stochastic and nonstochastic multi-armed bandit problems[J]. Foundations and Trends ® in Machine Learning, 2012, 5(1): 1−122.

[467] TASKAR B, CHATALBASHEV V, KOLLER D, et al. Learning structured prediction models: A large margin approach[C] // Proceedings of the 22nd international conference on Machine learning, 2005: 896−903.

[468] REDDI S J, SRA S, POCZOS B, et al. Fast Stochastic Methods for Nonsmooth Nonconvex Optimization[J]. arXiv preprint arXiv:1605.06900, 2016.

[469] BLONDEL M, SEKI K, UEHARA K. Block coordinate descent algorithms for large-scale sparse multiclass classification[J]. Machine learning, 2013, 93(1): 31−52.

[470] ROTH V, FISCHER B. The group-lasso for generalized linear models: uniqueness of solutions and efficient algorithms[C] // Proceedings of the 25th international conference on Machine learning, 2008: 848−855.

[471] NITANDA A. Stochastic proximal gradient descent with acceleration techniques[C] // Advances in Neural Information Processing Systems, 2014: 1574−1582.

[472] TSENG P. On accelerated proximal gradient methods for convex-concave optimization. submitted to SIAM J[J]. J. Optim, 2008.

[473] JOHNSON R, ZHANG T. Accelerating stochastic gradient descent using predictive variance reduction[C] // Advances in Neural Information Processing Systems. 2013: 315−323.

[474] SCHMIDT M, ROUX N L, BACH F. Minimizing finite sums with the stochastic average gradient[J]. arXiv preprint arXiv:1309.2388, 2013.

[475] SHALEV-SHWARTZ S. SDCA without Duality, Regularization, and Individual Convexity[C/OL] // Proceedings of the 33nd International Conference on Machine Learning, ICML 2016, New York City, NY, USA, 2016: 747−754. http://jmlr.org/proceedings/papers/v48/shalev-shwartza16.html.

[476] SHALEV-SHWARTZ S, ZHANG T. Accelerated Proximal Stochastic Dual Coordinate Ascent for Regularized Loss Minimization.[C] // ICML, 2014: 64−72.

[477] LIN Q, LU Z, XIAO L. An accelerated proximal coordinate gradient method[C] // Advances in Neural Information Processing Systems, 2014: 3059−3067.

[478] LU Z, XIAO L. On the complexity analysis of randomized block-coordinate descent methods[J]. Mathematical Programming, 2015, 152(1-2): 615−642.

[479] TAKÁC M. Randomized coordinate descent methods for big data optimization[J], 2014.

[480] ZHAO T, YU M, WANG Y, et al. Accelerated mini-batch randomized block coordinate descent method[C] // Advances in neural information processing systems, 2014: 3329−3337.

[481] RUSZCZYŃSKI. A P. Nonlinear optimization: Nonlinear Optimization[M]. [S.l.]: Princeton University Press, 2006.

[482] GRCAR J F. A matrix lower bound[J]. Linear Algebra and its Applications, 2010, 433(1): 203−220.

[483] CALLEBAUT D. Generalization of the Cauchy-Schwarz inequality[J]. Journal of mathematical analysis and applications, 1965, 12(3): 491−494.

[484] AGARWAL A, FOSTER D P, HSU D J, et al. Stochastic convex optimization with bandit feedback[C] // Advances in Neural Information Processing Systems, 2011: 1035−1043.

[485] SHEN X, ALAM M, FIKSE F, et al. A novel generalized ridge regression method for quantitative genetics[J]. Genetics, 2013, 193(4): 1255−1268.

[486] SUYKENS J A, VANDEWALLE J. Least squares support vector machine classifiers[J]. Neural processing letters, 1999, 9(3): 293−300.

[487] FREEDMAN D A. Statistical models: theory and practice[M]. [S.l.]: Cambridge University Press, 2009.

[488] DUCHI J C, BARTLETT P L, WAINWRIGHT M J. Randomized smoothing for stochastic optimization[J]. SIAM Journal on Optimization, 2012, 22(2): 674−701.

[489] JAMIESON K G, NOWAK R, RECHT B. Query complexity of derivative-free optimization[C] // Advances in Neural Information Processing Systems, 2012: 2672−2680.

[490] NESTEROV Y, SPOKOINY V. Random gradient-free minimization of convex functions[J]. Foundations of Computational Mathematics, 2011: 1−40.

[491] BYRD R H, HANSEN S, NOCEDAL J, et al. A stochastic quasi-Newton method for large-scale optimization[J]. SIAM Journal on Optimization, 2016, 26(2): 1008−1031.

[492] LEBLOND R, PEDREGOSA F, LACOSTE-JULIEN S. ASAGA: Asynchronous parallel saga[J]. arXiv preprint arXiv:1606.04809, 2016.

[493] REDDI S J, HEFNY A, SRA S, et al. Stochastic variance reduction for nonconvex optimization[C] // International conference on machine learning, 2016: 314−323.

[494] CONROY B, SAJDA P. Fast, exact model selection and permutation testing for l2-regularized logistic regression[C] // Artificial Intelligence and Statistics, 2012: 246−254.

[495] HUO Z, HUANG H. Asynchronous Mini-Batch Gradient Descent with Variance Reduction for Non-Convex Optimization.[C] // AAAI, 2017: 2043−2049.

[496] BACH F, PERCHET V. Highly-smooth zero-th order online optimization[C] // Conference on Learning Theory, 2016: 257−283.

[497] COTTER A, SHAMIR O, SREBRO N, et al. Better mini-batch algorithms via accelerated gradient methods[C] // Advances in neural information processing systems, 2011: 1647−1655.

[498] MENG Q, CHEN W, YU J, et al. Asynchronous Stochastic Proximal Optimization Algorithms with Variance Reduction.[C] // AAAI, 2017: 2329−2335.

[499] BOTTOU L. Large-scale machine learning with stochastic gradient descent[G] // Proceedings of COMPSTAT'2010. [S.l.]: Springer, 2010: 177−186.

[500] GARBER D, HAZAN E. Faster rates for the frank-wolfe method over strongly-convex sets[J]. arXiv preprint arXiv:1406.1305, 2014.

[501] LI M, ANDERSEN D G, SMOLA A. Distributed delayed proximal gradient methods[C] // NIPS Workshop on Optimization for Machine Learning: Vol 3, 2013: 3.

[502] AGARWAL A, DUCHI J C. Distributed delayed stochastic optimization[C] // Advances in Neural Information Processing Systems, 2011: 873−881.

[503] PEDREGOSA F, LEBLOND R, LACOSTE-JULIEN S. Breaking the nonsmooth barrier: A scalable parallel method for composite optimization[C] // Advances in Neural Information Processing Systems, 2017: 56−65.

[504] KLOFT M, BREFELD U, LASKOV P, et al. Efficient and accurate lp-norm multiple kernel learning[C] // Advances in neural information processing systems, 2009: 997−1005.

[505] HOFMANN T, LUCCHI A, LACOSTE-JULIEN S, et al. Variance reduced stochastic gradient descent with neighbors[C] // Advances in Neural Information Processing Systems, 2015: 2305−2313.

[506] TIBSHIRANI R, SAUNDERS M, ROSSET S, et al. Sparsity and smoothness via the fused lasso[J]. Journal of the Royal Statistical Society: Series B (Statistical Methodology), 2005, 67(1): 91−108.

[507] HUO Z, HUANG H. Asynchronous mini-batch gradient descent with variance reduction for non-convex optimization[C] // Thirty-First AAAI Conference on Artificial Intelligence (AAAI 2017), 2017.

[508] LEBLOND R, PEDREGOSA F, LACOSTE-JULIEN S. ASAGA: Asynchronous Parallel SAGA[C] // Artificial Intelligence and Statistics, 2017: 46−54.

[509] MANIA H, PAN X, PAPAILIOPOULOS D, et al. Perturbed iterate analysis for asynchronous stochastic optimization[J]. SIAM Journal on Optimization, 2017, 27(4): 2202−2229.

[510] HUANG X, SHI L, SUYKENS J A. Ramp loss linear programming support vector machine[J]. The Journal of Machine Learning Research, 2014, 15(1): 2185−2211.

[511] CHANG C-C, LIN C-J. LIBSVM: A library for support vector machines[J]. ACM Transactions on Intelligent Systems and Technology, 2011 (2).

[512] NATARAJAN B K. Sparse approximate solutions to linear systems[J]. SIAM journal on computing, 1995, 24(2): 227−234.

[513] MICHEL F. How many photos are uploaded to flickr every day and month?[J]. Papadimitriou, S., & Sun, J.(2008). Disco: Distributed co-clustering with map-reduce: A case study towards petabyte-scale end-to-end mining, 2012.

[514] HUO Z, HUANG H. Asynchronous Mini-Batch Gradient Descent with Variance Reduction for Non-Convex Optimization.[C] // AAAI, 2017: 2043−2049.

[515] WANG G, HOIEM D, FORSYTH D. Learning image similarity from flickr groups using fast kernel machines[J]. IEEE Transactions on Pattern Analysis and Machine Intelligence, 2012, 34(11): 2177−2188.

[516] WU X, ZHU X, WU G-Q, et al. Data mining with big data[J]. IEEE transactions on knowledge and data engineering, 2014, 26(1): 97−107.

[517] CAO Q, GUO Z-C, YING Y. Generalization bounds for metric and similarity learning[J]. Machine Learning, 2016, 102(1): 115−132.

[518] KONECNỲ J, RICHTÁRIK P. Semi-stochastic gradient descent methods[J]. arXiv preprint arXiv:1312.1666, 2013, 2(2.1): 3.

[519] ZOU H, HASTIE T. Regularization and variable selection via the elastic net[J]. Journal of the Royal Statistical Society: Series B (Statistical Methodology), 2005, 67(2): 301−320.

[520] HONG M, WANG X, RAZAVIYAYN M, et al. Iteration complexity analysis of block coordinate descent methods[J]. Mathematical Programming, 2017, 163(1-2): 85−114.

[521] BACH F, JENATTON R, MAIRAL J, et al. Convex optimization with sparsity-inducing norms[J]. Optimization for Machine Learning, 2011, 5.

[522] HALKO N, MARTINSSON P-G, TROPP J A. Finding structure with randomness: Probabilistic algorithms for constructing approximate matrix decompositions[J]. SIAM review, 2011, 53(2): 217−288.

[523] LARSEN R M. Lanczos bidiagonalization with partial reorthogonalization[J]. DAIMI Report Series, 1998, 27(537).

[524] JAIN P, MEKA R, DHILLON I S. Guaranteed rank minimization via singular value projection[C] // Advances in Neural Information Processing Systems, 2010: 937−945.

[525] TAPPENDEN R, RICHTÁRIK P, GONDZIO J. Inexact coordinate descent: complexity and preconditioning[J]. Journal of Optimization Theory and Applications, 2016: 144−176.

[526] ZHONG L W, KWOK J T. Efficient sparse modeling with automatic feature grouping[J]. IEEE transactions on neural networks and learning systems, 2012, 23(9): 1436–1447.

[527] JENATTON R, MAIRAL J, BACH F R, et al. Proximal methods for sparse hierarchical dictionary learning[C] // Proceedings of the 27th international conference on machine learning (ICML-10), 2010: 487–494.

[528] JACOB L, OBOZINSKI G, VERT J-P. Group lasso with overlap and graph lasso[C] // Proceedings of the 26th annual international conference on machine learning, 2009: 433–440.

[529] BERTSEKAS D P, NEDI A, OZDAGLAR A E, et al. Convex analysis and optimization[J], 2003.

[530] VILLA S, SALZO S, BALDASSARRE L, et al. Accelerated and inexact forward-backward algorithms[J]. SIAM Journal on Optimization, 2013, 23(3): 1607–1633.

[531] BOŢ R I, CSETNEK E R, LÁSZLÓ S C. An inertial forward–backward algorithm for the minimization of the sum of two nonconvex functions[J]. EURO Journal on Computational Optimization, 2016, 4(1): 3–25.

[532] SCHMIDT M, LE ROUX N, BACH F. Convergence Rates of Inexact Proximal-Gradient Methods for Convex Optimization[J]. arXiv preprint arXiv:1109.2415, 2011.

[533] BOLTE J, SABACH S, TEBOULLE M. Proximal alternating linearized minimization for nonconvex and nonsmooth problems[J]. Mathematical Programming, 2014, 146(1-2): 459–494.

[534] GHADIMI S, LAN G. Accelerated gradient methods for nonconvex nonlinear and stochastic programming[J]. Mathematical Programming, 2016, 156(1-2): 59–99.

[535] HSIEH C-J, OLSEN P A. Nuclear Norm Minimization via Active Subspace Selection.[C] // ICML, 2014: 575–583.

[536] ZHANG T. Analysis of multi-stage convex relaxation for sparse regularization[J]. Journal of Machine Learning Research, 2010, 11: 1081–1107.

[537] CHEN H, WANG Y. Kernel-based sparse regression with the correntropy-induced loss[J]. Applied and Computational Harmonic Analysis, 2016.

[538] CHAPELLE O, ZIEN A. Semi-Supervised Classification by Low Density Separation.[C] // AISTATS, 2005: 57–64.

[539] CHAPELLE O, CHI M, ZIEN A. A continuation method for semi-supervised SVMs[C] // Proceedings of the 23rd international conference on Machine learning, 2006: 185–192.

[540] DUCHI J, SINGER Y. Efficient online and batch learning using forward backward splitting[J]. Journal of Machine Learning Research, 2009, 10: 2899–2934.

[541] LI H, LIN Z. Accelerated proximal gradient methods for nonconvex programming[C] // Advances in Neural Information Processing Systems, 2015: 379–387.

[542] RÉGIN J-C. Generalized arc consistency for global cardinality constraint[C] // Proceedings of the thirteenth national conference on Artificial intelligence-Volume 1, 1996: 209–215.

[543] NGUYEN N, NEEDELL D, WOOLF T. Linear convergence of stochastic iterative greedy algorithms with sparse constraints[J]. arXiv preprint arXiv:1407.0088, 2014.

[544] JAIN P, TEWARI A, KAR P. On iterative hard thresholding methods for high-dimensional m-estimation[C] // Advances in Neural Information Processing Systems, 2014: 685–693.

[545] YUAN X, LI P, ZHANG T. Gradient Hard Thresholding Pursuit for Sparsity-Constrained Optimization[C] // Proceedings of the 31st International Conference on Machine Learning (ICML-14), 2014: 127−135.

[546] JALALI A, JOHNSON C C, RAVIKUMAR P K. On learning discrete graphical models using greedy methods[C] // Advances in Neural Information Processing Systems, 2011: 1935−1943.

[547] TROPP J A, GILBERT A C. Signal recovery from random measurements via orthogonal matching pursuit[J]. IEEE Transactions on information theory, 2007, 53(12): 4655−4666.

[548] LIANG Y, LIU C, LUAN X-Z, et al. Sparse logistic regression with a L 1/2 penalty for gene selection in cancer classification[J]. BMC bioinformatics, 2013, 14(1): 198.

[549] SHEN J, LI P. A Tight Bound of Hard Thresholding[J]. arXiv preprint arXiv:1605.01656, 2016.

[550] LI X, ARORA R, LIU H, et al. Nonconvex Sparse Learning via Stochastic Optimization with Progressive Variance Reduction[J]. arXiv preprint arXiv:1605.02711, 2016.

[551] SANDERSON C, CURTIN R. Armadillo: a template-based C++ library for linear algebra[J]. Journal of Open Source Software, 2016, 1(2): 26.

[552] SCHMIDT M, LE ROUX N, BACH F. Minimizing finite sums with the stochastic average gradient[J]. Mathematical Programming, 2017, 162(1-2): 83−112.

[553] NGUYEN L M, LIU J, SCHEINBERG K, et al. SARAH: A novel method for machine learning problems using stochastic recursive gradient[C] // Proceedings of the 34th International Conference on Machine Learning-Volume 70, 2017: 2613−2621.

[554] PHAM N H, NGUYEN L M, PHAN D T, et al. ProxSARAH: An efficient algorithmic framework for stochastic composite nonconvex optimization[J]. arXiv preprint arXiv:1902.05679, 2019.

[555] WANG Z, JI K, ZHOU Y, et al. SpiderBoost: A class of faster variance-reduced algorithms for nonconvex optimization[J]. arXiv preprint arXiv:1810.10690, 2018.

[556] BECK A, TETRUASHVILI L. On the Convergence of Block Coordinate Descent Type Methods[J]. SIAM Journal on Optimization, 2013, 23(4): 2037−2060.

[557] LI X, ZHAO T, ARORA R, et al. On Faster Convergence of Cyclic Block Coordinate Descent-type Methods for Strongly Convex Minimization[J]. J. Mach. Learn. Res., 2017, 18: 184:1−184:24.

[558] LI X, ZHAO T, ARORA R, et al. An Improved Convergence Analysis of Cyclic Block Coordinate Descent-type Methods for Strongly Convex Minimization[C] // Proceedings of the 19th International Conference on Artificial Intelligence and Statistics, AISTATS 2016, Cadiz, Spain, 2016: 491−499.

[559] WANG Z, SONG M, ZHANG Z, et al. Beyond inferring class representatives: User-level privacy leakage from federated learning[C] // IEEE INFOCOM 2019-IEEE Conference on Computer Communications, 2019: 2512−2520.

[560] LIU Y, MA Z, LIU X, et al. Boosting Privately: Privacy-Preserving Federated Extreme Boosting for Mobile Crowdsensing[J]. CoRR, 2019, abs/1907.10218.

[561] SO J, GULER B, AVESTIMEHR A S, et al. CodedPrivateML: A Fast and Privacy-Preserving Framework for Distributed Machine Learning[J]. CoRR, 2019, abs/1902.00641.

[562] KUNGURTSEV V, EGAN M, CHATTERJEE B, et al. Asynchronous Stochastic Subgradient Methods for General Nonsmooth Nonconvex Optimization[J]. arXiv preprint arXiv:1905.11845, 2019.

[563] HU Y, NIU D, YANG J, et al. FDML: A collaborative machine learning framework for distributed features[C] // Proceedings of the 25th ACM SIGKDD International Conference on Knowledge Discovery & Data Mining, 2019: 2232−2240.

[564] DU W, ZHAN Z. Building decision tree classifier on private data[C] // Proceedings of the IEEE international conference on Privacy, security and data mining-Volume 14, 2002: 1−8.

[565] VAIDYA J, CLIFTON C. Privacy preserving naive bayes classifier for vertically partitioned data[C] // Proceedings of the 2004 SIAM International Conference on Data Mining, 2004: 522−526.

[566] ROUX N L, SCHMIDT M, BACH F R. A stochastic gradient method with an exponential convergence_rate for finite training sets[C] // Advances in NIPS, 2012: 2663−2671.

[567] WANG Z, JI K, ZHOU Y, et al. SpiderBoost and Momentum: Faster Variance Reduction Algorithms[C] // Advances in NIPS, 2019: 2403−2413.

[568] XU Y, ZHU S, YANG S, et al. Learning with non-convex truncated losses by SGD[J]. arXiv preprint arXiv:1805.07880, 2018.

[569] WANG X, MA S, GOLDFARB D, et al. Stochastic quasi-Newton methods for nonconvex stochastic optimization[J]. SIAM Journal on Optimization, 2017, 27(2): 927−956.

[570] EU. REGULATION (EU) 2016/679 OF THE EUROPEAN PARLIAMENT AND OF THE COUNCIL on the protection of natural persons with regard to the processing of personal data and on the free movement of such data, and repealing Directive 95/46/EC (General Data Protection Regulation)[J]. Available at: https://eur-lex. europa. eu/legal-content/EN/TXT, 2016.

[571] HUANG F, CHEN S, HUANG H. Faster Stochastic Alternating Direction Method of Multipliers for Nonconvex Optimization[C] // ICML, 2019: 2839−2848.

[572] LIU Y, ZHANG X, WANG L. Asymmetrically Vertical Federated Learning[J]. arXiv preprint arXiv:2004.07427, 2020.

[573] GOODMAN B, FLAXMAN S. European Union regulations on algorithmic decision-making and a "right to explanation"[J]. AI magazine, 2017, 38(3): 50−57.

[574] BRENNER M, MOORE T, SMITH M. Financial cryptography and data security[M]. [S.l.]: Springer, 2014.

[575] WU S, TERUYA T, KAWAMOTO J, et al. Privacy-preservation for stochastic gradient descent application to secure logistic regression[C] // The 27th Annual Conference of the Japanese Society for Artificial Intelligence: Vol 27, 2013: 1−4.

[576] QUE J, JIANG X, OHNO-MACHADO L. A collaborative framework for distributed privacy-preserving support vector machine learning[C] // AMIA Annual Symposium Proceedings: Vol 2012, 2012: 1350.

[577] GONG Y, FANG Y, GUO Y. Private data analytics on biomedical sensing data via distributed computation[J]. IEEE/ACM transactions on computational biology and bioinformatics, 2016, 13(3): 431−444.

[578] KIM M, SONG Y, WANG S, et al. Secure logistic regression based on homomorphic encryption: Design and evaluation[J]. JMIR medical informatics, 2018, 6(2).

[579] DJATMIKO M, HARDY S, HENECKA W, et al. Privacy-preserving entity resolution and logistic regression on encrypted data[J]. Private and Secure Machine Learning (PSML), 2017.

[580] YANG K, FAN T, CHEN T, et al. A Quasi-Newton Method Based Vertical Federated Learning Framework for Logistic Regression[J]. arXiv preprint arXiv:1912.00513, 2019.

[581] LIU F, NG W K, ZHANG W. Encrypted gradient descent protocol for outsourced data mining[C] // 2015 IEEE 29th International Conference on Advanced Information Networking and Applications, 2015: 339−346.

[582] LI Y, JIANG X, WANG S, et al. Vertical grid logistic regression (vertigo)[J]. Journal of the American Medical Informatics Association, 2016, 23(3): 570−579.

[583] XU R, BARACALDO N, ZHOU Y, et al. Hybridalpha: An efficient approach for privacy-preserving federated learning[C] // Proceedings of the 12th ACM Workshop on Artificial Intelligence and Security, 2019: 13−23.

[584] LIU Y, KANG Y, ZHANG X, et al. A communication efficient vertical federated learning framework[J]. arXiv preprint arXiv:1912.11187, 2019.

[585] GU B, XU A, DENG C, et al. Privacy-Preserving Asynchronous Federated Learning Algorithms for Multi-Party Vertically Collaborative Learning[J]. arXiv preprint arXiv:2008.06233, 2020.

[586] NGUYEN H T, SEHWAG V, HOSSEINALIPOUR S, et al. Fast-Convergent Federated Learning[J]. arXiv preprint arXiv:2007.13137, 2020.

[587] HUANG F, GAO S, PEI J, et al. Accelerated zeroth-order momentum methods from mini to minimax optimization[J]. arXiv preprint arXiv:2008.08170, 2020.

[588] NGUYEN L M, LIU J, SCHEINBERG K, et al. Stochastic recursive gradient algorithm for nonconvex optimization[J]. arXiv preprint arXiv:1705.07261, 2017.

[589] DANG Z, LI X, GU B, et al. Large-Scale Nonlinear AUC Maximization via Triply Stochastic Gradients[J]. IEEE Transactions on Pattern Analysis and Machine Intelligence, 2020.

[590] WEI K, YANG M, WANG H, et al. Adversarial Fine-Grained Composition Learning for Unseen Attribute-Object Recognition[C] // Proceedings of the IEEE International Conference on Computer Vision, 2019: 3741−3749.

[591] YANG M, DENG C, YAN J, et al. Learning Unseen Concepts via Hierarchical Decomposition and Composition[C] // Proceedings of the IEEE/CVF Conference on Computer Vision and Pattern Recognition, 2020: 10248−10256.

[592] YANG X, DENG C, WEI K, et al. Adversarial Learning for Robust Deep Clustering[J]. Advances in Neural Information Processing Systems, 2020, 33.

[593] LI M, DENG C, LI T, et al. Towards Transferable Targeted Attack[C] // Proceedings of the IEEE/CVF Conference on Computer Vision and Pattern Recognition, 2020: 641−649.

[594] ZHANG Q, HUANG F, DENG C, et al. Faster Stochastic Quasi-Newton Methods[J]. arXiv preprint arXiv:2004.06479, 2020.

[595] ZHANG Q, GU B, DENG C, et al. Secure Bilevel Asynchronous Vertical Federated Learning with Backward Updating[J]. arXiv preprint arXiv:2103.00958, 2021.

[596] DENG L. A tutorial survey of architectures, algorithms, and applications for deep learning[J]. APSIPA Transactions on Signal and Information Processing, 2014, 3.

[597] YAN Y, CHEN M, SADIQ S, et al. Efficient imbalanced multimedia concept retrieval by deep learning on spark clusters[J]. International Journal of Multimedia Data Engineering and Management (IJMDEM), 2017, 8(1): 1−20.

[598] YAN Y, CHEN M, SHYU M-L, et al. Deep learning for imbalanced multimedia data classification[C] // 2015 IEEE international symposium on multimedia (ISM), 2015: 483−488.

[599] POUYANFAR S, SADIQ S, YAN Y, et al. A survey on deep learning: Algorithms, techniques, and applications[J]. ACM Computing Surveys (CSUR), 2018, 51(5): 1−36.

[600] NAKAMOTO S. Bitcoin: A peer-to-peer electronic cash system[J]. Decentralized Business Review, 2008: 21260.

[601] SWAN M. Blockchain: Blueprint for a new economy[M]. [S.l.]: "O'Reilly Media, Inc.", 2015.

[602] 赵赫, 李晓风, 占礼葵, 等. 基于区块链技术的采样机器人数据保护方法 [J]. 华中科技大学学报: 自然科学版, 2015(S1): 216−219.

[603] KIM H, PARK J, BENNIS M, et al. Blockchained on-device federated learning[J]. IEEE Communications Letters, 2019, 24(6): 1279−1283.

[604] SHAYAN M, FUNG C, YOON C J, et al. Biscotti: A ledger for private and secure peer-to-peer machine learning[J]. arXiv preprint arXiv:1811.09904, 2018.

[605] 刘俊旭, 孟小峰. 机器学习的隐私保护研究综述 [J]. 计算机研究与发展, 2020, 57(2): 346.

[606] WU L, SUN P, FU Y, et al. A neural influence diffusion model for social recommendation[C] // Proceedings of the 42nd international ACM SIGIR conference on research and development in information retrieval, 2019: 235−244.

[607] ZHAO Y, ZHAO J, JIANG L, et al. Privacy-preserving blockchain-based federated learning for IoT devices[J]. IEEE Internet of Things Journal, 2020, 8(3): 1817−1829.

[608] RAMANAN P, NAKAYAMA K. Baffle: Blockchain based aggregator free federated learning[C] // 2020 IEEE International Conference on Blockchain (Blockchain), 2020: 72−81.

[609] PASSERAT-PALMBACH J, FARNAN T, MILLER R, et al. A blockchain-orchestrated federated learning architecture for healthcare consortia[J]. arXiv preprint arXiv:1910.12603, 2019.

[610] NAGAR A. Privacy-preserving blockchain based federated learning with differential data sharing[J]. arXiv preprint arXiv:1912.04859, 2019.

[611] LI Y, CHEN C, LIU N, et al. A blockchain-based decentralized federated learning framework with committee consensus[J]. IEEE Network, 2020, 35(1): 234−241.

[612] LIU Y, PENG J, KANG J, et al. A secure federated learning framework for 5G networks[J]. IEEE Wireless Communications, 2020, 27(4): 24−31.

[613] KUMAR R, KHAN A A, KUMAR J, et al. Blockchain-federated-learning and deep learning models for covid-19 detection using ct imaging[J]. IEEE Sensors Journal, 2021.

[614] KANG J, XIONG Z, JIANG C, et al. Scalable and communication-efficient decentralized federated edge learning with multi-blockchain framework[C] // International Conference on Blockchain and Trustworthy Systems, 2020: 152−165.

[615] WENG J, WENG J, ZHANG J, et al. Deepchain: Auditable and privacy-preserving deep learning with blockchain-based incentive[J]. IEEE Transactions on Dependable and Secure Computing, 2019.

[616] ASHIZAWA N, YANAI N, CRUZ J P, et al. Eth2Vec: Learning contract-wide code representations for vulnerability detection on ethereum smart contracts[C] // Proceedings of the 3rd ACM International Symposium on Blockchain and Secure Critical Infrastructure, 2021: 47−59.

[617] 何英哲, 胡兴波, 何锦雯, 等. 机器学习系统的隐私和安全问题综述 [J]. 计算机研究与发展, 2019, 56(10): 2049.

[618] 王辐烨, 程亚歌, 贾志娟, 等. 基于安全多方的区块链可审计签名方案 [J]. 计算机应用, 2020, 40(9): 2639−2645.

[619] 魏雅婷, 王智勇, 周舒悦, 等. 联邦可视化：一种隐私保护的可视化新模型 [J]. 智能科学与技术学报, 2019, 1(4): 415−420.

[620] 祝烈煌, 高峰, 沈蒙, 等. 区块链隐私保护研究综述 [J]. 计算机研究与发展, 2017, 54(10): 2170.

[621] 朱建明, 付永贵. 区块链应用研究进展 [J]. 科技导报, 2017, 35(13): 70−76.

[622] GUO J, LIU Z, LAM K-Y, et al. Secure Weighted Aggregation in Federated Learning[J]. arXiv preprint arXiv:2010.08730, 2020.